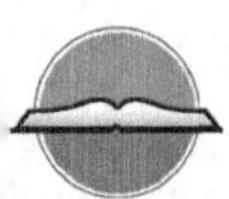

全国高等院校“十二五”规划教材
农业部兽医局推荐精品教材

新编中兽医学

【动物医学 动物科学专业】

钟秀会
陈玉库
赵炳芳
牛小飞
主编

中国农业科学技术出版社

图书在版编目（CIP）数据

新编中兽医学／钟秀会，陈玉库，赵炳芳，牛小飞主编．—北京：中国农业科学技术出版社，2012.8

ISBN 978－7－5116－0961－8

Ⅰ．新…　Ⅱ．①钟…②陈…③赵…④牛…　Ⅲ．中兽医学　Ⅳ．S853

中国版本图书馆 CIP 数据核字（2012）第 124790 号

责任编辑　闫庆健　李冠桥
责任校对　贾晓红

出版发行　中国农业科学技术出版社
　　　　　北京市中关村南大街 12 号　邮编：100081
电　　话　（010）82106632（编辑室）　（010）82109704（发行部）
　　　　　（010）82109709（读者服务部）
传　　真　（010）82106632
网　　址　http：// www. castp. cn
经 销 者　各地新华书店
印 刷 者　北京建宏印刷有限公司
开　　本　787 mm × 1092　1/16
印　　张　19. 125
字　　数　477 千字
版　　次　2012 年 8 月第 1 版　2021 年 1 月第 4 次印刷
定　　价　35. 00 元

《新编中兽医学》编委会

主　　编　钟秀会（河北农业大学）

陈玉库（江苏畜牧兽医职业学院）

赵炳芳（河北廊坊职业技术学院）

牛小飞（河北工程大学）

副 主 编　马爱团（河北农业大学）

戴永海（山东畜牧兽医职业学院）

方素芳（河北北方学院）

参 编 者　贾青辉（河北科技师范学院）

褚耀城（河北工程大学）

秦　华（遵义职业技术学院）

彭晓英（贵州畜牧兽医学校）

江剑波（广西柳州畜牧兽医学校）

刘英姿（辽宁医学院动物科技学院）

赵玉桥（黑龙江畜牧兽医职业学院）

侯佐赢（云南曲靖畜牧兽医职业学院）

孔春梅（保定职业技术学院）

主　　审　胡元亮（南京农业大学）

序

中国是农业大国，同时又是畜牧业大国。改革开放以来，中国畜牧业取得了举世瞩目的成就，已连续20年以年均9.9%的速度增长，产值增长近5倍。特别是“十五”期间，中国畜牧业取得持续快速增长，畜产品质量逐步提升，畜牧业结构布局逐步优化，规模化水平显著提高。2005年，中国肉、蛋产量分别占世界总量的29.3%和44.5%，居世界第一位，奶产量占世界总量的4.6%，居世界第五位。肉、蛋、奶人均占有量分别达到59.2千克、22千克和21.9千克。畜牧业总产值突破1.3万亿元，占农业总产值的33.7%，其带动的饲料工业、畜产品加工、兽药等相关产业产值超过8 000亿元。畜牧业已成为农牧民增收的重要来源，建设现代农业的重要内容，农村经济发展的重要支柱，成为中国国民经济和社会发展的基础产业。

当前，中国正处于从传统畜牧业向现代畜牧业转变的过程中，面临着政府重视畜牧业发展、畜产品消费需求空间巨大和畜牧行业生产经营积极性不断提高等有利条件，为畜牧业发展提供了良好的内外部环境。但是，中国畜牧业发展也存在诸多不利因素。一是饲料原材料价格上涨和蛋白饲料短缺；二是畜牧业生产方式和生产水平落后；三是畜产品质量安全和卫生隐患严重；四是优良地方畜禽品种资源利用不合理；五是动物疫病防控形势严峻；六是环境与生态恶化对畜牧业发展的压力继续增加。

中国畜牧业发展要想改变以上不利条件，实现高产、优质、高效、生态、安全的可持续发展道路，必须全面落实科学发展观，加快畜牧业增长方式转变，优化结构，改善品质，提高效益，构建现代畜牧业产业体系，提高畜牧业综合生产能力，努力保障畜产品质量安全、公共卫生安全和生态环境安全。这不仅需要全国人民特别是广大畜牧科教工作者长期努力，不断加强科学研究与科技创新，不断提供强大的畜牧兽医理论与科技支撑，而且还需要培养一大批掌握新理论与新技术并不断将其推广应用的专业人才。

培养畜牧兽医专业人才需要一系列高质量的教材。作为高等教育学科建设的一项重要基础工作——教材的编写和出版，一直是教改的重点和热点之一。为了支持创新型国家建设，培养符合畜牧产业发展各个方面、各个层次所需的复合型人才，中国农业科学技术出版社积极组织全国范围内有较高学术水平和多年教学理论与实践经验的教师精心编写出版面向21世纪全国高等农林院校，反映现代畜牧兽医科技成就的畜牧兽医专业精品教材，并进行有益的探索和研究，其教材内容注重与时俱进，注重实际，注重创新，注重拾遗补缺，注重对学生能力、特别是农业职业技能的综合开发和培养，以满足其对知识学习和实践能力的迫切需要，以提高中国畜牧业从业人员的整体素质，切实改变畜牧业新技术难以顺利推广的现状。衷心祝贺这些教材的出版发行，相信这些教材的出版，一定能够得到有关教育部门、农业院校领导、老师的肯定和学生的喜欢。也必将为提高中国畜牧业的自主创新能力和增强中国畜产品的国际竞争力作出积极有益的贡献。

国家首席兽医官
农业部兽医局局长

二○○七年六月八日

目　　录

第三篇　常用中药及方剂

第四篇　针灸术

绪 论

一、中兽医学的概念

中兽医学是以阴阳五行学说为指导思想、以辨证论治和整体观念为特点、以针灸和中药为主要治疗手段、理法方药俱备的独特的医疗体系。它是产生于中国古代，经过数千年的发展和经验积累，形成的中国传统兽医学。传统的广义中兽医学，应该是1904年以前的中国的畜牧兽医科学。自从1904年北洋马医学堂在保定成立，西方兽医科学系统传入中国，才有了中、西兽医之分。本课程所说的中兽医学，是以针灸中药为主要治疗手段的狭义的中兽医学。

二、发展简史

（一）中兽医学的起源

中兽医学有着悠久的历史。有学者认为，中兽医知识起源于人类开始驯化野生动物并将其转变为家畜的时期。那么，中兽医已经有一万年的历史。例如，桂林甑皮岩遗址［距今（11310 ± 180）年～（7580 ± 410）年］就出土有家猪的骨骸，浙江河姆渡遗址［距今(6310 ±100）年～（6065 ±120）年］出土有猪、犬和水牛的骨骸。实际上这时出现的是早期畜牧知识。人类在饲养动物的过程中，逐步对动物疾病有所了解，并不断地寻求治疗方法，这就促成了兽医知识的起源。考古学发现，在新石器时代的河南仰韶遗址中，发掘出猪、马、牛等家畜的骨骼以及石刀、骨针和陶器等；在陕西半坡遗址和姜寨遗址中，不但发掘出猪、马、牛、羊、犬、鸡的骨骼残骸及石刀、骨针、陶器等生活和医疗用具，而且还有用细木围成的圈栏遗迹。在内蒙古多伦县头道洼新石器遗址中出土的砭石，经鉴定具有切割脓疡和针刺两种作用。这些考古发现说明，在新石器时代的仰韶文化时期，不但家畜的饲养已经非常普遍，而且人类为了保护所饲养的动物，已开始把火、石器、骨器等战胜自然的工具用于防治动物疾病。

对药物的认知，同样也源于人类的生产劳动和生活实践。原始人集体出猎，共同采集食物，必然发生过因食用某种植物而使所患疾病得以治愈，或者因误食某种植物而中毒的事例，经过无数次尝试，人们对某些植物的治疗作用和毒性有了认识，获得了初步的药理学和毒理学知识。《淮南子·修务训》中“神农……尝百草之滋味……一日而遇七十毒”的记载，便生动地说明了药物起源的情况。

比较公认有文字记载的中兽医知识的起源见于商代（公元前16世纪～公元前11世纪）的甲骨文中。已有表示猪圈、羊栏、牛棚、马厩等的文字，说明当时对家畜的护养已有了进一步发展。甲骨文中还记载有药酒及一些人、畜通用的病名，如胃肠病、体内寄生虫病、齿病等。河北藁城商代遗址中，出土有郁李仁、桃仁等药物，表明当时对药物也有了较深的认识。商代青铜器的出现和使用，为针灸、手术等治疗技术的进步提供了有利条件，有了阉割术或宫刑的出现。殷周之际出现的带有自发朴素性质的阴阳和五行学说，后来成为中医和中兽医学的指导思想。

从西周到春秋时期（公元前11世纪～公元前475年），家畜去势术已用于猪、马、牛等多种动物。《周礼·天官》中已有“兽医，掌疗兽病，疗兽疡。凡疗兽病，灌而行之，以节之，以动其气，观其所发而养之。凡疗兽疡，灌而劀之，以发其恶，然后药之、养之、食之”的记载，说明当时不但设有专职兽医治疗兽病，而且在治疗方法上采用了灌药、手术、护理、饲养等综合措施，同时已将内科病（兽病）和外科病（兽疡）区别开来，分别采用不同的方法进行治疗。《周礼》中还有“内饔……辨腥、臊、膻、香之不可食者”的记载，这是中国最早的肉品检验。

在这一时期，还出现有造父（约公元前10世纪）、孙阳（号伯乐，约公元前7世纪）、王良（约公元前6世纪）等畜牧兽医名人。

（二）中兽医学术体系的形成与发展

封建社会的前期（公元前475年～公元前256年）是中兽医学进一步奠定基础和形成理论体系的重要阶段。据《列子》记载，战国时期便有了专门诊治马病的“马医”。战国《古玺文字征》有“牛疡”，《战国策》有“羸牛”、“马肘溃”、“马折膝”，《楚词》有“马刃伤”，《晏子春秋》有“马暴死”和“大暑而疾驰，甚者马死，薄者马伤”的记载。

春秋战国时期出现的《黄帝内经》，被认为是我国现存最早的一部医学典籍，它比较系统和全面地反映了当时中医学发展的成就。中兽医学的基本理论最早便导源于《黄帝内经》。受其影响，中兽医学形成了以阴阳五行为指导思想，以整体观念和辨证论治为特点的理论体系。《黄帝内经》建立了中医理论，被称为中医历史上第一个里程碑。

秦代（公元前221～公元前206年）颁布了世界上最早的畜牧兽医法规“厩苑律”，汉代（公元前206～公元220年）经进一步修订，更名为“厩律”。汉代出现了我国最早的一部人、畜通用的药学专著《神农本草经》。在汉简（《居延汉简》、《流沙坠简》和《武威汉简》）中，不但有兽医方剂，而且还有将药物制成丸剂给马内服的记载。汉代已采用针药结合的方法治疗动物疾病（《列仙传》），并用革制的马鞋进行护蹄。据《汉书·艺文志》记载，当时曾有畜牧兽医专著《相六畜三十八卷》。马王堆汉墓出土有《相马经》，《三国志》注还记载有《马经》和《牛经》等书。汉代名医张仲景（约公元150～219年）所著的《伤寒杂病论》一书，创立了六经辨证方法，理法方药俱备，被称为中医历史上“第二个里程碑”。《伤寒杂病论》也对中兽医学产生了深远影响。其中许多方剂一直为兽医临床所沿用。

魏晋南北朝时期（公元220～581年），晋人葛洪（公元281～341年）所著的《肘后备急方》一书中有治六畜“诸病方”，除记有灸熨和“谷道入手”等诊疗技术以及用黄丹治脊疮等十几种动物疾病的治疗方法外，还指出疥癣中有虫，并提出了“杀所咬犬，取脑敷之”的防治狂犬病的方法。这可以说是现代疫苗免疫的雏形。北魏（公元386～534年）贾思勰所著的《齐民要术》中有畜牧兽医专卷，记有包括掏结术，猪、羊的去势术等。

隋代（公元581～618年），兽医学的分科已趋于完善，出现了有关病症诊治、方药及针灸等的专著，如《治马、牛、驼、骡等经》《治马经》《伯乐治马杂病经》《疗马方》以及《马经孔穴图》等（均已散佚）。

唐代（公元618～907年）有了兽医教育的开端。据《旧唐书》记载，神龙年间（公元705～707年）的太仆寺中设有“兽医六百人，兽医博士四人，学生一百人”。贞元末年（约公元804年），日本派平仲国等人到我国学习兽医。李石编著的《司牧安骥集》为我国现存最早的较为完整的一部中兽医学古籍，也是我国最早的一部畜牧兽医学教科书（明代时，日本有名为《假名安骥集》的编译本流传），对中兽医学的理法方药等均有较全面的论述。唐高宗显庆四年（公元659年）所颁布的《新修本草》，被认为是世界上最早的一部人、畜通用的药典。

宋代（公元960～1279年），从公元1007年开始设置“牧养上下监，以养疗京城诸坊病马”，这是我国已知最早的兽医院。宋代还设有中国最早的尸体剖检机构“皮剥所”和最早的兽医药房“药蜜库”（《宋史》）。当时曾出现有《明堂灸马经》《伯乐铖经》《医驼方》《疗驼经》《马经》《医马经》《相马病经》《安骥方》以及《重集医马方》等兽医专著。王愈所著的《蕃牧纂验方》载方57个，并附有针灸疗法。此外，据《使辽录》（公元1086年）记载，当时我国少数民族地区已用醇作麻醉剂，进行马的切肺手术。

元代（公元1271～1368年）著名兽医卞宝（卞管勾）著有《痊骥通玄论》一书，除对马的起卧症（包括掏结术）进行了总结性论述外，还提出了“胃气不和，则生百病”的脾胃发病学说。这一时期还出现有《安骥集八卷》和《治马、牛、驼经》等书。

明代（公元1368～1644年）著名兽医喻本元、喻本亨兄弟集前人和自已的兽医理论及临床经验之大成，于公元1608年编著了《元亨疗马集（附牛驼经）》。该书内容丰富，是国内外流传最广的一部中兽医古典著作。在此前后，杨时乔主编了《马书》《牛书》，钱能编著了《类方马经》，内容都很丰富。明代著名科学家李时珍（公元1518～1593年）编著了举世闻名的《本草纲目》，收载药物1 892种，方剂11 096个，其中专述兽医方面的内容有229条之多。该书刊行后不久即传播到国外，为中外医药学的发展作出了杰出的贡献。此外，朝鲜于公元1633年刊行有汉文的《新编集成马医方、牛医方》。

鸦片战争以前的清代（公元1644～1840年），中兽医学处于缓慢发展的状态。公元1736年李玉书对《元亨疗马集》进行了改编，删除了“东溪素问四十七论”中的二十多论，又根据其他兽医古籍增加了部分内容，成为现今广为流传的版本。1758年，赵学敏编著的《串雅外编》中特列有“医禽门”和“医兽门”。1785年，郭怀西著有《新刻注释马牛驼经大全集》。此后编撰的兽医著作有《抱犊集》《疗马集》（周维善，1788年）《养耕集》（傅述风，1800年）《牛经备要医方》（沈莲舫）《牛医金鉴》（约1815年）《相牛心镜要览》（1822年）等。

鸦片战争以后，中国沦为半殖民地半封建社会（公元1840～1949年）。这一时期的主要著作有《活兽慈舟》（李南辉，约1873年）、《牛经切要》（1886年）、《猪经大全》（1891年）和《驹病集》（1909年）等。《活兽慈舟》收载了马、牛、羊、猪、犬、猫等动物的病症240余种，是我国较早记载犬、猫疾病的书籍。《猪经大全》是我国现存中兽医古籍中唯一的一部猪病学专著。

1904年，北洋政府在保定建立了北洋马医学堂，从此西方现代兽医学开始有系统地在中国传播，中国出现了两种不同体系的兽医学，有了中、西兽医学之分。当时的反动政府对中兽医采取了扼杀政策，于1929年悍然通过了“废止旧医案”，但立即遭到了广大人民群众的反对。

（三）中兽医学发展的新阶段

1949年中华人民共和国成立后，中兽医学进入了一个蓬勃发展的新阶段。1956年1月，国务院颁布了“加强民间兽医工作的指示”，对中兽医提出了“团结、使用、教育和提高”的政策。当年9月在北京召开了第一届“全国民间兽医座谈会”，提出了“使中西兽医紧密结合，把我国兽医学术推向一个新的阶段”的战略目标。全国各中、高等农业院校先后设立中兽医学课程或开办中兽医学专业，培养了大批中兽医专门人才。1956年成立了中兽医学组，1979年成立了中西兽医结合学术研究会，后更名为中国畜牧兽医学会中兽医学分会，这一学术组织在团结广大中兽医工作者，促进中兽医学术的发展，扩大国际交流等方面做了大量的工作。改革开放以来，随着我国对外交流的不断增加，中兽医学特别是兽医针灸在国外的影响也越来越大，不少院校先后多次举办了国际兽医针灸培训班，或者派出专家到国外讲学，促进了中兽医学在世界范围内的传播。

三、中兽医学的基本特点

中兽医学学术体系的基本特点为整体观念和辨证论治。

（一）整体观念

中兽医学认为动物机体各组成部分之间，在结构上不可分割，在生理功能上相互协调，在病理变化上相互影响，是一个有机的整体。同时，动物机体与外界环境之间紧密相关。自然界既是动物正常生存的条件，也可成为疾病发生的环境因素。动物要适应自然界的变化，以维持机体正常的生理功能，这就是动物机体与自然环境的整体性。因此，中兽医学的整体功能，实际上是指动物机体本身的整体性和动物机体与自然环境的整体性两个方面，它贯穿于中兽医学生理、病理、诊法、辨证和治疗的各个方面。

1. 动物机体本身的整体性　中兽医学认为，动物机体是以心、肝、脾、肺、肾五个生理系统为中心，通过经络使各组织器官紧密相连而形成的一个完整统一的有机体。五脏之间相生相克，六腑之间相互承接，五脏与六腑互为表里，脏腑与体表九窍之间存在归属开窍关系。这样，形成了以五脏为核心的五大功能系统。各系统之间相互依赖、相互联系，以维持机体内部的平衡和正常的生理功能。

中兽医认识疾病，首先着眼于整体，重视整体与局部之间的关系。一方面，机体某一部分的病变，可以影响到其他部分，甚至引起整体性的病理改变，如脾气虚本为局部病变，但迁延日久，则会因机体生化乏源而引起肺气虚、心气虚，甚至全身虚弱。另一方面，整体的状况又可影响局部的病理过程，如全身虚弱的动物，其创伤愈合较慢等。总之，疾病是整体患病，局部病变是整体患病的局部表现。

中兽医诊察疾病，往往是从整体出发，通过观察机体外在的各种临床表现，去分析研究内在的全身或局部的病理变化，即察外而知内。由于动物机体是一个有机整体，因此，无论整体还是局部的病变，都必然会在机体的形体、窍液及色脉等方面有所反映。如心开窍于舌，心经有火，看到口舌生疮。肝经有火，眼目肿痛等。

中兽医治疗疾病亦从整体出发，既注意脏腑之间的联系，又注意脏腑与形体、窍液的联系。如见口舌糜烂，心开窍于舌，当知口舌糜烂为心火亢盛表现，应以清心泻火的方法治疗。此外，“表里同治”或“从五官治五脏”，以及“见肝之病，当先实脾”等，都是从整体观念出发，确定治疗原则和方法的具体体现。

2. 动物与自然环境的相关性　中兽医学认为，动物机体与自然环境之间是相互对立而又统一的。动物不能离开自然界而生存，自然环境的变化可以直接或间接地影响动物机体的生理功能。当动物能够通过调节自身的功能活动以适应这种环境的变化时，便不致引起疾病，否则就会导致病理过程。例如，一年四季的气候变化是春温、夏热、秋凉、冬寒，动物机体可以通过气血的活动，进行调节适应。如春夏阳气发泄，气血趋于表，则皮肤松弛，疏泄多汗；秋冬阳气收藏，气血趋于里，则皮肤致密，少汗多尿。同样，随四时的不同，动物的口色有“春如桃花夏似血，秋如莲花冬似雪”的变化，脉象有“春弦、夏洪、秋毛、冬石”的改变，这属于正常生理调节的范围。但当气候异常或动物调节适应机能失调，使机体与外界环境之间失去平衡时，则可引起与季节性环境变化相关的疾病，如风寒、风热、中暑等。

由于动物机体与自然环境相关，因此在治疗动物疾病时就要考虑到自然环境对动物机体的影响。古人在总结自然界的变化对机体影响规律的基础上，提出了一些有关疾病防治的措施。例如，脾肾阳虚性咳喘，往往夏季减轻，秋冬加重，常用“温补脾肾”之剂调养，并着重在阳气最旺的夏季来调养预防，此谓“春夏养阳”；而阴虚肝旺的动物，春季易使病发作，故在阴盛的冬季给予滋补，以预防春季发生，此谓“秋冬养阴”。这是整体观念在中兽医治疗中的体现。

（二）辨证论治

辨证论治是中兽医认识疾病，治疗疾病的基本过程。“辨证”是把通过四诊所获取的病情资料，进行分析综合，以判断为某种性质的“证”的过程，即识别疾病证候的过程；“论治”是根据证的性质确定治则和治法的过程。辨证是确定治疗的前提和依据，论治是治疗疾病的手段和方法，也是辨证的目的。治疗原则和治疗措施是否恰当，取决于辨证是否正确；而辨证论治的正确性，又有待于临床治疗效果的检验。因此，辨证和论治是诊疗疾病过程中，相互联系不可分割的两个方面。

为了很好地理解“证”的概念，必须把“病”、“证”和“症”三者作一比较。“病”，是指有特定病因、病机、发病形式、发展规律和转归的一个完整的病理过程，即疾病的全过程，如感冒、痢疾、肺炎等。“症”，即症状，是疾病的具体临床表现，如发热、咳嗽、呕吐、疲乏无力等。“证”，既不是疾病的全过程，又不是疾病的某一项临床表现，它是对疾病发展过程中，某一阶段包括病因（如风寒、风热、湿热等）、病位（如表、里、脏、腑等）、病性（如寒、热等）和邪正关系（如虚、实等）的综合概括，它既反映了疾病发展过程中，该阶段病理变化的全面情况，同时也提出了治疗方向。如“脾虚泄泻”证，既指出病位在脾，正邪力量对比属虚，临诊症状主要表现为泄泻，又能以此推断出致病因素为湿，从而也就指出了治疗方向为“健脾燥湿”。由于“证”反映的是疾病在某一特定阶段的病理变化的实质，因此比“病”更具体，更贴切，更具有可操作性。

相对于现代兽医学中的“辨病治疗”和“对症治疗”，中兽医学的辨证论治更能抓住疾病发展不同阶段的本质，它既看到同一种病可以包括不同的证，又看到不同的病在发展过程中可以出现相同的证，因而可以采取“同病异治”或“异病同治”的治疗措施。如同为外感表证，若属外感风寒，则治宜辛温解表，方用麻黄汤类；若属外感风热，则治宜辛凉解表，方用银翘散类，此谓“同病异治”；而脱肛、子宫下垂、虚寒泄泻等病，虽然性质不同，但当其均以中气下陷为主症时，都可以补中益气之剂进行治疗，谓之“异病同治”。

第一篇

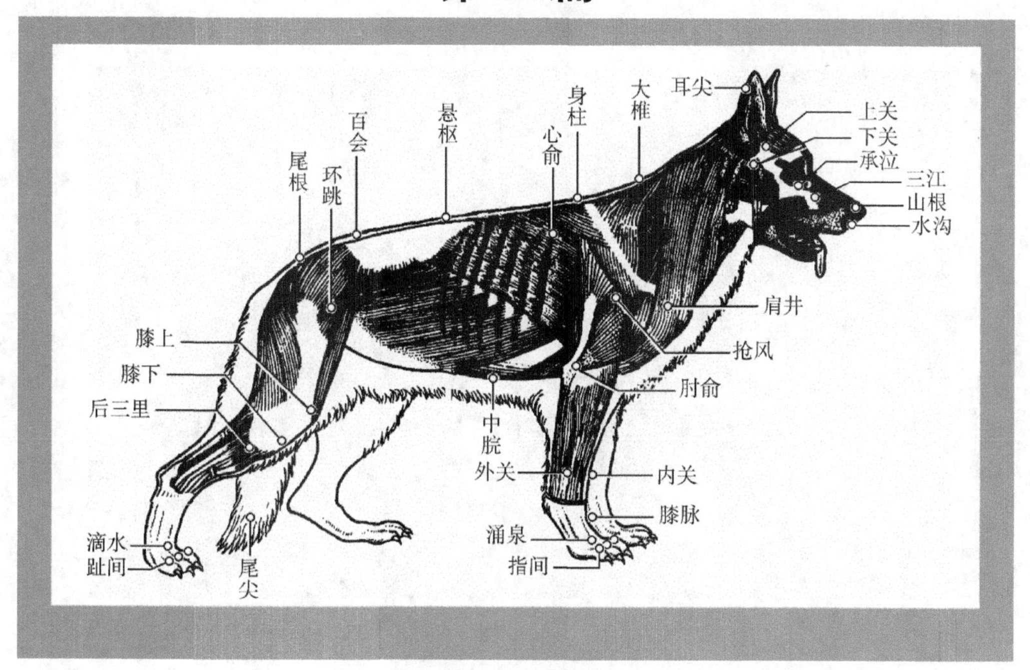

耳尖
大椎
身柱
心俞
悬枢
百会
尾根
环跳
上关
下关
承泣
三江
山根
水沟
肩井
抢风
肘俞
膝上
膝下
后三里
中脘
外关
内关
膝脉
涌泉
指间
滴水
趾间
尾尖

基础理论

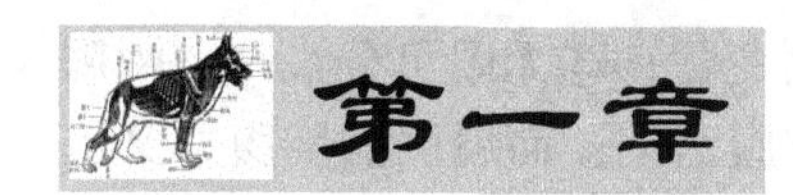

第一章

阴阳五行学说

阴阳五行学说是中国古代带有朴素唯物论和自发辩证法性质的哲学思想，是用以认识世界和解释世界的一种世界观和方法论。约在二千多年以前的春秋战国时期，这一学说被引用到医药学中来，作为推理工具，借以说明动物机体的组织结构，生理功能和病理变化，并指导临床的辨证及病症防治，成为中兽医基本理论的重要组成部分。

第一节　阴阳学说

阴阳学说是以阴和阳的相对属性及其消长变化来认识自然、解释自然、探求自然规律的一种宇宙观和方法论，是中国古代朴素的对立统一理论。中兽医学引用阴阳学说来阐释兽医学中的许多问题以及动物和自然的关系，它贯穿于中兽医学的各个方面，成为中兽医学的指导思想。

一、阴阳的基本概念

阴阳是相互关联又相互对立的两个事物，或者同一事物所具有的两种不同的属性。阴阳的最初含义是指日光的向背，向日为阳，背日为阴，以日光的向背定阴阳。向阳的地方具有光明、温暖的特性，背阳的地方具有黑暗、寒冷的特性，于是就以这些特性区分阴阳。在长期的生产生活实践中，古人遇到种种似此相互联系又相互对立的现象，于是就不断地引申其义，将天地、上下、日月、昼夜、水火、升降、动静、内外、雌雄等，都用阴阳加以概括，阴阳也因此而失去其最初的含义，成为代表矛盾的两个方面，或者表示一切事物对立而又统一的两个方面的代名词。阴阳所代表的事物之间，存在着既对立又统一的关系。古人正是从这一朴素的对立统一观念出发，认为阴阳两方面的相反相成，消长转化，是一切事物发生、发展、变化的根源。如《素问·阴阳应象大论》中说："阴阳者，天地之道也，万物之纲纪，变化之父母，生杀之本始。"意思是说，阴阳是宇宙间的普遍规律，是一切事物所服从的纲领，各种事物的产生与消亡，都源于阴阳的变化。

一般认为识别阴阳的属性，是以上下、动静、有形无形等为准则。概括起来，凡是向上的、运动的、无形的、温热的、向外的、明亮的、亢进的、兴奋的及强壮的等均属于阳；而凡是向下的、静止的、有形的、寒凉的、向内的、晦暗的、减退的、抑制的及虚弱的等都属于阴。阴阳既可以代表相互对立的事物或现象，又可以代表同一事物内部对立着的两个方面。前者如天与地、昼与夜、水与火、寒与热等，后者如人体内部的气和血、脏与腑，中药的热性与寒性等。

阴阳具有以下特性：①阴阳的普遍性——阴阳的对立统一是天地万物运动变化的总规

律；②阴阳的相对性——阴阳属性是相对的，随时间条件而变化；③无限可分性——阴阳之中复有阴阳。如以背部和胸腹的关系来说，背部为阳，胸腹为阴；而属阴的胸腹，又以胸在膈前属阳，腹在膈后属阴。

二、阴阳学说的基本内容

阴阳学说的基本内容，包括阴阳对立、阴阳互根、阴阳消长和阴阳转化等方面。

（一）阴阳对立

阴阳的对立制约是指阴阳双方存在着相互排斥、相互斗争、相互制约的关系。对立，即相反，如动与静，寒与热，上与下等都是相互对立的两个方面。对立的双方，通过排斥、斗争以相互制约，使事物达到动态平衡。以动物机体的生理机能为例，机能之亢奋为阳，抑制为阴，二者相互制约，从而维持动物机体的生理状态。再以四季的寒暑为例，夏虽阳热，而夏至以后阴气却随之而生，用以制约暑热之阳；冬虽阴寒盛，但冬至以后阳气却随之而生，以制约严寒的阴。由于阴阳双方的不断排斥与斗争，便推动了事物的变化或发展。故《素问·疟论》说："阴阳上下交争，虚实更作，阴阳相移。"

（二）阴阳互根

阴阳的互根是阴阳双方具有相互依存，互为根本的关系。即阴或阳的任何一方，都不能脱离另一方而单独存在，每一方都以相对立的另一方的存在作为自己存在的前提和条件。如热为阳，寒为阴，没有热也就无所谓寒；上为阳，下为阴，没有上也无所谓下，双方存在着相互依赖、相互依存的关系，即阳依存于阴，阴依存于阳。

阴阳还存在着互用关系，即阴阳双方存在着相互资生、相互促进的关系。所谓"孤阴不生，独阳不长"、"阴生于阳，阳生于阴"，便是说"孤阴"和"独阳"不但相互依存，而且还有相互资生、相互促进的关系，阴精通过阳气的活动而产生，而阳气又由阴精化生而来。同时，阴和阳还存在着一种"阴为体，阳为用"的相互依赖关系，"体"即本体，（结构或物质基础），"用"指功用（功能或机能活动），体是用的物质基础，用又是体的功能表现，两者是不可分割的。如《素问·阴阳应象大论》中说："阴在内，阳之守也；阳在外，阴之使也。"指出阴精在内，是阳气的根源；阳气在外，是阴精的表现（使役）。

（三）阴阳消长

阴阳的消长是指阴阳双方不断运动变化，此消彼长，又力求维系动态平衡的关系。阴阳双方在对立制约、互根互用的情况下，不是静止不变的，而是处于此消彼长的变化过程中，正所谓"阴消阳长，阳消阴长"。在不断消长过程中，维持相对的动态平衡。例如，机体的各项机能活动（阳）的产生，必然要消耗一定的营养物质（阴），这就是"阴消阳长"的过程；而各种营养物质（阴）的化生，又必须消耗一定的能量（阳），这就是"阳消阴长"的过程。这种阴阳的消长保持在一定的范围内，阴阳双方维持着一个相对的平衡状态。假若这种阴阳的消长，超过了正常范围，导致了相对平衡关系的失调，就会引发疾病。如《素问·阴阳应象大论》中所说的"阴盛则阳病，阳盛则阴病"，就是指由于阴阳消长的变化，使得阴阳平衡失调，引起了"阳气虚"或"阴液不足"的病症，其治疗应分别以温补阳气和滋阴增液，使阴阳重新达到平衡为原则。

（四）阴阳转化

阴阳转化是指阴阳双方在一定条件下，相互转化、属性互换的关系。即在一定条件下，阴可以转化为阳，阳可以转化为阴。正如《素问·阴阳应象大论》中所说的“重阴必阳，重阳必阴”、“寒极生热，热极生寒”。如果说阴阳消长是属于量变的过程，而阴阳转化则属于质变的过程。在疾病的发展过程中，阴阳转化是经常可见的。如动物外感风寒，出现耳鼻发凉，肌肉颤抖等寒象；若治疗不及时或治疗失误，寒邪入里化热，就会出现口干、舌红、气粗等热象，这就是由阴证向阳证的转化。又如患热性病的动物，由于持续高热，热甚伤津，气血两亏，呈现出体弱无力、四肢发凉等虚寒症状，这便是由阳证向阴证的转化。此外，临床上所见由实转虚，由虚转实，由表入里，由里出表等病症的变化，都是阴阳转化的例证。

阴阳的对立、互根、消长、转化是阴阳学说的基本内容，了解了这些内容，有利于理解阴阳学说在中兽医学中的应用。

三、阴阳学说在中兽医学中的应用

阴阳学说贯穿于中兽医学理论体系的各个方面，用以说明动物机体的组织结构、生理功能和病理变化，并指导临床诊断和治疗。

（一）生理方面

1. 说明动物机体的组织结构　认为动物机体是一个既对立又统一的有机整体，其组织结构可以用阴阳两方面来加以概括说明。就大体部位来说，体表为阳，体内为阴；上部为阳，下部为阴；背部为阳，胸腹为阴。就四肢的内外侧相对而论，则外侧为阳，内侧为阴。就脏腑而言，腑为阳，脏为阴。而具体到每一脏腑，又有阴阳之分，如心有心阳、心阴，肾有肾阳、肾阴等。总之，动物机体的每一组织结构，均可以根据其所在的上下、内外、表里、前后等各相对部位以及相对的功能活动等特点来划分阴阳，并进而说明它们之间的对立统一关系。

2. 说明动物机体的生理　一般认为，物质为阴，功能为阳，正常的生命活动是阴阳这两个方面保持对立统一的结果。正如《素问·生气通天论》中说：“阴者，藏精而起亟（亟，可作气解）也；阳者，卫外而为固也。”就是说“阴”代表着物质或物质的贮藏，是阳气的源泉；“阳”代表着机能活动，起着卫外而固守阴精的作用；没有阴精就无以产生阳气，而通过阳气的作用又不断化生阴精，二者同样存在着相互对立、互根互用、消长转化的关系。在正常情况下，阴阳保持着相对平衡，以维持动物机体的生理活动，正如《素问·生气通天论》所说：“阴平阳秘，精神乃治。”否则，阴阳不能相互为用而分离，精气就会竭绝，生命活动也将停止，就像《素问·生气通天论》中所说的“阴阳离决，精神乃绝”。

（二）病理方面

1. 说明疾病的病理变化　中兽医学认为，在正常情况下，动物机体内的阴阳两方面保持着相对的平衡，以维持动物机体的生理活动。疾病就是阴阳失去相对平衡，出现偏盛偏衰的结果。疾病的发生与发展，关系到正气和邪气两个方面。正气，是指机体的机能活动和对病邪的抵抗能力，以及对外界环境的适应能力等；邪气，泛指各种致病因素。正气包括阴精和阳气两个部分，邪气也有阴邪和阳邪之分。疾病的过程，多为邪正斗争引起机体阴阳的偏盛偏衰的过程。

在阴阳偏盛方面，认为阴邪致病，可使阴偏盛而阳伤，出现“阴盛则寒”的病症。如寒湿阴邪侵入机体，致使“阴盛其阳”，从而发生“冷伤之证”，动物表现为口色青黄，脉象沉迟，鼻寒耳冷，身颤肠鸣，不时起卧。相反，阳邪致病，可使阳偏盛而阴伤，出现“阳盛则热”的病症。如热燥阳邪侵犯机体，致使“阳盛其阴”，从而出现“热伤之证”，动物表现为高热，唇舌鲜红，脉象洪数，耳耷头低，行走如痴等症状。正如《素问·阴阳应象大论》中所说：“阴胜则阳病，阳胜则阴病，阴胜则寒，阳胜则热。”《元亨疗马集》中也有“夫热者，阳胜其阴也”，“夫寒者，阴胜其阳也”的说法。

在阴阳偏衰方面，认为一旦机体阳气不足，不能制阴，相对地会出现阴的有余，而发生阳虚阴盛的虚寒证；相反，如果阴液亏虚，不能制阳，相对地会出现阳的有余，而发生阴虚阳亢的虚热证。正如《素问·调经论》所说：“阳虚则外寒，阴虚则内热。”由于阴阳双方互根互用，任何一方虚损到一定程度，均可导致对方的不足，即所谓“阳损及阴，阴损及阳”，最终导致“阴阳俱虚”。如某些慢性消耗性疾病，在其发展过程中，会因阳气虚弱致使阴精化生不足，或者因阴精不足致使阳气化生无源，最后导致阴阳两虚。

阴阳偏胜或偏衰，都可引起寒证或热证，但二者有着本质的不同。阴阳偏胜所形成的病症是实证，如阳邪偏胜导致实热证，阴邪偏胜导致寒实证等；而阴阳偏衰所形成的病症是虚证，如阴虚则出现虚热证，阳虚则出现虚寒证等。故《素问·通评虚实论》说：“邪气盛则实，精气夺则虚。”

2. 说明疾病的发展 在病症的发展过程中，由于病性和条件的不同，可以出现阴阳的相互转化，如说“寒极则热，热极则寒”，即是指阴证和阳证的相互转化。临床上可以见到由表入里、由实转虚、由热化寒和由寒化热等的变化。如患败血症的动物，开始表现为体温升高，口舌红，脉洪数等热象，当严重者发生“暴脱”时，则转而表现为四肢厥冷，口舌淡白，脉沉细等寒象。

3. 判断疾病的转归 认为若疾病经过“调其阴阳”，恢复“阴平阳秘”的状态，则以痊愈而告终；若继续恶化，终致“阴阳离决”，则以死亡为转归。

（三）诊断方面

既然阴阳失调是疾病发生、发展的根本原因，因此，任何疾病无论其临床症状如何错综复杂，只要在收集症状和进行辨证时以阴阳为纲加以概括，就可以执简驭繁，抓住疾病的本质。

1. 分析症状的阴阳属性 一般来说，凡口色红、黄、赤紫者为阳，口色白、青、黑者为阴；凡脉象浮、洪、数、滑者为阳，沉、细、迟、涩者为阴；凡声音高亢、宏亮者为阳，低微、无力者为阴；身热属阳，身寒属阴；口干而渴者属阳，口润不渴者属阴；躁动不安者属阳，蜷卧静默者属阴等。

2. 辨别证候的阴阳属性 一切病症，不外“阴证”和“阳证”两种。八纲辨证就是分别从病性（寒热）、病位（表里）和正邪消长（虚实）几方面来分辨阴阳，并以阴阳作为总纲统领各证（表证、热证、实证属阳证，里证、寒证、虚证属阴证）。临床辨证，首先要分清阴阳，才能抓住疾病的本质。故《景岳全书·传忠录》说：“凡诊病施治，必须先审阴阳，乃为医道之纲领，阴阳无谬，治焉有差？医道虽繁，而可以一言而蔽之者，曰阴阳而已。故证有阴阳，脉有阴阳，药有阴阳……设能明彻阴阳，则医道虽玄，思过半矣。”《元亨疗马集》中也说：“凡察兽病，先以色脉为主，……然后定夺其阴阳之病。”

（四）治疗方面

1. 确定治疗原则　由于阴阳偏胜偏衰是疾病发生的根本原因，因此，泻其有余，补其不足，恢复阴阳的协调平衡是诊疗疾病的基本原则，如《素问·至真要大论》中说："谨察阴阳所在而调之，以平为期。"对于阴阳偏胜者，应以"实者泻之"为治疗原则。若为阳邪盛而导致的实热证，则用"热者寒之"的治疗方法；若为阴邪盛而致的寒实证，则用"寒者热之"的治疗方法。对于阴阳偏衰者，应以"虚者补之"为治疗原则。若为阴偏衰而致的"阴虚则热"的虚热证，治疗当滋阴以抑阳；若为阳偏衰而致的"阳虚则寒"的虚寒证，治疗当扶阳以制阴。正所谓"壮水之主以制阳光，益火之源以消阴翳"（王冰《素问》注释）。

2. 分析药物性能的阴阳属性，指导临床用药　药物的性味功能也可用阴阳来加以区分，作为临床用药的依据。一般来说，温热性的药物属阳，寒凉性的药物属阴；辛、甘、淡味的药物属阳，酸、咸、苦味的药物属阴；具有升浮、发散作用的药物属阳，而具沉降、涌泄作用的药物属阴。根据药物的阴阳属性，就可以灵活地运用药物调整机体的阴阳，以期补偏救弊。如热盛用寒凉药以清热，寒盛用温热药以祛寒，便是《内经》中所指出的"寒者热之，热者寒之"用药原则的具体运用。

（五）预防方面

由于动物机体与外界环境密切相关，动物机体的阴阳必须适应四时阴阳的变化，否则便易引起疾病。因此，加强饲养管理，增强动物机体的适应能力，可以防止疾病的发生。这正如《素问·四气调神大论》中所说："春夏养阳，秋冬养阴，以从其根……。逆之则灾害生，从之则疴疾不起，……"《元亨疗马集·腾驹牧养法》中也提出了"凡养马者，冬暖屋，夏凉棚"，"切忌宿水、冻料、尘草、沙石……食之"的预防措施。此外，还可以用春季放血、灌四季调理药的办法来调和气血，协调阴阳，预防疾病。

第二节　五行学说

五行学说也属于古代哲学的范畴，它是以木、火、土、金、水 5 种物质的特性及其"相生"和"相克"规律来认识世界、解释世界和探求宇宙规律的一种世界观和方法论。在中兽医学中，五行学说被用以说明动物机体的生理、病理，并指导临床实践。

一、五行的基本概念

五行中的"五"，是指木、火、土、金、水五种物质；"行"，是指这 5 种物质的运动和变化。古人在长期的生活和生产实践中发现，木、火、土、金、水是构成宇宙中一切事物的 5 种基本物质，这些物质既各具特性，又相互联系、运行不息。历代思想家就是将这五种物质的特性作为推演各种事物的法则，对一切事物进行分类归纳，并将五行之间的生克制化关系作为阐释各种事物之间普遍联系的法则，对事物间的联系和运动规律加以说明，从而形成五行学说。

五行学说源于"五材说"，但它又不同于"五材"。它不是单纯地指 5 种物质，而是包括了 5 种物质的不同属性及其相互之间的联系和运动，认为事物之间通过五行生克制化的关系，保持动态平衡，从而维持事物的生存和发展。

二、五行的基本内容

五行学说，是以五行的抽象特性来归纳各种事物，以五行之间生克制化的关系来阐释宇宙中各种事物或现象之间相互联系和协调平衡的规律。

（一）五行的特性

五行的特性，来自古人对木、火、土、金、水五种物质的自然现象及其性质的直接观察和抽象概括。一般认为，《尚书·洪范》中所说的“水曰润下、火曰炎上、木曰曲直、金曰从革、土爰稼穑”，是对五行特性的经典概括。

1. 木的特性 “木曰曲直”。“曲”，屈也；“直”，伸也。“曲直”，即是指树木的枝条具有生长、柔和、能曲又能直的特性，因而引申为凡有生长、升发、条达、舒畅等性质或作用的事物，均属于木。

2. 火的特性 “火曰炎上”。“炎”，是焚烧、热烈之意；“上”，即上升。“炎上”，是指火具有温热、蒸腾向上的特性，因而引申为凡有温热、向上等性质或作用的事物，均属于火。

3. 土的特性 “土爰稼穑”。“爰”，通“曰”；“稼”，即种植谷物；“穑”，即收获谷物。“稼穑”，泛指人类种植和收获谷物等农事活动。由于农事活动均在土地上进行，因而引申为凡有生化、承载、受纳等性质或作用的事物，均属于土。故有“土载四行”、“万物土中生”和“土为万物之母”的说法。

4. 金的特性 “金曰从革”。“从”，即顺从；“革”，即变革。“从革”，是指金属物质可以顺从人意，变革形状，铸造成器。也有人认为，金属源于对矿物的冶炼，其本身是顺从人意，变革矿物而成，故曰“从革”。又因金之质地沉重，且常用于杀伐，因而引申为凡有沉降、肃杀、收敛等性质或作用的事物，均属于金。

5. 水的特性 “水曰润下”。“润”，即潮湿、滋润；“下”，即向下，下行。“润下”，是指水有滋润下行的特点，后引申为凡具有滋润、下行、寒凉、闭藏等性质或作用的事物，均属于水。

（二）五行的归类

五行学说是将自然界的事物和现象，以及动物机体的脏腑组织器官的生理、病理现象，进行广泛的联系，按五行的特性以直接归属（取类比象）或间接推演（推演络绎）的方法，根据事物不同的形态、性质和作用，分别将其归属于木、火、土、金、水五行之中。现将自然界和动物机体有关事物或现象的五行归类，列于下表。

表　五行归类

自然界							动物体						
五行	五味	五色	五化	五气	五方	五季	脏	腑	五体	五窍	五液	五脉	五志
木	酸	青	生	风	东	春	肝	胆	筋	目	泪	弦	怒
火	苦	赤	长	暑	南	夏	心	小肠	脉	舌	汗	洪	喜
土	甘	黄	化	湿	中	长夏	脾	胃	肌肉	口	涎	濡	思
金	辛	白	收	燥	西	秋	肺	大肠	皮毛	鼻	涕	浮	悲
水	咸	黑	藏	寒	北	冬	肾	膀胱	骨	耳	唾	沉	恐

（三）五行的相互关系

木、火、土、金、水五行之间不是孤立的、静止不变的，而是存在着有序的相生、相克以及制化关系，从而维持着事物生化不息的动态平衡，这是五行之间关系正常的状态。

1. 五行相生　生，即资生、助长、促进。五行相生，是指五行之间存在着有序的依次递相资生、助长和促进的关系，借以说明事物间有相互协调的一面。五行相生的次序如下：

在相生关系中，任何一行都有“生我”及“我生”两方面的关系。“生我”者为母，“我生”者为子。以木为例，水生木，水为木之母；木生火，火为木之子。再以金为例，土生金，土为金之母；金生水，水为金之子。五行之间的相生关系，也称为母子关系。

木$\xrightarrow{生}$火$\xrightarrow{生}$土$\xrightarrow{生}$金$\xrightarrow{生}$水$\xrightarrow{生}$木

2. 五行相克　克，即克制、抑制、制约。五行相克，是指五行之间存在着有序的依次递相克制、制约的关系，借以说明事物间相拮抗的一面。五行相克的次序如下。

木$\xrightarrow{克}$土$\xrightarrow{克}$水$\xrightarrow{克}$火$\xrightarrow{克}$金$\xrightarrow{克}$木

在相克关系中，任何一行都有“克我”及“我克”两方面的关系。“克我”者为我“所不胜”，“我克者”为我所胜。以土为例，土克水，则水为土之“所胜”；木克土，则木为土之“所不胜”。又以火为例，火克金，则金为火之“所胜”；水克火，则水为火之“所不胜”。五行之间的相克关系，也称为“所胜、所不胜”关系。

3. 五行相乘　乘，凌也，有欺侮之意。指五行中某一行对其所胜一行的过度克制，即相克太过，是事物间关系失去相对平衡的一种表现，其次序同于五行相克。

木$\xrightarrow{乘}$土$\xrightarrow{乘}$水$\xrightarrow{乘}$火$\xrightarrow{乘}$金$\xrightarrow{乘}$木

引起五行相乘的原因有“太过”和“不及”两个方面。“太过”是指五行中的某一行过于亢胜，对其所胜加倍克制，导致被乘者虚弱。以木克土为例，正常情况下木克土，如木气过于亢盛，对土克制太过，土本无不足，但亦难以承受木的过度克制，导致土的不足，称为“木乘土”。“不及”是指某一行自身虚弱，难以抵御来自己所不胜者的正常克制，使虚者更虚。仍以木克土为例，正常情况下木能制约土，若土气过于不足，木虽然处于正常水平，土仍难以承受木的克制，导致木克土的力量相对增强，使土更显不足，称为“土虚木乘”。

4. 五行相侮　侮，为欺侮、欺凌之意。五行相侮，是指五行中某一行对其所不胜一行的反向克制，即反克，又称“反侮”，是事物间关系失去相对平衡的另一种表现。五行相侮的次序与五行相克相反。

木$\xrightarrow{侮}$金$\xrightarrow{侮}$火$\xrightarrow{侮}$水$\xrightarrow{侮}$土$\xrightarrow{侮}$木

引起相侮的原因也有“太过”和“不及”两个方面。“太过”是指五行中的某一行过于强盛，使原来克制它的一行不但不能克制它，反而受到它的反克。例如，正常情况下金克木，但若木气过于亢盛，金不但不能克木，反而被木所反克，出现“木侮金”的逆向克制现象。“不及”是指五行中的一行过于虚弱，不仅不能克制其所胜的一行，反而受到它的反克。例如，正常情况下，金克木，木克土，但当木过度虚弱时，不仅金乘木，而且土也会因木之衰弱而对其进行反克，称为“土侮木”。

五行相生相克的关系平衡协调叫做五行制化。五行制化关系，是五行生克关系的相互结合。没有生，就没有事物的发生和成长；没有克，事物就会过分亢进而为害，就不能维持事物间的正常协调关系。因此，必须有生有克，相反相成，才能维持和促进事物的平衡协调和发展变化。正如《类经图翼·运气上》所说：“盖造化之机，不可无生，亦不可无制。无生则发育无由，无制则亢而为害。”

总之，五行的相生、相克和制化，是正常情况下五行之间相互资生、促进和相互克制、制约的关系，是事物维持正常协调平衡关系的基本条件；而五行的相乘相侮，则是五行之间生克制化关系失调情况下发生的异常现象，是事物间失去正常协调平衡关系的表现。

三、五行学说在中兽医学中的应用

在中兽医学中，五行学说主要是以五行的特性来分辨说明动物机体脏腑、组织器官的五行属性，以五行的生克制化关系来分析脏腑、组织器官的各种生理功能及其相互关系，以五行的乘侮关系和母子相及来阐释脏腑病变的相互影响，并指导临床的辨证论治。

（一）生理方面

首先，按五行的特性来分辨脏腑器官的属性。如，木有升发、舒畅、条达的特性，肝喜条达而恶抑郁，主管全身气机的舒畅条达，故肝属“木”；火有温热向上的特性，心阳有温煦之功，故心属“火”；土有生化万物的特性，脾主运化水谷，为气血生化之源，故脾属“土”；金性清肃、收敛，肺有肃降作用，故肺属“金”；水有滋润、下行、闭藏的特性，肾有藏精、主水的作用，故肾属“水”。

其次，以五行生克制化的关系，说明脏腑器官之间相互资生和制约联系。如，肝能制约脾（木克土），脾能资生肺（土生金），而肺又能制约肝（金克木）等。又如，心火可以助脾土的运化（火生土），肾水可以抑制心火的有余（水克火），其他依此类推。五行学说认为机体就是通过这种生克制化以维持相对的平衡协调，保持正常的生理活动。

（二）病理方面

疾病的发生及传变规律，可以用五行学说加以说明。根据五行学说，疾病的发生是五行生克制化关系失调的结果，其传变有按相生次序的母病及子和子病犯母两种类型，也有按相克次序的相乘为病和相侮为病两条途径。

母病及子，是指疾病的传变是从母脏传及子脏，如肝（木）病传心（火）、肾（水）病及肝（木）等。

子病犯母，是指疾病的传变是从子脏传及母脏，如脾（土）病传心（火）、心（火）病及肝（木）等。

相乘为病，即是相克太过而为病，其原因一是“太过”，一是“不及”。如肝气过旺，对脾的克制太过，肝病传于脾，则为“木旺乘土”；若先有脾胃虚弱，不能耐受肝的相乘，致使肝病传于脾，则为“土虚木乘”。

相侮为病，即是反向克制而为病，其原因亦为“太过”和“不及”。如肝气过旺，肺无力对其加以制约，导致肝病传肺（木侮金），称为“木火刑金”；又如脾土不能制约肾水，致使肾病传脾（水侮土），称为“土虚水侮”。

一般来说，按照相生规律传变时，母病及子病情较轻，子病犯母病情较重；按照相克规律传变时，相乘传变病情较重，相侮传变病情较轻。

（三）诊断方面

根据五行学说，认为动物机体的五脏、六腑与五官、五体、五色、五液、五脉之间，存在着五行属性的密切联系，当脏腑发生疾病时就会表现出色泽、声音、形态、脉象诸方面的变化，据此可以对疾病进行诊断。《元亨疗马集》中提出的“察色应症”，便是以五行分行四时，代表五脏分旺四季，又以相应五色（青、黄、赤、白、黑）的舌色变化来判断健康、疾病和预后。如肝木旺于春，口色桃色者平，白色者病，红者和，黄者生，黑者危，青者死等。又如《司牧安骥集·清浊五脏论》中所说的“肝病传于南方火，父母见子必相生；心属南方丙丁火，心病传脾祸未生……心家有病传于肺，金逢火化倒销形；肺家有病传于肝，金能克木病难痊”，即是根据疾病相生、相克的传变规律来判断预后。

（四）治疗方面

根据五行学说，既然疾病是脏腑之间生克制化关系失调，出现“太过”或“不及”而引起的，因此抑制其过亢，扶助其过衰，使其恢复协调平衡便成为治疗的关键。《难经·六十九难》提出了“虚则补其母，实则泻其子”的治疗原则，后世医家根据这一原则，制定出了很多治疗方法，如“扶土抑木”（疏肝健脾相结合）、“培土生金”（健脾补气以益肺气）、“滋水涵木”（滋肾阴以养肝阴）等。同时，由于一脏的病变，往往牵涉到其他的脏器，通过调整有关脏器，可以控制疾病的传变，达到预防的目的。如《难经·七十七难》中说：“见肝之病，则知肝当传之于脾，故先实其脾气。”即是根据肝气旺盛，易致肝木乘脾土而提出用健脾的方法，防止肝病向脾的传变。

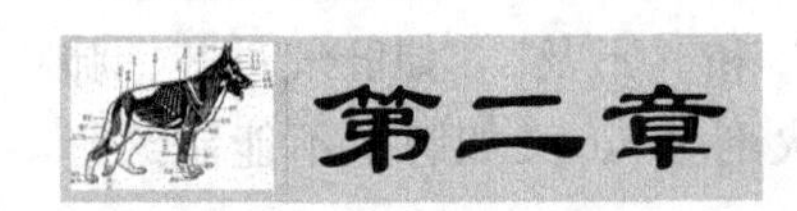

第二章

脏腑学说

第一节　概　述

一、脏腑学说的概念

脏腑学说是研究机体各脏腑器官的生理活动、病理变化及其相互关系的学说。古人称之为“藏象”（《素问·六节脏象论》）。“藏”，即脏，指藏于体内的内脏；“象”，即形象或征象，所以说，“藏象”是指脏腑的生理活动和病理变化反映于外（体表和五官九窍）的征象。由此可见，脏腑学说主要是通过观察动物机体外部征象的变化，来判断内脏生理功能是否正常。即“观其外而知其内”。脏腑学说实际上是中兽医的生理学说。

二、脏腑学说的内容

脏腑学说的内容，应包括3个方面。①五脏、六腑、奇恒之腑及其相联系的组织、器官的功能活动以及它们之间的相互关系；②气血津液。气血津液是维持脏腑功能活动的基本物质，又依靠脏腑功能活动不断产生和补充；③经络系统。经络是联系脏腑、沟通内外的通路，是脏腑学说不可缺少的部分。五脏和六腑的表里关系，五脏和体表五官九窍的联系，均靠经络来实现。但是，习惯上，往往把经络和气血津液单列章节分述，以强调其重要性。

五脏，即心、肝、脾、肺、肾，是化生和贮藏精气的器官，具有藏精气而不泻的特点。前人把心包列入六脏，但心包位于心的外廓，有保护心脏的作用，其病变基本与心脏相同，故历来把它属于心，仍称五脏。

六腑，即胆、胃、大肠、小肠、膀胱、三焦（无三焦称五腑），是受盛和传化水谷的器官，具有传化浊物，泻而不藏的特点。如《素问·五脏别论》中说：“五脏者，藏精气而不泻也，故满而不能实；六腑者，传化物而不藏，故实而不能满也。”

奇恒之腑，即脑、髓、骨、脉、胆、胞宫。“奇”是异、“恒”为常之意，因其形态似腑，功能似脏，不同于一般的脏腑，故称奇恒之腑。其中，胆为六腑之一，但六腑之中，惟有它藏清净之液，故又归于奇恒之腑。

脏与腑之间存在着阴阳、表里的关系。脏在里，属阴；腑在表，属阳；心与小肠、肝与胆、脾与胃、肺与大肠、肾与膀胱、心包络与三焦相表里。脏与腑之间的表里关系，是通过经脉来联系的，脏的经脉络于腑，腑的经脉络于脏，彼此经气相通，在生理和病理上相互联系、相互影响。

脏腑虽各有其功能，但彼此又相互联系，共同构成动物机体的有机整体。同时，脏腑还与肢体组织（脉、筋、肉、皮毛、骨）、五官九窍（舌、目、口、鼻、耳及前后阴）等有着密切联系。如五脏之间相生相克，六腑之间承接合作，脏腑之间表里相合，五脏与肢体官窍之间存在着归属开窍的关系，这就构成了动物机体以五脏为中心的五大功能系统，各系统功能上相互联系的统一整体。

中兽医学中脏腑的概念，与现代兽医学中“脏器”的概念，虽然名称相同，但其含义却大不相同。脏腑不完全是一个解剖学的概念，更重要的是一个生理、病理的概念，代表某一功能系统。

第二节　五　脏

五脏，即心、肝、脾、肺、肾，其主要的生理功能是化生和贮藏气、血、精、津液，具有藏而不泻的特点。由于五脏和奇恒之腑的关系极为密切，在介绍脏的功能时将对有关奇恒之腑加以叙述，不再另立章节。

一、心

心位于胸中，有心包护于外。心的主要生理功能是主血脉和藏神。心开窍于舌，在液为汗。心的经脉下络于小肠，与小肠相表里。

心是脏腑中最重要的器官，在脏腑的功能活动中起主导作用，为机体生命活动的中心。《灵枢·邪客篇》中说：“心者，五脏六腑之大主也，精神之所舍也”，《司牧安骥集·师皇五脏论》也说：“心是脏中之君”，都指出了心有统管脏腑功能活动的作用。

1. 心主血脉　心是血液运行的动力，脉是血液运行的通道。心主血脉，是指心有推动血液在脉管内运行，以营养全身的作用。故《素问·痿论》中说：“心主身之血脉。”由于心、血、脉三者密切相关，所以心脏的功能正常与否，可以从脉象、口色上反映出来。如心气旺盛、心血充足，则脉象平和，节律调匀，口色鲜明如桃花色。反之，心气不足，心血亏虚，则脉细无力，口色淡白。若心气衰弱，血行淤滞，则脉涩不畅，脉律不整或有间歇，出现结脉或代脉，口色青紫等症状。

2. 心藏神　“神”，指精神活动，即机体对外界事物的客观反映。“心藏神”，是指心是一切精神活动的主宰。《灵枢·本神篇》说：“所以任物者谓之心。”任，即担任、承受之意。《司牧安骥集·清浊五脏论》中也有“心藏神”之说。因为心中有神，心才能统辖各个脏腑，成为生命活动的根本。如《素问·六节脏象论》中说：“心者，生之本，神之变也。”

心藏神的功能与心主血脉的功能密切相关，因为血液是维持正常精神活动的物质基础，血为心所主，所以心血充盈，心神得养，则动物“皮毛光彩精神倍”。否则，心血不足，神不能安藏，则出现活动异常或惊恐不安，故《司牧安骥集·碎金五脏论》说：“心虚无事多惊恐，心痛癫狂脚不宁。”同样，心神异常，也可导致心血不足，或者血行不畅、脉络瘀阻。

3. 开窍于舌　舌为心之苗，心经的别络上行于舌，因而心的气血上通于舌，舌的生理功能直接与心相关，而心的生理功能及病理变化最易在舌上反映出来。心血充足，则舌体柔软红润，运动灵活；心血不足，则舌色淡而无光；心血瘀阻，则舌色青紫；心经有热，则舌质红绛，口舌生疮。故《素问·阴阳应象大论》中说："心主舌……开窍于舌"，《司牧安骥集·师皇五脏论》也说"心者外应于舌"。

4. 心主汗 汗是津液发散于肌腠的部分，即汗由津液所化生，如《灵枢·决气篇》说："腠理发泄，汗出溱溱，是谓津。"津液是血液的重要组成部分，血为心所主，血汗同源，故称"汗为心之液"，又称心主汗。如《素问·宣明五气篇》指出："五脏化液，心为汗。"心在液为汗，是指心与汗有密切的关系，出汗异常，往往与心有关。如心阳不足，常常引起腠理不固而自汗；心阴血虚，往往导致阳不摄阴而盗汗。又因血汗同源，津亏血少，则汗源不足，而发汗过多，又容易伤津耗血。故《灵枢·营卫生会篇》有"夺血者无汗，夺汗者无血"之说。临床上，心阳不足和心阴血虚的动物，用汗法时应特别慎重。汗多不仅伤津耗血，而且也耗散心气，所以出汗过多可以导致亡阳的病变。

［附］**心包络**

心包络或称心包，与六腑中的三焦互为表里。它是心的外围组织，有保护心脏的作用。当诸邪侵犯心脏时，一般是由表入里，由外而内，先侵犯心包络。如《灵枢·邪客篇》中说："故诸邪之在于心者，皆在于心之包络。"实际上，心包受邪所出现的病症与心是一致的。如热性病出现神昏症状，虽称为"邪入心包"，实际上是热盛伤神，在治法上可采用清心泄热之法。由此可见，心包络与心在病理和用药上基本相同。

二、肺

肺位于胸中，上连气道。肺的主要功能是主气、司呼吸，主宣降，通调水道，主一身之表，外合皮毛。肺开窍于鼻，在液为涕。肺的经脉下络于大肠，与大肠相表里。

1. 肺主气、司呼吸 肺主气，是指肺有主宰气的生成与代谢的功能。《素问·六节脏象论》说："肺者，气之本"，《司牧安骥集·天地五脏论》也说："肺为气海"。肺主气，包括主呼吸之气和一身之气两个方面。

肺主呼吸之气，是指肺为体内外气体交换的场所，通过肺的呼吸作用，机体吸入自然界的清气，呼出体内的浊气，吐故纳新，实现机体与外界环境间的气体交换，以维持正常的生命活动。《素问·阴阳应象大论》中所说的"天气通与肺"便是此意。

肺主一身之气，是指整个机体上下表里之气均由肺所主，特别是和宗气的生成有关。宗气是水谷精微之气与肺所吸入的清气，在元气的作用下而生成的。宗气是促进和维持机体机能活动的动力，它一方面维持肺的呼吸功能，进行吐故纳新，使内外气体得以交换；另一方面由肺入心，推动血液运行，并宣发到身体各部，以维持脏腑组织的机能活动，故有"肺朝百脉"之说。血液虽然由心所主，但必须依赖肺气的推动，才能保持其正常运行。

肺主气的功能正常，则气道通畅，呼吸均匀；若病邪伤肺，使肺气壅阻，引起呼吸功能失调，则出现咳嗽、气喘、呼吸不利等症状；若肺气不足，则出现体倦、无力、气短、自汗等气虚症状。

2. 肺主宣发和肃降 宣发，即宣通、发散；肃降，即清肃、下降。肺主宣发和肃降，实际上是指肺气的运动具有向上、向外宣发和向下、向内肃降的双向作用。

肺主宣发，一是通过宣发作用将体内代谢过的气体呼出体外；二是将脾传输至肺的水谷精微之气布散全身，外达皮毛；三是宣发卫气，以发挥其温分肉和司腠理开合的作用。《灵枢·决气篇》所说"上焦开发，宣五谷味，熏肤、充身、泽毛，若雾露之溉，是谓气"，就是指肺的宣发作用。若肺气不宣而壅滞，则引起胸满、呼吸不畅、咳嗽、皮毛焦枯等症状。

肺主肃降，一是通过下降作用，吸入自然界清气；二是将津液和水谷精微向下布散全身，并将代谢产物和多余水液下输于肾和膀胱，排出体外；三是保持呼吸道的清洁。肺居上焦，以清肃下降为顺；肺为清虚之脏，其气宜清不宜浊，只有这样才能保持其正常的生理功能。若肺气不能肃降而上逆，则引起咳嗽、气喘等症状。

3. 通调水道　通，即疏通；调，即调节；水道，是水液运行的通道。肺主通调水道，是指肺的宣发和肃降运动对体内水液的输布、运行和排泄有疏通和调节的作用。通过肺的宣发，将津液与水谷精微布散于全身，并通过宣发卫气司腠理的开合，调节汗液的排泄。通过肺的肃降，津液和水谷精微不断向下输送，代谢后的水液经肾的气化作用，化为尿液由膀胱排出体外。所以《素问·经脉别论》中说："饮入于胃，游溢精气，上输于脾，脾气散精，上归于肺，通调水道，下输膀胱。"肺通调水道的功能，是在肺的宣发和肃降两方面作用的共同配合下完成的，若肺的宣降功能失常，就会影响到机体的水液代谢，发生水肿、腹水、胸水以及泄泻等病症。由于肺参与了机体的水液代谢，故有"肺主行水"之说。又因肺居于胸中，位置较高，故也有"肺为水之上源"的说法。

4. 肺主一身之表，外合皮毛　一身之表，包括皮肤、汗孔、被毛等组织，简称皮毛，是机体抵御外邪侵袭的外部屏障。肺合皮毛，是指肺与皮毛不论在生理或是病理方面均存在着极为密切的关系。在生理方面，一是皮肤汗孔（又称"气门"）具有散气的作用，就是说参与了呼吸调节，而有"宣肺气"的功能。二是皮毛有赖于肺气的温煦，才能润泽，否则就会憔悴枯槁。正如《灵枢·脉度篇》所说："手太阴气绝，则皮毛焦。太阴者行气温于皮毛者也，故气不荣则皮毛焦。"在病理方面，则表现为肺经有病可以反映于皮毛，而皮毛受邪也可传之于肺。如肺气虚的动物，不仅易汗，而且经久可见皮毛焦枯或被毛脱落；而外感风寒，也可影响到肺，出现咳嗽、流鼻涕等症状。故《素问·咳论》说："皮毛者，肺之合也，皮毛先受邪气，邪气以从其合也。"

5. 开窍于鼻　鼻为肺窍，有司呼吸和主嗅觉的功能。肺气正常则鼻窍通利，嗅觉灵敏。故《灵枢·脉度篇》说："肺气通于鼻，肺和则鼻能知香臭矣。"同时，鼻为肺的外应，如《司牧安骥集·师皇五脏论》中说："肺者，外应于鼻。"在病理方面，如外邪犯肺，肺气不宣，常见鼻塞流涕，嗅觉不灵等症状。又如肺热壅盛，常见鼻翼扇动等。鼻为肺窍，鼻又可成为邪气犯肺的通道，如湿热之邪侵犯肺卫，多由鼻窍而入。此外，喉是呼吸的门户和发音器官，又是肺脉通过之处，其功能也受肺气的影响，肺有异常，往往引起声音嘶哑、喉痹等病变。

三、脾

脾位于腹中，其主要生理功能为主运化、统血，主肌肉四肢。脾开窍于口，在液为涎。脾的经脉络于胃，与胃相表里。

1. 脾主运化　运，指运输；化，即消化、吸收。脾主运化，主要是指它有消化、吸收、运输营养物质及水湿的功能。机体的五脏六腑、四肢百骸、筋肉、皮毛，均有赖于脾的运化，以获取营养，故称脾为“后天之本”、“五脏之母”。

脾主运化的功能，主要包括两个方面：一是运化水谷精微，即经胃初步消化的水谷，再由脾进一步消化吸收，并将营养物质转输到心、肺，通过经脉运送到周身，以供机体生命活动的需要。脾的这种功能旺盛，称为“健运”。脾气健运，其运化水谷的功能正常，全身各脏腑组织才能得到充分的营养，进行正常的生理活动。反之，脾失健运，水谷运化功能失常，就会出现腹胀，腹泻，精神倦怠，消瘦，营养不良等病症。二是指运化水湿，即脾有促进水液代谢的作用。脾在运输水谷精微的同时，也把水液运送到周身各组织中去，以发挥其滋养濡润的作用，故《素问·厥论》说：“脾主为胃行其津液者也。”代谢后的水液，则下达于肾，经膀胱排出体外。若脾运化水湿的功能失常，就会出现水湿停留的各种病变，如停留肠道则为泄泻，停于腹腔则为腹水，溢于肌表则为水肿，水湿停聚则成痰饮等。故《素问·至真要大论》中说：“诸湿肿满，皆属于脾。”

脾将水谷精微及水湿上输于肺，其特点是上升的，故有“脾主升清”之说。“清”，即是指精微的营养物质。亦曰“脾气主升”。同时，脾气有升举维系内脏器官正常位置的作用。若脾气不升反而下陷，除可导致泄泻外，也可引起内脏垂脱诸症，如脱肛、子宫垂脱等。

2. 脾主统血 统，有统摄、控制之意。脾主统血，是指脾有统摄血液在脉中正常运行，不致溢出脉外的功能。《难经·四十二难》所说的“脾……主裹血，温五脏”，即是指这一功能。裹血，就是包裹、统摄血液，不使其外溢。脾之所以能统血，全依赖脾气的固摄作用。脾气旺盛，固摄有权，血液就能正常地沿脉管运行而不致外溢；否则，脾气虚弱，失其统摄之功，气不摄血，就会引起各种出血性疾患，尤以慢性出血为多见。

3. 脾主肌肉四肢 指脾可为肌肉和四肢提供营养，以确保其健壮有力和正常发挥功能。肌肉的生长发育及丰满有力，主要依赖脾所运化水谷精微的濡养，故《素问·痿论》说：“脾主身之肌肉。”脾气健运，营养充足，则肌肉丰满有力，否则就肌肉痿软，动物消瘦，正如《元亨疗马集·定脉歌》所说：“肉瘦毛长戊已（脾）虚。”

四肢的功能活动，也有赖于脾所运送的营养才得以正常发挥。当脾气健运，清阳之气输布全身，营养充足时，四肢活动有力，步行轻健；否则脾失健运，清阳不布，营养无源，必致四肢活动无力，步行怠慢。《素问·阴阳应象大论》说：“今脾病，不能为胃行其津液，四肢不得禀水谷气，气日以衰，脉道不利，筋骨肌肉，皆无气以生，故不用焉。”动物患脾虚胃弱时，往往四肢痿软无力，倦怠好卧。

4. 开窍于口 脾主水谷的运化，口是水谷摄入的门户；又脾气通于口，与食欲有着直接联系。脾气旺盛，则食欲正常，故《灵枢·脉度篇》说：“脾气通于口，脾和则能知五谷矣。”若脾失健运，则动物食欲减退，甚至废绝，故《司牧安骥集·碎金五脏论》中说“脾不磨时马不食”。

脾主运化，口为脾之窍，脾又有经络与唇相通，唇是脾的外应，因此口唇可以反映出脾运化功能的盛衰。若脾气健运，营养充足，则口唇鲜明光润如桃花色；否则脾不健运，脾气衰弱，则食欲不振，营养不佳，口唇淡白无光；脾有湿热，则口唇红肿；脾经热毒上攻，则口唇生疮。

四、肝

肝位于腹腔右侧季肋部，有胆附于其下（马无胆囊）。肝的主要生理功能是藏血，主疏泄，主筋。肝开窍于目，在液为泪。肝有经脉络于胆，与胆相表里。

1. 肝主藏血　是指肝有贮藏血液及调节血量的功能。当动物休息或静卧时，机体对血液的需要量减少，一部分血液则贮藏于肝脏；而在使役或运动时，机体对血液的需要量增加，肝脏便排出所藏的血液，以供机体活动所需。故前人有“动则血运于诸经，静则血归于肝脏”之说。肝血供应的充足与否，与动物耐受疲劳的能力有着直接的关系。当动物使役或运动时，若肝血供给充足，则可增加对疲劳的耐受力，否则便易于疲劳，故《素问·六节脏象论》中称“肝为罢极之本”。肝藏血的功能失调主要有两种情况：一是肝血不足，血不养目，则发生目眩、目盲；或血不养筋，则出现筋肉拘挛或屈伸不利。二是肝不藏血，则可引起动物不安或出血。肝的阴血不足，还可引起阴虚阳亢或肝阳上亢，出现肝火、肝风等症。

2. 肝主疏泄　疏，即疏通；泄，即发散。肝主疏泄，是指肝具有保持全身气机疏通畅达，通而不滞，散而不郁的作用。气机是机体脏腑功能活动基本形式的概括。气机调畅，升降正常，是维持内脏生理活动的前提。“肝喜条达而恶抑郁”，全身气机的舒畅条达，与肝的疏泄功能密切相关，这与肝含有清阳之气是分不开的。如《血证论》中说：“设肝之清阳不升、则不能疏泄。”肝的疏泄功能，主要表现在以下几个方面：

（1）协调脾胃运化：肝气疏泄是保持脾胃正常消化功能的重要条件，这是因为一方面，肝的疏泄功能，使全身气机疏通畅达，能协助脾胃之气的升降和二者的协调；另一方面，肝能输注胆汁，以帮助食物的消化，而胆汁的输注又直接受肝疏泄功能的影响。若肝气郁结，疏泄失常，影响脾胃运化，可引起黄疸，同时出现食欲减退，嗳气，肚腹胀满等消化功能紊乱的现象。

（2）调畅气血运行：肝的疏泄功能直接影响到气机的调畅，而气之与血，如影随形，气行则血行，气滞则血瘀。因此，肝疏泄功能正常是保持血流通畅的必要条件。若肝失条达，肝气郁结，则见气滞血瘀；若肝气太盛，血随气逆，影响到肝藏血的功能，可见呕血、衄血。

（3）维持精神活动：动物的精神活动，除“心藏神”外，与肝气有密切关系。肝疏泄功能正常，也是保持精神活动正常的必要条件。如肝气疏泄失常，气机不调，可引起精神活动异常，或者出现精神沉郁、胸胁疼痛等症状。

（4）影响水液代谢：肝气疏泄还包括疏利三焦，通调水液升降通路的作用。若肝气疏泄功能失常，气不调畅，可影响三焦的通利，引起水肿、胸水、腹水等水液代谢障碍的病变。

3. 肝主筋　筋，即筋膜（包括肌腱），是联系关节，约束肌肉，主司运动的组织。筋附着于骨及关节，由于筋的收缩及弛张而使关节运动自如。肝主筋，是指肝有为筋提供营养，以维持其正常功能的作用，如《素问·痿论》说：“肝主身之筋膜。”肝主筋的功能与“肝藏血”有关，因为筋需要肝血的滋养，才能正常发挥其功能，正如《素问·经脉别论》中说：“食气入胃，散精于肝，淫气于筋。”肝血充盈，使筋得到充分的濡养，才能维持其正常的活动。若肝血不足，血不养筋，可出现四肢拘急，或者萎弱无力，伸屈不利等症状。若邪热劫津，津伤血耗，血不养筋，可引起四肢抽搐，角弓反张，牙关紧闭等症状。

"爪为筋之余"，爪甲亦有赖于肝血的滋养，故肝血的盛衰，可引起爪甲（蹄）荣枯的变化。肝血充足，则筋强力壮，爪甲（蹄）坚韧；肝血不足，则筋弱无力，爪甲（蹄）多薄而软，甚至变形而易脆裂。故《素问·五脏生成篇》说："肝之合筋也，其荣爪也。"

4. 肝开窍于目 目主视觉，肝有经脉与之相连，其功能的发挥有赖于五脏六腑之精气，特别是肝血的滋养。《素问·五脏生成篇》说："肝受血而能视"，《灵枢·脉度篇》也说："肝气通于目，肝和则能辨五色矣。"由于肝与目的关系密切，所以肝的功能正常与否，常常在目上得到反映。若肝血充足，则双目有神，视物清晰；若肝血不足，则两目干涩，视物不清，甚至夜盲；肝经风热，则目赤痒痛；肝火上炎，则目赤肿痛生翳。

五、肾

肾位于腰部，左右各一（前人有左为肾，右为命门之说），故《素问·脉要精微论》说："腰者，肾之府也。"肾的主要生理功能为主藏精，主命门之火，主水，主纳气，主骨、生髓、通于脑。肾开窍于耳，司二阴，在液为唾。肾有经脉络于膀胱，与膀胱相表里。

1. 肾藏精 "精"是一种精微物质，肾所藏之精即肾阴（真阴、元阴），是机体生命活动的基本物质，它包括先天之精和后天之精。先天之精，即本脏之精，是构成生命的基本物质。它禀受于父母，先身而生，与机体的生长、发育、生殖、衰老都有密切关系。胚胎的形成和发育均以肾精作为基本物质，同时它又是动物出生后生长发育过程中的物质根源。当机体发育成熟时，雄性则有精子产生，雌性则有卵子发育，出现发情周期，开始有了生殖能力；到了老年，肾精衰微，生殖能力也随之下降，直至消失。后天之精，即水谷之精，由五脏、六腑所化生，故又称"脏腑之精"，是维持机体生命活动的基本物质。先天之精和后天之精融为一体，相互资生、相互联系。先天之精有赖后天之精的供养才能充盛，后天之精需要先天之精的资助才能化生，故一方的衰竭必然影响到另一方的功能。

肾藏精，是指精的产生、贮藏及转输均由肾所主。肾所藏之精化生肾气，通过三焦，输布全身，促进机体的生长、发育和生殖。因而，临床上所见阳痿、滑精、精亏不孕等症，都与肾有直接关系。

2. 肾主命门之火 命门，即生命之根本的意思；火，指功能。命门之火，一般称元阳或肾阳（真阳），也藏之于肾。它既是肾脏生理功能的动力，又是机体热能的来源。肾主命门之火，是指肾之元阳，有温煦五脏、六腑，维持其生命活动的功能。肾所藏之精需要命门之火的温养，才能发挥其滋养各组织器官及繁殖后代的作用。五脏、六腑的功能活动，也有赖于肾阳的温煦才能正常，特别是后天脾胃之气需要先天命门之火的温煦，才能更好地发挥运化的作用。故命门之火不足，常导致全身阳气衰微。

肾阳和肾阴概括了肾脏生理功能的两个方面，肾阴对机体各脏腑起着濡润滋养的作用，肾阳则起着温煦生化的作用，二者相互制约，相互依存，维持着相对的平衡，否则，就会出现肾阳虚或肾阴虚的病理过程。由于肾阳虚和肾阴虚的本质都是肾的精气不足，因此，肾阳虚到一定程度可累及肾阳，反之肾阴虚也能伤及肾阴，甚至导致肾阴肾阳俱虚的病症出现。临床上，肾阴虚和肾阳虚的主要区别在于"阴虚内热"，"阳虚外寒"。

3. 肾主水 指肾在机体水液代谢过程中起着升清降浊的作用。动物机体内的水液代谢过程由肺、脾、肾三脏共同完成，其中肾的作用尤为重要。《素问·逆调论》说："肾者，水脏，主津液也。”肾主水的功能，主要是靠肾阳（命门之火）对水液的蒸化来完成的。水液进入胃肠，由脾上输于肺，肺将清中之清的部分输布全身，而清中之浊的部分则通过肺的肃降作用下行于肾，肾再加以分清泌浊，将浊中之清经再吸收上输于肺，浊中之浊的无用部分下注膀胱，排出体外。肾阳对水液的这一蒸化作用，称为“气化”。如肾阳不足，命门火衰，气化失常，就会引起水液代谢障碍而发生水肿、胸水、腹水等症。

4. 肾主纳气　纳，有受纳、摄纳之意。肾主纳气，是指肾有摄纳呼吸之气，协助肺司呼吸的功能。呼吸虽由肺所主，但吸入之气必须下纳于肾，才能使呼吸调匀，故有“肺主呼气，肾主纳气”之说。从二者关系来看，肺司呼吸，为气之本；肾主纳气，为气之根。只有肾气充足，元气固守于下，才能纳气正常；若肾虚，根本不固，纳气失常，就会影响肺气的肃降，出现呼多吸少，吸气困难的喘息之症。

5. 肾主骨、生髓、通于脑　指肾具有主管骨骼代谢、滋生和充养骨髓、脊髓及大脑的功能。肾所藏之精有生髓的作用，髓充于骨中，滋养骨骼，骨赖髓而强壮，这也是肾的精气促进生长发育功能的一个方面。若肾精充足，则髓的生化有源，骨骼坚强有力；若肾精亏虚，则髓的化源不足，不能充养骨骼，可导致骨骼发育不良，甚至骨脆无力等症。故《素问·阴阳应象大论》中说：“肾生骨髓”，《素问·解精微论》中也说：“髓者，骨之充也。”

髓由肾精所化生，有骨髓和脊髓之分。脊髓上通于脑，聚而成脑。故《灵枢·海论》说：“脑为髓之海。”脑主精神活动，故又称“元神之府”，但它需要肾精的不断化生得以滋养，否则就会出现呆痴，呼唤不应，目无所见，倦怠嗜卧等症状。

肾主骨，“齿为骨之余”，故齿也有赖肾精的充养。肾精充足，则牙齿坚固；肾精不足，则牙齿松动，甚至脱落。

《素问·五脏生成论》指出：“肾之和骨也，其荣发也。”动物被毛的生长，其营养来源于血，而生机则根源于肾气，并为肾的外候。被毛的荣枯与肾脏精气的盛衰有关。肾精充足则被毛生长而光泽，肾气虚衰则被毛枯槁甚至脱落。

6. 肾开窍于耳，司二阴　肾的上窍是耳。耳为听觉器官，其功能的发挥，有赖于肾精的充养。肾精充足，则听觉灵敏，故《灵枢·脉度篇》说：“肾气通于耳，肾和则耳能闻五音矣。”若肾精不足，可引起耳鸣，听力减退等症，故《司牧安骥集·碎金五脏论》说：“肾壅耳聋难听事，肾虚耳似听蝉鸣。”

肾的下窍是二阴。二阴，即前阴和后阴。前阴有排尿和生殖的功能，后阴有排泄粪便的功能。这些功能都与肾有着直接或间接的联系，如机体的生殖机能便由肾所主；排尿虽在膀胱，但要依赖肾阳的气化；粪便的排泄虽通过后阴，但也受肾阳温煦作用的影响。若肾阳不足，命门火衰，不能温煦脾阳，可导致粪便溏泄。此外，肾阳不足，还可引起尿频、阳痿等症。

第三节　六　腑

六腑，是胆、胃、小肠、大肠、膀胱和三焦的总称，其共同的生理功能是传化水谷，具有泄而不藏的特点。

一、胆

胆附于肝（马有胆管，无胆囊），内藏胆汁。胆汁由肝疏泄而来，所以《脉经》说："肝之余气泄于胆，聚而成精。"因胆汁为肝之精气所化生，清而不浊，故《司牧安骥集·天地五脏论》中称"胆为清净之腑"。胆的主要功能是贮藏和排泄胆汁，以帮助脾胃的运化。胆贮藏和排泄胆汁和其他腑的转输作用相同，故为六腑之一；但其他腑所盛者皆浊，唯胆所盛者为清净之液，与五脏藏精气的作用相似，故又把胆列为奇恒之腑。胆有经脉络于肝，与肝相表里。

肝胆本为一体，二者在生理上相互依存，相互制约，在病理上也相互影响，往往是肝胆同病。如肝胆湿热，临床上常见到动物食欲减退，发热口渴，尿色深黄，舌苔黄腻，脉弦数，口色黄赤等症状，治宜清肝胆，利湿热。

二、胃

胃位于膈下，上接食道，下连小肠，有经脉络于脾，与脾相表里。胃的主要功能为受纳和腐熟水谷，称之为"胃气"。受纳，即接受和容纳。胃主受纳，是指胃有接受和容纳饮食物的作用。饮食入口，经食道容纳于胃，故胃有"太仓"、"水谷之海"之称。《司牧安骥集·天地五脏论》中也称"胃为草谷之腑"。腐熟，是指饮食物在胃中经过胃的初步消化，形成食糜。饮食物经胃的腐熟，一部分转变为气血，由脾上输于肺，再经肺的宣发作用布散到全身，故《灵枢·玉版篇》说："胃者，水谷气血之海也。"没有被消化吸收的部分，则通过胃的通降作用，下传于小肠。由于脾主运化，胃主受纳、腐熟水谷，在胃中可以转化水谷为气血，而机体各脏腑组织都需要脾胃所运化气血的滋养，才能正常发挥功能，因此常常将脾胃合称为"后天之本"。

由于胃需要把其中的水谷下传小肠，所以胃气的特点是以和降为顺。一旦胃气不降，便会发生食欲不振，水谷停滞，肚腹胀满等症；若胃气不降反而上逆，则出现嗳气、呕吐等症。胃气往往反映食欲，对于动物机体的强健以及判断疾病的预后都至关重要，故《中藏经》说："胃气壮，五脏六腑皆壮也。"此外，还有"有胃气则生，无胃气则死"之说。临床上，也常常把"保胃气"作为重要的治疗原则。

三、小 肠

小肠上通于胃，下接大肠，有经脉络于心，与心相表里。小肠的主要生理功能是接受胃传来的水谷，继续进行消化吸收以分别清浊。清者为水谷精微，经吸收后，由脾传输到身体各部，供机体活动之需；浊者为糟粕和多余水液，下注大肠或肾，经由二便排出体外。故《素问·灵兰秘典论》说："小肠者，受盛之官，化物出焉。"《司牧安骥集·天地五脏论》也说："小肠为受盛之腑。"《医学入门》中指出："凡胃中腐熟水谷……，自胃之下口传入于小肠，……分别清浊，水液入膀胱上口，滓秽入大肠上口。"因此，小肠有病，除影响消化吸收功能外，还出现排粪、排尿的异常。

四、大 肠

大肠上通小肠，下连肛门，有经脉络于肺，与肺相表里。大肠的主要功能是形成粪便，进行排泄。即大肠接受小肠下传的水谷残渣或浊物，经过吸收其中的多余水液，最后燥化成粪便，由肛门排出体外。故《司牧安骥集·天地五脏论》说："大肠为传送之腑"，是传送糟粕的通道。大肠有病可见传导失常，如大肠虚不能吸收水液，致使粪便燥化不及，则肠鸣、便溏；若大肠实热，消灼水液过多，致使粪便燥化太过，则出现粪便干燥，秘结难下等。

五、膀　胱

膀胱位于腹部，有经脉络于肾，与肾相表里。膀胱的主要功能为贮留和排泄尿液。《司牧安骥集·天地五脏论》说："膀胱为津液之腑。"水液经过小肠的吸收后，下输于肾的部分，可被肾阳蒸化而成尿液，下渗膀胱，到一定量后，引起排尿动作，排出体外。若肾阳不足，膀胱功能减弱，不能约束尿液，便会引起尿频、尿液不禁；若膀胱气化不利，可出现尿少、尿秘；若膀胱有热，湿热郁结，可出现排尿困难、尿痛、尿淋漓、血尿等。

六、三　焦

三焦是上、中、下焦的总称。从部位上来说，脘腹部相当于中焦（包括脾、胃等脏腑），膈以上为上焦（包括心、肺等脏），脐以下为下焦（包括肝、肾、大小肠、膀胱等脏腑）。《司牧安骥集·清浊五脏论》说："头至于心上焦位，中焦心下至脐论，脐下至足下焦位。"三焦总的功能是总司机体的气化，疏通水道，是水谷出入的通路。但上、中、下焦的功能各有不同。

上焦的功能是司呼吸，主血脉，将水谷精气敷布全身，以温养肌肤、筋骨，并通调腠理。中焦的主要功能是腐熟水谷，并将营养物质通过肺脉化生营血。下焦的主要功能是分别清浊，并将糟粕以及代谢后的水液排泄于外。《灵枢·营卫生会篇》说："上焦如雾（指弥漫于胸中的宗气），中焦如沤（指水谷的腐熟），下焦如渎（指尿液的排泄）。"由此可见，水谷自受纳、腐熟，到精气的敷布，代谢产物的排泄，都与三焦有关。三焦的这些功能都是通过气化作用完成的，所以说三焦总司机体的气化作用。在病理情况下，上焦病包括心、肺的病变，中焦病包括脾、胃的病变，下焦病则主要指肝、肾的病变。

综上所述，三焦包含了胸腹腔上、中、下三部的有关脏器及其部分功能，所以说三焦是输送水液、养料及排泄废物的通道，而不是一个独立的器官。温病学上的三焦，是将这一概念加以引申，作为温病辨证的一种方法，其含义与上述三焦的概念有所不同。

三焦有经脉络于心包，和心包相表里。

［附］**胞宫**　胞宫，是子宫、卵巢、输卵管等的总称，其主要功能是主发情和孕育胎儿。《灵枢·五音五味篇》说："冲脉、任脉，皆起于胞中"，可见胞宫与冲、任二脉相连。机体的生殖功能由肾所主，故胞宫与肾关系密切。肾气充盛，冲、任二脉气血充足，动物才会正常发情，发挥生殖及营养胞胎的作用。若肾气虚弱，冲、任二脉气血不足，则动物不能正常发情，或者发生不孕等。此外，胞宫与心、肝、脾三脏也有关系，因为动物的发情及胎儿的孕育都有赖于血液的滋养，需要以心主血、肝藏血、脾统血功能的正常作为必要条件。一旦三者的功能失调，便会影响胞宫的正常功能。

第四节　脏腑之间的关系

动物机体是一个由五脏、六腑等组织器官构成的有机整体，各脏腑之间不但在生理上相互联系，分工合作，共同维持机体正常的生命活动，而且在病理上也相互影响。

一、五脏之间的关系

（一）心与肺

心与肺的关系，主要是气与血的关系。心主血，肺主气，二脏相互配合，保证了气血的正常运行。血的运行要靠气的推动，而气只有贯注于血脉中，靠血的运载才能到达周身，正所谓“气为血帅，血为气母，气行则血行，气滞则血瘀”。《素问·经脉别论》说：“肺朝百脉”，意为心所主之血脉必然要朝会于肺，得到肺中宗气的资助。这说明心与肺、气与血是相互依存的。因此，病理上无论是肺气虚弱或肺失宣肃，均可影响心的行血功能，导致血液运行迟滞，出现口舌青紫、脉迟涩等血瘀之症；相反，若心气不足或心阳不振，也会影响肺的宣发和肃降功能，导致呼吸异常，出现咳嗽、气促等肺气上逆的症状。

（二）心与脾

心主血脉，藏神；脾主运化，统血；二者的关系十分密切。脾为心血的生化之源，若脾气足，血生化有源，则心血充盈；而血行于脉中，虽靠心气的推动，但有赖于脾气的统摄才不致溢出脉外。脾的运化功能也有赖于心血的滋养和心神的统辖。若心血不足或心神失常，就会引起脾的运化失健，出现食欲减退，肢体倦怠等症；相反，若脾气虚弱，运化失职，也可导致心血不足或脾不统血，出现心悸、易惊或出血等症。

（三）心与肝

心与肝的关系主要表现在心主血、肝藏血和心藏神、肝主疏泄两个方面。首先，心主血，肝藏血，二者相互配合而起到推动血液循环及调节血量的作用。因此，心、肝之阴血不足，可互为影响。若心血不足，肝血可因之而虚，导致血不养筋，出血筋骨酸痛、四肢拘挛、抽搐等症；反之，肝血不足，也可影响心的功能，出现心悸、怔忡等症。其次，肝主疏泄、心藏神两者亦相互联系，相互影响。如肝疏泄失常，肝郁化火，可以扰及心神，出现心神不宁，狂躁不安等症；反之，心火亢盛，也可使肝血受损，出现血不养筋或血不养目等症。

（四）心与肾

心位于上焦，其性属火、属阳；肾位于下焦，其性属水、属阴；二者之间存在着相互作用、相互制约的关系。在生理条件下，心火不断下降，以资肾阳，共同温煦肾阴，使肾水不寒；同时，肾水不断上济于心，以资心阴，共同濡养心阳，使心阳不亢。这种阴阳相交，水火相济的关系，称为“水火既济”、“心肾相交”。在病理情况下，若肾水不足，不能上滋心阴，就会出现心阳独亢或口舌生疮的阴虚火旺之症；若心火不足，不能下降以资肾阳，以致肾水不化，就会上凌于心，出现“水气凌心”的心悸症。此外，心主血，肾藏精，精血互化，故肾精亏损和心血不足之间也常互为因果。

（五）肺与脾

脾与肺的关系，主要表现在气的生成与水液代谢两个方面。在气的生成方面，肺主气，脾主运化，同为后天气血生化之源，存在着益气与主气的关系。脾所传输的水谷之精气，上输于肺，与肺吸入的清气结合而形成宗气，这就是脾助肺益气的作用。因此，肺气的盛衰很大程度上取决于脾气的强弱，故有“脾为生气之源，肺为主气之枢”的说法。在水液代谢方面，脾运化水湿的功能，与肺气的肃降有关，脾、肺二脏相互配合，再加上肾的作用，共同完成水液的代谢过程。若脾气虚弱，脾失健运，水湿不能运化，聚为痰饮，则影响肺气的宣降，出现咳嗽、气喘等症状，故有“脾为生痰之源，肺为贮痰之器”的说法。同样，肺有病也可影响到脾，如肺气虚，宣降失职，可引起水液代谢不利，湿邪困脾，脾不健运，出现水肿、倦怠、腹胀、便溏等。

（六）肺与肝

肺与肝的关系，主要表现在气机的升降方面。肝的经脉上行，贯膈而注于肺，肝以升发为顺，肺以肃降为常，肝气升发，肺气肃降，二者协调，则机体气机升降运行畅通无阻。如肝气上逆，影响肺的肃降，则胸满喘促；若肝阳过亢，肝火过盛则灼伤肺津，可引起肺燥咳嗽等症。若肺失肃降，则影响肝之升发，可出现胸胁胀满；若肺气虚弱，气虚血涩，则肝血淤滞，可引起肢体疼痛，视力减退等。

（七）肺与肾

肾与肺的关系，主要表现在水液代谢和呼吸两个方面。在水液代谢方面，肺主宣降，肾主膀胱气化并司膀胱的开合，共同参与水液代谢，故有“肾主一身之水，肺为水之上源”之说。水液需经肺气的肃降才能下达于肾，肾有气化升降水液的功能，脾运化的水液，要在肺肾的合作下，才能完成正常的代谢过程。因此，脾、肺、肾三脏的功能失调，均可导致水液停留，而发生水肿等症。

在呼吸方面，肺司呼吸，为气之主；肾主纳气，为气之根；二者协同配合以完成机体的气体交换。肾的精气充足，肺吸入之气才能下纳于肾，呼吸才能和利。若肾气不足，肾不纳气，则出现呼吸困难，呼多吸少，动则气喘的症状；若肾阴不足而导致肺阴虚弱，则出现虚热、盗汗、干咳等症状；同样，肺的气阴不足，亦可影响到肾，而致肾虚之证。

（八）肝与脾

肝与脾的关系，主要是疏泄和运化的关系。肝藏血而主疏泄，脾生血而司运化，肝气的疏泄与脾胃之气的升降有着密切的关系。若肝的疏泄调畅，脾胃升降适度，则血液生化有源。若肝气郁滞，疏泄失常，就可引起脾不健运，出现食欲不振，肚腹胀满，腹痛，泄泻等症。反之，若脾失健运，水湿内停，日久蕴热，湿热郁蒸于中焦，也可导致肝疏泄不利，胆汁不能溢入肠道，横溢肌肤而形成黄疸。

（九）肝与肾

肝与肾的关系，主要表现在精和血的关系方面。肾藏精，肝藏血，肝血需要肾精的滋养，肾精又需肝血的不断补充，即精能生血，血能化精，二者相互依存，相互补充。肝、肾二脏往往盛则同盛，衰则同衰，故有“肝肾同源”之说。在病理上，精血的病变亦常常互相影响。如肾精亏损，可导致肝血不足；肝血不足，也可引起肾精亏损。由于肝肾同源，肝肾阴阳之间的关系也极为密切。肝肾之阴，相互资生，在病理上也相互影响。如肾阴不足可引起肝阴不足，阴不制阳而致肝阳上亢，出现痉挛、抽搐等“水不涵木”的症状；若肝阴不足，亦可导致肾阴不足而致相火上亢，出现虚热、盗汗等症状。

（十）脾与肾

脾与肾的关系，主要是先天与后天的关系。脾为后天之本，肾为先天之本。脾主运化，肾主藏精，二者相互资生，相互促进。肾所藏之精，需脾运化水谷之精的供养补充；脾的运化，又需肾阳的温煦，才能正常发挥作用。若肾阳不足，不能温煦脾阳，则致脾阳不足，脾失健运；而脾阳不足，不能运化水谷精气，则又可引起肾阳的不足。这就是临床常见的脾肾阳虚证，其主要表现是体质虚弱，形寒肢冷，久泻不止，肛门不收，或者四肢浮肿。

二、腑与腑之间的关系

六腑的功能虽然各不相同，但它们都是化水谷、行津液的器官。腑与腑之间的关系，主要是传化的关系。水谷入于胃，经过胃的腐熟，下传于小肠，经小肠分别清浊，水谷精微经脾转输于周身，糟粕则下注于大肠，经大肠的消化、吸收和传导，形成粪便，从肛门排出体外。在此过程中，胆排泄胆汁，以协助小肠的消化功能；代谢废物和多余的水分，下注膀胱，经膀胱的气化，形成尿液排出体外；三焦是水液升降排泄的主要通道。食物和水液的消化、吸收、传导、排泄，是各腑相互协调，共同配合完成的。因六腑传化水谷，需要不断地受纳排空，虚实更替，故六腑以通为顺。正如《灵枢·平人绝谷篇》所说："胃满则肠虚，肠满则胃虚，更虚更满，故气得上下。"一旦不通或水谷停滞，就会引起各种病症，治疗时常以使其畅通为原则，故前人有"腑病以通为补"之说。

六腑在生理上相互联系，在病理上也相互影响。六腑之中一腑的不通，必然会影响水谷的传化，导致它腑的功能失常。如胃有实热，消灼津液，可使大肠传导不利，大便秘结不通；而大肠燥结，粪便不通，又能影响胃的和降，致使胃气上逆，出现呕吐等症。又如胆火炽盛，常可犯胃，导致胃失和降，引起呕吐；脾胃湿热，熏蒸肝胆，使胆汁外溢，可发生黄疸等。

三、脏与腑之间的关系

五脏主藏精气，属阴，主里；六腑主传化物，属阳，主表。心与小肠、肺与大肠、脾与胃、肝与胆、肾与膀胱、心包与三焦，彼此之间有经脉相互络属，构成了一脏一腑，一阴一阳，一表一里的阴阳表里关系。它们之间不仅在生理上相互联系，而且在病理上也互为影响。

（一）心与小肠

心与小肠的经脉相互络属，构成一脏一腑的表里关系。在生理情况下，心气正常，有利于小肠气血的补充，小肠才能发挥分别清浊的功能；而小肠功能的正常，又有助于心气的正常活动。在病理情况下，若小肠有热，循经脉上熏于心，则可引起口舌糜烂等心火上炎的症状；反之，若心经有热，由经脉下移于小肠，则引起尿短赤，排尿涩痛等小肠实热的病症。

（二）肺与大肠

肺与大肠的经脉相互络属，构成一脏一腑的表里关系。在生理情况下，大肠的传导功能有赖于肺气的肃降，而大肠传导通畅，肺气才能和利。在病理情况下，若肺气壅滞，失其肃降之功，可引起大肠传导阻滞，导致粪便秘结；反之，大肠传导阻滞，可引起肺气肃降失常，出现气短咳喘。在临床治疗上，肺有实热时，常泻大肠，使肺热由大肠下泄；反之，大肠阻塞时，也可宣通肺气，以疏利大肠的气机。

（三）脾与胃

脾与胃都是消化水谷的重要器官，两者有经脉相互络属，构成一脏一腑的表里关系。脾主运化，胃主受纳；脾气主升，胃气主降；脾性本湿而恶燥，胃性本燥而喜润；二者一化一纳，一升一降，一湿一燥，相辅相成，共同完成消化、吸收、输送营养物质的任务。

胃受纳、腐熟水谷是脾主运化的基础。胃将受纳、消磨的水谷及时传输小肠，保持胃肠的虚实更替，故胃气以降为顺。若胃气不降，可引起水谷停滞胃脘的胀满、腹痛等症；若胃气不降反而上逆，则出现嗳气、呕吐等症。脾主运化是为“胃行其津液”，脾将水谷精气上输于心肺以形成宗气，并借助宗气的作用输布周身，故脾气以升为顺。若脾气不升，可引起食欲不振，食后腹胀，倦怠无力等清阳不升，脾不健运的病症；若脾气不升反而下陷，就会出现久泄、脱肛、子宫垂脱等病症。故《临证指南医案》说：“脾宜升则健，胃宜降则和。”

脾喜燥而恶湿，若脾不健运，则水湿停聚，阻遏脾阳，反过来又影响到脾的运化功能。胃喜湿而恶燥，只有在津液充足的情况下，胃的受纳、腐熟功能才能正常，水谷草料才能不断润降于肠中，若胃中津液亏虚，胃失濡润，则出现水草迟细，胃中胀满等症。因此，脾与胃一湿一燥，燥湿相济，阴阳相合，方能完成水谷的运化过程。

由于脾胃关系密切，在病理上常常相互影响。如脾为湿困，运化失职，清气不升，可影响到胃的受纳与和降，出现食少、呕吐、肚腹胀满等症；反之，若饮食失节，食滞胃腑，胃失和降，亦可影响脾的升清及运化，出现腹胀、泄泻等症。

（四）肝与胆

胆附于肝，肝与胆有经脉相互络属，构成一脏一腑的表里关系。胆汁来源于肝，肝疏泄失常则影响胆汁的分泌和排泄；而胆汁排泄失常，又影响肝的疏泄，出现黄疸，消化不良等症。故肝与胆在生理上关系密切，在病理上相互影响，常常肝胆同病，在治疗上则肝胆同治。

（五）肾与膀胱

肾与膀胱的经脉相互络属，二者互为表里。肾主水，膀胱有贮存和排泄尿液之功，两者均参与机体的水液代谢过程。肾气有助膀胱气化及司膀胱开合以约束尿液的作用，若肾气充足，固摄有权，则膀胱开合有度，尿液的贮存和排泄正常；若肾气不足，失去固摄及司膀胱开合的作用，则引起多尿及尿失禁等症；若肾虚气化不及，则导致尿闭或排尿不畅。

第五节　气、血、津液

气、血、津液是构成机体的基本物质，是脏腑、经络等组织器官进行生理活动的物质基础。

气是不断运动着的具有活力的精微物质；血即指血液；津液是机体一切正常水液的总称。从气血津液的相对属性来分阴阳，则气具有推动、温煦作用，故属于阳；血、津液都为液态物质，具有濡养、滋润等作用，故属于阴。

气、血、津液的生成及其在机体内进行新陈代谢，都依赖于脏腑、经络等组织器官的生理活动；而这些组织器官进行生理活动，又必须依靠气的推动、温煦以及血和津液的滋润濡养。因此，无论在生理还是病理的状况下，气血津液与脏腑、经络等组织器官之间，始终存在着相互依存的密切关系。

一、气

气是构成动物机体的最基本的物质基础，也是动物机体生命活动的最基本物质。动物机体的各种生命活动均可以用气的运动变化来解释。

（一）气的生成

气的生成来自于以下3个方面。

1. 先天之精气 即受之于父母的先天禀赋之气，其生理功能的发挥有赖于肾藏精气。

2. 水谷之精气 即饮食水谷经脾胃运化后所得的营养物质。

3. 吸入之清气 即由肺吸入的自然界的清气。

（二）气的功能

作为机体生命活动的基本物质，气的功能主要有以下几个方面。

1. 推动作用 气可以促进机体生长发育，激发各脏腑组织器官的功能活动，推动经气的运行、血液的循行以及津液的生成、输布和排泄。

2. 温煦作用 气的运动是机体热量的来源。气维持并调节着机体的正常体温，气的温煦作用保证机体各脏腑组织器官及经络的生理活动，并使血液和津液能够始终正常运行而不致凝滞、停聚。

3. 防御作用 气具有抵御邪气的作用。一方面，气可以护卫肌表，防止外邪入侵；另一方面，气可以与入侵的邪气作斗争，以驱邪外出。

4. 固摄作用 气可以保持脏腑器官位置的相对稳定；并可统摄血液防止其溢于脉外；控制和调节汗液、尿液、唾液的分泌和排泄，防止体液流失；固藏精液以防遗精滑泄。

5. 气化作用 气化作用即在通过气的运动可使机体产生各种正常的变化，包括精、气、血、津液等物质的新陈代谢及相互转化。实际上，气化过程就是物质转化和能量转化的过程。

气的各种功能相互配合，相互为用，共同维持着机体的正常生理活动。比如，气的推动作用和气的固摄作用就是相反相成的：一方面，气推动血液的运行和津液的输布、排泄；另一方面，气又控制和调节着血液和津液的分泌、运行和排泄。推动和固摄的相互协调，使正常的功能活动得以维持。

气的运动被称为气机，气的功能是通过气机来实现的。气的运动的基本形式包括升、降、出、入4个方面，并体现在脏腑、经络、组织、器官的生理活动之中。例如，肺呼气为出，吸气为入，宣发为升，肃降为降。又如，脾主升清，胃主降浊。气机的升降出入应当保持协调、平衡，这样才能维持正常的生理活动。

（三）气的分类

根据所在的部位、功能及来源的不同，气可分为以下几类。

1. 元气 元气又称原气，是机体生命活动的原动力。元气由先天之精所化生，并受后天水谷精气不断补充和培养。元气根源于肾，通过三焦循行于全身，内至脏腑，外达肌肤腠理。元气的功能是推动和促进机体的生长发育，温煦和激发脏腑、经络、组织器官的生理活动。因此，可以说元气是维持机体生命活动的最基本的物质。

2. 宗气　宗气即胸中之气，由肺吸入之清气和脾胃运化的水谷精气结合而生成。宗气的功能一是上走息道以行呼吸；二是贯注心脉以行气血。肢体的温度和活动能力、视听功能、心搏的强弱及节律均与宗气的盛衰有关。

3. 营气　营气即运行于脉中、具有营养作用的气，主要由脾胃运化的水谷精气所化生。营气的功能表现为注入血脉、化生血液及循脉上下、营养全身两个方面。

4. 卫气　卫气即行于脉外、具有保卫作用的气，与营气一样，也主要是由脾胃运化的水谷精气所化生。卫气的功能包括：护卫肌表，防御外邪入侵；温养脏腑、肌肉、皮毛；调节控制汗孔的开合和汗液的排泄，以维持体温的恒定。

二、血

血是流行于脉管之中的红色液体，是构成机体和维持机体生命活动的基本物质之一。脉作为血液的循行通道，被称为血之府。

（一）血的生成

1. 化食为血　血液主要来源于水谷精微，脾胃是血液生化之源。如《灵枢·决气篇》指出："中焦受气取汁，变化而赤，是谓血。"就是说脾胃接受水谷精微之气，再通过气化作用，将其变化为红色血液。

2. 化气为血　营气入于心脉有化生血液的作用。如《灵枢·邪客篇》说："营气者，泌其津液，注之于脉，化以为血。"

3. 精可生血　精血之间可以转化。如《张氏医通》说："气不耗，归精于肾而为精；精不泄，归精于肝而化清血。"即认为肾精和肝血之间，存在着相互转化的关系。

（二）血的功能

血的主要功能是营养和滋润全身。血循行于脉中，内达脏腑，外至肌肉、皮肤、筋骨，不断地为全身各脏腑器官提供营养，从而维持正常的生理活动。正如《素问·五脏生成篇》所说："肝受血而能视，足受血而能步，掌受血而能握，指受血而能摄。"血又是精神活动的主要物质基础。动物机体的精神、神志、感觉、活动均有赖于血液的营养和滋润。

三、津　液

津液是机体一切正常水液的总称。包括各脏腑组织器官的内在体液及其正常的分泌物，如胃液、肠液、涕、泪等。津液同气和血一样，亦是构成机体和维持机体生命活动的基本物质。

（一）津液的生成、输布和代谢

津液的生成、输布和代谢，是一个复杂的过程，涉及多个脏腑的功能。《素问·经脉别论》中说道："饮入于胃、游溢精气、上输于脾、脾气散精、上归于肺、通调水道、下输膀胱、水精四布、五经并行。"

津液来源于饮食水谷，是饮食物经过胃的"游溢精气"小肠的"分清别浊"和"上输于脾"而生成。因此，津液充盛与否，和胃、小肠以及脾的生理活动有关。

津液的输布主要由脾气散精、肺的宣发肃降、肾的蒸腾气化等生理功能的协同作用，以三焦为通道输布全身。

津液的代谢主要是通过排汗、排尿等代谢过程来完成，与肺、肾、膀胱等脏腑功能活动有关。

（二）津液的功能

津液有滋润和濡养的生理功能。如布散于肌表的津液，具有润泽皮毛肌肤的作用；流注于孔窍的津液，具有滋润和保护眼、鼻、口等孔窍的作用；渗入于血脉的津液，具有充养和滑利血脉的作用，而且也是组成血液的基本物质，注入于内脏组织器官的津液，则具有濡养和滋润各脏腑组织器官的作用；渗注于骨的津液，则具有充养和濡润骨髓、脊髓和脑髓等作用。

1. 津　存在于气血之中，以利气血流行运通，主要分布于体表，见于外者为泪、唾液、汗。滋润脏腑、肌肉、经脉、皮肤。

2. 液　藏于骨节筋膜、颅腔之间，以滑利关节、滋养脑髓。

四、气血津液之间的关系

气、血、津液三者的性状及其生理功能虽各有特点，但均是构成机体和维持机体生命活动的最基本物质。三者的组成均离不开脾胃运化而生成的水谷精气。三者的生理功能，又存在着相互依存、相互为用的关系。因此，无论在生理或病理情况下，气、血、津液之间均存在着极为密切的关系。

（一）气和津液的关系

气属阳，津液属阴，这是气和津液在属性上的区别。但两者都源于脾胃所运化的水谷精微，并在其生成、输布过程中，有着密切的关系。

1. 气能生津　气能生津，是指气的运动变化是津液化生的动力。津液的生成，来源于摄入的饮食，有赖于胃的“游溢精气”和脾的“散精”运化水谷精气。故脾胃健旺，则化生的津液充盛。脾胃之气虚衰，则影响津液的生成，而致津液不足。

2. 气能行（化）津　津液在体内的输布及其化为汗、尿等排出体外，全赖于气的升降出入运动。例如，脾、肺、肾、肝等脏腑的气机正常，则促进津液在体内的输布、排泄过程。若气的升降出入不利时，津液的输布和排泄亦随之而受阻，称之为气滞水停。由于某种原因，津液的输布和排泄受阻而发生停聚时，则气的升降出入亦随之而不畅，称作“水停气滞”。另外，气与津液两者的病变常互相影响。故临床治疗时，行气与利水之法需并用，才能取得较好的效果。

3. 气能摄津　津液与血同属液态物质，同样有赖于气的固摄作用，才能防止其无故流失，并使排泄正常。因此，在气虚或气的固摄作用减弱时，则势必导致体内津液的无故流失，发生多汗、多尿等病理表现。临床治疗时，亦应采用补气之法，使气能固摄津液，病则获愈。

4. 津能载气　津液，亦是气的载体，气必须依附于津液而存在。当发生多汗、多尿及吐泻等津液大量流失的情况时，气在体内则无所依附而散失，从而形成“气随津脱”之病症。

（二）气和血的关系

气属于阳，血属于阴，气和血在功能上存在着差别，但气和血之间又存在气能生血、行血、摄血和血为气母 4 个方面的关系。

1. 气能生血　气能生血，是指血液的组成及其生成过程中均离不开气和气的气化功能。营气和津液是血液的主要组成部分，它们来自脾胃所运化的水谷精气。从摄入的饮食，转化成为水谷精气，从水谷精气转化成营气和津液，再从营气和津液转化成为红色的血液，均离不开气的运动变化。因此说，气能生血。气旺，则化生血液的功能亦强；气虚，则化生血的功能亦弱，甚则可导致血虚。临床治疗血虚病症时，常配合补气药物，即是气能生血理论的实际应用。

2. 气能行血　气能行血，血属阴而主静，血不能自行，血在脉中循行，内至脏腑，外达皮肉筋骨，全赖于气的推动。例如，血液循行，有赖于心气的推动，肺气的宣发布散，肝气的疏泄条达，概括为气行则血行。如气虚或气滞，推动血行的力量减弱，则血行迟缓，流行不畅，称之为"气虚血瘀"。"气滞血瘀"如气机逆乱，血亦随气的升降出入逆乱而异常，血随气升则面红、目赤甚则出血；血随气陷则脘腹坠胀，或者下血崩漏。因此，临床治疗血行失常的病症时，常分别配合补气、行气、降气的药物，才能获得较好的效果。

3. 气能摄血　摄血，是气的固摄功能的具体体现。血在脉中循行而不逸出脉外，主要依赖于气对血的固摄作用，如果气虚则固摄作用减弱，血不循经而逸出脉外，则可导致各种出血病症，即是"气不摄血"临床治疗此类出血病症时，必须用补气摄血的方法，引血归经，才能达到止血的目的。

以上气能生血、气能行血、气能摄血这三方面气对血的作用，概括称为"气为血帅"。

4. 血为气母　血为气母，是指血是气的载体，并给气以充分的营养。由于气的活力很强，易于逸脱，所以必须依附于血和津液而存在于体内。如在血虚，或者大出血时，气失去依附，则浮散无根而发生脱失。故在治疗大出血时，往往多用益气固脱之法，其机理亦在于此。

（三）血和津液的关系

血与津液，都是液态物质，也都有滋润和濡养作用。与气相对而言，则两者都属于阴。因此，血和津液之间亦存在着极其密切的关系。

血和津液的生成都来源于水谷精气，由水谷精气所化生，故有"津血同源"的说法。津液渗入于脉中，即成为血液的组成部分。

在病理情况下，血和津液也多相互影响。例如，失血过多时，脉外之津液可渗注于脉中，以补偿脉内血容量之不足。而脉外之津液又因大量渗注于脉内，则可形成津液的不足，可见口渴、尿少、皮肤干燥等病理表现。反之，津液大量耗伤时，脉内之津液亦可渗出于脉外，形成血脉空虚，津枯血燥等病变。因此，对于失血病症，不宜采用发汗方法。而对于多汗或吐泻等津液严重耗伤的患畜，亦不可轻用破血、逐血之峻剂。此即"津血同源"理论在临床上的实际应用。

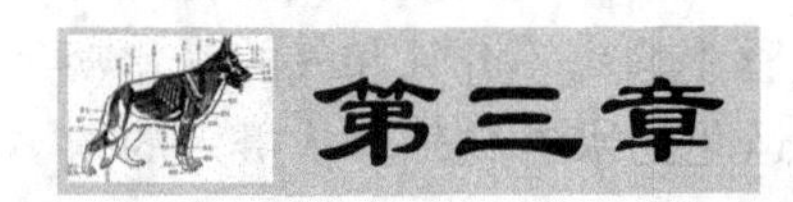

第三章

经　络

经络学说是研究机体经络系统的生理功能、病理变化及其与脏腑相互关系的学说。是中兽医学理论体系的重要组成部分。经络学说贯穿中兽医学的生理、病理、中药、诊断等各个方面，是中兽医学基础理论的一个重要组成部分。它对辨证论治、用药以及针灸治疗都具有重要的指导意义。《灵枢·经脉篇》说："经脉者，所以能决死生，处百病，调虚实，不可不通。"清代喻嘉言也说："凡治病不明脏腑经络，开口动手便错。"

第一节　经络的基本概念

一、经络的含义

经络是动物机体内经脉和络脉的总称，是机体联络脏腑、沟通内外和运行气血、调节功能的通路，是动物机体组织结构的重要组成部分。经和络既有联系又有区别。经，有路径之意，是纵行的干线，循行于深部，犹如途径，贯通上下，沟通内外，是经络系统中的主干；络，有网络之意，是经脉的分支，循行于浅表的部位，它如网络，较经脉细小，纵横交错，遍布全身，是经络系统中的分支。经络在体内纵横交错，内外连接，遍布全身，无处不至，把动物机体的脏腑、器官、组织都紧密地联系起来，形成一个有机的统一整体。

千百年的临床实践证明，经络是客观存在的。然而，迄今为止，在解剖学上却未能找到经络的单独实体。近几十年来，国内外对经络实质展开了大量研究，提出了神经血管相关说、中枢神经机能说、肌肤—内脏—皮层机能说、神经—体液调节机能说、冷光说、电磁波说、类传导说等多种说法，但都不能圆满解释经络现象。由此看来，机体并不存在与经络直接对应的管道结构的实体器官，经络的客观物质基础可能是整个活的有机体，是五脏六腑、五官诸窍及神经体液等所有器官组织功能的一种综合表现，是有机整体的一种自行调节和控制的功能联络系统。

二、经络的组成

经络系统主要由 4 部分组成，即经脉、络脉、内属脏腑部分和外连体表部分（图 3－1）。其中，经脉是经络系统的主干，除分布在体表一定部位外，还深入体内连属脏腑；络脉是经脉的细小分支，一般多分布于体表，联系"经筋"和"皮部"。

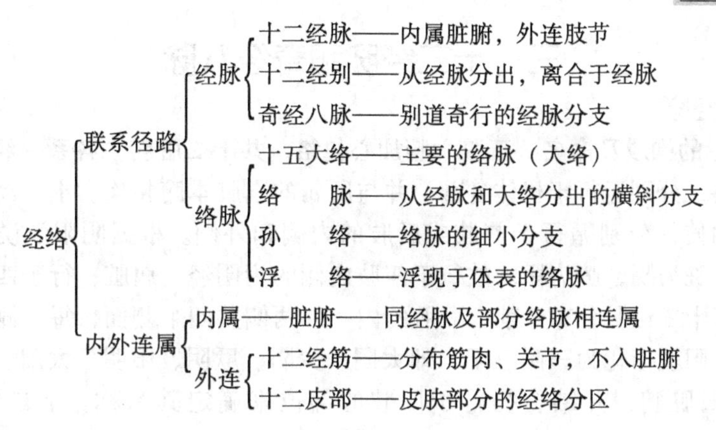

图3-1 经络的组成

（一）经脉

经脉主要由十二经脉、十二经别和奇经八脉构成。十二经脉，即前肢三阳经和三阴经，后肢三阳经和三阴经。十二经脉有一定的起止，一定的循行部位和交接顺序，与脏腑有着直接的络属关系，是全部经络系统的主体，又叫十二正经。十二经别是从十二经脉分出的纵行支脉，故又称为“别行的正经”。奇经八脉，包括任脉、督脉、冲脉、带脉、阴维脉、阳维脉、阴跷脉、阳跷脉八条，其循行、分布与十二经脉、十二经别有所不同。虽然大部分是纵行的，左右对称的，但也有横行和分布在躯干正中线的，除与子宫和脑有直接联系外，与五脏、六腑没有直接的络属关系，相互之间也不存在表里相合、相互衔接及相互循环流注的关系，它们是别道奇行，故称为“奇经八脉”。

（二）络脉

络脉是经脉的细小分支，多数无一定的循行路径。络脉包括十五大络、络脉、孙络、浮络和血络。十五大络，即十二络脉（每一条正经都有一条络脉）加上任脉、督脉的络脉和脾的大络，总共为十五条，它是所有络脉的主体。另有胃的大络，加起来实际上是十六条大络，但因脾胃相表里，故习惯上仍称十五大络。从十五大络分出的横斜分支，一般统称为络脉。从络脉中分出的细小分支，称为孙络。络脉浮于体表的，叫做浮络。络脉，特别是浮络，在皮肤上暴露出的细小血管，称为血络。

（三）内属脏腑部分

经络深入体内连属各个脏腑。十二经脉各与其本身脏腑直接相连，称之为“属”；同时也各与其相表里的脏腑相连，称之为“络”。阳经皆属腑而络脏，阴经皆属脏而络腑。如前肢太阴肺经的经脉，属肺络于大肠；前肢阳明大肠经的经脉，属大肠络于肺等。互为表里的脏腑之间的这种联系，称为“脏腑络属”关系。此外，通过经络的循环、交叉和交会，各经脉还与其他有关内脏贯通连接，构成脏腑之间错综复杂的联系。

（四）外连体表部分

经络与体表组织相联系，主要有十二经筋和十二皮部。经筋是十二经脉及其络脉之气“结、聚、散、络”于筋肉、关节的体系，不入内脏，即十二经脉及其络脉中气血所濡养的肌肉、肌腱、筋膜、韧带等，其功能主要是连缀四肢百骸，主司关节运动。皮部是十二经脉及其络脉的功能活动反映于体表的部位，即皮肤的经络分区。经筋、皮部与经脉、络脉有紧密联系，故称经络“外络于肢节”。

三、十二经脉和奇经八脉

(一) 十二经脉

1. 十二经脉的构成及命名 五脏六腑加心包络，共十二脏腑，各系一经，在畜体构成十二道经络通路，分别运行于机体各部，并与所属的本脏本腑相连。十二经脉对称地分布于动物机体的两侧，分别循行于前肢或后肢的内侧和外侧。根据阴阳学说，四肢内侧为阴，外侧为阳；脏为阴，腑为阳。故行于四肢内侧的为阴经，属脏；行于四肢外侧的为阳经，属腑。由于十二经脉分布于前、后肢的内、外两侧共四个侧面，每一侧面有三条经分布，这样一阴一阳就衍化为三阴三阳，即太阴、少阴、厥阴、阳明、太阳、少阳。各条经脉就是按其所属脏腑，并结合循行于四肢的部位来确定其名称。十二经脉的构成见表3－1。

表3－1 十二经脉构成表

循行部位		阴 经 属脏络腑（行于内侧）	阳 经 属腑络脏（行于外侧）
前肢	前缘	太阴肺经	阳明大肠经
	中线	厥阴心包经	少阳三焦经
	后缘	少阴心经	太阳小肠经
后肢	前缘	太阴脾经	阳明胃经
	中线	厥阴肝经	少阳胆经
	后缘	少阴肾经	太阳膀胱经

2. 十二经脉的循行规律 一般来说，前肢三阴经，从胸部开始，循行于前肢内侧，止于前肢末端；前肢三阳经，由前肢末端开始，循行于前肢外侧，抵达于头部；后肢三阳经，由头部开始，经背腰部，循行于后肢外侧，止于后肢末端；后肢三阴经，由后肢末端开始，循行于后肢内侧，经腹达胸。如图3－2所示。

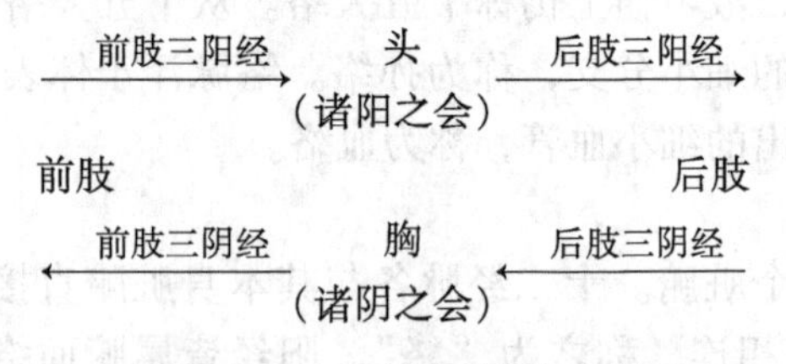

图3－2 十二经脉的循行规律

从十二经脉的运行来看，前肢三阳经止于头部，后肢三阳经又起于头部，所以称头为“诸阳之会”。后肢三阴经止于胸部，而前肢三阴经又起于胸部，所以称胸为“诸阴之会”。

3. 十二经脉的流注次序 气血由中焦水谷精气所化生，十二经脉是气血运行的主要通道。经脉中气血的运行是依次循环贯注的，即经脉在中焦受气后，上注于肺，自前肢太阴肺经开始，逐经依次相传，至后肢厥阴肝经，再复注于肺，首尾相贯，如环无端，构成十二经脉循环。其流注次序见表 3－2。

表3－2　十二经脉流注次序表

三阳（表）		三阴（里）
前肢阳明	大肠←—肺	前肢太阴
后肢阳明	胃—→脾	后肢太阴
前肢太阳	小肠←—心	前肢少阴
后肢太阳	膀胱—→肾	后肢少阴
前肢少阳	三焦←—心包	前肢厥阴
后肢少阳	胆—→肝	后肢厥阴

营气在脉中运行时，还有一条分支，即由前肢太阴肺经开始，传注于任脉，上行通连督脉，循脊背，绕经阴部，又连接任脉，到胸腹再与前肢太阴肺经衔接，构成了十四经脉的循行通路。

（二）奇经八脉

奇经八脉是任、督、冲、带、阴维、阳维、阴跷、阳跷八条经脉的总称。因其不直接与脏腑相连属，有别于十二正经，故称“奇经”。其中，任脉行于腹正中线，总任一身之阴脉，称为“阴脉之海”。任脉还有妊养胞胎的作用，故又有“任主胞胎”之说。督脉行于背正中线，总督一身之阳脉，有“阳脉之海”之称。十二经脉加上任、督二脉，合称“十四经脉”，是经脉的主干。冲脉行于颈、腹两侧，经后肢内侧达足或蹄之中心，与后肢少阴经并行。冲脉总领一身气血的要冲，能调节十二经气血，故有“十二经之海”和“血海”之称。因任、督、冲脉，同起于胞中，故有“一源三歧”之说。带脉环行于腰部，状如束带，有约束纵行诸脉，调节脉气的作用。阴维脉和阳维脉，分别具有维系、联络全身阴经或阳经的作用。阴跷脉和阳跷脉，起于后肢下端，有使肢端、蹄部跷健的作用，起于内侧者为阴跷脉，起于外侧者为阳跷脉，具有交通一身阴阳之气和调节肌肉运动，司眼睑开合的作用。

总之，奇经八脉出于十二经脉之间，具有加强十二经脉的联系和调节十二经脉气血的功能。当十二经脉中气血满溢时，则流注于奇经八脉，蓄以备用。古人将气血比作水流，将十二经脉比作江河，而将奇经八脉比作湖泊，相互间起着调节、补充的作用。

第二节　经络的主要作用

经络能密切联系周身的组织和脏器，在生理功能、病理变化、药物及针灸治疗等方面，都起着重要作用。

一、生理方面

1. 运行气血，温养全身　动物机体的各组织器官，均需气血的温养，才能维持正常的生理活动，而气血必须通过经络的传注，方能通达周身，发挥其温养脏腑组织的作用。故《灵枢·本脏篇》说：“经脉者，所有行血气而营阴阳，濡筋骨，利关节者也。”又说：“谷入于胃，脉道以通，气血乃行。”

2. 协调脏腑，联系周身 经络既有运行气血的作用，又有联系动物机体各组织器官的作用，使机体内外上下保持协调统一。经络内连脏腑，外络肢节，上下贯通，左右交叉，将动物机体各个组织器官，相互紧密地联系起来，从而使机体各部之间高度协调，共同实现严密的整体机能。

3. 保卫体表，抗御外邪 经络在运行气血的同时，卫气伴行于脉外，因卫气能温煦脏腑、腠理、皮毛、开合汗孔，因而具有保卫体表、抗御外邪的作用。同时，经络外络肢节、皮毛，营养体表，是调节防御机能的要塞。

二、病理方面

运用经络理论，可以阐明疾病发生、发展与变化的某些规律。

1. 经络闭阻，不通则痛 外感六淫之邪，或者淤血痰饮内阻，都可以导致经络阻滞不通，因而引起气血运行障碍，感应传导不畅，脏腑功能失调。常见有各种痹症、疼痛等。所以，在许多疾病治疗中，强调疏通经络是十分必要的。

2. 传变疾病，由外入内 外邪侵袭动物机体，如经络抗御作用无力，病邪则可经过经络由体表传入内脏，《素问·缪刺论》说：“邪之客于形也，必先舍于皮毛；留而不去，入舍于孙络；留而不去，入舍于经脉，内连五脏，散于肠胃，阴阳俱感，五脏乃伤”就是这个意思。如感受风寒，可通过前肢太阴肺经传入肺脏，引起咳喘、流涕等。又因肺与大肠相络属，有时可出现肠鸣腹痛、冷肠泄泻等。反之，大肠有实热，也可引起肺失宣发肃降，呈现呼吸促迫等。

3. 反映病变，由里出表 肺腑的阴阳失调，也会沿着所属的经络通道，反映到相应的体表上来。如肺经郁热，痞气结胸，循肺经外传，便可出现肩臂疼痛。肾有病也常常反应到腰部，如《元亨疗马集》说：“收腰不起，内肾痛。”

必须指出，上述由表入里和由里出表的传变都不是绝对的，是否传变，主要决定于机体正气的盛衰，病邪的强弱，以及治疗的恰当与否等因素。

三、治疗方面

1. 传递药物的治疗作用 南宋张洁古在《珍珠囊》一书中，以经络学说为基础，首先提出了药物归经的理论。认为药物作用于机体，需通过经络的传递，经络能够选择性地传递某些药物，致使某些药物对某些脏腑具有主要作用。例如，同为泻火药，由于被不同的经络传递，则有黄连泻心火，黄芩泻肺火，白芍泻脾火，知母泻肾火，木通泻小肠火，黄芩又泻大肠火，石膏泻胃火，柴胡、黄芩泻三焦火，柴胡、黄连泻肝胆火，黄柏泻膀胱火等的区分。据此总结出了“药物归经”或“按经选药”的原则。此外，按照药物归经的理论，在临床实践中还总结出了某些引经药，如桔梗引药上行专入肺经，牛膝引药下行专入肝肾两经等。

2. 感受和传导针灸的刺激作用 经络能够感受和传导针灸的刺激作用。针刺体表的穴位之所以能够治疗内脏的疾病，就是借助于经络的这种感受和传导作用。因此，在针灸治疗方面就提出了“循经取穴”的原则，即治疗某一经的病变，就在这一经上选取某些特定的穴位，对其施以一定的刺激，达到调理气血和脏腑功能的目的。如胃热针玉堂血（后肢阳明胃经），腹泻针带脉血（后肢太阴脾经），冷痛针三江血（后肢阳明胃经）和四蹄血（前蹄头属前肢阳明大肠经，后蹄头属后肢阳明胃经）等。

总之，经络理论与中兽医临床实践有着紧密的联系，特别是在针灸方面更为突出。根据经络理论，按经选药或循经取穴，通过用药物或针灸的方法治疗动物疾病，往往能取得较好疗效。

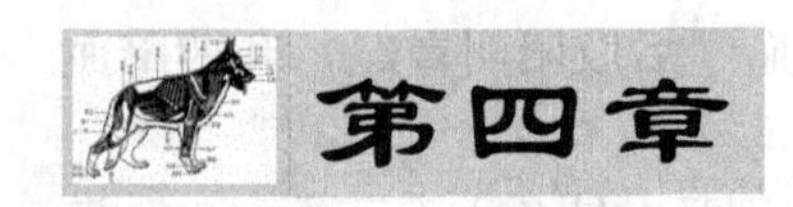

第四章

病因病机

中兽医学认为，动物机体内部各脏腑组织之间以及动物机体与外界环境之间，是一个既对立又统一的整体。在正常情况下处于相对的平衡状态，以维持动物机体的正常生理活动。如果这种相对平衡状态在病因的作用下遭到破坏或失调，一时又不能自行调节而恢复，就会导致疾病的发生。故《素问·调经论》说："血气不和，百病乃变化而生。"

疾病的发生和变化，虽然错综复杂，但不外乎是动物机体内在因素和致病的外在因素两个方面，中兽医学分别将其称为"正气"与"邪气"。"正气"，是指动物机体对致病因素的防御、抵抗能力，阻止疾病发生、传变与恶化的能力，以及对各种治疗措施的反应能力等。"邪气"，指一切致病因素。疾病的发生与发展就是"正邪相争"的结果。正气充盛的动物，卫外功能固密，外邪不易侵犯；只有在动物机体正气虚弱，卫外不固，正不胜邪的情况下，外邪才能乘虚侵害机体而发病。在正、邪这两方面的因素中，中兽医学特别强调正气是在疾病发生与否的过程中起着主导作用的方面。如《元亨疗马集·八邪论》说："真气守于内，精神固于外，其病患安得而有之。"《素问·刺法论》和《素问·评热病论》中也分别有"正气存内，邪不可干"和"邪之所凑，其气必虚"之说。诚然，在某些特殊情况下，邪气也可成为发病的主要方面，如某些强毒攻击，或者强烈的理化因素所致的伤害等。但即便如此，邪气还是要通过损伤机体的正气而发生作用。

动物机体的正气盛衰，取决于体质因素和所处的环境及饲养管理等条件。正如《元亨疗马集·正证论》所说："马逢正气，疴瘵无生，半在人之所蓄。"一旦饲养管理失调，就会致使正气不足，卫外功能暂时失固。此时如果有外邪侵袭，虽然可以引起动物机体发病，但由于动物机体质及机能状态的不同，即动物机体正气强弱的差异，而在发病时间以及所表现出的症状上均有所差异。就发病时间而言，有的邪至即发病，有的则潜伏体内待机而发，亦有重感新邪引动伏邪而发病者。就所表现出的症状而论，有的表现出虚证，有的则表现为实证。如同为外感风寒，体质虚弱，肺卫不固的动物，易患表虚证，病情较重；而体质强壮的动物，则易患表实证，病情较轻。由此可见，动物机体正气的盛衰，与疾病的发生与发展均有着密切的关系。

第一节　病　因

病因，即引起动物疾病发生的原因，中兽医学称之为"病源"或"邪气"。研究病因的性质及其致病特性的学说，称为病因学说。中兽医学的病因学说，不仅仅是研究病因本身的特性，更重要的是研究病因作用于机体所引起疾病的特性，从而将其作为临床辨证和确定治疗原则的依据之一。在长期与动物疾病进行斗争的实践中，人们逐渐认识到不同的致病因素会引起不同的病症，表现出不同的症状。因此，根据疾病所表现出的症状特征，就可以推断其发生的原因，称为“随证求因”。如某一动物表现出四肢交替跛行，即可推断出是以风邪为主所引起的风湿症，因为风邪有游走善动的特性。而一旦知道了病因，就可以根据病因来确定治疗原则，称为“审因施治”。如以风邪为主而引起的风湿症，当用祛风为主的药物进行治疗。

研究病因，不仅对辨证论治有着重要意义，而且也可以针对病因采取预防措施，防止疾病的发生。如加强饲养管理，合理使役，改善厩舍的环境卫生，以及消除外界环境不良因素等，对于保护动物健康，防止时疫杂病的发生是非常重要的。

《元亨疗马集·脉色论》说：“风寒暑湿伤于外，饥饱劳役扰于内，五行生克，诸疾生焉。”所以根据病因的性质及致病的特点，中兽医将其分为外感、内伤（包括饥、饱、劳役、逸伤等）和其他致病因素（包括外伤、虫兽伤、寄生虫、中毒、痰饮、淤血等）三大类。

一、外　感

外感致病因素是指来源于自然界，多从皮毛、口鼻侵入机体而引发疾病的致病因素，包括六淫和疫疠。

（一）六淫

六淫是指自然界风、寒、暑、湿、燥、火（热）6 种反常气候。它们原本是四季气候变化的 6 种表现，称为六气。在正常情况下，六气于一年之中有一定的变化规律，而动物在长期的进化过程中，也适应了这种变化，所以不会引起动物的疾病。只有当动物机体正气虚弱，不能适应六气的变化；或因自然界阴阳失调，六气出现太过或不及的反常变化时，才能成为致病因素，侵犯动物机体而导致疾病的发生。这种情况下的六气，便称为“六淫”。但对某些适应能力强的动物，仍不致病，即仍为六气，而不称六淫。可见六淫是个相对的概念。

从临床实践来看，六淫致病，除气候因素外，还包括生物性（如细菌、病毒等）、物理性、化学性因素等作用于机体所引起的病理反应，其病程经过和临床表现的不同与每个机体的反应性存在差异有密切的关系。

六淫致病，具有下列共同的特点。

（1）外感性：六淫之邪多从肌表、口鼻侵犯动物机体而发病，或者先伤皮毛，从表入里的传变过程。故六淫所致之病统称为外感病。

（2）季节性：六淫致病常有明显的季节性。如春天多温病，夏天多暑病，长夏多湿病，秋天多燥病，冬天多寒病等。但四季之中，六气的变化是复杂的，所以六淫致病的季节性也不是绝对的。如夏季虽多暑病，但也可出现寒病、温病、湿病等。

（3）兼挟性：六淫在自然界不是单独存在的，六淫邪气既可以单独侵袭机体而发病，又可以两种或两种以上同时侵犯机体而发病。如外感风寒、风热、湿热、风湿等。

（4）转化性：一年之中，四季六气是可以相互转化的，如久雨生晴，久晴多热，热极生风，风盛生燥，燥极化火等。因此，六淫致病，其证候在一定条件下，也可以相互转化。如感受风寒之邪，可以从表寒证转化为里热证等。

此外，临床上除感受外界风、寒、暑、湿、燥、火六淫邪气，引起相应的病症之外，尚可因机体脏腑本身机能失调而产生类似于风、寒、湿、燥、火的病理现象。由于它们不是由外感受的，而是由内而生，故称为“内生五邪”，即内风、内寒、内湿、内燥、内火五种。因其所引起的病症与外感五邪症状相近，故在相应的病因中一并叙述。

1. 风邪

（1）风邪的概念：风是春季的主气，但一年四季皆有，故风邪引起的疾病虽以春季为多，但亦可见于其他季节。导致动物发病的风邪，常称之为“贼风”或“邪风”，所致之病统称为外风证。因风邪多从皮毛肌腠侵犯机体而致病，其他邪气也常依附于外风入侵机体，外风成为外邪致病的先导，是六淫中的首要致病因素，故有“风为百病之始”、“风为六淫之首”之说。

相对于外风而言，风从内生者，称为“内风”。内风的产生与心、肝、肾三脏有关，特别是与肝脏的功能失调有关，故也称“肝风”。故《素问·至真要大论》说：“诸风掉眩，皆属于肝。”

（2）风邪的性质与致病特性

①风性轻扬开泄，即风具有升发、开泄、向上、向外的特性。因风性轻扬，故风邪所伤，最易侵犯动物机体的上部（如头面部）和肌表。正如《素问·太阴阳明论》所说：“伤于风者，上先受之。”风性开泄，是指风邪易使皮毛腠理疏泄而开张，出现汗出、恶风的症状。

②风性善行数变善行，是指风有善动不居的特性，故风邪致病具有部位游走不定，变化无常的特点。如以风邪为主的风湿症，常表现出四肢交替疼痛，部位游移不定，故称“行痹”、“风痹”。数变，是指“风无常方”（《素问·风论》），风邪所致的病症具有发病急、变化快的特点，如荨麻疹（又称遍身黄），表现为皮肤骚痒，发无定处，此起彼伏。

③风性主动，指风具有使物体摇动的特性，故风邪所致疾病也具有类似摇动的症状，如肌肉颤动、四肢抽搐、颈项强直、角弓反张、眼目直视等。故《素问·阴阳应象大论》说：“风胜则动。”

（3）常见风证

①外风：常见的有伤风、风痹、风疹。

伤风　由外感风邪引起，证见发热、恶风、鼻流清涕、咳嗽、脉浮缓。治宜祛风解表。有风寒、风热等。

风痹　是以风邪为主侵袭经络的风湿症。证见关节疼痛，游走不定。治宜祛风通络。

风疹　为风邪侵袭肌表所致。证见皮肤骚痒，且漫无定处，彼此起伏。治宜祛风清热。

②内风：内风为病变过程出现的风证。是脏腑功能失凋，气血逆乱，筋失所养而产生的热极生风和血虚生风。

热极生风　多见于温热病，因热伤津液、营血，影响心肝功能，证见惊厥昏迷，抽搐震颤，口眼歪斜，角弓反张。治宜清热息风。

血虚生风　主要与肝血虚和肾阴虚有关，轻则神昏抽搐，重则瘫痪不起。治宜滋阴息风。

2. 寒邪

（1）寒邪的概念：寒为冬季的主气，但四季皆有。寒邪有外寒和内寒之分。外寒由外感受，多由气温较低、保暖不够，淋雨涉水，汗出当风，以及采食冰冻的饲草饲料，或者饮凉水太过所致。外寒侵犯机体，据其部位的深浅，有伤寒和中寒之别。寒邪伤于肌表，阻遏卫阳，称为“伤寒”；寒邪直中于里，伤及脏腑阳气，称为“中寒”。内寒是机体机能衰退，阳气不足，寒从内生的病症。

（2）寒邪的性质与致病特性

①寒性阴冷，易伤阳气。寒是阴气盛的表现，其性属阴。机体的阳气本可以化阴，但阴气过盛，阳气不但不能驱除寒邪，反而会为阴寒所伤，正所谓“阴胜则阳病”。因此，感受寒邪，最易损伤机体的阳气，出现阴寒偏盛的寒象。如寒邪外束，卫阳受损，可见恶寒怕冷，皮紧毛乍等症状；若寒邪中里，直伤脾胃，脾胃阳气受损，可见肢体寒冷，下利清谷，尿清长，口吐清涎等症状。故《素问·至真要大论》说：“诸病水液，澄沏清冷，皆属于寒。”

②寒性凝滞，易致疼痛。凝滞，即凝结、阻滞，不通畅之意。机体的气血津液之所以能运行不息，畅通无阻，全赖一身阳气的推动。若寒邪侵犯机体，阳气受损，经脉受阻，可使气血凝结阻滞，不能通畅运行而引起疼痛，即所谓“不通则痛”。因此，寒邪是导致多种疼痛的原因之一。如寒邪伤表，使营卫凝滞，则肢体疼痛；寒邪直中肠胃，使胃肠气血凝滞不通，则肚腹冷痛。故《素问·痹论》说：“痛者，寒气多也，有寒故痛也。”

③寒性收引。收引，即收缩牵引之意。寒邪侵入机体，可使机体气机收敛，腠理、经络、筋脉和肌肉等收缩拘急。故《素问·举痛论》说：“寒则气收。”如寒邪侵入皮毛腠理，则毛窍收缩，卫阳受遏，出现恶寒、发热、无汗等症；寒邪侵入筋肉经络，则肢体拘急不伸，冷厥不仁；寒邪客于血脉，则脉道收缩，血流滞涩，可见脉紧、疼痛等症。

（3）常见寒证

①外寒，常见外感寒邪和寒伤脾胃两种。前者常与风邪合侵，表现外感风寒证。证见寒颤毛松、无汗身痛；后者使脾胃阳虚，升降失调，不能运化、腐熟水谷，证见肠鸣泄泻，腹痛难起。

②内寒，是脏腑阳气虚衰，寒从内生所致。常见的有肾阳不足，中焦虚寒、宫冷等。内寒与外寒虽不同，但又密切相关。外寒入里伤阳气，则为内寒；由于阳虚内寒，卫外能力低下易感外寒。

3. 暑邪

（1）暑邪的概念：暑为夏季的主气，为夏季火热之气所化生，有明显的季节性，独见于夏令。如《素问·热论》说：“先夏至日者为病温，后夏至日者为病暑。”暑邪纯属外邪，无内暑之说。

（2）暑邪的性质与致病特性

①暑性炎热，易致发热。暑为火热之气所化生，属于阳邪，故伤于暑者，常出现高热、口渴、脉洪、汗多等一派阳热之象。

②暑性升散，耗气伤津。暑为阳邪，阳性升散，故暑邪侵入机体，多直入气分，使腠理开泄而汗出。汗出过多，不但耗伤津液，引起口渴喜饮、唇干舌燥、尿短赤等症，而且气也随之而耗，导致气津两伤，出现精神倦怠、四肢无力、呼吸浅表等。严重者，可扰及心神，出现行如酒醉、神志昏迷等症。

③暑多挟湿。夏暑季节，除气候炎热外，还常多雨潮湿。热蒸湿动，湿气较大，故动物机体在感受暑邪的同时，还常兼感湿邪，故有“暑多挟湿”或“暑必兼湿”（《冯氏锦

囊秘录》）之说。临床上，除见到暑热的表现外，还有湿邪困阻的症状，如汗出不畅、渴不多饮、身重倦怠、便溏泄泻等。

（3）常见暑证

①中暑，有轻重之分，轻者为伤暑，重者称中暑。伤暑是伤于夏季暑热的病症，多见身热、多汗、气短、烦躁不安、口渴喜饮、倦怠乏力、尿短赤、脉虚。中暑多因受暑过重，津气暴脱所致，多见精神倦怠、两眼如痴、卧多立少。甚至突然昏倒、丧失知觉、气粗、汗出如浆、四肢厥冷、脉大而虚。治宜清暑生津（先针后药，针药结合）。

②暑热，入夏后，常有发热、肌肤发热或朝凉暑热、食欲不振、倦怠无力、呼吸急促、舌苔薄白、舌质微红、脉数有力。治宜清暑益气生津。

③暑湿，多见发热、四肢怠倦、纳差、便溏、尿短赤、苔黄腻、脉数。治宜清暑除湿。

4. 湿邪

（1）湿邪的概念：湿为长夏的主气，但一年四季都有。湿有外湿、内湿之分。外湿多由气候潮湿、涉水淋雨、厩舍潮湿等外在湿邪侵入机体所致；内湿多由脾失健运，水湿停聚而成。外湿和内湿在发病过程中常相互影响。感受外湿，脾阳被困，脾失健运，则湿从内生；而脾阳虚损，脾失健运，而使水湿内停，又易招致外湿的侵袭。

（2）湿邪的性质与致病特性

①湿郁气机，易损脾阳。湿邪留滞脏腑、经络，容易阻遏气机，使气机升降失常。又因脾喜燥恶湿，故湿邪最易伤及脾阳。脾阳既为湿邪所伤，就会使水湿不运，溢于皮肤则成水肿，流溢胃肠则成泄泻。又因湿困脾阳，阻遏气机，致使气机不畅，可发生肚腹胀满，腹痛，里急后重等症状。

②湿性重浊，其性趋下。重，即沉重之意，指湿邪致病，常见迈步沉重，呈黏着步样，或者倦怠无力，如负重物。浊，即秽浊，指湿邪为病，其分泌物及排泄物有秽浊不清的特点，如尿混浊，泻痢脓垢，带下污秽，目眵量多，舌苔厚腻，以及疮疡疔毒，破溃流脓淌水等。湿性趋下，主要指湿邪致病，多先起于机体的下部，故《素问·太阴阳明论》有“伤于湿者，下先受之”之说。

③湿性黏滞，缠绵难退：黏，即黏腻；滞，即停滞。湿性黏滞，是指湿邪致病具有黏腻停滞的特点。湿邪致病的黏滞性，在症状上可以表现为粪便黏滞不爽，尿涩滞不畅；在病程上可表现为病变过程较长，缠绵难退，或者反复发作，不易治愈，如风湿症等。

（3）常见湿证

①外湿，常见的外湿有湿困卫表，湿滞经络，湿毒侵淫，湿热蕴结，寒湿停滞。

湿困卫表　又称伤湿，证见发热不甚，迁移不退，微恶热，肢体沉重倦乏，懒以走动，便溏，腹稍胀满，舌苔白滑，脉濡缓。治宜辛散解表，芳香化湿。

湿滞经络　主要表现为关节疼痛，且疼痛固定不移，或者见关节漫肿，屈伸不利，运动障碍，舌苔白滑，脉濡缓。治宜祛湿通络。

湿毒侵淫　主要表现为皮肤湿疹，疮毒疱疹，瘙痒生水。治宜化湿解毒。

湿热蕴结　是指湿热两邪合侵机体。湿热蕴结胃肠，证见下痢脓血，里急后重，治宜清解湿热。湿热停留于膀胱，证见尿淋，尿浊等，治宜清热利水。湿热郁结于肝胆，证见黄疸，宜清热利湿。

寒湿停滞　寒湿停滞于肠胃，证见腹痛泄泻，间或有肚腹胀满，冲击有水音，大便不通，治宜温中散寒。

②内湿，多因脾阳不振，运化失常，秽浊积聚所致。证见纳差，完谷不化，腹泻，腹胀，尿少，苔白腻。治宜温阳健脾，化湿利水。

5. 燥邪

（1）燥邪的概念：燥是秋季的主气，但一年四季皆有。燥有外燥、内燥之分。外燥多由久晴不雨，气候干燥，周围环境缺乏水分所致。因其多见于秋季，故又称“秋燥”。外燥多从口鼻而入，其病常从肺胃开始，有温燥、凉燥之分。初秋尚热，犹有夏火之余气，燥与热相合侵犯机体，多为温燥；深秋已凉，西风肃杀，燥与寒相合侵犯机体，多为凉燥。内燥多由汗、下太过，或者精血内夺，以致机体阴津亏虚。

（2）燥邪的性质与致病特性

①燥性干燥，易伤津液。燥邪为病，易伤机体的津液，出现津液亏虚的病变，如口鼻干燥，皮毛干枯，眼干不润，粪便干结，尿短少，口干欲饮，干咳无痰等。故《素问·阴阳应象大论》说：“燥胜则干。”

②燥易伤肺。肺为娇脏，喜润恶燥；更兼肺开窍于鼻，外合皮毛，故燥邪为病，最易伤肺，致使肺阴受损，宣降失司，引起肺燥津亏之证，如鼻咽干燥，干咳无痰或少痰等。肺与大肠相表里，若燥邪自肺而影响大肠，可出现粪便干燥难下等症。

（3）常见燥证

①外燥有温燥和凉燥之分。

凉燥　是燥而偏寒之证。证见发热恶寒、无汗、皮肤干燥、口干舌燥、鼻咽干燥、干咳无痰、舌苔薄白而干、脉象弦涩。治宜宣肺解表润燥。

温燥　是燥而偏热之证。证见发热、少汗、干咳不爽、口干欲饮、粪便干结、咽喉干红、舌红、苔薄而黄、脉数而大。治宜辛凉解表，清肺润燥。

②内燥多因燥邪内犯，五脏积热伤津化燥，慢性消耗性疾病所致阴液亏损，或者吐泻太过，大汗，大出血，或者用发汗、峻泻及温燥之剂，耗伤阴血而起。证见体虚，口鼻干燥，咽痛干咳，被毛枯焦，肌消肉减，粪干尿少，舌燥无津，口色红绛，脉涩等症。治宜滋阴润燥。由于津液不足而引起的肠燥，宜润肠通便，若肺燥宜清肺润燥。

6. 火邪

（1）火邪的概念：火、热、温三者，均为阳盛所生，其性相同，但又同中有异。一是在程度上有所差异，即温为热之渐，火为热之极；二是热与温，多由外感受，而火既可由外感受，又可内生。内生的火多与脏腑机能失调有关。火证常见热象，但火证和热证又有些不同，火证的热象较热证更为明显，且表现出炎上的特征。此外，火证有时还指某些肾阴虚的病症。

（2）火邪的性质与致病特性

①火为热极，其性炎上。火为热极，其性燔灼，故火邪致病，常见高热，口渴，骚动不安，舌红苔黄，尿赤，脉洪数等热象。又因火有炎上的特性，故火邪侵犯机体，症状多表现在机体的上部，如心火上炎，口舌生疮；胃火上炎，齿龈红肿；肝火上炎，目赤肿痛等。

②火邪易生风动血。火热之邪侵犯机体，往往劫耗阴液，使筋脉失养，而致肝风内动，出现四肢抽搐，颈项强直，角弓反张，眼目直视，狂暴不安等症。血得寒则凝，得热

则行，故火热邪气侵犯血脉，轻则使血管扩张，血流加速，甚则灼伤脉络，迫血妄行，引起出血和发斑，如衄血、尿血、便血以及因皮下出血而致体表出现出血点和出血斑等。

③火邪易伤津液。火热邪气，最易迫津液外泄，消灼阴液，故火邪致病除见热象外，往往伴有咽干舌燥，口渴喜饮冷水，尿短少，粪便干燥，甚至眼窝塌陷等津干液少的症状。

④火邪易致疮痈。火热之邪侵犯血分，可聚于局部，腐蚀血肉而发为疮疡痈肿。故《灵枢·痈疽》说："大热不止，热胜则肉腐，肉腐则为脓，故名曰痈。"《医宗金鉴·痈疽总论歌》也说："痈疽原是火毒生"。临床上，凡疮疡局部红肿、高突、灼热者，皆由火热所致。

（3）常见火证

①实火多因外感温热之邪或其他病邪入里化火而引起。证见高热、贪饮、喘粗、尿短赤、咳嗽、鼻流脓涕，出血、发斑、大便秘结或泻下腥臭、舌红苔黄，脉数有力，甚至神昏、抽搐。治宜清热泻火。

②虚火是由内而生，属内火，多因饲养失调、久病体虚等导致的阴液不足、阴不制阳所致。一般起病缓慢，病程较长。证见体瘦毛焦，口渴而不多饮，盗汗，滑精，口色微红，脉数无力。治宜滋阴降火。

（二）疫疠之气

1. 疫疠的概念 疫疠，也是一种外感致病因素，但它与六淫不同，具有很强的传染性。所谓"疫"，是指瘟疫，有传染的意思；"疠"，是指天地之间的一种不正之气。如马的偏次黄（炭疽）、牛瘟、猪瘟以及犬瘟热等，都是由疫疠引起的疾病。疫疠可以通过空气传染，由口鼻而入致病，也可随饮食入里或蚊虫叮咬而发病。

疫疠流行有的有明显的季节性，称为"时疫"。如动物的流感多发生于秋末，猪乙型脑炎多发生于夏季蚊虫肆虐的季节。

2. 疫疠致病的特点

（1）传染性：疫疠之气可通过空气、饮水、饲料或相互接触等途径进行传染，在一定条件下可引起流行。

（2）发病急骤，病情危笃：六淫或内伤致病相比，疫疠发病急骤，蔓延迅速，病情危笃。

（3）症状相似：一种疠气致发一种疾病，引起流行时，患病动物表现相似的临床症状，正如《素问·遗篇·刺法论》指出的："五疫之至，皆相染易，无问大小，病状相似。"又如《三农记卷八》说："人疫染人，畜疫染畜，染其形相似者，豕疫可传牛，牛疫可传豕……"

3. 疫疠流行的条件

（1）气候反常：气候的反常变化，如非时寒暑，湿雾瘴气，酷热，久旱等，均可导致疫疠流行。如《元亨疗马集·论马划鼻》说："炎暑熏蒸，疫症大作，……"

（2）环境卫生不良：如未能及时妥善处理因疫疠而死动物的尸体或其分泌物、排泄物，导致环境污染，为疫疠的传播创造了条件。关于这一点，古人已有相当的认识，如宋代《陈敷农书·医之时宜篇》中便说："已死之肉，经过村里，其气尚能相染也。"

（3）社会因素：社会因素对疫疠的流行也有一定的影响。如战乱不止，社会动荡不安，人民极度贫困，则疫疠就不断地发生和流行；而社会安定，国家和人民富足，就会采取有效的防治措施，预防和控制疫疠的发生和流行。

4. 预防疫疠的一般措施

①加强饲养管理，注意动物和环境的卫生。

②发现有病的动物，立即隔离，并对其分泌物、排泄物以及已死动物的尸体进行妥善处理。如《陈敷农书·医之时宜篇》所说："欲病之不相染，勿令与不病者相近。"

③进行预防接种。

二、内 伤

内伤致病因素，主要包括饲养失宜和管理不当，可概括为饥、饱、劳、役四种。饥饱是饲喂失宜，而劳役则属管理使役不当。此外，动物长期休闲，缺乏适当运动也可以引起疾病，称为"逸伤"。内伤因素，既可以直接导致动物疾病，也可以使动物机体的抵抗能力降低，为外感因素致病创造条件。

（一）饥伤

指饮食不足而引起的饥渴。《司牧安骥集·八邪论》说："饥谓水草不足也，故脂伤也。"水谷草料是动物气血的生化之源，若饥而不食，渴而不饮，或者饮食不足，久而久之，则气血生化乏源，就会引起气血亏虚，表现为体瘦无力，毛焦肷吊，倦怠好卧，以及成年动物生产性能下降，幼年动物生长迟缓，发育不良等。

（二）饱伤

指饮喂太过所致的饱伤。胃肠的受纳及传送功能有一定的限度，若饮喂失调，水草太过或乘饥渴而暴饮暴食，超过了胃肠受纳及传送的限度，就会损伤胃肠，出现肷腹膨胀，嗳气酸臭，气促喘粗等症。如大肚结（胃扩张）、肚胀（肠臌胀）、瘤胃臌胀等均属于饱伤之类。故《素问·痹论》说："饮食自倍，肠胃乃伤。"《司牧安骥集·八邪论》也说："水草倍，则胃肠伤。"

（三）劳（役）伤

指劳役过度或使役不当。久役过劳可引起气耗津亏，精神短少，力衰筋乏，四肢倦怠等症。若奔走太急，失于牵遛，可引起走伤及败血凝蹄等。如《素问·痹论》说："劳则气耗。"《司牧安骥集·八邪论》也说："役伤肝。役，行役也，久则伤筋，肝主筋。"

此外，雄性动物因配种过度而致食欲不振、四肢乏力、消瘦，甚至滑精、阳痿、早泄、不育等，也属于劳伤。

（四）逸伤

指久不使役或运动不足。合理的使役或运动是保证动物健康的必要条件，若长期停止使役或失于运动，可使机体气血蓄滞不行，或者影响脾胃的消化功能，出现食欲不振，体力下降，腰肢软弱，抗病力降低等逸伤之证。雄性动物缺乏运动，可使精子活力降低而不育；雌性动物过于安逸，可因过肥而不孕。又如驴怀骡产前不食症、难产、胎衣不下等，均与缺乏适当的使役与运动有关。平时缺乏使役或运动的动物，突然使役，还容易引起心肺功能失调。

三、其他致病因素

（一）外伤

常见的外伤性致病因素有创伤、挫伤、烫火伤及虫兽伤等。

创伤往往由锋利的刀刃切割、尖锐物体刺破、子弹或弹片损伤所致。与创伤不同，挫伤常常是没有外露伤口的损伤，主要由钝力所致，如跌扑、撞击、角斗、蹴踢等。创伤和挫伤均可引起不同程度的肌肤出血、淤血、肿胀，甚至筋断骨折或脱臼等。若伤及内脏、头部或大血管，可导致大失血、昏迷，甚至死亡。若损伤以后，再有外邪侵入，可引起更为复杂的病理变化，如发热、化脓、溃烂等；若病邪侵入脏腑，则病情更为严重。

烫火伤包括烫伤和烧伤，可直接造成皮肤、肌肤等组织的损伤或焦灼，引起疼痛、肿胀，严重者可引起昏迷甚至死亡。

虫兽伤是指虫兽咬伤或蜇伤，如狂犬咬伤，毒蛇咬伤，蜂、虻、蝎子的咬蜇等。除损伤肌肤外，还可引起中毒或引发传染病，如蛇毒中毒、蜂毒中毒、感染狂犬病等。

（二）寄生虫

有内、外寄生虫之分。

外寄生虫包括虱、蜱、螨等，寄生于动物机体表，除引起动物皮肤瘙痒、揩树擦桩、骚动不安，甚至因继发感染而导致脓皮症外，还因吸吮动物机体的营养，引起动物消瘦、虚弱、被毛粗乱，甚至泄泻、水肿等症。

内寄生虫包括蛔虫、绦虫、蛲虫、血吸虫、肝片吸虫等多种，它们寄生在动物机体的脏腑组织中，除引起相应的病症外，有时还可因虫体缠绕成团而导致肠梗阻、胆道阻塞等症。

（三）中毒

有毒物质侵入动物机体内，引起脏腑功能失调及组织损伤，称为中毒。凡能引起中毒的物质均称为毒物。常见的毒物有有毒植物，霉败、污染或品质不良、加工不当的饲料，农药，化学毒物，矿物毒物及动物性毒物等。此外，某些药物或饲料添加剂用量不当，也可引起动物中毒。

（四）痰饮

痰和饮是因脏腑功能失调，致使体内津液凝聚变化而成的水湿。其中，清稀如水者称饮，黏浊而稠者称痰。痰和饮本是体内的两种病理性产物，但它一旦形成，又成为致病因素而引起各种复杂的病理变化。

痰饮包括有形痰饮和无形痰饮两种。有形痰饮，视之可见，触之可及，闻之有声，如咳嗽之喀痰，喘息之痰鸣，胸水，腹水等。无形痰饮，视之不见，触之不及，闻之无声，但其所引起的病症，通过辨证求因的方法，仍可确定为痰饮所致，如肢体麻木为痰滞经络，神昏不清为痰迷心窍等。

1. 痰 痰不仅是指呼吸道所分泌的痰，还包括了瘰疬、痰核以及停滞在脏腑经络等组织中的痰。痰的形成，主要是由于脾、肺、肾等内脏的水液代谢功能失调，不能运化和输布水液，或者邪热郁火煎熬津液所致。由于脾在津液的运化和输布过程中起着主要作用，而痰又常出自于肺，故有"脾为生痰之源"、"肺为贮痰之器"之说。痰引起的病症非常广泛，故有"百病多由痰作祟"之说。痰的临床表现多种多样，如痰液壅滞于肺，则咳嗽气喘；痰留于胃，则口吐黏涎；痰留于皮肤经络，则生瘰疬；痰迷心窍，则精神失常或昏迷倒地等。

2. 饮 多由脾、肾阳虚所致，常见于胸腹四肢。如饮在肌肤，则成水肿；饮在胸中，则成胸水；饮在腹中，则成腹水；水饮积于胃肠，则肠鸣腹泻。

（五）淤血

指全身血液运行不畅，或者局部血液停滞，或者体内存在离经之血。淤血也是体内的病理性产物，但形成后，又会使脏腑、组织、器官的脉络血行不畅或阻塞不通，引起一系列的病理变化，成为致病因素。

因淤血发生的部位不同，而有无形和有形之分。无形淤血，指全身或局部血流不畅，并无可见的淤血块或淤血斑存在，常有色、脉、形等全身性症状出现。如肺脏淤血，可出现咳喘、咳血；心脏淤血可出现心悸、气短、口色青紫、脉细涩或结代；肝脏淤血，可出现腹胀食少、胸胁按痛、口色青紫或有痞块等。有形淤血，指局部血液停滞或存在着离经之血，所引起的病症常表现为局部疼痛、肿块或有瘀斑，严重者亦可出现口色青紫、脉细涩等全身症状。因此，淤血致病的共同特点是疼痛，刺痛拒按，痛有定处；淤血肿块，聚而不散，出现淤血斑或淤血点；多伴有出血，血色紫黯不鲜，甚至黑如柏油色。

（六）七情

七情是中医学中人的主要内伤性致病因素，而在中兽医学的典籍中，对此却缺乏论述，其原因可能与过去人们认为动物无情无志，或者其大脑信号系统不如人完善有关。但在兽医临床实践中，时常可见动物，尤其是犬、猫等宠物因情绪变化而引发的疾病，与人的七情所伤相近。因此，七情作为一种致病因素，也应引起兽医工作者的注意。

七情，指人的喜、怒、忧、思、悲、恐、惊七种情志变化。这本是人体对客观事物或现象所做出的七种不同的情志反应，一般不会使人发病。只有突然、强烈或持久的情志刺激，超过人体本身生理活动的调节范围，引起脏腑气血功能紊乱时，才会引发疾病。与人相似，很多种动物都有着丰富的情绪变化，在某些情况下，如离群，失仔，打斗，过度惊吓，环境应激及主人的变化，遭受到主人呵斥、打骂等，都可能会引起动物的情绪变化过于剧烈，从而引发疾病。

七情主要是通过直接伤及内脏和影响气机运行两个方面来引起疾病。

1. 直接伤及内脏　由于五脏与情志活动有相对应的关系，因此，七情太过可损伤相应的脏腑。《素问·阴阳应象大论》将其概括为“怒伤肝”、“喜伤心”、“思伤脾”、“忧伤肺”、“恐伤肾”。

怒伤肝　指过度愤怒，使得肝气上逆，引起肝阳上亢或肝火上炎，肝血被耗的病症。

喜伤心　指过度欢喜，会使心气涣散，出现神不守舍的病症。

思伤脾　指思虑过度，会使气机郁结，导致脾失健运的病症。

忧伤肺　指过度忧伤，会耗伤肺气，出现肺气虚的病症。

恐伤肾　指恐惧过度，会耗伤肾的精气，出现肾虚不固的病症。

虽然情志所伤对脏腑有一定的选择性，但临床上并非绝对如此，因为人体或动物机体是一个有机的整体，各脏腑之间是相互联系的。

2. 影响脏腑气机　七情可以通过影响脏腑气机，导致气血运行紊乱而引发疾病。《素问·举痛论》将其概括为：“怒则气上，喜则气缓，悲则气消，恐则气下，……惊则气乱……思则气结。”

怒则气上　指过度愤怒影响肝的疏泄功能，导致肝气上逆，血随气逆，出现目赤舌红，呕血，甚至昏厥卒倒等症。兽医临床上，可以见到犬在激烈争斗之后出现这种情况。

喜则气缓　指欢喜过度会使心气涣散，神不守舍，出现精神不能集中，甚至失神狂乱的症状。

悲则气消　指过度悲伤会损伤肺气，出现气短，精神委靡不振，乏力等症。

恐则气下　指过度恐惧可使肾气不固，气泄于下，出现大小便失禁，甚至昏厥的症状。兽医临床上，多种动物都会因为过度恐惧而有此表现。

惊则气乱　指突然受惊，损伤心气，致使心气紊乱，出现心悸、惊恐不安等症状。兽医临床上，此种现象也十分常见。

思则气结　指思虑过度，导致脾气郁结，从而出现食欲减退甚至废绝，肚腹胀满，或者便溏等症状。临床上，犬、猫等多种动物都会因离群，失子或环境变化过大而有这些表现。

此外，过度的情志变化，还会加重原有的病情。

虽然人们现在尚不十分清楚动物的情志活动，但情志活动作为动物对外界客观事物或现象的反映是肯定存在的，情志的过度变化同样也会引起动物的疾病，必须引起重视。

第二节　病　机

病机是各种致病因素作用于畜体引起疾病发生、发展和变化的机理。中兽医学认为，疾病的发生、发展与变化的根本原因，不在机体的外部，而在机体的内部。也就是说，各种致病因素都是通过动物机体内部因素而起作用的，疾病就是正气与邪气相互斗争，发生邪正消长、阴阳失调和气机失常的结果。因此，虽然疾病的发生、发展错综复杂，千变万化，但就其病机过程来讲，包括邪正消长、阴阳失调、气机失常三个方面。

一、邪正消长

1. 邪正消长的基本形式　邪正消长，是邪正相争的过程中，正气和邪气双方在力量上发生彼消此长或彼长此消的盛衰变化。其主要表现形式有如下几种：

（1）*邪胜病进*：邪胜病进有两种情况。以正气为相对固定的因素，邪气愈盛，毒力愈强，则病势愈急，传变也快；以病邪为相对固定的因素，感受病邪的个体，正气愈虚，或者对感受某些病邪的个体特异性愈显著，则病情愈重，病邪损害愈深。如果病邪过于强盛，毒力特强，或者患病个体素质特别虚弱，发病后，就可能呈现“两感”、“直中”或“内陷”等病情逆转状况。

“两感”指阴阳或表里均感受病邪而发病，病变迅速扩展，病情严重。如太阳病与少阴病同时感邪而发。“直中”多指病邪侵犯虚寒的体质，发病不经过表证阶段，直接侵犯三阴经所属脏腑，又称“直中三阴”。“内陷”指温热病过程中，邪盛正虚，病邪不能在卫分或气分的轻浅阶段透解，而迅速深入营分或血分，称“温邪内陷营血”。此外，外感寒邪，误用泻下，也会引起表邪内陷。

（2）*正胜病却*：正气的抗病作用，从发病到病变的每一阶段、每一环节，均表现出来，所以只有将正气有效地调动起来，或者补益其不足，或者维护其恢复，才能战胜病邪。正胜主要表现为三种情况：卫外固密、营卫调和、真气来复。

（3）*邪正相持*：邪正相持指在疾病过程中，邪正双方势均力敌，疾病处于迁移的一种病理状态。

（4）正虚邪恋：正虚邪恋是指邪正搏斗的病理过程中，正气已虚，余邪未尽，以致疾病处于缠绵难愈状态。多见于疾病后期，是许多疾病由急性转为慢性，或者留下后遗症的主要原因之一。其转是好转或痊愈或疾病反复或恶化。

2. 与疾病发生的关系　如果机体正气强盛，抗邪有力，则能免于发病；如果正气虽盛，但邪气更强，正邪相争有力，机体虽不能免于发病，但所发之病多实证、热证；如果机体体质素虚，正气衰弱，抗病无力，则易于发病，且所发之病多为虚证、寒证。

3. 与疾病发展和转归的关系　若正气不甚虚弱，邪气亦不太强盛，邪正双方势均力敌，则为邪正相持，疾病处于迁延状态；若正气日益强盛或战胜邪气，而邪气日益衰弱或被祛除，则为正胜邪退，疾病向好转或痊愈的方向发展；相反，如果正气日益衰弱，邪气日益亢盛，则为邪盛正虚，疾病向恶化或危重的方向发展；若正气虽然战胜了邪气，邪气被祛除，但正气亦因之而大伤，则为邪去正伤，多见于重病的恢复期。此外，疾病过程中正邪力量对比的变化，还会引起证候的虚实转化和虚实错杂，如邪去正伤，是由实转虚的情况；而病邪久留，损伤正气，或者正气本虚，无力祛邪所致痰、食、水、血郁结，则是虚实错杂的证候。

二、阴阳失调

各种致病因素必须通过机体的阴阳失调才能形成疾病。阴阳失调是机体各种生理协调关系遭到破坏的总概括，是疾病发生、发展机理的总纲领。常见的有阴阳偏胜、阴阳偏衰、阴阳互损、阴阳极变和阴阳亡失五个方面。

1. 阴阳偏胜　阴阳偏胜指阴或阳单方面的量相对超过正常限度，从而引起寒或热偏胜的反映。一般而言，阴胜，机能障碍，气机活动受限者，则属于寒的病理；阳胜，机能亢奋，气机活动增强者，则属于热的病理。即所谓“阴胜则寒，阳胜则热。”阴和阳相互消长，相互制约。阴长则阳消，必然导致“阴胜则阳病”；阳长则阴消，又势必导致“阳胜则阴病”。

2. 阴阳偏衰　凡是精、血、津液等物质表现出质和量方面的不足，则属阴亏；而脏腑、经络等组织功能不足及其气化作用减弱者，则属阳衰。阴和阳任何一方不足，不能制约对方，必然引起另一方的相对亢盛，即阴虚阳亢或阳虚阴盛。表现为“阴虚则热”、“阳虚则寒”的病理状况。

3. 阴阳互损　阴阳互损是指在阴阳失调过程中，阴阳双方相互削弱，以致两者的数量均低于正常水平。表现为“阴损及阳”或“阳损及阴”。阴和阳的互损存在着因果的病理联系。但阴损及阳，其病理的主要关键还是在于阴虚，即“阴虚之久者阳亦虚，终是阴虚为本”；同样，“阳虚之久者阴亦虚，终是阳虚为本”。

4. 阴阳极变　阴阳极变包括“格拒”和“转化”之变。所谓阴阳格拒，指阴或阳的任何一方充盛至极时，可将另一方排斥于外。主要包括阴盛格阳而见真寒假热证和阳盛格阴而见真热假寒证等。阴阳转化，是指阴性或阳性的病症在发展过程中，在一定条件下，可向其相反方向转化。

5. 阴阳亡失　阴阳亡失，是指机体阴精或阳气的消亡，导致双方失却相互维系和依存的作用，从而发展成阴阳离决的垂危状态。实际上就是生命的物质基础耗竭及机能活动的最终解体。阴亡，则阴精亏竭，可以导致阳脱；阳亡，则阴无以化生而耗竭，均可导致阴阳俱亡而死亡。因此，二者既有联系，又有区别。

三、气机失常

气机是气在机体内正常运行的总称。表现为升降出入。疾病过程中，因致病因素的作用，引起气的生成不足，或者升降不调，或者出入不利，即气机失常。主要有气机上逆、气机郁闭和气机泄脱三个方面。

1. 气机上逆 气机上逆即气逆，多因脏腑、经络受到病邪的阻滞或其他脏腑病变的影响，而失其顺降之常，反而上行。当升不升也属气逆范畴。如肺气上逆而咳嗽气喘，肝气上逆而头晕目眩，或者胃气上逆而呕吐。气逆发生的机理主要是邪阻致逆、肝郁致逆、因虚致逆等。

2. 气机郁闭 气机郁闭系指脏腑、经络、阴阳、气血等气机运行阻滞不通。多因邪气壅阻或气虚所致。出现气郁胸部满闷、胸胁胀痛、纳差嗳气等，以及气滞（气结）痞满等。

3. 气机泄脱 气机泄脱是属于气失升举或气虚至极的病理变化。其主要原因是先天禀赋不足，体质虚弱，年老体衰，以及劳役过度，或者饮食损伤。尤以久病泄泻，母畜产后调养不及最易发生。此外，大汗、暴泻、剧吐或过服苦寒、攻伐伤正之药，也可导致气机泄脱。其机理有脏虚致泄致脱，尤以心、脾、肾最为重要；阳虚致泄致脱等。主要表现为气陷和气脱。气陷指脏气虚衰，升举无力，使气机陷落，内脏下垂。气脱为气虚至极，濒于气绝的病理状态。临床常见气随血脱，气随津脱。气虚而脱表现为气息低微、唇舌苍白、昏迷等。

第二篇

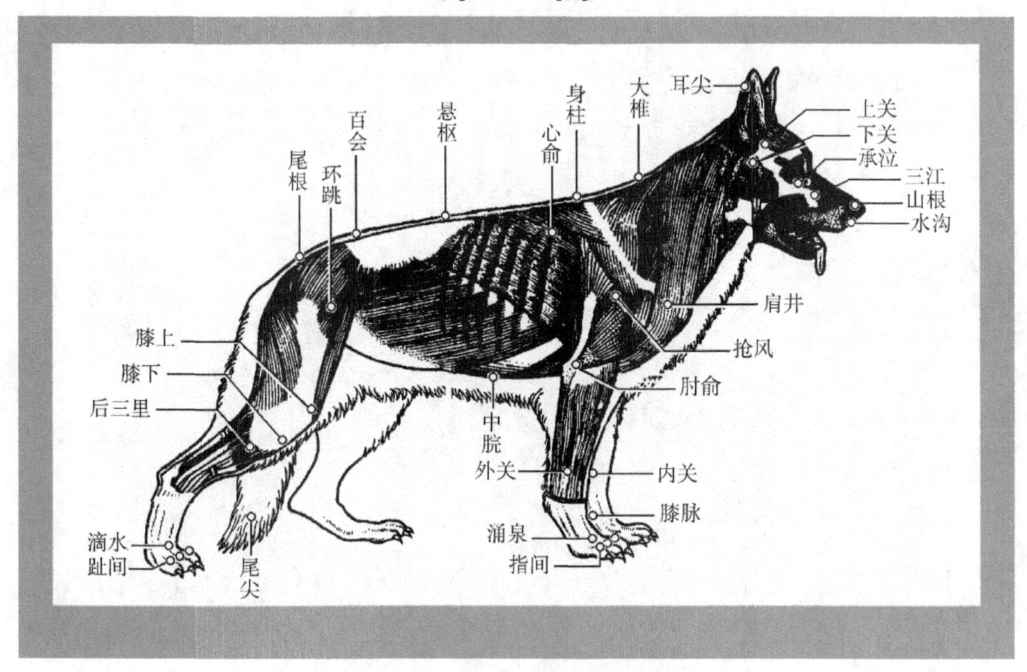

耳尖
大椎
身柱
心俞
悬枢
百会
尾根
环跳
上关
下关
承泣
三江
山根
水沟
肩井
抢风
肘俞
膝上
膝下
后三里
中脘
外关
内关
膝脉
涌泉
指间
滴水
趾间
尾尖

辨证论治基础

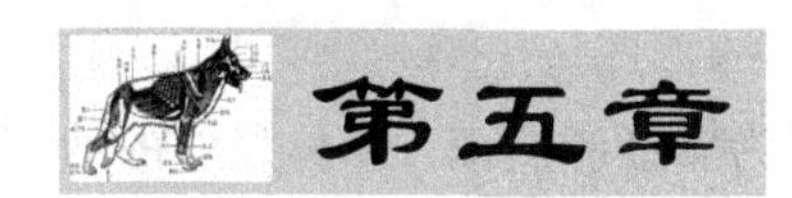

第五章

诊　法

中兽医诊察疾病的方法主要有望、闻、问、切 4 种，简称四诊。通过“望其形，闻其声，问其病，切其脉”，以掌握症状和病情，从而为判断和防治疾病提供依据。

望、闻、问、切 4 种诊断方法，各有其独特的作用，如通过望诊了解动物的神色、形态和舌苔变化等，通过闻诊了解动物的声音、气味变化，通过问诊了解动物的发病经过、病后症状、治疗经过等，通过切诊了解动物的脉象和体表变化等。同时，在诊察疾病过程中，对四诊所得到的材料要做到全面运用，综合分析，互相印证，即所谓的“四诊合参”，才能全面而系统地了解病情，从而对疾病作出正确的判断。

第一节　望　诊

望诊，就是运用视觉有目的地观察患病动物全身和局部的一切情况及其分泌物、排泄物的变化，以获得有关病情资料的一种诊断方法。望诊时，一般不要急于接近动物，首先应站在距离动物适当的地方（1.5 ~2m），由前向后、由上向下、由左向右，有目的地进行望诊。临诊时可从以下十个方面入手。

一、望精神

精神是动物生命活动的外在表现。“得神者昌，失神者亡”，动物精神的好坏，能直接反映出五脏精气的盛衰和病情的轻重。望精神主要从眼、耳及神态上进行观察。

正常动物目光有神，两耳灵活，人一接近马上就有反应，称为有神，一般为无病状态，即使有病，也属正气未衰，病情较轻；反之，若动物精神委靡，目光晦暗，头低耳耷，人接近时反应迟钝，称为失神，表示正气已伤，病情较重。精神失常主要表现为兴奋和抑制两种类型：

1. 兴奋　烦躁不安，肉颤头摇，左右乱跌，浑身出汗，气促喘粗等。重者狂奔乱走或转圈，撞墙冲壁，攀登饲槽，击物伤人等。多见于心热风邪、黑汗风、脑黄、心黄、狂犬病等。

2. 沉郁　反应迟钝，头低耳耷，四肢倦怠，行动迟缓，离群独居，两眼半睁半闭等。重者意识模糊或消失，神昏似醉，反应失灵，卧地不起，眼不见物，瞳孔散大，四肢划动等。多见于脾虚泄泻、中毒、中暑等。

二、望形态

1. 形　是指动物外形的肥瘦强弱。健康动物发育正常，气血旺盛，皮毛光润，皮肤富有弹性，肌肉丰满，四肢轻健。

一般来说，形体强壮的动物不易患病，一旦发病常表现为实证和热证；形体瘦弱的动物，正气不足较易发病，常表现为虚证和寒证。

2. 态 是指动物的动作和姿态。正常情况下，各种动物均有其固有的动作和姿态。

猪性情活泼，目光明亮有神，鼻盘湿润，被毛光润，不时拱地，行走时不断摇尾，喂食时常应声而来，饱后多睡卧；牛常半侧卧，四肢屈曲于腹下，鼻镜上有四季不干的汗珠，眯眼，两耳扇动，不时反刍，或者用舌舔鼻镜或被毛，听到响声或有生人接近时马上起立。起立时，前肢跪地，后肢先起，前肢再起。

患病以后，不同的动物，不同的病症有不同的动态表现。

（1）猪：患病后首先表现精神不振，呆立一隅，或者伏卧不愿起立，喂食时不想吃食，或者走到食槽边闻一闻，又无精打采地离去。若突然不食，体表发热，呼吸喘促，眼红流泪，咳嗽，多为感冒；若气促喘粗，咳嗽连声，颌下气肿，口鼻流出黏液，行走不稳，甚至伸头低项，张口喘息，多为锁口风；若咳嗽缠绵不愈，鼻乍喘粗，两肷扇动，立多卧少，严重者张口喘息，气如抽锯，多为猪喘气病；若吃食减少，眼红弓背，粪便燥结，粪小成球，或者弓腰努责，不见排粪，起卧不安，多为粪便秘结；若疼痛不安，蹲腰弓背，排尿点滴，常做排尿姿势而无尿者，多为尿结石；若卧地不起，四肢划动、冰凉，多属危证。

（2）牛：患病后表现精神不振，食欲减退或废绝，反刍减少或停止，行走迟缓，两耳不扇。若眼急惊惶，气促喘粗，神昏狂乱，甚至狂奔乱跑，横冲直撞，吼叫如疯，口吐白沫，多为心风狂；若站立时前肢开张，下坡斜走，磨牙吭声，常为心经痛；若喘息气粗，摇尾踏地，左侧腹胀如鼓，则为肚胀；若毛焦肷吊，鼻镜干燥，粪球硬小如算盘珠状，多为百叶干；若突然气喘，食欲、反刍停止，粪便干燥，有时带血，呻吟战栗，肩部、背部有气肿者，多为黑斑病甘薯中毒；若卧地不起，头贴于地或弯抵于肷部，磨牙呻吟，鼻镜龟裂，多为危重证。

当然，也有不同的动物患同一疾病时，动态也基本一致的情况。如头项僵硬，四肢强直，行步困难，牙关紧闭，口流涎沫，多为破伤风；若腰背板硬，四肢如柱，转弯不灵，拘行束步，多为风湿症等。

三、望皮毛

皮毛为一身之表，是机体抵御外邪的屏障。肺主一身之表，外合皮毛，观察皮肤和被毛的色泽、状态，可以了解动物营养状况、气血盈亏和肺气的强弱。健康动物皮肤柔软而有弹性，被毛平顺而有光泽，随季节、气候的变化而退换。若皮肤焦枯，被毛粗乱无光，冬季绒毛到夏季不退，多为气血虚弱，营养不良；若皮肤紧缩，被毛逆立，常见于风寒束肺；若皮肤瘙痒，或者起风疹块，破后流黄色液体，多为肺风毛燥；若被毛成片脱落，脱毛处结成痂皮，奇痒难忍，揩树擦桩，多见于疥癣；若牛背部皮肤有大小不等的肿块，患部脱毛，用力挤压常有牛皮蝇幼虫蹦出，则为蹦虫病（又名蝇蛆病）。

汗孔布于皮肤，观察皮毛时还要注意出汗的情况。健康动物因气候炎热、使役过重、奔跑过急等常有汗出，属正常现象。若轻微使役或运动就出汗，称为自汗，多见于气虚、阳虚；若夜间休息而出汗称为盗汗，多为阴虚内热。若见起卧不安，耳根、胸前、四肢内侧等部位有汗者，多为剧烈疼痛。若在暑热季节，汗出如油，多为中暑；若动物冷汗不止，浑身震颤，口色苍白，多属内脏器官破裂。

四、望官窍

（一）望眼

眼为肝之外窍，五脏六腑之精气皆上注于目，故从眼上不仅可反映出肝经病变，同时可反映出五脏精气的盛衰和精神好坏。

健康动物眼球灵活，明亮有神，结膜粉红，洁净湿润，无眵无泪。若两目红肿，羞明流泪，眵盛难睁，多为肝热传眼；若一侧红肿，羞明流泪，常为外伤或摩擦所致；两目干涩，视物不清或夜盲者，多为肝血不足；眼睑浮肿如卧蚕状，多为水肿；眼窝凹陷，多为津液耗伤；眼睑懒睁，头低耳耷，多为过劳、慢性疾病或重病；若瞳孔散大，多见于脱证、中毒或其他危证。

（二）望鼻和鼻镜

鼻为肺之外窍，健康动物鼻孔清洁润泽，呼吸平顺，能够分辨出食物和饮水的气味；正常牛的鼻镜保持湿润，并有少许汗珠存在。

若鼻流清涕，多为外感风寒；鼻液黏稠，多系外感风热；一侧久流黄白色浊涕，味道腥臭，多为脑颡黄；若鼻浮面肿，松骨肿大，口吐混有涎沫的草团，多为翻胃吐草；若牛的鼻镜过湿，汗成片状或如水珠滴下者，多为寒湿之证；若汗不成珠，时有时无者，多为感冒或温热病的初期；若鼻镜干燥皲裂，触之冰冷似铁者，多为重证危候。

（三）望耳

耳为肾之外窍，十二经脉皆连于耳。耳的动态除与动物的精神好坏有关外，还与肾及其他脏腑的功能好坏有关。

健康动物，双耳灵活，听觉正常。若两耳下垂，常为肾气衰弱或久病重病；两耳竖立，有惊急之状，多为邪热侵心或破伤风；两耳背部血管暴起并延至耳尖者，常为表热证；两耳凉而耳背部血管不见者，多为表寒证；一耳松弛下耷兼嘴眼歪斜者，则为歪嘴风；若呼唤不应，则为肾壅耳聋。

（四）望口唇

口唇是脾的外应。健康动物口唇端正，运动灵活，口津分泌正常，一般不流出口外。如塞唇似笑（上唇揭举），多见于冷痛；下唇松弛不收，为脾虚；嘴唇歪斜，多见于歪嘴风；口舌糜烂或口内生疮，多为心经积热。

若津液黏稠牵丝，唇内黏膜红黄而干者，多为脾胃积热；若口流清涎，口色青白滑利者，多为脾胃虚寒；若突然口吐涎沫，其中夹杂饲料颗粒，伸头直项，多为草噎；若口津减少，多为久病、热证引起的津液不足之证。

五、望饮食

望饮食，包括观察饮食欲、采食量、采食动作和吞咽咀嚼情况等。牛、羊等反刍动物，还应注意观察反刍情况。脾开窍于口，胃主受纳。饮食欲的好坏能反映出“胃气”的强弱。健康动物胃气正常，饮食欲旺盛。如患病以后，病情虽重而饮食欲尚好，表明胃气尚存，预后良好；草料不进，说明胃气衰微，预后不良。故有“有胃气则生，无胃气则死”之说。

若食欲减退，多见于疾病的初期；若食草而不食料，多为料伤；若喜食干草干料，多为脾胃寒湿；若喜食带水饲料，多为胃腑积热；若咀嚼缓慢小心，边食边吐，咽下困难，多为牙齿疾病或咽喉肿痛；如嗜食沙土、粪便、毛发等异物者，则为异食癖。

健康牛采食后0.5～1.5h开始反刍，每次持续时间0.5～1h，每个食团咀嚼40～80次，每昼夜反刍4～8次。很多疾病如感冒、发热、宿草不转、百叶干等，都可引起反刍减少或停止。若反刍逐渐恢复，表示病情好转，若反刍一直停止，则表示病情危重。

六、望呼吸

出气为呼，入气为吸，一呼一吸，谓之一息。健康动物呼吸均匀，胸腹部随呼吸动作而稍有起伏，马的鼻翼微有扇动。健康动物每分钟的呼吸次数为：

马、驴、骡8～16次	牛10～30次	水牛10～40次	猪10～20次
羊12～20次	骆驼5～12次	犬10～30次	猫10～30次

呼吸由肺所主，并与肾的纳气作用有关。望呼吸时，应注意其次数、强度、节律以及姿势的变化。如呼吸缓慢而低微，或者动则喘息者，多为虚证寒证；气促喘急，呼吸粗大亢盛，多为实证热证。呼吸时，腹部起伏明显，多见于胸部疼痛；若胸部起伏明显，多为腹部疼痛。若呼气延长而且紧张，在呼气末期腹部强力收缩，沿肋骨端形成一条喘线，呼气时肷部及肛门突出者，见于肺壅、气喘等症；若吸气长而呼气短，表示气血相接，元气尚足，病虽重而尚可治；吸气短而呼气长，则为肺气败绝，多属危症。

七、望粪尿

(一) 望粪便

健康猪粪便呈稀软条状或圆柱状，多为褐色；牛的粪便比较稀软，落地后平坦散开，或者呈轮层状粪堆。同种动物因所吃的饲料和饮水量的不同，粪便也有所变化。如喂干料多，其粪便则硬些，若吃青草，粪便则较软等，察看粪便时要注意。

粪便的异常变化多与胃肠病变有关。胃肠有热，则粪臭而干燥，色呈黄黑，外包黏液；胃肠有寒，则粪稀软带水，颜色淡黄；脾胃虚弱，则粪渣粗糙，完谷不化，稀软带水，稍有酸臭；胃肠湿热，则泻粪如浆，气味腥臭，色黄污秽，脓血混杂，或者呈灰白色糊状；排粪少而干小，颜色较深，腹痛不安，卧地四肢伸展者，则为结症；粪便带血，若血色鲜红，先血后便，多为直肠、肛门出血，若血色深褐或暗黑，先便后血或粪血相杂，多为胃肠前段出血。

(二) 望尿液

正常猪、牛的尿液为淡黄色或无色，清亮如水，马的尿液为浊黄色。观察时，应注意其颜色、尿量、清浊程度等方面的变化。若尿频数而清白者，多为肾阳虚；排尿失禁，多为肾气虚；尿液短少、色深黄或赤黄且有臊味者，多为热证或实热证；尿液清长且无异常气味者，多为寒证或虚寒证；若排尿赤涩淋痛，常见于膀胱湿热等；久不排尿，或者突然排不出尿，时作排尿姿势，且见腹痛不安者，多为尿闭或尿结；尿液色红带血，若先排血后排尿，多为尿道出血，先排尿而后尿中带血者，多属膀胱内伤。

八、望二阴

即前阴和后阴。前阴指公畜的阴茎、睾丸及母畜的阴门；后阴指肛门。

若阴囊、睾丸硬肿，如石如冰，为阴肾黄，阴囊热而痛者，为阳肾黄；若阴囊肿大而柔软，或者时大时小，常伴有腹痛症状者，多为阴囊疝气；若阴茎勃起，未交配即泄精，称滑精，多属肾气虚精关不固；阴茎萎软，不能勃起，称为阳痿，多属肝肾不足；阴茎长期垂脱于包皮之外，不能缩回，称为垂缕不收，多属肾经虚寒。

检查阴门应注意其形态、色泽及分泌物的变化。动物发情时，阴门略红肿，并有少量黏性分泌物垂出，俗称“吊线”。产后阴门长时间排出紫红色或污黑色液体，称为恶露不尽。若妊娠未到产期，阴门虚肿外翻，有黄白色分泌物流出，多为流产前兆；若阴户一侧内陷，有腹痛表现者，多为子宫扭转。

望肛门，应注意其松紧、伸缩和周围情况。若肛门松弛、内陷，多为气虚久泻；若直肠脱出于肛门之外，称为脱肛；牛肛周有紫红色溢血斑点，多为环形泰勒焦虫病；若肛周、尾根及飞节部有粪便污染，常见于泄泻。

九、望四肢

望四肢，主要观察四肢站立、走动时的姿势和步态。健康动物四肢强健，运动协调，屈伸灵活有力，各部关节、筋腱和蹄爪形态正常。

若一前肢疼痛时，常呈“点头行步”，即当健肢着地时，头低下偏向健侧，当病肢着地时，头向健侧抬起，故有“低在健，抬在患”之说，同样，当后肢有病时，则呈“臀部升降运动”，即“降在健，升在患”；若运步时以抬举和迈步困难为主，其病多在肢体的上部；以踏地小心或不能着地为主者，其病多在肢的下部，即通常所说的“敢抬不敢踏，病必在脚下；敢踏不敢抬，病必在胸怀。”

另外，若四肢关节明显肿大，多为骨质增生或关节脓肿；关节变形，多为久治不愈的风湿症或闪伤重症；膘肥体壮，束步难行，四肢如攒，多为料伤五攒痛。

十、望口色

望口色，是指观察口腔各有关部位的色泽，以及舌苔、口津、舌形等变化，以诊断病症的方法。口色是气血的外荣，是气血功能活动的外在表现，其变化反映了体内气血盛衰和脏腑虚实，在辨证论治和判断疾病的预后上有重要意义。

（一）望口色的部位

包括望唇、舌、口角、排齿（上下齿龈）和卧蚕（舌下方，舌系带前方两侧的舌下肉阜），其中以望舌为主。脏腑在口色上各有其相应部位，即舌色应心，唇色应脾，金关（左卧蚕）应肝，玉户（右卧蚕）应肺，排齿应肾，口角应三焦。

（二）望口色的方法

望口色一般应在动物临诊，稍事歇息，待气血平静后进行。检查牛时，应站在牛头侧面，先看鼻镜，然后一手提高鼻圈（或鼻孔），另一手翻开上下唇，看唇和排齿，再用二指从口角伸入口腔，感觉口内温、湿度，再将两指叉开，开张口腔，即可查看舌面、舌底和卧蚕等（图5－1）。检查时应敏捷、仔细。将舌拉出口外的时间不能过长，不宜紧握，以免人为地引起舌色的变化。猪、羊、犬、猫等中小动物可用开口器或棍棒将口撬开进行观察。

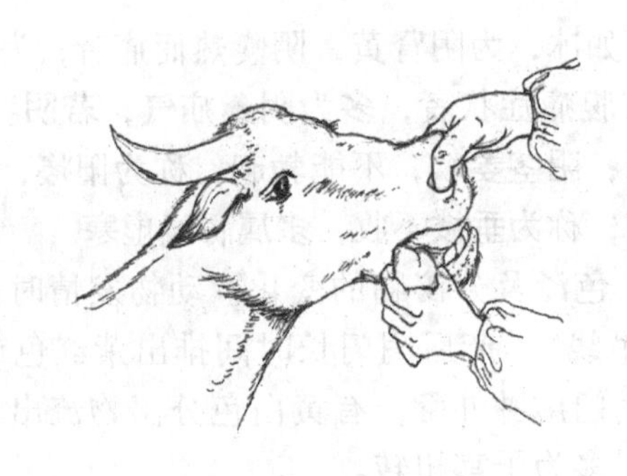

图5-1　望牛口色的方法

（三）正常口色

动物正常口色为舌质淡红，鲜明光润，舌体不肥不瘦，灵活自如；微有薄白苔，稀疏均匀；干湿得中，不滑不燥。

由于季节及动物种类和年龄等不同，正常口色也有一定的差异。如夏季偏红，冬季偏淡，故有“春如桃花夏似血，秋如莲花冬似雪”之说；猪的正常口色比牛、羊的口色红些；幼龄动物偏红，老龄动物偏淡。应注意的是，皮肤黏膜的某些固有色素或采食青绿饲料、灌服中草药、戴衔铁等，可引起口腔色染而掩盖真实口色，应注意区别。

（四）有病口色

应从舌色、舌苔、舌津和舌形等方面进行综合观察。

1. 病色　常见的病色有白、赤、青、黄、黑5种。

（1）白色：主虚证。是气血不足，血脉空虚的表现。其中淡白为气血虚弱，见于营养不良、贫血等；苍白（淡白无光）为气血虚衰，见于内脏出血和严重虫积等。

（2）赤色：主热证。因血得热则行，热盛而致气血沸涌，舌体脉络充盈。其中微红为表热，见于温热病初期；鲜红主热在气分；绛红主热邪深入营血，见于温热病后期及喘气病、胃肠臌胀等；赤紫为气血淤滞，见于重症肠黄、中毒等。

（3）黄色：主湿证。因肝胆疏泄失职，脾失健运，湿热郁蒸，胆汁外溢所致。黄而鲜明为阳黄，多见于急性肝炎、胆道阻塞、血液寄生虫病等；黄而晦暗为阴黄，见于慢性肝炎等。

（4）青色：主寒、主淤、主痛。寒性收引，凝滞不通，不通则痛，阳气郁而不宣，故为青色。青白为脏腑虚寒，见于脾胃虚寒、外感风寒等；青黄为内寒挟湿，见于寒湿困脾等；青紫为气滞血瘀的表现。

（5）黑色：主热极或寒极。其中，黑而无津者为热极，黑而津多者为寒极，皆属危重证候。

2. 舌苔　舌苔由胃气熏蒸而来。健康动物舌苔薄白或稍黄，稀疏分布，干湿得中。舌苔变化主要包括苔色和苔质两个方面。

（1）苔色：分白苔、黄苔、灰黑苔3种。

白苔：主表证、寒证。苔白而润，表明津液未伤；苔白而燥，表明津液已伤；苔白而滑，表明寒湿内停。

黄苔：主里证、热证。苔淡黄而润者为表热；苔黄而干者，为里热耗伤津液；苔黄而焦裂者，多为热极。

灰、黑苔：主热证、寒湿证中的重症，多由黄苔转化而来。灰黑而润滑者多为阳虚寒甚；灰黑而干燥者多为热炽伤津。

（2）苔质：是指舌苔的有无、厚薄、润燥、腐腻等。

有无：舌苔从无到有，说明胃气渐复，病情好转；舌苔从有到无，说明胃气虚衰，预后不良。

厚薄：苔薄，表示病邪较浅，病情轻，常见于外感表证；苔厚，表示病邪深重或内有积滞。

润燥：苔润表明津液未伤；苔滑多主水湿内停；舌苔干燥，表明津液已伤，多为热证伤津或久病阴液耗亏。

腐腻：苔质疏松而厚，如豆腐渣堆积于舌面，可以刮掉，为腐苔，主胃肠积滞、食欲废绝；苔质致密而细腻，擦之不去，刮之不脱，像一层混浊的黏液覆盖在舌面，称腻苔，多主湿浊内停。

3. 口津 口津是口内干湿度的表现，可反映机体津液的盈亏和存亡。健康动物口津充足，口内色正而光润。

若口津黏稠或干燥，多为燥热伤阴；口津多而清稀，口腔滑利，口温低，多为寒证或水湿内停。但若口内湿滑、黏腻，口温高，则为湿热内盛；若口内垂涎，多为脾胃阳虚、水湿过盛或口腔疾病。

4. 舌体形态 正常动物舌体柔软，活动自如，颜色淡红，舌面布有薄白稀疏、分布均匀的舌苔。

若舌淡白胖大，舌边有齿痕，多属脾肾阳虚；舌红、肿胀溃烂，多为心火上炎；苔薄而舌体瘦小，舌色淡白而舌体软绵，多为气血不足；舌质红绛，舌面有裂纹，多为热盛；舌体发硬，屈伸不便或不能转动，多为热邪炽盛、热入心包；若舌体震颤，多为久病气血两虚或肝风内动；若舌淡而痿软，伸缩无力，甚至垂于口外不能自行缩回者，表示气血俱虚，病情重危。

望口色，是中兽医诊断动物疾病的特色之一，临诊时，除了进行舌色、舌苔、舌津和舌形等方面内容的检查外，还要注意观察口内的光泽度。有光泽表示正气未伤，预后良好；若无光泽，多表示已伤正气，缺乏生机，预后不良。

第二节 闻 诊

闻诊包括听声音和嗅气味两个方面。听声音，是利用听觉以诊察动物的声音变化；嗅气味是通过嗅觉诊察动物分泌物、排泄物的气味变化，从而认识疾病。

一、听声音

（一）听叫声

健康动物在求偶、呼群、唤仔等情况下，可发出洪亮而有节奏的叫声。在疾病过程中，若新病即叫声嘶哑，多为外感风寒；久病失音，多为肺气亏损。若叫声重浊，声高而粗者，多属实证；叫声低微无力者，多属虚证。叫声平起而后延长者，病虽重而有救治的希望；叫声怪猛而短促者，多为热毒攻心，难治；如不时发出呻吟，并伴有空口咀嚼或磨牙者，多为疼痛或病重之征。

（二）听呼吸音

健康动物肺气清肃，气道畅通，呼吸平和，不用听诊器听不到声音。但患病时则可出现不同的音响。若呼吸气粗者，为实证、热证；气息微弱者，多见于内伤虚劳；吸气长而呼气短者，正气尚存；吸气短而呼气长者，为正气亏伤，肺肾两虚；呼吸伴有鼻塞音者，为鼻漏过多，或者鼻道肿胀、生疮；呼吸时伴有痰鸣音，多为痰饮聚积；若口张鼻乍，气如抽锯，或者呼吸深重，鼻脓腥臭者，多属重症，难医。

呼吸时气息急促称为喘。若喘气声长，张口掀鼻者，为实喘；喘息声低，气短而不能接续者，为虚喘。

听肺呼吸音，可用直接听诊法和间接听诊法。现多用听诊器间接听诊，能更准确地判明呼吸音的强弱、性质和病理变化。正常动物肺呼吸音类似轻读“夫夫”的声音。若肺呼吸音增强，常见于实证、热证和疼痛等；听到“丝丝”音，多为阴虚内热证；若听到水泡破裂音，多为寒湿、痰饮证；若有空瓮音，多见于肺痈；若有捻发音，多为肺壅或过劳伤肺；若出现类似于手背摩擦音或拍水音，则为前槽水、胸膈痛等。

（三）听咳嗽声

咳嗽是肺经疾病的重要证候之一。若咳嗽洪亮有力，多为实证，常见于外感风寒或外感风热的初期；咳声低微无力，多为虚证，常见于劳伤久咳；咳而有痰者为湿咳，多见于肺寒或肺痨；咳而无痰者为干咳，常见于阴虚肺燥或肺热初期；咳嗽时伴有伸头直颈，肋肷振动，肢蹄刨地等，多为咳嗽困难或痛苦的征象；如咳嗽连声，低微无力，鼻流脓涕，气如抽锯者，多为重症。

（四）听胃肠音

健康动物小肠音如流水声，平均每分钟可听到 8 ~ 12 次；大肠音如雷鸣声，平均每分钟可听到 4 ~ 6 次。若肠音响亮，连绵不断，甚至如雷鸣，数步之外能闻者，常见于冷痛、冷肠泄泻等症；肠音稀少，短促微弱，常见于胃肠积滞便秘等；肠音完全消失，常见于结症、肠变位的后期；经治疗发现肠音逐渐恢复，则为病情好转的象征；如肠音一直不恢复，且腹痛不止，不见排粪，常为病情严重的表现。

健康牛、羊等反刍动物，瘤胃蠕动音呈由弱到强、又由强转弱的沙沙声。瘤胃的蠕动次数，牛每 2 分钟 2 ~ 5 次，山羊每 2 分钟 2 ~ 4 次，绵羊每 2 分钟 3 ~ 6 次，每次蠕动持续的时间为 15 ~ 30s。若瘤胃蠕动音减弱或消失，可见于脾虚不磨、宿草不转、百叶干以及瘤胃急性臌胀、肠秘结、心经痛等。

（五）听咀嚼音

健康动物在咀嚼时发出清脆而有节奏的咀嚼音。若咀嚼缓慢小心，声音低，多为牙齿松动、疼痛、胃热等症；若口内无食物而磨牙，多为疼痛所致。

二、嗅气味

（一）口腔气味

健康动物口内带有草料气味，无异常臭味。若口气秽臭，口热，伴食欲废绝者，多为胃肠积热；若口气酸臭，多为胃内积滞；若口内腥臭、腐臭，见于口舌生疮糜烂、牙根或齿槽脓肿等症。

（二）鼻腔气味

健康动物鼻腔无特殊气味。如鼻流黄色脓涕，气味恶臭，多为肺热；鼻流黄灰色、气味腥臭的鼻液，多见于肺痈；鼻涕呈灰白色豆腐脑样，尸臭气味，多见于肺败。

（三）粪尿气味

正常动物的粪便都有一定的臭味。若粪便清稀，臭味不重，多属脾虚泄泻；粪便粗糙，气味酸臭者，多为伤食；粪便带血或夹杂黏液，泻粪如浆，气味恶臭，多见于湿热证。

健康马的尿液有一定的刺鼻臭味，其他动物尿的气味较小。若尿液清长如水，无异常臭味，多属虚证、寒证；尿液短赤混浊，臊臭刺鼻，多为实证、热证。

（四）脓臭味

一般地，良性疮疡的脓汁呈黄白色，明亮、无臭味或略带臭味。若脓汁黄稠、混浊，有恶臭味，多属实证、阳证，为火毒内盛；若脓汁灰白、清稀，气味腥臭，属虚证、阴证，为毒邪未尽，气血衰败。

第三节　问　诊

问诊，是通过询问畜主或饲养管理人员以了解病情的诊断方法。

一、问发病情况

主要包括发病时间，病情发展快慢，患病动物的数目及有无死亡等。由此推测疾病新久、病情轻重和正邪盛衰、预后好坏、有无时疫和中毒等。如初病者，多为感受外邪，病在表多属实；病久者，多为内伤杂证，病在里多属虚；如发病快，患病动物数目较多，病后症状基本相似，并伴有高热者，则可能为时疫流行；若无热，且为饲喂后发病，平时食欲好的病情重、死亡快，可疑为中毒；如发病较慢，数目较多，症状基本相同，无误食有毒饲料者，则应考虑可能为某种营养缺乏症。

二、问发病经过

主要包括发病后的症状、发病过程和治疗情况。要着重询问发病后的食欲、饮水、反刍、排粪、排尿、咳嗽、跛行、疼痛、恶寒与发热、出汗与无汗等情况。如食欲尚好，表示病情较轻；食欲废绝，表示病情较重；若咳嗽气喘，昼轻夜重，多属虚寒；昼重夜轻，多属实火；若病程较长，饮食时好时坏，排粪时干时稀，日渐消瘦，多为脾胃虚弱；若排粪困难，次数减少，粪球干小，多为便秘。若刚运步时步态强拘，随运动量增加而症候减轻者，多为四肢寒湿痹证。

如临诊前已经过治疗，要问清曾诊断为何种病症，采用何种方法、何种药物治疗，治疗的时间、次数和效果等，这对确诊疾病，合理用药，提高疗效，避免发生医疗事故有重要作用。如患结症动物，已用过大量泻下药物，在短时间内尚未发挥疗效，若不询问清楚，盲目再用大量泻下剂，必致过量，产生攻下过度的不良后果。

三、问饲养管理及使役情况

在饲养管理方面，应了解草料的种类、品质、配合比例，饲养方法以及近期有无改变，饮水的多少、方法和水质情况，圈舍的防寒、保暖、通风、光照等情况。如草料霉败、腐烂，容易引起腹泻，甚至中毒；过食冰冻草料，空腹过饮冷水，常致冷痛；厩舍潮湿，光照不足，日久可发生痹证；暑热季节，厩舍密度过高，通风不良，易患中暑等。

在使役方面，应了解使役的轻重、方法，以及鞍具、挽具等情况。如长期使役过重，奔走太急，易患劳伤、喘症和腰肢疼痛等；鞍具、挽具不合身，易发生鞍伤、背疮等。使役后带汗卸鞍，或者拴于当风之处，易引起感冒、寒伤腰胯等。

四、问既往病史和防疫情况

了解既往疾病发生情况，有助于现病诊断。如患过马腺疫、猪丹毒、羊痘等疾病，一般情况下，以后不再患此病。作过预防注射的动物，在一定时间内可免患相应的疾病。

五、问繁殖配种情况

公畜采精、配种次数过于频繁，易使肾阳虚弱，导致阳痿、滑精等症；母畜在胎前产后，容易发生产前不食，妊娠浮肿，胎衣不下，难产等症；母畜在怀孕期间出现不安、腹痛起卧甚或阴门有分泌物流出，则为胎动不安之征，常可发生流产和早产；一些高产奶牛和饲养失宜的母猪，易患产后瘫痪。询问胎前产后情况，不仅有助于诊断疾病，而且对选方用药也有指导意义。如对妊娠动物，应慎用或禁用妊娠禁忌药。

第四节　切　诊

切诊，是依靠手指的感觉，在动物机体的一定部位上进行切、按、触、叩，以获得有关病情资料的一种诊察方法。分为切脉和触诊两部分。

一、切　脉

切脉也叫脉诊，是用手指切按动物机体一定部位的动脉，根据脉象了解和推断病情的一种诊断方法。体内气血循经脉输布全身，维持机体生命活动。而经脉内联脏腑，外络肢节，将机体连成一个统一的有机整体，当机体某部分发生病变时，必然会影响气血的运行，而在脉管上发生相应的变化。因此，通过脉象的变化，可推断疾病的部位，识别病性的寒热、虚实，判断疾病的预后。

（一）切脉的部位和方法

1. 切脉的部位　因动物种类不同，切脉的部位也不同。马，传统上切双凫脉，目前多切颌外动脉；牛、骆驼，切尾动脉；猪、羊、犬等，切股内动脉。

2. 切脉的方法　切牛、骆驼的尾动脉时，诊者站在动物正后方（诊骆驼时应先使骆驼卧地），左手将尾略向上举，右手食指、中指、无名指布按于尾根腹面，用不同的指力推压和寻找即得。拇指可置于尾根背面帮助固定（图5－2）。

切诊猪、羊、犬的股内动脉时，诊者应蹲于动物侧面，手指沿腹壁由前到后慢慢伸入股内，摸到动脉即行诊察，体会脉搏的性状（图5－2）。

诊脉时，应注意环境安静。待动物停立安静，呼吸平稳，气血调匀后再行切脉。医者也应使自己的呼吸保持稳定，全神贯注，仔细体会。每次诊脉时间，一般不应少于3min。

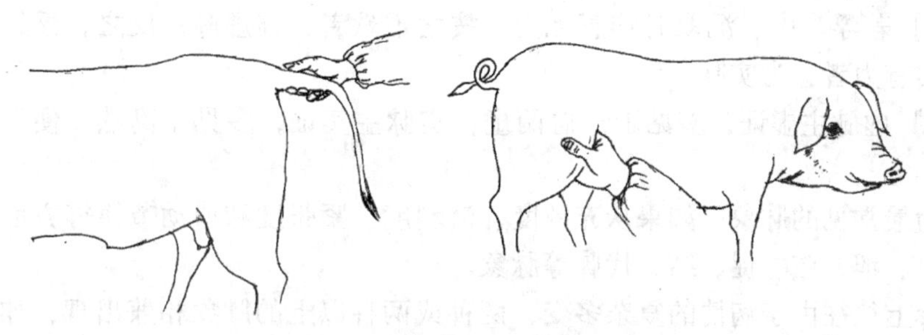

图 5-2 牛、猪切脉部位和方法

切脉时常用三种指力，如轻用力，按在皮肤，为浮取（举）；中度用力，按于肌肉，为中取（寻）；重用力，按于筋骨，为沉取（按）。浮、中、沉三种指力可反复运用，前后推寻，以感觉脉搏幅度的大小，流利的程度等，对脉象作出一个完整的判断。

（二）脉象

脉象，是指脉搏应指的形象。包括脉搏显现部位的深浅、脉跳的快慢、搏动的强弱、流动的滑涩、脉管幅度的大小以及脉跳的节律等。脉象一般可分为平脉、反脉和易脉三大类。

1. 平脉 平脉即健康之脉。平脉不浮不沉，不快不慢，不大不小，节律均匀，连绵不断。

平脉受季节变化的影响而发生变化，前人总结为春弦、夏洪、秋毛（浮）、冬石（沉）。此外，还因动物的种类、年龄、性别、体质、劳役、饥饱等不同而略有差异。一般来说，幼龄动物脉多偏数，老弱动物脉多偏虚，瘦弱者脉多浮，肥胖者脉多沉，久饿脉多虚，饱后脉多洪等。孕畜见滑脉，亦为正常现象。

正常动物每分钟脉搏次数为：

马、骡 30～45 次　　牛 40～80 次　　猪 60～80 次　　羊 60～80 次

骆驼 30～60 次　　犬 70～120 次　　猫 110～130 次　　禽 120～200 次

2. 反脉 反脉即反常有病之脉。由于疾病的复杂，脉象表现也相当复杂，现将临床常见脉象归纳如下。

（1）浮脉与沉脉：是脉搏显现部位深浅相反的两种脉象。

［**脉象**］若脉位较浅，轻按即有明显感觉，重按反觉减弱，如水上漂木者，为浮脉；若脉位较深，轻按觉察不到，重按才能摸清，如石沉水者，为沉脉。

［**主证**］浮脉主表证，常见于外感初起。浮数为表热，浮迟为表寒，浮而有力为表实，浮而无力为表虚；沉脉主里证，主病在脏腑。沉数为里热，沉迟为里寒，沉而有力为里实，沉而无力为里虚。

（2）迟脉与数脉：是脉搏快慢相反的两种脉象。

［**脉象**］脉搏减慢，马、骡每分钟少于 30 次，牛每分钟少于 40 次，猪、羊每分钟少于 60 次者，为迟脉；脉来急促，马、骡每分钟超过 45 次，牛、猪、羊每分钟超过 80 次者，为数脉。

［**主证**］迟脉主寒证，迟而有力为实寒，迟而无力为虚寒，浮迟为表寒，沉迟为里寒；数脉主热证，数而有力为实热，数而无力为虚热，浮数为表热，沉数为里热。

（3）虚脉与实脉：是脉搏力量强弱相反的两种脉象。

[**脉象**] 若浮、中、沉取时均感无力，按之虚软者，称虚脉；反之，浮、中、沉取时均表现充实有力者，为实脉。

[**主证**] 虚脉主虚证，多见于气血两虚；实脉主实证，多见于高热、便秘、气滞、血瘀等。

以上为最常见的脉象，如果从充盈度、流利度、紧张度和搏动节律等方面分析，又有洪、细、滑、涩、弦、促、结、代脉等脉象。

在临诊上往往由于病情的复杂多变，两种或两种以上的脉象相兼出现，如表热证，脉见浮数，里虚寒证，脉沉迟无力等，因此，要把各种脉象及主证联系起来，加以综合分析，就能比较正确地判断病情。

3. 易脉 即四时变异之脉，有屋漏、雀啄、釜沸、解索、虾游脉等，都是脉形大小不等，快慢不一，节律紊乱，杂乱无章的脉象，皆为危亡之绝脉。

二、触　诊

触诊就是用手对动物机体一定部位进行触摸按压，以探察疾病的一种诊断方法。

（一）触凉热

以手的感觉为标准，触摸动物机体表有关部位的凉热，以判断其寒热虚实。一般从口、鼻、耳、角、体表、四肢温度等方面进行检查。

1. 口温 健康动物口腔温和而湿润。若口温低，口腔滑利，多为阳虚寒湿；口温低，口津干燥，多为气血虚弱；若口温高，伴有口津干燥，多为实热证；口温高，口津黏滑，多为湿热证。

2. 鼻温 用手掌遮于动物鼻头（或鼻镜下方），感觉鼻端和呼出气的温度。健康动物呼出气均匀和缓，鼻头温和湿润。若鼻头热，呼出气亦热，多为热证；鼻冷气凉，多属寒证。

3. 耳温 健康动物耳根部较温，耳尖部较凉。若耳根、耳尖均热多属热证，相反则多属寒证；耳尖时冷时热者，为半表半里证。

4. 角温 健康牛、羊角尖凉，角根温热。检查时四指并拢，小拇指靠近角基部有毛处握住牛、羊角，如小拇指和无名指感热，体温一般正常；如中指也感热，则体温偏高；食指也感热，则属发热。若角根冰凉，多属危证。

5. 体表和四肢温度 健康动物机体表和四肢不热不凉，温湿无汗。若体表和四肢有灼热感，乃属热证；皮温不整，多为外感风寒；体表和四肢温度低者，多为阳气不足；若四肢凉至腕（前肢）、跗（后肢）关节以上，称为四肢厥冷，为阳气衰微之征。

现在一般用体温表测定直肠温度，临诊时若能将直肠测温和手感触温结合起来，则更为准确。动物的正常体温（直肠）是：

马、骡 37.5～38.5℃　　牛 37.5～39.5℃　　猪、羊 38.0～39.5℃

骆驼 36.0～38.5℃　　犬 37.5～39.0℃　　猫 38.5～39.5℃

（二）触肿胀

主要查明肿胀的性质、大小、形状及敏感度。若肿胀坚硬如石，可见于骨瘤；肿胀柔软而有弹性，压力除去恢复较快者，多为血肿或脓肿；按压肿胀局部如面团样，指下留痕，恢复缓慢者，多为水肿；触压肿处柔软并有捻发音者，为气肿之征；若疮形高肿，灼热剧痛，多属阳证；漫肿平塌，不热微痛者，多属阴证。

（三）触胸腹

叩压胸壁时动物敏感、躲避、咳嗽，则多为肺部或胸壁有病，多见于肺痈、胸膈痛等；仅一侧拒按，不咳嗽者，多为胸壁受伤；病牛拒绝触压剑状软骨部，胸前出现水肿，站立时前肢开张，下坡斜走，多为心经痛。

若腹部膨满，叩之如鼓，多为气胀；腹部膨满，按之坚实，多为胃肠积食；右侧肋下腹壁紧张下沉，撞击坚满而打手者，多为真胃阻塞；若两侧腹壁紧张下沉，推、摇畜体时有拍水音和疼痛反应者，多为腹膜炎；母畜乳房肿胀，触之坚硬且有热痛感，多见于乳痈。

对猪、羊等动物可侧卧保定，医者的一手掌向上置于腹壁下侧，一手置于上侧，由两侧逐渐紧压，可查明肠管内有无宿粪以及胎儿的情况。

（四）谷道（直肠）入手

谷道（直肠）入手，主要用于马、牛等大动物，是直肠检查的手法，尤其是在马属动物结症的诊断和治疗上具有重要意义。

1. 谷道入手准备 四柱栏站立保定，为防卧下及跳跃，在腹下用吊绳及髻甲部用压绳保定；术者指甲剪短、磨光，戴上一次性长臂薄膜手套，涂肥皂水或石蜡油润滑；腹胀者应先行盲肠穿刺或瘤胃穿刺放气，以降低腹压；腹痛剧烈者，应使用止痛剂；用适量温肥皂水灌肠，可排除直肠内积粪，松弛、润滑肠壁，便于检查。

2. 操作方法 术者站于动物的左后方，右手五指并拢成圆锥形，旋转插入肛门，如遇粪球可纳手掌心取出。如动物骚动不安或努责剧烈时，应暂停伸入，待安静后继续伸入。检手到达玉女关（直肠狭窄部）后，要小心谨慎，用作锥形的手指探索肠腔的方向，同时用手臂轻压肛门，诱使动物做排粪反应，使肠管逐渐套在手上。一旦检手通过玉女关后，即可向各个方向进行检查。在整个检查过程中，术者手臂一定要伸直，手指始终保持圆锥状，不能叉开，以免刮伤肠壁。检查结束后，将手缓缓退出。

3. 马属动物直肠检查及临诊意义 直肠检查应按一定的顺序进行，一般先检查肛门，而后检查直肠，直肠之下即为膀胱。向前在骨盆腔前缘可摸到小结肠。手向左方移到肋腹区的中、下部，可摸到左侧大结肠。向左摸到左腹壁。再伸手向前于最后肋骨处可摸到脾脏。由此翻手向上，在左侧倒数第一肋骨与第一、第二腰椎横突之下可摸到左肾。再沿脊柱之下的后腹主动脉向前伸手，可摸到前肠系膜根部，并能感觉到前肠系膜动脉的搏动。在前肠系膜根部之后，可摸到十二指肠。在十二指肠之前偏左摸到扩张的胃壁。移手向右在最后二至三肋骨至第一腰椎横突之下可摸到右肾。在右肾之下与盲肠底部的前方为胃状膨大部。继续向右下方，可摸到盲肠。最后检查右腹壁。

检查时，若在直肠内有结粪，即为直肠结，若直肠内空虚而干涩，提示前段肠管不通；正常小结肠游离性较大，肠内有成串的鸡蛋大小粪球，若在小结肠内有拳头状结粪，即为小结肠结；若在腹腔左侧中下部摸到状如成人大腿粗样阻塞的肠管，由后向前逐渐变粗，肠袋明显可触，内容物压之成坑，此为左下大结肠结；在腹腔左侧中上部摸到形如粗臂，光滑较硬，肠袋不明显的阻塞肠管，此为左上大结肠结；在骨盆腔前下方，靠左侧摸到长椭圆形双拳头大结粪块所阻塞的肠管，无肠袋，仅能左右移动，内容物硬，并常伴有左下大结肠积粪者，为骨盆曲结；若在体中线右侧，盲肠底部前下方摸到半球形、大如排球的阻塞物，指压成坑，并能随呼吸运动而前后移动者，为胃状膨大部结；若在右腹胁区，骨盆腔口前摸到呈冬瓜样或排球样阻塞的粗大肠管，严重时可移到腹中线左侧，或者后退入骨盆腔内，内容物压之成坑者，为盲肠结；若在前肠系膜根部之后，摸到如香肠样阻塞的肠管，则为十二指肠结；在耻骨前缘摸到由右肾后斜向右下方延伸的香肠样阻塞肠管，左端游离可动，右端连接盲肠，位置固定，为回肠结。

《元亨疗马集·起卧入手论》中对结粪破碎的手法等有较详细的描述。如“凡有滑硬如球打手者，则为病之结粪也。得见病粪，休得鲁莽慌忙……须当细意，从容以右手为度，就以大指虎口，或者以四肢尖梢，于腹中摸定硬粪，应指无偏，隔肠轻轻按切，以病粪破碎为验，但有一二破碎者，便见其效，无不通利矣。”至今仍对结症的诊断和治疗有现时的指导意义。

此外，本法还可用于肾脏、膀胱、子宫、卵巢等疾病，公畜肠入阴（腹股沟疝气），骨盆和腰椎骨折等的诊断以及妊娠检查等。如尿闭时，膀胱充满，触之有波动感，若膀胱空虚，触之疼痛，多为膀胱湿热；若触摸肾脏肿大，压之疼痛不安，多为急性肾炎；若感觉子宫中动脉有搏动，则是妊娠的表现；若子宫角及子宫体肿大，子宫壁紧张而有波动，多为子宫蓄脓；若卵巢增大如球，有一个或数个大而波动的卵囊，多为卵巢囊肿。

4. 牛的直肠检查及其临诊意义 术者检手伸入直肠后，向水平方向渐次前进，达骨盆腔前口上界时，手向前下右方即进入结肠的最后端“S”状弯曲部，此时手可自由移动，检查腹腔脏器。

健康牛的耻骨前缘左侧是瘤胃上下后盲囊，感觉呈捏粉样硬度。当瘤胃上后盲囊抵至骨盆入口甚至进入骨盆腔内，多为瘤胃臌气或积食。

牛肠管位于腹腔右半部，盲肠在骨盆腔口前方，其尖端的一部分达骨盆腔内，结肠盘在右肷部上方，空肠及回肠位于结肠盘及盲肠的下方。若发生肠套叠，则在耻骨前缘、右腹部可发现有硬固的长圆柱体，并能向各方移动，牵拉或压迫时，病牛疼痛不安。

在左侧第三至第六腰椎下方，可触到左肾。如肾体积增大，触之敏感，见于肾炎。

此外，母牛还可触摸子宫及卵巢的形态、大小和性状；公牛可触摸骨盆部尿道的变化等。

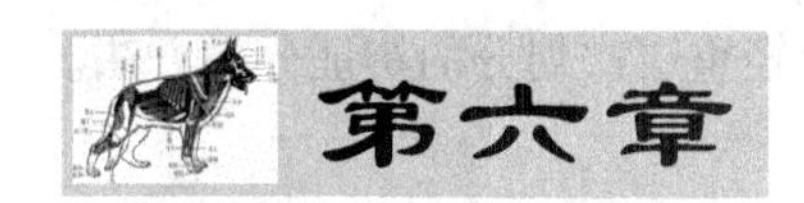

辨证方法

第一节　八纲辨证

辨证论治是中兽医学的特点和精华。对疾病进行辨证诊断，是中兽医诊断应有的、独特的内容，它是治疗立法处方的依据。掌握了辨证论治，即使没有明确病名诊断，或者虽有病名诊断而目前对该病尚缺乏特殊疗法，运用辨证论治，也能对这些疾病进行治疗。

中兽医学在历史上所形成的辨证分类方法有多种，其中最基本的方法是八纲辨证。

八纲，就是表、里、寒、热、虚、实、阴、阳8个辨证的纲领。将通过诊法所获得的各种病情资料，运用八纲进行分析综合，从而辨别病变位置的浅深，病情性质的寒热，邪正斗争的盛衰和病症类别的阴阳，以作为辨证纲领的方法，称为八纲辨证。

八纲是从各种具体证候的个性中抽象出来的带有普遍规律的共性，即任何一种疾病，从大体病位来说，总离不开表或里；从基本性质来说，一般可区分为寒与热；从邪正斗争的关系来说，主要反映为实或虚；从病症类别来说，都可归属于阳或阴两大类。因此，疾病的病理变化及其临床表现尽管极为复杂，但运用八纲对病情进行辨别归类，则可起到执简驭繁的作用，所以八纲是各种辨证方法的纲领。

一、表里辨证

表里是辨别病位外内浅深的一对纲领。表与里是相对的概念，如躯壳与脏腑相对而言，躯壳为表，脏腑为里；脏与腑相对而言，腑属表，脏属里；经络与脏腑相对而言，经络属表，脏腑属里；经络中三阳经与三阴经相对而言，三阳经属表，三阴经属里；皮肤与筋骨相对而言，皮肤为表，筋骨为里等。因此，对于病位的外内浅深，都不可作绝对的理解。

一般而论，从病位上看，身体的皮毛、肌腠、经络相对为外，脏腑、骨髓相对为内。因此，从某种角度上说，外有病属表，病较轻浅；内有病属里，病较深重。从病势上看，外感病中病邪由表入里，是病渐增重为势进；病邪由里出表，是病渐减轻为势退。因而前人有病邪入里一层，病深一层，出表一层，病轻一层的认识。

任何疾病的辨证，都应分辨病位的表里，而对于外感病来说，其意义则尤为重要。这是因为内伤杂病的证候一般属于里证范畴，故分辨病位的表里并非必须，而主要应辨别“里”的具体脏腑等病位。然而外感病则往往具有由表入里、由轻而重、由浅而深的传变发展过程。所以，表里辨证是对外感病发展阶段性的最基本的认识，它可说明病情的轻重浅深及病机变化的趋势，从而掌握疾病的演变规律，取得诊疗的主动权。同时，从某种意义上说，六经辨证、卫气营血辨证，都可理解为是表里浅深轻重层次划分的辨证分类方法。

（一）表证

表证是六淫、疫疠、虫毒等邪气经皮毛、口鼻侵入机体，正气（卫气）抗邪所表现轻浅证候的概括。表证主要见于外感疾病初期阶段。

临床上表证一般具有起病急，病情较轻，病程较短，有感受外邪的因素可查等特点。以恶寒、发热、头身疼痛、脉浮、苔薄白为主要表现，或者见鼻塞、流清涕、喷嚏、咽喉痒痛、微咳等症。这些症状是由于外邪客于皮毛肌腠，阻遏卫气的正常宣发所致。

虽外邪有种种的不同，而表证的证候表现可有差别，但一般以新起恶寒、发热并见，内部脏腑的症状不明显为共同特征。

临床常见的表证有风寒表证、风热表证等。

由于表证病位浅而病情轻，病性一般属实，故一般能较快治愈。若外邪不解，则可进一步内传，而成为半表半里证或里证。

（二）里证

里证是泛指病变部位在内，由脏腑、气血、骨髓等受病所反映的证候。里证与表证相对而言，其概念非常笼统，范围非常广泛，可以说凡不是表证（及半表半里证）的特定证候，一般都可属于里证的范畴，即所谓“非表即里”。里证多见于外感病的中、后期阶段或内伤疾病之中。里证的成因，大致有三种情况：一是外邪袭表，表证不解，病邪传里，形成里证；二是外邪直接入里，侵犯脏腑等部位，即所谓“直中”为病；三是情志内伤、饮食劳倦等因素，直接损伤脏腑，或者脏腑气机失调，气血津精等受病而出现的种种证候。

里证的范围极为广泛，病位虽然同属于里，但仍有浅深之别，一般病变在腑、在上、在气者，较轻浅；在脏、在下、在血者，则较深重。

不同的里证，可表现为不同的证候，故一般很难说那几个症状就是里证的代表症状，但其基本特点是无新起恶寒发热并见，以脏腑症状为主要表现，其起病可急可缓，一般病情较重，病程较长。

里证按八纲分类有里寒证、里热证、里实证、里虚证。里证的具体证候辨别，必须结合脏腑辨证、六经辨证、卫气营血辨证等分类方法，才能进一步明确。

由于里证的病因复杂，病位广泛，病情较重，故治法较多，一般不如表证之较为简单而易于取效。

（三）半表半里证

半表半里证在六经辨证中通常称为少阳病症。是指外感病邪由表入里的过程中，邪正分争，少阳枢机不利，病位处于表里进退变化之中所表现的证候。以往来寒热，胸胁苦满等为特征性表现。

（四）表里转化

表里出入疾病在发展过程中，由于正邪相争，表证不解，可以内传而变成里证，称为表证入里；某些里证，其病邪可以从里透达向外，称为里邪出表。掌握病势的表里出入变化，对于预测疾病的发展与转归，及时改变治法，及时截断、扭转病势，或者因势利导，均具有重要意义。

1. 表证入里 是指先有表证，然后出现里证，然后表证随之消失，即表证转化为里证，其病机谓外邪入里。如外感风热之邪，形成表热证，若表邪不解，向里而成里热证。

表证入里一般见于外感病的初、中期阶段，是病情由浅入深，病势发展的反映。

2. 里邪出表　是指在里之病邪，有向外透达之势，是邪有出路的好趋势，一般对病情向愈有利。外感温热病中，高热烦渴之里热证，随汗出而热退身凉；又如肝胆湿热随黄疸的出现而胁胀胁痛、发热呕恶等症减轻；病位深的痈疽，向外溃破而脓出毒泄等，一般都可认为是在里之邪毒有向外透达之机。但这并不是里证转化成表证。

（五）表里证鉴别要点

辨别表证和里证，主要是审察寒热症状、内脏证候是否突出、舌象、脉象等变化。《医学心悟·寒热虚实表里阴阳辨》说："一病之表里，全在发热与潮热，恶寒与恶热，头痛与腹痛，鼻塞与口燥，舌苔之有无，脉之浮沉以分之。假如发热恶寒，头痛鼻塞，舌上无苔（或作薄白），脉息浮，此表也；如潮热恶热，腹痛口燥，舌苔黄黑，脉息沉，此里也。"

一般说来，外感病中，发热恶寒同时并见的属表证；但发热不恶寒或但寒不热的属里证；寒热往来的属半表半里证。表证以头身疼痛，鼻塞或喷嚏等为常见症状，内脏证候不明显；里证以内脏证候如咳喘、心悸、腹痛、呕泻之类表现为主症，鼻塞头身痛等非其常见症状；半表半里证则有胸胁苦满等特有表现。表证及半表半里证舌苔变化不明显，里证舌苔多有变化；表证多见浮脉，里证多见沉脉或其他多种脉象。此外，辨表里证尚应参考起病的缓急、病情的轻重、病程的长短等。

二、寒热辨证

寒热是辨别疾病性质的纲领。

疾病的性质不只是为寒为热，但由于寒热较突出地反映了疾病中机体阴阳的偏盛偏衰，病邪基本性质的属阴属阳，而阴阳是决定疾病性质的根本，所以说寒热是辨别疾病性质的纲领。

病邪有阳邪与阴邪之分，正气有阳气与阴液之别。阳邪致病导致机体阳气偏盛而阴液受伤，或者是阴液亏损而阳气偏亢，均可表现为热证；阴邪致病容易导致机体阴气偏盛而阳气受损，或者是阳气虚衰而阴寒内盛，均可表现为寒证。所谓"阳盛则热，阴盛则寒"、"阳虚则外寒，阴虚则内热"，即是此义。

（一）寒证

阴盛可表现为寒的证候，阳虚亦可表现为寒的证候，故寒证有实寒证、虚寒证之分。感受外界寒邪，或者过服生冷寒凉所致，起病急骤，体质壮实者，多为实寒证；因内伤久病，阳气耗伤而阴寒偏胜者，多为虚寒证，即阳虚证。寒邪袭于肤表，多为表寒证；寒邪客于脏腑，或者因阳气亏虚所致者，多为里寒证。

各类寒证的表现不尽一致，其常见证候有恶寒，畏冷，冷痛，喜暖，口淡不渴，肢冷倦卧，痰、涎、涕清稀，二便清长，舌淡苔白润，脉紧或迟等。

分析症状：由于寒邪遏制阳气，或者阳虚阴寒内盛，形体失却温煦，故见恶寒，畏冷，肢凉，冷痛，喜暖，倦卧等症；寒不消水，津液未伤，故口不渴，痰、涎、涕、尿等分泌物、排泄物澄澈清冷，苔白而润。

（二）热证

阳盛可表现为热的证候，阴虚亦可表现为热的证候，故热证有实热证、虚热证之分。

火热阳邪侵袭，或者过服辛辣温热之品，或者体内阳热之气过盛所致，病势急而形体壮者，多为实热证；因内伤久病，阴液耗损而虚阳偏胜者，多为虚热证，即阴虚证。风热之邪袭于肌表，多为表热证；热邪盛于脏腑，或者因阴液亏虚所致者，多为里热证。

常见证候有发热，恶热喜冷，口渴欲饮，烦躁不宁，痰、涕黄稠，小便短黄，大便干结，舌红苔黄、干燥少津，脉数等。

分析症状：由于阳热偏盛，津液被耗，或者因阴液亏虚而虚热内盛，故见一派热象明显、阴津亏耗的种种表现。

（三）寒热真假

当病情发展到寒极或热极的时候，有时会出现一些与其病理本质相反的“假象”症状与体征，“如寒极似热”、“热极似寒”，即所谓真寒假热、真热假寒。

1. 真热假寒 是指内有真热而外见某些假寒的证候。真热假寒证常有热深厥亦深的特点，故可称作热极肢厥证，古代亦有称阳盛格阴证者。其产生机理，是由于邪热内盛，阳气郁闭于内而不能布达于外。故其外在表现可有四肢凉甚至厥冷，恶寒甚或寒战，神识昏沉，脉沉迟（或细数）等似为阴寒证的表现，但其本质为热，故必有高热，胸腹灼热，口鼻气灼，口臭息粗，口渴引饮，尿短赤，舌红苔黄而干，脉搏有力等里实热证的表现。

2. 真寒假热 是指内有真寒而外见某些假热的证候。真寒假热证实际是虚阳浮越证，古代亦有称阴盛格阳证、戴阳证者。其产生机理，是由于久病而阳气虚衰，阴寒内盛，逼迫虚阳浮游于上、格越于外。故其外虽可有自觉发热，神志躁扰不宁，口渴咽痛，脉浮大或数等颇似阳热证的表现。但因其本质为阳气虚衰，故必有胸腹无灼热，四肢必厥冷，尿清长（或尿少浮肿），或者下利清谷，舌淡等里虚寒的证候。虽渴但不欲饮，咽虽痛但不红肿，虽躁扰不宁必疲乏无力，脉虽浮大或数但按之必无力，可知其“热”为假象。

（四）寒热转化

寒证与热证，有着本质的区别，但在一定的条件下，寒证可以化热，热证可以转寒。

1. 寒证化热 是指原为寒证，后出现热证，而寒证随之消失的病变。常见于外感寒邪未及时发散，而机体阳气偏盛，阳热内郁到一定程度，于是寒证变成热证；或是寒湿之邪郁遏而机体阳气不衰，常易由寒而化热；或者因使用温燥之品太过，亦可使寒证转化为热证。如寒湿痹病，初为关节冷病、重着、麻木，病程日久，或者温燥太过，而变成患处红肿灼痛；哮病因寒引发，痰白稀薄，久之见舌红苔黄、痰黄而稠；痰湿凝聚的阴疽冷疮，其形漫肿无头，皮色不变，以后转为红肿热痛而成脓等，均是寒证转化为热证的表现。

2. 热证转寒 是指原为热证，后出现寒证，而热证随之消失的病变。常见于邪热毒气严重的情况下，或者因失治、误治，以致邪气过盛，耗伤正气，正不胜邪，机能衰败，阳气散失，故而转化为虚寒证，甚至表现为亡阳的证候。

寒证与热证的相互转化，是由邪正力量的对比所决定，其关键又在机体阳气的盛衰。寒证转化为热证，是机体正气尚强，阳气较为旺盛，邪气才会从阳化热，提示机体正气尚能抗御邪气；热证转化为寒证，是邪气衰而正气不支，阳气耗伤并处于衰败状态，提示正不胜邪，病情险恶。

三、阴阳虚实辨证

虚实是辨别邪正盛衰的纲领，即虚与实主要是反映病变过程中机体正气的强弱和致病邪气的盛衰。实主要指邪气盛实，虚主要指正气不足。所以实与虚是用以概括和辨别邪正盛衰的两个纲领。

由于邪正斗争是疾病过程中的根本矛盾，阴阳盛衰及其所形成的寒热证候，亦存在着虚实之分，所以分析疾病中邪正的虚实关系，是辨证的基本要求。通过虚实辨证，可以了解病体的邪正盛衰，为治疗提供依据。实证宜攻邪，即去其有余；虚证宜补正，即益其不足。虚实辨证准确，攻补方能适宜，才能免犯实实虚虚之误。

（一）虚证

虚证是对机体正气虚弱、不足为主所产生的各种虚弱证候的概括。虚证反映机体正气虚弱、不足而邪气并不明显。

机体正气包括阳气、阴液、精、血、津液、营、卫等，故阳虚、阴虚、气虚、血虚、津液亏虚、精髓亏虚、营虚、卫气虚等，都属于虚证的范畴。根据正气虚损的程度不同，临床又有不足、亏虚、虚弱、虚衰、亡脱之类的模糊定量描述。

虚证的形成，可以由先天禀赋不足所导致，但主要是由后天失调和疾病耗损所产生。如饮食失调，营血生化之源不足；过度劳役等，耗伤气血营阴；种畜配种过度，耗损肾精元气；久病失治、误治，损伤正气；大吐、大泻、大汗、大出血、失精等致阴液气血耗损等，均可形成虚证。

各种虚证的表现极不一致，很难用几个症状全面概括，各脏腑虚证的表现也各不相同。临床一般是以久病、势缓者多虚证，耗损过多者多虚证，体质素弱者多虚证。

1. 阴虚证　阴虚证是指体内津液精血等阴液亏少而无以制阳，滋润、濡养等作用减退所表现的虚热证候。属虚热证的性质。

阴虚证的临床表现，以形体消瘦，口燥咽干，潮热盗汗，尿短黄，便秘，舌红，少津少苔，脉细数等为证候特征。并具有病程长、病势缓等虚证的特点。

阴虚多由热病之后，或者杂病日久，伤耗阴液，或者过服温燥之品等，使阴液暗耗而成。阴液亏少，则机体失却濡润滋养，同时由于阴不制阳，则阳热之气相对偏旺而生内热，故表现为一派虚热、干燥不润、虚火躁扰不宁的证候。

阴虚证可见于多个脏器组织的病变，常见者有肺阴虚证、心阴虚证、胃阴虚证、脾阴虚证、肝阴虚证、肾阴虚证等，以并见各脏器的病状为诊断依据。

阴虚可与气虚、血虚、阳虚、阳亢、精亏、津液亏虚以及燥邪等症候同时存在，或者互为因果，而表现为气阴亏虚证、阴血亏虚证、阴阳两虚证、阴虚阳亢证、阴精亏虚证、阴津（液）亏虚证、阴虚内燥证等。阴虚进而可发展成阳虚、亡阴，阴虚可导致动风、气滞、血瘀、水停等病理变化。

2. 阳虚证　阳虚证是指体内阳气亏损，机体失却温煦，推动、蒸腾、气化等作用减退所表现的虚寒证候。属虚寒证的性质。

阳虚证的临床表现，以经常畏冷，四肢不温，口淡不渴，或者渴喜热饮，可有自汗，小便清长或尿少浮肿，大便溏薄，舌淡胖嫩，苔白滑，脉沉迟（或为细数）无力为常见证候，并可兼有神疲、乏力、气短等气虚的证候。阳虚证多见于病久体弱者，病势一般较缓。

阳虚多由病程日久，或者久居寒凉之处，阳热之气逐渐耗伤，或者因气虚而进一步发展，或者因命门之火不足，或者因过服苦寒清凉之品等，以致脏腑机能减退，机体失却阳气的温煦，不能抵御阴寒之气，而寒从内生，于是形成畏冷肢凉等一派病性属虚、属寒的证候，阳气不能蒸腾、气化水液，则见便溏尿清或尿少浮肿、舌淡胖嫩等症。

阳虚可见于许多脏器组织的病变，临床常见者有心阳虚证、脾阳虚证、胃阳虚证、肾阳虚证、胞宫（精室）虚寒证，以及虚阳浮越证等，并表现有各自脏器的证候特点。

阳虚证易与气虚同存，即阳气亏虚证；阳虚则寒，必有寒象并易感寒邪；阳虚可发展演变成阴虚（即阴阳两虚）和亡阳；阳虚可导致气滞、血瘀、水泛，产生痰饮等病理变化。

3. 亡阳证 是指体内阳气极度衰微而表现出阳气欲脱的危重证候。

亡阳证的表现，以冷汗淋漓，汗质稀淡，神情淡漠，肌肤不温，四肢厥冷，呼吸气微，舌淡而润，脉微欲绝等为证候特点。

亡阳一般是在阳气由虚而衰的基础上的进一步发展，但亦可因阴寒之邪极盛而致阳气暴伤，还可因大汗、失精、大失血等阴血消亡而阳随阴脱，或者因剧毒刺激、严重外伤、瘀痰阻塞心窍等而使阳气暴脱。由于阳气极度衰微而欲脱散，失却温煦、固摄、推动之能，故见冷汗、肢厥、息弱、脉微等垂危病状。

临床所见的亡阳证，一般是指心肾阳气虚脱。由于阴阳互根之理，故阳气衰微欲脱，可使阴液亦消亡。

（二）实证

实证是对机体感受外邪，或者疾病过程中阴阳气血失调而以阳、热、滞、闭等为主，或者体内病理产物蓄积，所形成的各种临床证候的概括。实证以邪气充盛、停积为主，但正气尚未虚衰，有充分的抗邪能力，故邪正斗争一般较为剧烈，而表现为有余、强烈、停聚的特点。

实证是非常笼统的概念，范围极为广泛，临床表现十分复杂，其病因病机主要可概括为两个方面：一是风寒暑湿燥火、疫疠以及虫毒等邪气侵犯机体，正气奋起抗邪，故病势较为亢奋、急迫，以寒热显著、疼痛剧烈、呕泻咳喘明显、二便不通、脉实等症为突出表现；二是内脏机能失调，气化障碍，导致气机阻滞，以及形成痰、饮、水、湿、脓、淤血、宿食等，有形病理产物壅聚停积于体内。因此，风邪、寒邪、暑邪、湿邪、热邪、燥邪、疫毒为病，痰、饮、水气、食积、虫积、气滞、血瘀等病理改变，一般都属实证的范畴。

由于感邪性质的差异，致病的病理产物不同，以及病邪侵袭、停积部位的差别，因而各自有着不同的证候表现，所以很难以哪几个症状作为实证的代表。临床一般是新起、暴病多实证，病情激剧者多实证，体质壮实者多实证。

（三）虚实真假

虚证与实证，都有真假疑似的情况。所谓“至虚有盛候”、“大实有羸状”，就是指证候的虚实真假。

1. 真实假虚 实证反见某些虚羸现象。如热结肠胃，痰食壅积，湿热内蕴，淤血停蓄等，由于大积大聚，以致经脉阻滞，气血不能畅达，因而表现出一些类似虚证的假象，如身体羸瘦、脉象沉细等。但仔细观察，则可见虽羸瘦而胸腹硬满拒按；虽脉沉细而按之有力，故知病变的本质属实，虚为假象。

2. 真虚假实 是指本质为虚证，反见某些实盛现象。如脏腑虚衰，气血不足，运化无力，因而出现腹部胀满、呼吸喘促、二便闭涩等症。但仔细观察，则可发现虽腹部胀满而有时缓解，或者内无肿块而喜按，虽喘促而气短息弱；大便虽闭而腹部不甚硬满；且脉必无力，舌体淡胖，故其本质属虚，实，只是假象。

（四）虚实转化

在疾病发展过程中，由于正邪力量对比的变化，实证可以转变为虚证，虚证亦可转化为实证。实证转虚临床常见，基本上是病情转变的一般规律；虚证转实临床少见，实际上常常是因虚而致实，形成虚实夹杂证。

1. 实证转虚　是病情先表现为实证，由于失治、误治以及邪正斗争的必然趋势等原因，以致病邪耗伤正气，或者病程迁延，邪气渐却，阳气或阴血已伤，渐由实证变成虚证。

2. 虚证转实　是指病情本为虚证，由于积极的治疗，正气逐渐来复，与邪气相争，以祛邪外出，故表现为属实的证候。如腹痛加剧，或者出现发热汗出，或者咳嗽而吐涎等，此时虽然症状反映激烈、亢奋，但为正气奋起欲驱邪外出，故脉象较前有力，于病情有利。

四、八纲辨证的特点

①八纲可分属于阴阳，故八纲应以阴阳为总纲，如阳证可概括表证、热证、实证，多见于正气旺，抗病力强或疾病初期；阴证可概括里证、寒证、虚证，多见于正气衰，抗病力差或疾病的后期。

②八纲病症可互相兼见，如表寒里热，表实里虚，正虚邪实等。

③八纲病症可在一定条件下，向对立面转化。一般有阴证转阳（示病情好转），阳证转阴（示病情恶化），由里出表（示病势向愈），由表入里（病势发展），由虚转实（预后良好），由实转虚（预后较差），热证变寒（表示正虚），寒证变热（多为邪实）。

第二节　气血津液辨证

气、血、津液均为构成机体和维持机体生命活动的最基本物质，都离不开脾胃运化的水谷精气，因而气和血，气和津液，血和津液在生理上相互依存、相互制约、相互为用，病理上相互影响，互为因果。气血津液辨证，是应用有关气血津液的理论，对气、血、津液病变的各种证候，加以提纲挈领的概括，以阐述和分析疾病的一种辨证方法。

气血津液是脏腑功能活动的物质基础，而其生成及运行又有赖于脏腑的功能活动，因此气血津液的病变与脏腑的功能活动密切相关。脏腑发生病变，可以影响到气血津液的变化，而气血津液的病变也必然会影响到脏腑的功能，故气血津液辨证应与脏腑辨证互相参照。

一、气病辨证

气的病症很多，如《素问·举痛论》说：“百病生于气也”，即指出了气病的广泛性，临床常见的气病有气虚证、气陷证、气滞证和气逆证4种。

（一）气虚证

包括元气、宗气、卫气的虚损，以及气的推动、温煦、防御、固摄和气化功能的减退，从而导致机体的某些功能活动低下或衰退，抗病能力下降等衰弱的现象。多由先天禀赋不足，或者后天失养，或者劳伤过度而耗损（“劳则气耗”），或者久病不复，或者肺脾肾等脏腑功能减退，气的生化不足等所致。

气虚的病理反映可涉及全身各个方面，如气虚则卫外无力，肌表不固，而易汗出；气虚则四肢肌肉失养，周身倦怠乏力；气虚则清阳不升、清窍失养而精神委顿，头昏耳鸣；气虚则无力以率血行，则脉象虚弱无力或微细；气虚则水液代谢失调，水液不化，输布障碍，可凝痰成饮，甚则水邪泛滥而成水肿；气虚还可导致脏腑功能减退，从而表现一系列脏腑虚弱征象。

气虚，是全身或某一脏腑组织机能减退所表现出的证候。常见于某些慢性疾病，急性病的恢复期，或者年老体弱动物。多因久病耗伤正气，或者饲养管理不当，劳役过度，脏腑机能衰退所致。

主证：耳耷头低，被毛粗乱，役时多汗，四肢无力，气短而促，叫声低微，运动时诸症加剧，舌淡无苔，脉虚弱。

治则：补气。

方例：四君子汤（见补虚方）加减。

（二）气陷证

是气虚无力升举反而下陷的证候，属气虚的一种，多由气虚进一步发展而来。常因劳役过度而又营养不足，或者久病虚损，或者用药不当，功伐太过，使脏气受损而致。因其主要发生于中焦，故又称“中气下陷”。

主证：少气倦息，内脏下垂，脱肛或阴道、子宫脱出，久泄久痢，口唇不收，弛缓下垂、舌淡、无苔，脉虚弱。

治则：升举中气。

方例：补中益气汤（见补虚方）加减。

（三）气滞证

气滞，是指气机郁滞，气的运行不畅所致的病理状态。主要由于饲养管理不当，饮喂失调，或者感受外邪，跌打损伤，或者痰饮、淤血、粪积、虫积等，影响了气的流通运行，形成局部或全身的气机不畅，导致某些脏腑经络的功能障碍。可引起局部的胀满或疼痛，形成血瘀、水湿、痰饮等病理产物。还可使某些脏腑功能失调，如肺气壅滞、肝郁气滞、脾胃气滞等。此外，气虚运行无力，也可发生气滞。

主证：肿满，疼痛。

治则：行气。

方例：越鞠丸、橘皮散等（见理气方）加减。

（四）气逆证

气逆，是指气的上升过度，下降不及，而致脏腑之气逆上的病理状态。多由于饮食寒温不适，或者痰浊壅阻等因素所致。多见于肺、胃和肝等脏腑。如气逆在肺，则肺失肃降，肺气上逆，而发作咳逆，气喘；气逆在胃，则胃失和降，胃气上逆，发为恶心、呕吐或者呃逆、嗳气；气逆在肝，则肝气逆上，发为头痛而胀，胸胁胀满，易怒等症。若突然遭受惊恐刺激，肝肾之气或水寒之气循冲脉而上逆，则可形成“奔豚气”的病症。

一般来说，气逆于上多以实证为主，但也有因虚而气上逆者，如肺气虚而肃降无力，或者肾气虚而失于摄纳，则都可导致肺气上逆；胃气虚，和降失职，亦能导致胃气上逆，此皆因虚而致气上逆之病机。

主证：肺气上逆则见咳嗽、气喘；胃气上逆，则见嗳气，呕吐。

治则：降气镇逆。

方例：肺气上逆者，用苏子降气汤（见化痰止咳平喘方）加减；胃气上逆者，用旋覆代赭汤（旋覆花、党参、生姜、代赭石、半夏、甘草、大枣）加减。

二、血病辨证

（一）血虚证

主要指血液不足，或者血的濡养功能减退，以致脏腑经脉失养的病理状态。多由于失血过多，新血不及补充；或者因脾胃虚弱，饮食营养不足，生化血液功能减退而血液生成不足以及久病不愈，慢性损耗而致血液暗耗，或者各种急慢性出血，或者久病不愈，或者淤血不去，新血不生，或者肠道寄生虫病等，均可导致血虚。

主证：可视黏膜淡白、苍白或黄白，四肢麻痹，甚至抽搐，心悸，苔白，脉细无力。

治则：补血。

方例：四物汤（见补虚方）加减。

（二）血瘀证

指血液循行迟缓或郁滞流通不畅、甚则血液瘀结停滞。多由于气机阻滞而血行受阻，或者气虚无力行血；或者痰浊阻滞脉道，血行不畅；或者寒邪入血，则血寒而凝；或者邪热入血，煎灼津液而成瘀；或者因离经之血、淤血阻滞血脉等。

血瘀的病机，主要是血行郁滞不畅，或者凝结而成淤血，故血瘀阻滞于脏腑经络等某一局部时，则可导致脉络不通，痛有定点，得寒温而不减，甚则可形成肿块，同时面色黧黑，肌肤甲错，唇舌紫黯或见瘀点、瘀斑等症。引起血瘀的常见因素有寒凝、气滞、气虚、外伤及邪热与血互结等。

主证：局部见肿块，疼痛拒按，痛处固定不移，夜间痛甚，皮肤粗糙起鳞，出血，舌有淤点、淤斑，脉细涩。

治则：活血祛淤。

方例：桃红四物汤（见理血方）加减。

（三）血热证

是热邪侵犯血分而引起的病症，多由外感热邪深入血分所致。

主证：躁动不安或昏迷，口干津少，舌质红绛，脉细数，并有各种出血现象。

治则：清热凉血。

方例：犀角地黄汤（见清热方）加减。

（四）血寒证

是局部脉络寒凝气滞，血行不畅所表现出的证候，常见感受寒邪而引起。

主证：形寒肢冷，喜暖恶寒，四肢疼痛，得温痛减，可视黏膜紫黯，舌淡黯。苔白，脉沉迟。

治则：温经散寒。

方例：四逆汤或参附汤（见温里方）加减。

三、气血互根互用功能的失调

气属于阳，血属于阴，气与血之间具有阴阳相随、相互依存、相互为用的关系。一旦气血互根互用功能的失调，临床主要表现为气滞血瘀、气不摄血、气随血脱、气血两虚、气血失和和气血不荣经脉等几方面的症状。

气滞血瘀，是指由于气的运行郁滞不畅，以致血液循行障碍，继而出现血瘀的病理状态。多由于气机阻滞而成血瘀。亦可因闪挫外伤等因素伤及气血，而致气滞和血瘀同时形成。

气不摄血，主要指气虚不足，固摄血液的功能减退，而致血不循经，逸出于脉外，从而导致各种失血的病理状态。多与久病伤脾，脾气虚损，中气不足有关。临床常见便血、尿血等症，还见于皮下出血或紫斑等。

气随血脱，是指在大出血的同时，气亦随着血液的流失而脱散，从而形成虚脱的危象。临床常见冷汗淋漓、四肢厥冷、晕厥、脉沉细而微。

气血两虚，是指气虚和血虚的同时存在的病理状态。多因久病耗伤或先有失血，气随血衰；或者先因气虚，血无以生化而日渐亏少，从而形成气血两虚病症。临床常见疲乏无力、形体瘦怯、皮毛干燥、肢体麻木等气血不足症状。

气血不荣经脉，主要指因为气血两虚，以致气血之间相互为用的功能失于和调，影响了经脉、筋肉和肌肤的濡养。常见肢体麻木不仁，或者运动失灵，甚则不用或皮肤瘙痒，或者肌肤干燥等症。

四、津液病辨证

津液代谢，是肌体新陈代谢的重要组成部分。津液的正常代谢，不仅是维持着津液在生成、输布和排泄之间的协调平衡，而且也是机体各脏腑组织器官进行正常生理活动的必要条件。因此，津液代谢的失常，必然会导致机体一系列生理活动的障碍。

津液代谢失常原因有二：一是由于津液的生成不足或消耗过多，而致津液不足；二是由于津液的运行、输布和排泄障碍，而致体内的津液滞留，形成湿、痰、饮、水等病理产物。

（一）津液不足

又称津亏、津伤，是津液亏少，全身或某些脏腑组织器官失其濡润滋养而出现的证候。津液不足的产生，有生成不足与丢失过多两个方面。脾胃虚弱，运化无权则津液生成减少；若渴而不得饮水则津液化生之源匮乏，二者均可导致津液生成减少；若热盛伤津耗液，或者汗、吐、泻太过，或者失血，多尿，或者久病、精血不足而致津液枯涸；或过用燥热之剂，耗伤阴液等亦可导致津液不足的证候。

一般来说，如炎夏多汗，高热时的口渴引饮，气候干燥季节中常见的口、鼻、皮肤干燥等，均属于伤津的表现；如热病后期或久病精血不足等，可见舌质光红无苔，形体消瘦等，均属于液枯的临床表现。

主证：口渴咽干，唇燥舌干，甚者鼻镜皲裂无汗，皮毛干枯缺乏光泽，小便短少，大便干硬，甚至粪结，舌红，脉细数。

治则：增津补液。

方例：增液汤（玄参、生地、麦冬，《温病条辨》方）加减。

（二）水湿内停

津液的输布障碍，是液津不能正常地向全身输布，因而形成津液在体内的环流缓慢，或者是津液停滞于体内某一局部，以致湿从内生，或者酿为痰，或者成饮，或者水泛为肿等。其成因甚多，除了外邪因素外，主要的有气、血和有关脏腑的功能失调。

津液的正常输布，有赖于肺、脾、肝、肾、三焦等脏腑的正常生理功能，一旦脏腑的功能失调，则津液不能外输于皮毛和下输于膀胱，而致痰壅于肺，甚则发为水肿；脾的运化功能减退，则可使津液在体内环流减弱，而痰湿内生；肝失疏泄，则气机不畅、气滞则津停；肾失蒸腾气化，则气不化津而致津液停滞；三焦的水道不利，影响了津液在体内的环流和气化功能。

津液的排泄障碍，主要是指津液转化为汗液和尿液的功能减退，而致水液潴留，使畜体局部或全身停积过量的水液。凡外感、内伤，影响了肺、脾、肾等脏腑对津液的输布、排泄功能，皆可使局部或全身蓄积过量水湿。多兼有水肿，痰饮。

主证：咳嗽痰多，呼吸有痰声，肚腹膨大下垂，小便短少，大便溏稀，少食纳呆，胸腹下、四肢末端浮肿，苔腻，脉濡。

治则：利水祛湿。

方例：五苓散（见祛湿方）加减。

第三节 脏腑辨证

脏腑辨证，是对疾病在发生、发展变化过程中，脏腑的生理功能紊乱及其阴阳、气血失调等疾病症候进行分析归纳，以辨明病机，判断病位、病性和正邪盛衰的一种辨证方法。

脏腑辨证首见于《内经》，指出了不同病症的归属。以后，随着脏腑辨证的发展，临床医疗经验的积累，进一步充实和提高了脏腑病机的理论，成为临床辨证论治的主要基础理论。

五脏的阴阳、气血，是全身阴阳、气血的重要组成部分。各脏的阴阳和气血之间的关系是，气属于阳，血属于阴。气和阳，均有温煦和推动脏腑生理活动的作用，故阳和气合称为“阳气”；血和阴，均有濡养和宁静脏腑组织及精神情志的作用，故阴与血合称为“阴血”。但是，从阴阳、气血和各脏生理活动的关系来说，阳和气，阴和血又不能完全等同。一般来说，脏腑的阴阳，代表各脏生理活动的功能状态，脏腑的气血，是其生理活动的物质基础。

各脏之阴阳，皆以肾阴肾阳为根本，因此各脏的阴阳失调，久必及肾；各脏之气血，均化生于水谷精微，因此各脏的气血虚亏，与脾胃气血生化之源关系密切。

一、心与小肠病症

心是脏腑中最重要的脏器，被尊称为“君言之官”。主要生理功能是主血脉和主神志，这是心阴、心阳和心气、心血协同作用的结果。

心阳、心气的失调，主要表现为心的阳气偏盛和心的阳气偏衰两个方面。

心的阳气偏盛，即心火旺。一般可分为两类，凡由于邪热内蕴，痰火内郁或由于五志过极化火所致者多属实火；或者由全身之阴血不足，而致心的阳气相对亢盛者则多属虚火。心的阳气亢盛可导致躁扰心神，或者血热妄行，而导致各种出血，或者心火上炎或下移。

心的阳气偏衰，即是心的气虚和阳虚。多由于久病耗伤，或者禀赋素虚，或者脏气衰弱所致。主要表现为心神不足，血脉寒滞及心气虚衰。

心阴、心血的失调，主要有心阴不足、心血亏损以及心血瘀阻等。

心病常见症状及其发生机理：

心悸怔忡：多因心阴、心血亏损，血不养心，心无所主，而悸动不安；或者因心阳、心气虚损，血液运行无力；或者因痰瘀阻滞心肺，气血运行不畅，心动失常所致。

躁扰：多由于心火炽盛，心神被扰；或者心阴不足，虚火扰心，以致神志浮动、不宁所致。

发狂：皆由心火亢盛，或者痰火上扰，或者邪热内隔心包，而致神识昏乱。

昏迷：多由邪盛正衰，阳气暴脱，心神涣散；或者因邪热入心（逆传心包），或者痰浊蒙蔽心包等所致。气火上逆，气机逆乱可致气厥，亦可因心神暂时涣散而出现昏迷。

胸痹：多由胸阳不振，或者为痰浊、淤血痹阻，心脉气血运行不利，甚或痹阻不通所致，此属“真心痛”范畴。

脉细弱无力，或者结代，或者细数，或者散大数疾，或者虚弱无力，或者迟涩，均为心主血脉功能失调的反映。

小肠主受盛化物，泌别清浊，也即是接受经胃初步消化而下行的水谷食糜，进一步消化吸收，把水谷精微转输于脾以营养周身，并把剩余的糟粕和水液，下注于大肠或渗于膀胱而排出体外。

一旦小肠的生理功能失调，如失于受盛胃初步消化的饮食物，则可见食下则腹痛，泄泻或呕吐等症；如其化物作用减退，则可出现食后作胀、便溏、泄泻和完谷不化；如其泌别清浊的功能失常，则可见清浊混淆，吐泻交作，腹中剧痛等症。

小肠病临床常见的症状有泄泻、尿赤灼痛等。

（一）心气虚

多又久病体虚，暴病伤正，误治、失治，老龄脏气亏虚等因素引起。

主证：心悸，气短乏力，自汗，运动后尤甚，舌苔白，脉虚。

治则：养心益气，安神定悸。

方例：养心汤（党参、黄芩、炙甘草、茯苓、茯苓、川芎、当归、柏子仁、酸枣仁、远志、五味子、肉桂，《证治准绳》方）加减。

（二）心阳虚

病因同心气虚，多在心气虚的基础上发展而来。

主证：除心气虚的症状外，兼有形寒肢冷，耳鼻四肢不温，舌淡或紫黯，脉细弱或结代。

治则：温心阳，安心神。

方例：保元汤（党参、黄芩、桂枝、甘草，《博爱心鉴》方）加减。

（三）心血虚

多因久病体虚，血液生化不足；或失血过多，劳伤过度，损伤心血所致。

主证：心悸，躁动，易惊，口色淡白，脉细弱。

治则：补血养心，镇惊安神。

方例：归脾汤（见补虚方）加减。

(四)心阴虚

除引起心血虚的病因之外,热证损伤阴津,腹泻日久等均可损伤心阴而致病。

主证:除有心血虚的主证外,尚兼有午后潮热,低热不退,盗汗,舌红少津,脉细数。

治则:养心阴,安心神。

方例:补心丹(党参、生地、玄参、丹参、天冬、麦冬、当归、五味子、茯苓、桔梗、远志、酸枣仁、柏子仁、朱砂,《世医得效方》)加减。

(五)心热内盛

多因感受暑热之邪或其他淫邪内郁化热,或者过服温补药所致。

主证:高热,大汗,精神沉郁,气促喘粗、粪干尿少,口渴,舌红,脉象洪数。

治则:清心泻火,养阴安神。

方例:香薷散或白虎汤(均见清热方)加减。

(六)痰火扰心

多因气郁化火,炼液为痰,痰火内盛,上扰心神所致。

主证:发热,气粗,眼急惊狂,登槽越桩,狂躁奔走,咬物伤人以及一些其他兴奋型的表现,苔黄腻,脉滑数。

治则:清心祛痰,镇静安神。

方例:镇心散或朱砂散(均可安神与开窍方)加减。

(七)痰迷心窍

多因湿浊内生,气郁化痰,痰浊阻闭心窍所致。

主证:神识痴呆,形如酒醉,或者昏迷嗜睡,口流痰涎或喉中痰鸣,苔腻、脉滑。

治则:涤痰开窍。

方例:寒痰可用导痰汤(胆南星、枳实、陈皮、半夏、茯苓、炙甘草,《济生方》)加减;热痰可用涤痰汤(菖蒲、半夏、竹茹、陈皮、茯苓、枳实、甘草、党参、胆南星、生姜、大枣,《济生方》)加减。

(八)心火上炎

多由六淫内郁化火而致。

主证:舌尖红,舌体糜烂或溃疡,躁动不安,口渴喜饮,苔黄,脉数。

治则:清心泻火。

方例:洗心散(见清热方)或者泻心汤(大黄、黄连、黄芩,《金匮要略》方)加减。

(九)小肠实热

多由六淫内郁化热或心热下移所致。

主证:小便赤涩,尿道灼痛,尿血,舌红,苔黄,脉数及心火热炽的某些症状。

治则:清利小肠。

方例:导赤散(生地、木通、甘草梢、竹叶,《小儿药证直决》方)加减。

(十)小肠中寒

多因外感寒邪或内伤阴冷所致。

主证:腹痛起卧,肠鸣,粪便稀薄,口内湿滑,口流清涎,口色青白,脉象沉迟。

治则:温阳散寒,行气止痛。

方例：橘皮散（见理气方）加减。

（十一）心与小肠病辨证施治要点

①心血虚和气虚都有心悸动的症状，担心血虚者心悸动而伴有躁动易惊的症状；心气虚者心悸动伴有自汗、精神倦怠的症状。

心阴虚和心阳虚均为虚证，但阴虚则热，出现午后发热或低热不退，夜间多汗，口红舌躁等症状；阳虚则外寒，有形寒，怕冷，耳鼻四肢不温等症状。

心气虚者宜补心气，心阳虚者宜温心阳，心血虚者宜补心血，心阴虚者宜养心阴，若阴虚有火者，再加滋阴清火药。因四者均能影响心神，故均需应用安神的药物。

心阴与心阳，二者相互依存又相互制约，其中某一方面发生变化都会影响到另一方面，即所谓“阴损及阳、阳损及阴。”如临床上遇有阴阳两虚、气血俱亏者，应两者兼治，如炙甘草汤之阴阳并调，十全大补汤之气血双补。

②心热内盛以高热、大汗、躁动不安为其主要症状，而心火上炎则以舌体病变为主，二者易于鉴别。前者治宜清热宣窍，后者治宜清热泻火。

③痰火忧心在临诊上出现狂躁不安症状，而痰迷心窍则出现昏迷症状，这二者为鉴别要点。热痰宜清，寒痰宜温，同属于痰症，寒热不同，治法则异。

④心与小肠相表里，故小肠热证多与心火共存，证见躁动不安，口舌生疮，尿液短赤或血尿，治宜清火，通利二便。如因寒邪入侵小肠，可见肠鸣泄泻，尿少，治宜散寒行气。

二、肝与胆病症

肝是机体贮藏血液和调节血量的重要脏器组织。肝的生理功能，主要是肝阳肝气主气机的疏泄和条达，能调节情志的抑郁和亢奋，并能助脾胃的升清降浊。肝气尚能总司全身筋腱的屈伸及血液的调节，但在病理上肝阳肝气具有易亢，肝阴、肝血具有易亏虚的特点。

肝的病机，主要表现于肝气的疏泄功能太过或不及，肝血濡养功能的减退，以及肝脏阴阳制约关系的失调等方面，故肝脏阴阳气血失调的病机特点是，肝阳肝气常为有余，肝阴肝血常不足。

肝阳、肝气失调，肝的阳气失调，以肝气、肝阳的亢盛有余为多见，而肝之气虚或阳虚则较为少见。且由于肝阳上亢，多为肝阴不足，阴不制阳，而致肝阳相对亢盛，故肝阳上亢之由亦多在肝阴、肝血不足。因此，肝气肝阳失调的病机，主要表现在肝气郁结、肝气横逆以及肝火上炎等。

肝阴、肝血失调，肝的阴血失调，均以亏损为其特点。阴虚则阳亢，而形成肝阳上亢、阴不制阳、阳气升动无制，肝风内动等。肝的阴血失调，主要可导致肝血虚亏、肝阳上亢以及肝风内动等。

肝病常见症状及其发生机理：

巅顶、乳房、两胁、少腹疼痛及囊肿疼痛：这些部位，皆为肝经循行所过。若肝郁气滞，气机阻塞，或者痰气交阻，或者气血互结，以致经气不利，脉络不通，则可于上述部位出现胀痛，或者形成肿块。若气郁化火上窜于头部，则可发作巅顶剧痛。

关节屈伸不利，筋挛拘急、抽搐：多为肝之阴血不足，筋脉失养所致。

四肢麻木：多由肝血不足，不能滋养经脉肌肤，或者由于风痰流窜经脉，络脉气血不和所致。

急躁易怒：肝为刚脏，主升主动，若肝郁气滞，气郁而化火，肝火亢盛，或者肝之阴气升动太过，肝阳亢逆，则可致性情急躁而易怒。

胆的主要生理功能是贮藏和排泄胆汁，以助脾胃的腐熟运化功能。胆汁生成于肝之余气。胆汁的分泌和排泄、受肝的疏泄功能的控制调节，所以胆汁的分泌和排泄障碍与肝的疏泄功能异常密切相关。

胆汁的分泌排泄障碍，多由情志所伤，肝失疏泄而引起，或者因中焦湿热重蒸，阻遏肝胆的气机，致使肝胆郁热化火，胆汁排泄失调。

胆病的临床常见症状有寒热往来，口苦、胁痛、黄疸等。其发生机制如下：

寒热往来：外邪客于足少阳胆经，由于少阳为枢，外出于阳则发热，内入于阴则恶寒，故见寒热往来之证。

胁痛：胆位于右胁下，胆的经脉循行于两胁，若肝胆气机不畅，经脉阻滞，气血流通不利，即可发作胁肋胀满疼痛。

黄疸：为肝胆疏泄失职，胆液排出不循常道，逆流于血脉，泛溢于肌肤所致。

（一）肝火上炎

多由外感风热或由肝气郁结而花火所致。

主证：两目红肿，羞明流泪，睛生翳障，视力障碍，或者有鼻衄，粪便干燥，尿浓赤黄，口色鲜红，脉象弦数。

治则：清肝泻火，明目退翳。

方例：决明散（见祛风方）或龙胆泻肝汤（见清热方）加减。

（二）肝血虚

多因脾肾亏虚，生化之源不足，或者慢性病耗伤肝血，或者失血过多所致。

主证：眼干，视力减退，甚至出现夜盲、内障，或者倦怠肯卧，蹄壳干枯皱裂，或者眩晕，站立不稳，时欲倒地，或者见肢体麻木，震颤，四肢拘挛抽搐，口色淡白，脉弦细。

治则：滋阴养血，平肝明目。

方例：四物汤（见补虚方）加减。

（三）肝风内动

以抽搐、震颤等为主要症状，常见的有热极生风、肝阳化风、阴虚生风和血虚生风四种。

1. 热极生风　多由邪热内盛，热极生风横蹿经脉所致。见于温热病的极期。

主证：高热，四肢痉挛抽搐，项强，甚则角弓反张，神识不清，撞壁冲墙，圆圈运动，舌质红绛，脉弦数。

治则：清热，息风，镇痉。

方例：羚羊钩藤汤（羚羊片、霜桑叶、川贝母、鲜生地、钩藤、菊花、茯苓、生白芍、生甘草、竹茹，《通俗伤寒论》方）加减。

2. 肝阳化风　多由肝肾之阴久亏，肝阳失潜而致。

主证：神昏似醉，站立不稳，时欲倒地或头向左或向右盘旋不停，偏头直颈，歪唇斜眼，肢体麻木，拘挛抽搐，舌质红，脉弦数有力。

治则：平肝息风。

方例：镇肝息风汤（见祛风方）加减。

3. 阴虚生风　多因外感热病后期阴液耗损，或者内伤久病，阴液亏虚而发病。

主证：形体消瘦，四肢蠕动，午后潮热，口咽干燥，舌红少津，脉弦细数。

治则：滋阴定风。

方例：大定风珠（白芍、阿胶、龟板、干地黄、麻仁、五味子、生牡蛎、麦冬、炙甘草、鸡子黄、鳖甲，《温病条辨》方）加减。

4. 血虚生风　多由急慢性出血过多或久病血虚所引起。

主证：除血虚所致的眩晕站立不稳，时欲倒地，蹄壳干枯皱裂，口色淡白，脉细之外，尚有肢体麻木，震颤，四肢拘挛抽搐的表现。

治则：养血息风。

方例：加减复脉汤（炙甘草、生地黄、生白芍、麦冬、阿胶、麻仁，《温病条辨》方）加减。

（四）寒滞肝脉

多由外寒客于肝经，致使气血凝滞而成。

主证：形寒肢冷，耳鼻发凉，外肾硬肿如石如冰，后肢运步困难，口色青，舌苔白滑，脉沉弦。

治则：温肝暖经，行气破滞。

方例：茴香散（见温里方）加减。

（五）肝胆湿热

多因感受湿热之邪，或者脾胃运化失常，湿邪内生，郁而化热所致。

主证：黄疸鲜明如橘色，尿液短赤或黄而混浊。母畜带下黄臭，外阴瘙痒，公畜睾丸肿胀热痛，阴囊湿疹，舌苔黄腻，脉弦数。

治则：清利肝胆湿热。

方例：茵陈蒿汤（见清热方）加减。

（六）肝胆寒湿

多因夜卧湿地，寒湿之邪内侵，或者因脾不健运，水湿内生，又感寒邪，致使寒湿合邪侵入肝胆所致。

主证：黄疸晦暗如烟熏，食少便溏，舌苔滑腻，脉沉迟。

治则：祛寒利湿退黄。

方例：茵陈四逆汤（见清热方之茵陈蒿汤）加减。

（七）肝与胆病辨证论治要点

①肝性刚强，肝体阴用阳，故肝病初期，多见实证、热证。肝之寒证，仅见于厥阴经脉所属的部位，如睾丸硬肿如石如冰。

②肝病实证中，肝火上炎和热动肝风，二者同出一源，多由肝气有余，导致肝火上升，甚则火盛动风痉厥。临诊应掌握不同情况，分别主次，确定清肝泻火，清热息风等法。实证不愈，伤及肝肾之阴，以致本虚标实，肝阳上亢，最后导致阴亏风动的虚证。必须掌握不同情况，分别轻重，确定滋阴平肝，救阴息风等法。

③热入心包，心神受扰，与热极生风、肝风内动的证候密切相关，并经常合并出现。但心与心包的证候以神识障碍为主，而热动肝风的证候则四肢拘挛抽搐为主。

④肝火上炎引起的目疾，与肝阴血虚之肝不养目所致的目疾，病机不同，病症不同，

治法也不同。前者为肝经实证，宜清泻肝火，明目退翳；后者为肝经虚证，且多与肾精不足有关。治宜滋阴养肝，明目去翳。

⑤肝胆相表里，在发病上肝胆多同病，在治疗上也肝胆同治，而以治肝为主。如肝胆湿热，而以肝病为主，治疗上多从肝论治。

三、脾与胃病症

脾的主要生理功能是将水谷化为精微，运化水液，输布津液，防止水湿的产生。脾的运化功能，主要依赖于脾的阳气，故“脾宜升则健”。脾主升清、主统血。脾的阴血，对于脾的运化功能所起的作用，远逊于脾的阳气。

脾阳、脾气的失调，脾的阳气失调，主要为脾阳、脾气的不足，而致健运失职，气血生化无权，或者内生水湿痰饮，甚则损及肾阳，而致脾肾阳虚；或脾之阳气不足，升举无力而致中气下陷；或气虚统血无权，而致失血。故脾的阳气失调主要引起脾气虚弱，脾阳虚衰及水湿中阻等病症。

脾阴的失调，即脾阴虚，是指脾脏阴液亏虚不足。多由病久或热病期耗伤脾胃之阴液所致。

脾病常见症状及其发生机制：

腹满胀痛或脘腹痛：多因脾气虚，运化无力；或因宿食停滞；或因脾胃虚寒，失其温煦，寒凝气滞；或因肝气犯肺，气机郁滞等所致。脾健运失职，清气不升，浊气不降，气机郁滞，故发胀满而痛。

食少、便溏：多因脾虚胃弱，或者湿困脾胃，脾不升清、胃失降浊。

黄疸：多由脾运不健，湿浊阻滞，肝胆疏泄受碍，胆热液泄，胆汁不循常道，逆流入血，泛溢于肌肤所致。

身重乏力：多由脾气不足，或者脾为湿困，不能正常运化水湿，因而水湿留滞所致。

脱肛、阴挺及内脏下垂：多因脾虚、中气下陷，脏腑升举维系无力或不能升举。

便血、崩漏、紫癜：多因脾气虚，失其统摄之权，则血不循经而外逸。如血溢肠内，则血随粪便而下，谓之“便血”。气虚下陷，冲任不固，则为崩漏。血溢于肌腠皮下，则发为紫癜。

胃为“水谷之海”，生理功能是受纳与腐熟水谷，以和降为顺。

胃的受纳和腐熟水谷功能障碍，导致胃失和降，胃气上逆等病理变化。

胃病常见症状及其发生机理：

嗳气、呃逆、恶心、呕吐：多由胃失和降，胃气上逆，发为嗳气、恶心、呕吐等。

胃脘胀痛：多由宿食停滞，导致胃气郁滞，和降失职，气机阻塞不通，不通则痛，故发胃脘胀满而痛。

消谷善饥：多由胃热炽盛，腐熟功能亢进，水谷消化加速所致。

胃脘嘈杂：多由胃热（火），或者胃阴亏损，虚热内生，胃腑失和所致。

纳呆食少：多由胃气虚弱，腐熟功能减退，和降失职所致。

（一）脾气虚

1. 脾虚不运 多由饮食失调，劳役过度以及其他疾患耗伤脾气所致，见于慢性消化不良的病程中。

主证：草料迟细，体瘦毛焦，倦怠肯卧，肚腹虚胀，肢体浮肿，尿短，粪稀，口色淡黄，舌苔白，脉缓弱。

治则：益气健脾。

方例：参苓白术散，或者香砂六君子汤加减。

2. 脾气下陷 多由脾不健运进一步发展而来，见于久泻久痢、直肠脱、阴道脱、子宫脱等症。

主证：久泻不止脱肛或子宫脱、阴道脱、尿淋沥难尽，并伴有体瘦毛焦，倦怠肯卧，多卧少立，草料迟细，口色淡白，苔白，脉虚。

治则：益气生阳。

方例：补中益气汤加减。

3. 脾不统血 多因久病体虚、脾气衰虚、不能统摄血液所致，见于某些慢性出血病和某些热性疾病的慢性病程中。

主证：便血，尿血，皮下出血等慢性出血，并伴有体瘦毛焦，倦怠肯卧，口色淡白，脉缓弱。

治则：益气摄血，引血归经。

方例：归脾汤加减。

（二）脾阳虚

多由于脾气虚发展而来，或者因过食冰冻草料，暴饮冷水，损伤脾阳所致。见于急慢性消化不良。

主证：在脾不健运症状的基础上，同时出现形寒体冷，耳鼻四肢不温，肠鸣腹痛，泄泻，口色发青，口腔滑利，脉象沉迟。

治则：温中散寒。

方例：理中汤加减。

（三）寒湿困脾

多因长期过食冰冻草料，暴饮冷水，使寒湿停于中焦，或者久卧湿地导致寒湿困脾。见于消化不良、水肿、妊娠浮肿、慢性阴道炎和子宫炎的病程中。

主证：耳奋头低，四肢沉重肯卧，草料迟细，粪便稀薄，小便不利，或者见浮肿，口黏不渴，舌苔白腻，脉象迟缓。

治则：温中化湿。

方例：胃苓散加减。

（四）胃阴虚

多由高热伤阴，津液亏耗所致，见于热性病的后期。

主证：体瘦毛焦，皮肤松弛，弹性减弱，食欲减退，口干舌燥，粪球干少，尿少色浓，口色红，苔少或无苔，脉细数。

治则：滋养胃阴。

方例：养胃汤（沙参、玉竹、麦冬、生扁豆、桑叶、甘草，《临证指南》方）加减。

（五）胃寒

多由外感风寒，或者饮喂失调，如长期过食冰冻饲料，暴饮冷水所致。见于消化不良病症中。

主证：形寒怕冷，耳鼻发凉，食欲减退，粪便稀软，尿液清长，口腔湿滑或口流清涎，口色淡或青白，苔白而滑，脉象沉迟。

治则：温胃散寒。

方例：桂心散（见温里方）加减。

（六）胃热

多由胃阳素强，或者外感邪热犯病，或者外邪传内化热，或者急性高热病中热邪波及胃脘所致。

主证：耳鼻温热，草料迟细，粪球干小而尿少，口干舌燥，口渴贪饮，口腔腐臭，齿龈肿痛，口色鲜红，舌有黄苔，脉象洪数。

治则：清热泻火，生津止渴。

方例：清胃热解热散（知母、石膏、玄参、黄芩、大黄、枳壳、陈皮、六神曲、连翘、地骨皮、甘草，《中兽医治疗学》方）加减。

（七）胃食滞

多由暴饮暴食，伤及脾胃，食滞不化，或者草料不易消化，停滞于胃所致。

主证：不食，肚腹胀满，嗳气酸臭，腹痛起卧，粪干或泻泄，矢气酸臭，口色深红而燥，苔厚腻，脉滑实。

治则：消食导滞。

方例：病情轻者。可用曲蘖散（见散导方）加减；病情重者，可用调气攻坚散（醋香附、三棱、莪术、木香、藿香、沉香、枳壳、莱菔子，槟榔、青皮、郁李仁、麻油、醋，《中兽医治疗学》方）加减。

（八）脾与胃病辨证施治要点

①病后失养，或者劳伤过度，以致脾胃气虚，证见倦怠肯卧，草料迟细，粪便稀薄，治宜益气健脾；若致中气不足，或者兼脱肛，子宫脱，阴道脱，治宜补中益气。如病久不复，脾阳衰弱，证见形寒怕冷，耳鼻四肢不温，肠鸣腹痛，粪便稀薄，治宜温中健脾。

②脾病多挟湿，无论虚实寒热，均可出现湿之兼证，或者因淋雨受寒，湿从外来；或暴饮冷水，中阳被困，湿从内生。如寒证的寒湿困脾，热证的湿热困脾。前者治宜散寒燥湿，后者治宜清热利湿，湿去则脾运自复。

③胃喜润恶燥，胃气宜降，故胃病以食滞和热证为多见。食滞宜消，热证宜清。胃之热证又分实热和虚热两种，前者为胃热炽盛，后者为胃阴不足，在治疗上，实者宜清泻，虚者宜滋补。胃之寒证，又宜温胃散寒。

④脾与胃互为表里，是水谷消化的主要脏器，因此在临诊上，提到脾，往往包含胃，提到胃，往往包含脾。相对而言，脾病多虚证，胃病多实证，故有“实则阳明，虚则太阴”之说。脾与胃的病症又可以相互转化。胃实因用攻下太过，脾阳受损，可以转为脾虚寒；如脾虚渐复而由于暴食，又能转为胃实。虚实之间，必须详察。

⑤脾胃为气血生化之源。如脾病日久不愈，势必影响其他脏腑；而他脏有病，亦多传于脾胃。因此，在治疗内伤疾病的过程中，必须随时照顾脾胃，扶持正气，使病体逐渐复原。

四、肺与大肠病症

肺是体内外气体交换的场所，其主要生理功能是主气、司呼吸，主宣发肃降，朝百脉以助心推动血液的循行，通调水道以促进津液的输布和代谢。肺气尚能宣发卫气于体表，以发挥其温煦肌肤，保卫肌表的作用。

肺气宣发和肃降失常，多由外邪侵犯于肺和肺系，或者因痰浊内阻肺络，或者因肝气太过，气火上逆犯肺所致。亦可由于肺气不足，宣发和肃降失司，或者肺阴亏虚，燥热内生而致宣发和肃降失常等。

肺病常见症状及其发生机理：

咳嗽：为肺的呼吸功能失常最常见症状之一。主要由于肺气失宣，肺气不时上逆所致。

气短：多由肺气虚损，呼吸功能衰减所致。

哮：多由痰气交阻，气机升降出纳失常，肺系气道阻塞不畅所致。

喘：多由肺热蕴盛，气机壅阻或肺肾两虚，肾不纳气所致。

胸闷疼痛：多由风、寒、燥、热之邪，或者痰、瘀、水饮等壅遏肺气，气机阻塞不通，或者肺络为邪所闭，气血滞涩不畅所致。

咯痰、咯血：多由肺失清肃，水津气化输布障碍，聚而成痰，或者因脾虚，痰湿内聚上泛所致。咯血多为痰热化火，肝火犯肺，灼伤肺络所致。

声哑失音：多由外邪犯肺，肺气失宣，声道不利，而致声哑失音；或由于肺虚阴津不足，声道失于滋润而致声哑失音。

鼻衄：多由肺胃蕴热，或者肝火上炎，灼伤肺之脉络，热迫血妄行所致。

自汗：多由肺气虚损，卫阳不固，腠理疏泄，津液外泄所致。

大肠的生理功能是传导糟粕，也就是接受小肠传送下来的糟粕，吸收其中剩余水分，形成粪便，排出体外。因此，大肠的病变，多表现为排便的异常。

大肠的传导失司，可由湿热或寒湿之邪，或者由饮食所伤，食滞不化等因素所致；湿热、寒湿与大肠之气血相搏，气滞血瘀可致下痢赤白黏冻、里急后重；脾胃运化失司，脾肾气虚不能固摄，则可引起便秘或大便失禁，甚则脱肛。

大肠失于传导而致便秘等，可由阳明实热燥结，胃气下降，肺气壅盛于下而失清肃引起；也可由阳虚不运，中气虚弱，肠液枯涸等因素引起。若大肠传导涩滞不利，阻滞大肠经脉的气血运行，久则积瘀成痔。若湿热结于大肠，营气不行，逆于肉理，卫气归而不得复返，则可使局部肌腠发生肿胀疼痛，以致肉腐化脓，发为肠痈。

大肠的临诊常见症状有热泻、便秘、痢疾、肠垢、痔、肠痈等。

（一）肺气虚

多因久病咳喘伤及肺气，或者其他脏器病变影响及肺，使肺气虚弱而成。

主证：久喘气咳，且咳喘无力，动则喘甚，鼻流清涕，畏寒喜暖，易于感冒，容易出汗，日渐消瘦，皮燥毛焦，倦怠卧，口色淡白，脉象细弱。

治则：补肺益气，止咳定喘。

方例：补肺散（党参、黄芪、紫菀、五味子、熟地、桑白皮，《永类钤方》）加减。

（二）肺阴虚

多因久病体弱，或者热久恋于肺，损伤肺阴所致，或者由于发汗太过而伤及肺阴所致。见于慢性支气管炎及肺结核。

主证：干咳连声，昼轻夜重，甚则气喘，鼻液黏稠，低热不退，或者由于发汗太过伤及肺阴所致。

治则：滋阴润肺。

方例：百合固金汤（见补虚方）加减。

（三）痰阴阻肺

因脾失健运，湿聚为痰饮，上贮于肺，使肺气不得宣降而发病。

主证：咳嗽，气喘，鼻液量多，色白而黏稠，苔白腻，脉滑。

治则：燥湿化痰。

方例：二陈汤（见化痰止咳平喘方）加减。

（四）风寒束肺

因风寒之邪侵袭肺脏，肺气闭郁而不宣降所致。见于感冒、急慢性支气管炎。

主证：以咳嗽、气喘为主，兼有发热轻而恶寒重，鼻流清涕，口色青白，舌苔薄白，脉浮紧。

治则：宣肺散寒，祛痰止咳。

方例：麻黄汤或荆防败毒散（均见解表方）加减。

（五）风热犯肺

多因外感风热之邪，以致肺气宣降失常所致。见于风热感冒，急性支气管炎，咽喉炎等病程中。

主证：以咳嗽和风热表证共见为特点。咳嗽，鼻流黄涕，咽喉肿痛，触之敏感，耳鼻温热，身热，口干贪饮，口色偏红，舌苔薄白或黄白相间，脉浮数。

治则：疏风散热，宣通肺气。

方例：表热重者，用银翘散（见解表方）加减；咳嗽重者，用桑菊饮（桑叶、菊花、杏仁、甘草、薄荷、连翘、芦根、桔梗，《温病条辨》方）加减。

（六）燥热伤肺

由感受燥热之邪，在表未解，入里伤及肺脏所致。

主证：干咳无痰，咳而不爽，被毛焦枯，唇焦舌燥，口色红而干，苔薄黄少津，脉浮细而数。常伴有发热微恶寒。

治则：清肺润燥养阴。

方例：清燥救肺汤（见化痰止咳平喘方）加减。

（七）肺热咳喘

多因外感风热或因风寒之邪入里郁而化热，以致肺气宣降失常所致。见于咽喉炎，急性支气管炎，肺炎，肺脓疡等病。

主证：咳声洪亮，气促喘粗，鼻翼扇动，鼻涕黄而黏稠，咽喉肿痛，粪便干燥，尿液短赤，口渴贪饮，口色赤红，苔黄燥，脉洪数。

治则：清肺化痰，止咳平喘。

方例：麻杏石甘汤（见化痰止咳平喘方）或清肺散（见清热方）加减。

（八）大肠液亏

内有燥热，使大肠津液亏损，或者胃阴不足，不能下滋大肠，均可使大肠液亏。多见于老畜及母畜产后和热病后期等病程中。

主证：粪球干小而硬，或者粪便秘结干燥，努责难以排下，舌红少津，苔黄燥，脉细数。

治则：润肠通便。

方例：当归苁蓉汤（见泻下方）加减。

（九）食积大肠

多因过饥暴食，或者草料突换，或者久渴失饮，或者劳役失度，或者老畜咀嚼不全，致使草料停于肠中，而成此病。见于结症。

主证：粪便不通，肚腹胀满，回头观腹，不时起卧，饮食欲废绝，口腔酸臭，尿少色浓，口色赤红，舌苔黄厚，脉象沉而有力。

治则：通便攻下，行气止痛。

方例：大承气汤（见泻下方）加减。

（十）大肠湿热

外感暑湿，或者感染疫疠之气，或者喂霉败秽浊的或有毒的草料，以致湿热或疫毒郁结，下注于肠，损伤气血而发病。见于急性胃肠炎、菌痢等的病程中。

主证：发热，腹痛起卧，泻痢腥臭，甚则脓血混杂，口干舌燥，口渴贪饮，尿液短赤，口色红黄，舌苔黄腻或黄干，脉象滑数。

治则：清热利湿，调气和血。

方例：白头翁汤或郁金散（见清热方）加减。

（十一）大肠冷泻

多由外感风寒或内伤阴冷（如喂冰冻草料，暴饮冷水）而发病。

主证：耳鼻寒冷，肠鸣如雷，泻粪如水，或者腹痛，尿少而清，口色清黄，舌苔白滑，脉象沉迟。

治则：温中散寒，渗湿利水。

方例：桂心散（见温里方）或橘皮散（见理气方）加减。

（十二）肺与大肠病辨证施治要点

①肺的病症，从病因上讲可分外感与内伤两种，临诊辨证上包括虚实两类。肺气虚者多有阳虚卫外不故之症状，肺阴虚者有阴虚内热的症状，痰饮阻肺的特点是鼻流大量白、黏鼻涕，舌胖，苔白腻，三者可资鉴别。风寒束肺，风热犯肺，燥热犯肺，肺热咳嗽，均为外感新病，属实证，咳喘为其共有症状，可兼或不兼有表证。风寒束肺咳喘而鼻涕稀薄，风热犯肺咳喘而鼻涕黄稠，燥邪伤肺咳喘，鼻流腥臭脓涕，四者易于区别。

②肺主肃降，治肺病以清肃肺气为主，虽有宣肺、肃肺、温肺、清肺、润肺之别，但务使肺气肃降，邪不干犯，其病乃愈。若肺气不足，或者肺气大虚时，又当升提补气。肺主气，味宜辛，用药苦温可以开泄肺气，辛酸可以敛肺益气，除非必要，一般不用血分药。肺清肃而处高位，选方多宜轻清，不宜重浊，正所谓“治上焦如羽，非轻不举”。肺不耐寒热，辛甘平润最为适宜。如治肺不效，可以通过他脏关系，进行间接治疗，如健脾、益肾等法。

③大肠主传导糟粕，其病变主要反映在粪便方面。大肠有热则津少肠枯而成燥粪，大肠有湿则湿盛作泻。治疗津亏便秘，需滋养阴液配合攻下法，才不至于下后复又燥结；治疗湿热泄泻，需利湿配合清热之法，方不致泻止而热毒内蕴。

④肺与大肠互为表里，故肺经实证、热证可泻大肠，使肺热从大肠下泄而气得肃降。因肺气虚导致大肠津液不布而便秘者，可用滋养肺气之法，以通润大肠。

五、肾与膀胱病症

肾为“先天之本”。主要生理功能是：藏精、主生长、发育、生殖和水液代谢。肾的藏精功能失常，则或为肾失闭藏，精气流失，导致肾中精气不充足而亏虚，影响机体的生长、发育和生殖机能；或精不生髓，而导致髓海不足，骨质疏松等。肾的主水功能失常，则可导致水液代谢障碍，或者为尿少、尿闭、聚水而为肿，或者为尿多，小便清长、失禁等。

由于肾中精气，含有“先天之精”，为一身之本，内寓真阴真阳，为全身阴阳之本。因此肾的生理功能失常，实际上即是肾的精气不足或肾阴肾阳的失调。

肾的精气不足，主要包括肾精亏虚和肾气不固两方面。

肾的阴阳失调，主要包括肾阴亏虚、肾阳虚损、命门相火过亢等方面。

肾病常见症状及其发生机理：

阳痿、滑精、早泄、遗精：此皆生殖机能衰弱的表现，肾阳虚衰、命门之火不足多为阳痿；肾气虚损，精关不固，失其封藏固摄之权，则多为滑精或早泄。

腰冷酸痛、四肢痿软：腰为肾之府，肾主骨。肾阳虚、肾精不充，则不能温煦或滋养腰膝，或者寒湿、湿热阻滞经脉，气血运行不畅，故见腰冷酸痛，骨软无力，四肢痿弱。

气喘：肺主呼吸，肾主纳气。肾气虚损，失其摄纳之权，气浮于上，不能纳气归元，故见呼多吸少而气喘。

耳鸣、耳聋：肾开窍于耳，肾精可生髓充脑，脑为髓之海，肾阴虚、肾精不充，髓海空虚，则脑转（眩晕）、耳鸣如蝉、虚甚则耳聋失聪。

排尿不利，尿闭、水肿：多由肾阳虚损，气化失司、关门不利，水液不能蒸化或下输所致。水液排出不畅，则排尿不利；气化障碍则尿闭不通；水邪泛滥于肌腠，则发水肿。

尿频、遗尿：系由肾气虚衰，封藏固摄失职，膀胱失约所致。

膀胱为贮存和排泄尿液的器官，其经脉络肾，与肾构成表里关系。

膀胱的生理功能失常，主要在于膀胱气化不利，亦即是肾的气化功能失司，多表现为排尿的异常，如尿频、尿急、尿痛或排尿困难，甚则尿闭，或者见遗尿，小便失禁等。

（一）肾阳虚

根据临诊症状及病理变化特点可分为以下4种证型。

1. 肾阳虚衰　素体阳虚，或者久病伤肾，或者劳损过度，或者年老体弱，下元亏损，均可导致肾阳虚衰。

主证：形寒肢冷，耳鼻四肢不温，腰痿，腰腿不灵，难起难卧，四肢下部浮肿，粪便稀软或泄泻，小便减少，公畜性欲减退，阳痿不举，垂缕不收，母畜宫寒不孕。口色淡，舌苔白，脉沉迟无力。

治则：温补肾阳。

方例：肾气散（见补虚方之六味地黄汤）加减。

2. 肾气不固　多由肾阳素亏，劳损过度，或者久病失养，肾气亏耗，失其封藏固摄之权而致。

主证：小便频数而清，或者尿后余沥不尽，甚至遗尿或小便失禁，腰腿不灵，难起难卧，公畜滑精早泄，母畜带下清稀，胎动不安，舌淡苔白，脉沉弱。

治则：固摄肾气。

方例：缩泉丸（乌药、益智仁、山药，《妇人良方》）或固精散（见收涩方）加减。

3. 肾不纳气 由于劳役过度，伤及肾气，或者久病咳喘，肺虚及肾所引起。见于慢性支气管炎、慢性肺泡气肿等的病程中。

主证：咳喘，气喘，呼多吸少，动则喘甚，重则咳而遗尿，形寒肢冷，汗出，口色淡白，脉虚浮。

治则：温肾纳气。

方例：人参蛤蚧散（人参、蛤蚧、杏仁、甘草、茯苓、贝母、桑白皮、知母，《卫生宝鉴》方）加减。

4. 肾虚水泛 素体虚弱，或者久病失调，损伤肾阳，不能温化水液，致水邪泛滥而上逆，或者外溢肌肤所致。见于慢性肾炎、心衰、胸腹下水肿、阴囊水肿等病程中。

主证：体虚无力，腰脊板硬，耳鼻四肢不温，尿量减少，四肢腹下浮肿，尤以两后肢浮肿较为多见，严重者宿水停脐，或者阴囊水肿，或者心悸，咳喘痰鸣，舌质淡胖，苔白，脉沉细。

治则：温阳利水。

方例：济生肾气丸（熟地、山药、山茱萸、茯苓、泽泻、牡丹皮、官桂、炮附子、牛膝、车前子）加减。

（二）肾阴虚

因伤精、失血、耗液而成，或者急性热病耗伤肾阴，或者其他脏腑阴虚而伤及于肾，或者因过服温燥劫阴之药所致。见于久病体弱，慢性贫血，或者某些慢性传染病过程中。

主证：形体瘦弱，腰胯无力，低热不退或午后潮热，盗汗，粪便干燥，公畜举阳滑精或精少不育，母畜不孕视力减退，口干、舌红、少苔、脉细数。

治则：滋阴补肾。

方例：六味地黄汤（见补虚方）加减。

（三）膀胱湿热

由湿热下注膀胱，气化功能受阻所致。

主证：尿频而急，尿液排出困难，常作排尿姿势，痛苦不安，或者尿淋沥，尿色混浊，或者有脓血，或者有沙石，口色红，苔黄腻，脉数。

治则：清利湿热。

方例：八正散（见祛湿方）加减。

（四）肾与膀胱病辨证施治要点

①一般而言，肾无表证与实证，肾之热，属于阴虚之变，肾之寒，属阳虚之变。

②肾阳虚与肾阴虚均可出现腰脊板硬疼痛，腰胯软弱等症。但肾阳虚兼见外寒，阳痿滑精等症；肾阴虚则兼见内热，举阳遗精等症。临诊中必须注意鉴别。

③补虚之治，总的治疗原则是“培其不足，不可伐其有余”。阴虚者火旺，治宜甘润养阴，使阴液渐复而虚火自降。阳虚者寒盛，治宜辛温助阳，使阳气渐复而阴寒易散。至于阴阳两虚，宜用阴阳并补之法。病情复杂，方药必须审慎用之。

④肾与其他脏腑有密切关系，如肾阴不足，不能养肝，引起肝阳上亢，治宜滋阴以潜阳；肾阴不能上承，心火偏旺，治宜滋阴以降火；久咳不愈，上损及下，肺肾阴亏，治宜滋阴肾以养肺；脾肾阳衰，治宜补益和健脾。病久正虚，通过治肾而兼理他脏，对治疗久

病不愈具有一定的作用。

⑤肾与膀胱相表里，膀胱的病症与肾密切相关，如肾不化气，可直接影响到膀胱气化而导致尿的异常。一般来说，虚证多属于肾，实证多属于膀胱。所谓膀胱虚寒者，实际上是肾阳虚衰或肾气不固的病理表现，在治疗上亦从肾论治，而膀胱湿热可直接清利膀胱。

第四节　卫气营血辨证

卫气营血辨证，是清代著名医家叶天士创立的用于辨外感温热病的一种辨证方法，是在六经辨证的基础上发展起来的，又弥补了六经辨证的不足。

温热病是感受温热病邪所引起的多种急性热性病的总称，是外感病的一大类别，以发展迅速、变化较多，热相偏重，以化燥伤阴为特征。

卫、气、营、血是对温热病四类证候的概括，同时又代表着温热病过程中由浅入深、由轻变重的四个阶段。具体说来，温热病邪首先犯卫，邪在卫分不解，则内传与气分；气分病邪不解，则传入营分；邪在营分不解，则入血分。如此病邪步步深入，病情逐渐加重。就温热病四个阶段的病变部位来看，卫分主表，病在肺与皮毛；气分主里，病在肺、肠、胃等脏腑；营分是邪入心营，病在心与心包；血分是邪热已深入肝、肾，重在动血、耗血。

温热病的一般治法是，病在卫分宜辛凉解表，病在气分宜清热生津，病在营分宜清营透热，病在血分宜清热凉血。

一、卫气营血证治

（一）卫分病症

是温热表邪侵犯肌表，卫分功能失常所表现出的证候。一般见于温热病的初期，属于表热证。

主证：发热重，恶寒轻，咳嗽，口干微红，舌苔薄黄，脉浮数。

治则：辛凉解表。

方例：银翘散（见解表方）加减。

（二）气分病症

是温热病邪深入脏腑，正盛邪实，正邪相争激烈，阳热亢盛的里热证。多有卫分病传来，或者有温热之邪直入气分所致。主要表现为但热不寒，呼吸喘粗，口干津少，口色鲜红，舌苔黄厚，脉洪大。但因温热之邪所侵袭的脏腑和部位不同，又有不同的证候表现。常见的有温热在肺，热入阳明，热结肠道三种证型。

1. 温热在肺

主证：发热，咳嗽，口色鲜红，舌苔黄燥，脉洪数。

治则：清热宣肺，止咳平喘。

方例：麻杏石甘汤（见化痰止咳平喘方）加减。

2. 热入阳明

主证：发热，大汗，口渴喜饮，口津干燥，口色鲜红，舌苔黄燥，脉洪大。

治则：清热生津。

方例：白虎汤（见清热方）加减。

3. 热结肠道

主证：发热，肠燥便干，粪便不通或热结旁流，腹痛，尿短赤，口津干燥，口色深红，舌苔黄厚，脉沉实有力。

治则：滋阴、清热、通便。

方例：增液承气汤（见泻下方）加减。

（三）营分病症

是温热病邪入血的轻浅阶段，以营阴受损，心神被扰为特点。证见高热，舌质红绛，斑疹隐隐，神昏或躁动不安。

营分病症的形成，一是由卫分传入，即温热病邪由卫分不经气分而直入营分，称为“逆传心包”；二是由气分传来，即先见气分证的热相，而后出现营分证的症状；三是温热之邪直入营分，即温热病邪侵入机体，致使畜体起病后便出现营分症状。

营分证介于气分证和血分证之间，如疾病由营转气，是病情好转的表现；如由营入血，则病情更加深重。营分证有热伤营阴和热入心包两种。

1. 热伤营阴

主证：高热不退，夜甚，躁动不安，呼吸喘促，舌质红绛，斑疹隐隐，脉细数。

治则：清营戒毒，透热养阴。

方例：清营汤（见清热方）加减。

2. 热入心包

主证：高热，神昏，四肢厥冷或抽搐，舌质绛，脉数。

治则：清心开窍。

方例：清宫汤（玄参、莲子、竹叶心、麦冬、连翘、犀角，《温病条辨》方）加减。

（四）血分病症

是温热病的最后阶段，也是疾病发展过程中最为深重的阶段。血分证或由营分传来，即先见营分证的营阴受损，心神被扰的症状，而后才出现血分证见证；或由气分传变，即不经营分，直接由气分传入血分。肝藏血，肾藏精，故血分疾病以肝肾病变为主，临床上除具有较重的营分证候外，还有耗血、动血、伤阴、动风的病理变化。其特征是身热，神昏，舌质深绛，黏膜和皮肤发斑，便血、尿血，项背强直，阵阵抽搐，脉细数。常见的有血热妄行，气血两燔，肝热动风和血热伤阴四种证候。

1. 血热妄行

主证：身热，神昏，黏膜和皮肤发斑，便血、尿血，口色深绛，脉数。

治则：清热解毒，凉血散瘀。

方例：犀角地黄汤（见清热方）加减。

2. 气血两燔

主证：身大热，口渴喜饮，口燥苔焦，舌质红绛，发斑，便血、衄血，脉数。

治则：清气分热，解血分毒。

方例：清瘟败毒饮（见清热方）加减。

3. 肝热动风

主证：高热，神昏，项背强直，阵阵抽搐，口色深绛，脉弦数。

治则：清热平肝息风。

方例：羚羊钩藤汤（见平肝方）加减。

4. 血热伤阴

主证：低热不退，精神倦怠，口干舌燥，舌红无苔，尿赤，粪干，脉细数无力。

治则：清热养阴。

方例：青蒿鳖甲汤（见清热方）加减。

二、卫气营血的传变规律

外感温热病多起于卫分，病情较轻，继之表邪入里，传入气分，病情较重；进而深入营分，病情更重；最后邪陷血分，则病情最为深重。这种渐次深入是温热病发展的一般规律。如《外感温热篇》说："大凡看法，卫之后方言气，营之后方言血。"

由于季节气候的不同，病邪盛衰的差异，以及患畜体质强弱的不同，上述传变规律不是固定不变的。临床上所见的温热病，有的起病就不经卫分，而直接从气分或营分开始。传变除循经而传的情况外，还有越经而传的。如卫分病不经气分而传入营分，气分病不经营分而传入血分，酿成气血两燔。如下所示：

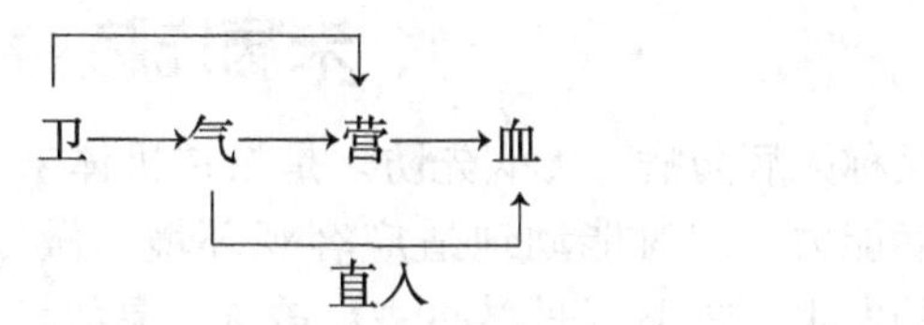

因此，在临床辨证时，应根据疾病的不同情况，具体分析，灵活应用，不得生搬硬套。

第七章

防治法则

第一节 预 防

中兽医学在治疗上历来防重于治。《素问·四气调神大论》中说："圣人不治已病治未病；不治已乱治未乱。……夫病已成而后药之，乱已成而后治之，譬如渴而穿井，斗而铸锥，不亦晚乎"。"治未病"在指导医疗实践中，有着极为重要的作用。

"治未病"包括两方面的内容："未病先防"与"既病防变"。

一、未病先防

未病先防，又称无病防病，无病先防。是指在机体未发生疾病之前，积极采取有效措施，提高机体抗病能力，同时能动地适应客观环境，做好预防工作，避免致病因素的侵害，以防止疾病的发生。古书《丹溪心法》曾称，是故已病而后治，所以为医家之法；未病而先治，所以明摄生之理。

未病先防，一是研究加强饲养管理、合理使役以增强正气；二是研究综合的预防措施，如环境卫生管理、除灭疾病等；三是研究常见疾病的预防措施等；四是通过开展中兽医药临床和实验研究，观察中兽医药预防措施的实际效果。

防病应该做到以下几个方面：增强正气、调养精神、合理使役、营养调配，还可以采取药物预防的方法，从各方面注意防止病邪的侵入。

防病应该做到以下几个方面：

1. 增强正气 通过加强饲养管理，控制合理的饮食规律，合理使役，以及适当的药物调理，达到增强机体抗病能力的效果。

2. 调养精神 中兽医学认为，动物的精神活动与机体生理、病理变化密切相关，突然、强烈或反复、持续的精神刺激，可使机体气机逆乱，气血阴阳失调，正气内虚而发病。

3. 合理使役 应该懂得自然变化规律，适应自然、气候与环境变化规律，对饮食、使役等，作适当安排和节制，不可过度。《元亨疗马集》中对合理的使役和管理有很详细地论述。在饲养方面提出过于饥渴时不能暴饮暴食；使役前不能饮喂过饱，汗后、料后不能立即饮水；使役时提出先慢步，后快步，使役后不能立即卸掉鞍具等。对于集约化饲养的动物，除保证营养均衡外，还应该注意适当的运动，尤其是大动物饲养，要有足够的运动场。

4. 营养调配 禽类应选择营养均衡的全价配合饲料。草食类动物除了提供质量可靠的草料外，还应该根据动物的不同生理时期提供一定的适量的精料。在气温偏高时，多饮用清凉干净的饮水，草食类动物还应该添加适量多汁类草料以清热生津；在疾病恢复期，宜提供易消化的饲料等。

5. 药物预防　传统药物预防包括用苍术、雄黄等烟熏畜禽舍，以消毒防病；在季节变换气候突变时，用贯众、板蓝根或大青叶等预防流行性传染病；梅雨季节用马齿苋、大蒜等预防痢疾及其他消化道疾病；用紫苏叶、甘草、生姜预防中毒等。中药环境预防用单味药或复方药作为熏剂或水剂灭杀害虫等，其中单味药有苦参、射干、威灵仙、百部、石菖蒲、龙葵草、土荆芥、回回蒜、蓖麻叶、地陀罗、苦檀、桃叶、核桃叶、番茄叶、苦楝、蒺藜、艾蒿、白癣皮、苍耳草、皂角、辣椒、浮萍等。

6. 防止病邪　应防止环境、水源和饲料的污染，清除垃圾、废物，慎防噪音；饲槽、运动场、畜禽舍注意卫生，定期清扫；以及驱除鼠、虫、蚊蝇、蛇害等；注意饮水和饲料的卫生，适当调节，不过饱过饥，不过凉过热等。进一步改善环境和畜体状态，以适应气候变化，预防流行性疾病，以及避免过劳和过逸等致病。

二、既病防变

既病防变，又可以说是有病早治，防止病变。古称“瘥后防复”，是指疾病刚痊愈，正处于恢复期，但正气尚未得元，因调养不当，旧病复发或滋生其他病者，事先采取的防治措施。或指疾病症状虽已消失，因治疗不彻底，病根未除，潜伏于体内，受某种因素诱发，使旧病复发所采取的防治措施。总之，是指机体在患病之后，要及时采取有效措施，早期诊断，早期治疗，截断疾病的发展、传变或复发，同时注意疾病痊愈后预防复发，巩固疗效。尤其是对传染性疾病，更应防止恶性或不良性变化，以防止传播条件的产生。

防变应该从以下几方面着手。

1. 早期诊断　在患病初期，如外感热病的传变，多为由表入里，由浅入深，因此，在表证初期，就应该抓住时机，及早诊断。如少阳证，见到部分主证时，即可应用小柴胡汤和解之，以不致病情恶化。

2. 早期治疗　有些疾病在发作前，会有一些预兆出现，如能捕捉这些预兆，及早做出正确诊断，可收到事半功倍的效果。《元亨疗马集》云：“每遇饮马……令兽医遍看口色，有病者灌啖，甚者别槽医治。”说明古代兽医就非常重视早期隔离治疗，防止疾病进一步的发展和恶化。

3. 控制病情　古称“先安未受邪之地”，意思是根据五行相生相克原理，掌握疾病传变规律，先保护机体正气和未受病邪侵犯之处。如在治疗肝病时，采用健脾和胃的方法，先充实脾胃之气概不致因脏腑病变，迁延日久，损至肾脏等。故在治疗时，应当考虑这一传变规律，采取相应的方法，截断这种传变途径。如应用针灸疗法治疗后肢阳明经，旨在使该经的气血得以流通，而使病邪不再传经入里。

4. 瘥后防复　在动物患大病之后，脾胃之气未复，正气尚虚者，除慎防过劳以外，常以补虚调理为主。如果余邪未尽而复发者，应以祛邪为主；或根据正气之强弱，二者兼顾之。如在外感热病治疗愈后，因使疫过度等，易引起旧病复发，出现虚烦、发热、嗜睡等，应当采取预防措施，清除病根，消除诱因，以防止疾病的进一步发展。如急性痢疾，常因治疗不彻底，以致经常反复发作。临证时，应当注意廓清余邪，即在身热、腹痛、里急后重等症状消失后，根据病情，继续服用一个时期的清热利湿之剂，以防复发。

5. 医护结合 人们常说，“对于疾病，三分治疗七分养”，中兽医尤其注重护理工作，如，加强饲养管理，尤其是不同疾病恢复期的不同管护工作。注意饮食宜忌；注意调节温度以适应环境等，这样可能有利于疾病的康复。

第二节 治 则

治则，是中兽医学在整体观念和辨证论治的指导下，对疾病的现状进行周密分析的基础上，确立的一套比较完整和系统的治疗原则理论，包括治病求本、扶正与祛邪、调整阴阳、调整脏腑功能、调整气血关系和因时、因地、因畜制宜六个方面，其中包含着许多辨证法思想，用以指导具体的立法、处方、用药。治则是指导疾病治疗的总则；治法是治则的具体化，是治疗疾病的具体方法，如汗法、吐法、下法、和法、温法、清法、补法、消法等。治法中的益气法、养血法、温阳法、滋阴法都属于在扶正总则下的具体治法；治法中的汗法、吐法、下法、逐水法等，都属于祛邪总则下的具体治法。

一、治病求本

治病求本，首见于《素问·阴阳应象大论》的“治病必求于本”。告诫医者在错综复杂的临床实践中，要探求疾病的规律与根本原因，宜采取针对疾病根本原因确定正确的治本方法。是几千年来中兽医临床辨证论治一直遵循着的基本准则。

治病求本的具体应用，除了必须正确辨证外，在确定治则时，必须明确“正治”与“反治”、“标本缓急”的概念。

（一）“正治”与“反治”

正治和反治，出自《素问·至真要大论》的“逆者正治，从者反治”。在临床实践中，可以看到多数的疾病临床表现与其本质是一致的，然而有时某些疾病的临床表现时则与其本质不一致，出现了假象。为此，确定治疗原则就不应受其假象的影响，要始终抓住本质对其治疗。

1. 正治 是指疾病的临床表现与其本质相一致情况下的治法，采用的方法和药物与疾病的证象是相反的，又称为“逆治”。《素问·至真要大论》说：“寒者热之，热者寒之，温者清之，清者温之，散者收之，抑者散之，燥者润之，急者缓之，坚者软之，脆者坚之，衰者补之，强者泻之。”此皆属正治之法。大凡病情发展较为正常，病势较轻，症状亦较单纯的，多适用于本法，如外感风寒，用辛温解表法即属正治；胃寒而痛者，用温胃散寒法，亦是正治。

2. 反治 是指疾病的临床表现与其本质不相一致情况下的治法，采用的方法和药物与疾病的证象是相顺从的，又称为“从治”。《素问·至真要大论》说：“微者逆之，甚者从之”、“逆者正治，从者反治”。是指反治法一般多属病情发展比较复杂，病势危重，出现假象症状才可运用。其具体应用有：热因热用，寒因寒用，塞因塞用，通因通用。

“热因热用，寒因寒用”就是以热治热，以寒治寒。前者用于阴寒之极反见热象，即真寒假热的患者；后者用于热极反见寒象，即真热假寒的患者。二者治疗的实质仍然是以热治寒，以寒治热。

“塞因塞用，通因通用”，是指以填补扶正之法治疗胀满痞塞等病症，以通利泻下之法治疗泄痢漏下等病症。前者适用于脾虚阳气不足而不健运者，后者适用于内有积滞或瘀结而致腹泻与漏血者。二者治疗的实质亦为虚则补之，实则泻之。

此外，还有反佐法。即于温热方药中加少量寒凉药，或者寒证则药以冷服法；寒凉方药中加少量温热药，或者治热证则药以热服法。此虽与上述所讲不同，但亦属反治法之范畴，多用寒极、热极之时，或者有寒热格拒现象时。正如《素问·五常政大论》所说：“治热以寒，温而行之；治寒以热，凉而行之”。如是，可以减轻或防止格拒反应，提高疗效。

（二）标本缓急

标与本，是中兽医治疗疾病时用以分析各种病症的矛盾，分清主次，解决主要矛盾的治疗理论。标即现象，本即本质。标与本是互相对立的两个方面。标与本的含义是多方面的。从正邪两方面来说，正气为本，邪气为标；以疾病而说，病因为本，症状是标；从病位内外而分，内脏为本，体表为标；从发病先后来分，原发病（先病）为本，继发病（后病）为标。总之，本含有主要方面和主要矛盾的意义，标含有次要方面和次要矛盾的意义。

疾病的发展变化，尤其复杂的疾病，常常是矛盾万千。因此，在治疗时就需要运用标本的理论，借以分析其主次缓急，便于及时合理地进行治疗。标本的原则一般是急则治其标，缓则治其本和标本同治 3 种情况。

急则治其标，指在标病危急，若不及时治疗，会危及生命，或者影响本病的治疗。如腹胀满、大出血、剧痛、高热等病，皆宜先除胀、止血、止痛、退热。正如《素问·标本病传论》所说：“先热后生中满者，治其标……先病而后生中满者，治其标……大小不利，治其标。”待病情相对稳定后，再考虑从根本上治疗本病。

缓则治其本，指在标病不甚急的情况下，采取治本的原则，即针对主要病因、病症进行治疗，以解除病的根本。如阴虚发热，只要滋阴养液治其本，发热之标便不治自退；外感发热，只要解表祛邪治其本，发热之标亦不治而退。

标本同治，指标病本病同时俱急，在时间与条件上皆不宜单治标或单治本，只能采取同治之法。如肾不纳气之喘咳病，本为肾气虚，标为肺失肃降，治疗只宜益肾纳气，肃肺平喘，标本兼顾；又若热极生风证，本为热邪亢盛，标为肝风内动，治疗只能清热凉肝，息风止痉，标本同治。

疾病的标本关系不是绝对的，在一定条件下，可以互相转化。因此，在临床中要认真观察，注意掌握标本转化的规律，以便正确地不失时机地进行有效的治疗。

二、扶正祛邪

邪正的盛衰变化，对于疾病的发生、发展及其变化和转归，都有重要的影响。疾病的发生与发展是正气与邪气斗争的过程。正气充沛，则机体有抗病能力，疾病就会减少或不发生；若正气不足，疾病就会发生和发展。因此，治疗的关键就是要改变正邪双方力量的对比，扶助正气，祛除邪气，使疾病向痊愈的方向转化。

扶正：就是使用扶正的药物或其他方法，以增加体质，提高抗病能力，以达到战胜疾病、恢复健康的目的。适用于正气虚为主的疾病，是《内经》“实则泻之”的运用。临床上根据不同的病情，有益气、养血、滋阴、壮阳等不同的方法。

祛邪：就是祛除体内的邪气，达到邪去正复的目的。适用于邪气为主的疾病，是《内经》“实则泻之”的运用。临床上根据不同的病情，而有发表、攻下、清解、消导等不同方法。

临床运用扶正祛邪这一原则，要认真细致地观察邪正消长的盛衰情况，根据正邪双方在疾病过程中所处的不同地位，分清主次、先后、灵活地运用。

单纯扶正仅适用于正虚为主者；单纯祛邪仅适用于邪盛为主者，先祛邪后扶正则适用于邪盛而正不甚虚者，先扶正后祛邪适用于正虚而邪不甚者，扶正与祛邪并用适用于正虚邪实者，即所谓“攻补兼施”，当然亦需分清是虚多实少，还是实多虚少。若虚多则扶正为主，兼以祛邪，实多则又以祛邪为主，兼以扶正。总之，要以“扶正不留邪，祛邪不伤正”为原则。

三、调整阴阳

疾病的发生，从根本上来说，是机体阴阳之间失于相对的协调平衡，故有“一阴一阳谓之道，偏盛偏衰谓之疾”的说法。调整阴阳，即是根据机体阴阳失调的具体状况，损其偏盛，补其偏衰，促使其恢复相对的协调平衡。

阴阳偏盛，即阴或阳的过盛有余。《素问·阴阳应象大论》说：“阴胜则阳病，阳胜则阴病”。阴寒盛则易损伤阳气，阳热盛易耗伤阴液，故在协调阴阳的偏盛时，应注意有没有相应的阴或阳偏衰的情况。若阴或阳偏盛时而其相应的一方并没有造成虚损，那么，就可以采用“损其有余”的方法，即清泻阳热或温散阴寒，若其相应的一方有所损伤，则当兼顾其不足，适当配合以扶阳或益阴之法。

阴阳偏衰，即阴或阳的虚损不足。阳虚则寒，阴虚则热。阳不足以制阴，多为阳虚阴盛的虚寒证；阴不足以制阳，多为阴虚阳亢的虚热证。阳病治阴，阴病治阳，即在协调阴阳的偏衰时，应采用“补其不足”的方法。若阳虚而致阴寒偏盛者，宜补阳以制阴，所谓“虚火之源，以消阴翳”；若阴虚致阳热亢盛者，则当滋阴以制阳，所谓“壮水之主，以制阳光”；若出现阴阳俱虚者，则可阴阳双补，使之达到生理上的相对平衡。由于阴阳是相互依存的，在治疗阴阳偏衰病症时，还应注意“阴中求阳、阳中求阴”，亦即在补阴时，适当加用补阳药，补阳时，适当配用补阴药。

阴阳是辨证的总纲，疾病的各种病理变化均可以用阴阳的变化来说明，病理上的表里出入、上下升降、寒热进退、邪正虚实以及气血、营卫不和等，都属于阴阳失调的表现。因此，从广泛地意义来讲，解表攻里，越上引下、升清降浊、寒温热清、补虚泻实和调和营卫、调理气血等诸治法，亦皆属协调阴阳的范畴。是以《素问·阴阳应象大论》说：“审其阴阳，以别柔刚，阳病治阴，阴病治阳。定其血气，各守其乡。”指出了调整阴阳是重要的治则之一。

四、三因制宜

因时、因地、因畜制宜，是指治疗疾病，必须从实际出发，即必须依从当时的季节、环境、家畜的体质、性别、年龄等实际情况，制定和确定适当的治疗方法。

因时制宜，指不同季节治疗用药要有所不同。《素问·六元正纪大论》说：“用温远温，用热远热，用凉远凉，用寒远寒”。即谓夏暑之季用药应避免过于温热药，严寒之时用药应避免过于寒凉药，因酷暑炎炎，腠理开泄，用温热药要防开泄太过，损伤气津；严寒凛冽，腠理致密，阳气内藏，用寒凉药要折伤阳气，故皆曰远之。

因地制宜，即根据不同地区的地理环境来考虑不同的治疗用药。如我国西北地区地高气寒，病多寒证，寒凉剂必须慎用，而温热剂则为常用；东南地区天气炎热，雨湿绵绵，病多温热、湿热，温热剂必须慎用，寒凉剂、化湿剂则为常用。

因畜制宜，指治疗用药应根据患畜的年龄、性别、体质等不同而不同。一般来说，成年动物药量宜大，幼畜则宜小；形体大者药量宜大，形体弱小者宜少；素体阳虚者用药宜偏温，阳盛者用药宜偏凉；母畜应根据经产、妊娠、分娩之特点，注意安胎、通经下乳、胎娠禁忌；种公畜用药则多考虑滋补肾之阴阳。

以上三者密切相关而且不可分割。它既反映了动物机体与自然界的统一整体关系，又反映了动物之间的不同特点。在治疗疾病的过程中，必须将三者有机地结合起来，才能有效地治疗疾病。

第三节　治　法

治法，指临证时对某一具体病症所确定的治疗方法，是治则理论在临床中的具体应用，主要包括内治法和外治法两大类。

一、内治法

（一）八法

即汗、吐、下、和、温、清、补、消八种药物治疗的基本方法。药物治疗是临床上应用最为广泛的一种方法，而八法又是其中最为主要的内容。正如《医学心语》所说："论病之源，以内伤外感四字括之。论病之情，以寒、热、虚、实、表、里、阴、阳八字统之。而论治病之方，则以汗、吐、下、和、温、清、补、消八法尽之。盖一法之中，八法备焉，八法之中，百法备焉。"

1. 汗法　又叫解表法，是运用具有解表发汗作用的药物，以开泻腠理，驱除病邪，解除表证的一种治疗方法。主要用于治疗表证。外邪致病，大多先侵犯肌表，继则由表及里，当病邪在肌表，尚未传里时，应采取发汗解表法，使表邪从汗而解，从而控制疾病的传变，达到早期治疗的目的。由于表证有表寒、表热之分，汗法又分辛温解表和辛凉解表两种。

（1）*辛温解表*：主要由味辛性温的解表药如麻黄、桂枝、紫苏、生姜等组成方剂，适用于表寒证，代表方为麻黄汤、桂枝汤等。

（2）*辛凉解表*：主要由味辛性凉的解表药如薄荷、柴胡、桑叶、菊花等组成方剂，适用于表热证，代表方为银翘散、桑菊饮等。

根据兼证的不同，汗法又有加减之变通。如阳虚者，宜补阳发汗；阴虚者，宜滋阴发汗；兼有湿邪在表的，如风湿症，则应于发汗药中配以祛风除湿药。

使用汗法时，应注意以下几点。

①体质虚弱、下痢、失血、自汗、盗汗、热病后期等有津亏情况时，原则上禁用汗法。若确有表证存在，必须用汗法时，也应妥善配以益气、养阴等药物。

②发汗应以汗出邪去为度，不可发汗太过，以防耗散津液，损伤正气。

③夏季或平素表虚多汗者，应慎用辛温发汗之剂。

④发汗后，应忌受寒凉。

2. 吐法 又叫涌吐法或催吐法，是运用具有涌吐性能的药物，使病邪或有毒物质从口中吐出的一种治疗方法。主要适用于误食毒物、痰涎壅盛、食积胃腑等症。代表方为瓜蒂散、盐汤探吐方等。

吐法是一种急救方法，用之得当，收效迅速，用之不当，易伤元气，损伤胃脘。因此，如非急证，只是一般性的食积、痰壅，尽可能用导滞、化痰的方法，特别是马属动物，由于生理特点不易呕吐，更不适用吐法。

使用吐法时，应注意以下两点。

①心衰体弱的病畜不可用吐法。

②怀孕或产后、失血过多的动物，应慎用吐法。

3. 下法 又叫攻下法或泻下法，是运用具有泻下通便作用的药物，以攻逐邪实，达到排除体内胃肠积滞和水饮聚积，以及解除实热壅结的一种治疗方法。主要适用于里实证，凡胃肠燥结、停水、虫积、实热等症，均可以用本法治疗。根据病情的缓急和患病动物机体质的强弱，下法通常分攻下、润下和逐水三类。

（1）攻下法：也叫峻下法，是使用泻下作用猛烈的药物以泻火、攻逐胃肠内积滞的一种方法。适用于膘肥体壮，病情紧急，粪便秘结，腹痛起卧，脉洪大有力的病畜。代表方为大承气汤。

（2）润下法：也叫缓下法，是使用泻下作用较缓和的药物，治疗年老、体弱、久病、产后气血双亏所致津枯肠燥便秘的一种治疗方法。代表方为当归苁蓉汤。

（3）逐水法：是使用具有攻逐水湿功能的药物，治疗水饮聚积的实证如胸水、腹水、粪尿不通等的一种治疗方法。代表方是大戟散。

使用下法时，应注意以下几点。

①表邪未解不可用下法，以防引邪内陷。

②病在胃脘而有呕吐现象者不可用下法，以防造成胃破裂。

③体质虚弱，津液枯竭的便秘不可峻下。

④怀孕或产后体弱母畜的便秘不可峻下。

⑤攻下、逐水法，易伤气血，应用时必须根据病情和体质，掌握适当剂量，一般以邪去为度，不可过量使用或长期使用。

4. 和法 又叫和解法，是运用具有疏通、和解作用的药物，以祛除病邪，扶助正气和调整脏腑间协调关系的一种治疗方法。主要适用于病邪既不在表，又未入里的半表半里证和脏腑气血不和的病症（如肝脾不和）。前者的代表方为小柴胡汤，后者为逍遥散、痛泻要方。

使用和法时，应注意以下几点。

①病邪在表，未入少阳经者，禁用和法。

②病邪已入里的实证，不宜用和法。

③病属阴寒，证见耳鼻俱凉，四肢厥逆者，禁用和法。

5. 温法 又叫祛寒法或温寒法，是运用具有温热性质的药物，促进和提高机体的功能活动，以祛除体内寒邪，补益阳气的一种治疗方法。主要适用于里寒证或里虚证。根据“寒者热之”的治疗原则，按照寒邪所在的部位及其程度的不同，温法又可分为回阳救逆，温中散寒，温经散寒3种。

（1）回阳救逆：适用于肾阳虚衰，阴寒内盛，阳虚欲脱的病症。代表方为四逆汤。

（2）温中散寒：适用于脾胃阳虚所致的中焦虚寒证。代表方为理中汤。

（3）温经散寒：适用于寒气偏盛，气血凝滞，经络不通，关节活动不利的痹证。代表方为黄芪桂枝五物汤。

使用温法时应注意以下两点。

①素体阴虚，体瘦毛焦，阴液将脱者不用温法。

②热伏于内，格阴于外的真热假寒证禁用温法。

6. 清法 又叫清热法，是运用具有寒凉性质的药物，清除体内热邪的一种治疗方法。主要适用于里热证。临床上常把清法分为清热泻火、清热解毒、清热凉血、清热燥湿、清热解暑几种。

（1）清热泻火：适用于热在气分的里热证。由于热邪所在脏腑的不同，选择的方剂也不同，如白虎汤、麻杏甘石汤、龙胆泻肝汤、清胃散等。

（2）清热解毒：适用于热毒亢盛所引起的病症。如疮黄肿毒等。代表方有消黄散、黄连解毒汤等。

（3）清热凉血：适用于温热病邪入于营分、血分的并证。代表方有清营汤、犀角地黄汤等。

（4）清热燥湿：适用于湿热证。根据湿热所在的脏腑不同，选用的方剂也不同，如茵陈蒿汤、白头翁汤、八正散等。

（5）清热解暑：适用于暑热证。代表方为香薷散。

使用清法时，应注意以下几点。

①表邪未解，阳气被郁而发热者禁用清法。

②体质素虚，脏腑本寒，胃火不足，粪便稀薄者禁用清法。

③过劳及虚热证禁用清法。

④阴盛于内，格阳于外的真寒假热证禁用清法。

7. 补法 又叫补虚法或补益法，是运用具有营养作用的药物，对畜体阴阳气血不足进行补益的一种治疗方法。适用于一切虚证。因临床上虚证有气虚、血虚、阴虚、阳虚的不同，故补法也就分为了补气、养血、滋阴、助阳四种。

（1）补气：适用于气虚证，是运用补气的药物如党参、黄芪、白术以增强脏腑之气的方法。代表方有四君子汤、参苓白术散、补中益气汤等 。因气能生血，故在以补血法治疗血虚时，也应注意补气以生血。

（2）补血：适用于血虚证，是运用补血的药物如当归、白芍、阿胶等以促进血液化生的方法。代表方有四物汤、当归补血汤等。

（3）滋阴：适用于阴虚证，是运用补阴的药物如熟地、枸杞子、麦冬等以补阴精或增津液的方法。代表方有肾气散。

（4）助阳：适用于阳虚证，是运用补阳的药物如巴戟天、淫羊藿、肉苁蓉等以壮脾肾之阳的方法。代表方是六味地黄丸。

气血阴阳是相互关系的，气虚常兼血虚，血虚常导致阴虚，气虚亦常导致阳虚，所以在使用补法时，必须针对病情，全面考虑，灵活运用，才能取得较好的疗效。

脾胃乃后天之本，水谷之海，气血生化之源，所以补气血应以补中焦脾胃为主；肾与命门为水火之脏，是真阴真阳化生之源，所以补阴阳应以补下焦肾与命门为主。

通常情况下，补不宜急，“虚则缓补”。但在特殊情况下，如大出血引起的虚脱症，必须用急补法。

使用补法时，应注意以下几点。

①在一般情况下，使用补法切忌纯补，应于补药之中配合少量疏肝和脾之药，达到补而不腻的目的。否则，易造成脾胃气滞，影响消化，不仅防碍食欲，而且对药物的吸收也有限制，影响补益效果。

②应注意“大实有虚象”，诊断时必须认清虚实的真假，避免“误补益疾”的错治。

③在邪盛正虚或外邪未完全消除的情况下，忌用纯补法，以防“闭门留寇”而致留邪之弊。

8. 消法 又叫消导法或消散法，是运用具有消散破积作用的药物，以达到消散体内气滞、血瘀、食积等的一种治疗方法。临床上常用的有行气解郁、活血化淤、消食导滞三种。

（1）*行气解郁*：适用于气滞证。常用方剂为越鞠丸等。

（2）*活血化淤*：适用于淤血停滞的淤血证。常用方剂如曲蘗散等。

（3）*消食导滞*：消法用于食积时，其作用与下法相似，都能驱除有形之实邪，但在临床运用上又有所不同。下法着重解除粪便燥结，目的在于猛功逐下，作用较强，适用急性病症；而消法则具有消极运化的功能，目的在于渐消缓散，作用缓和，适用慢性病症。

消法虽较下法作用缓和，但过度使用也可使患病动物气血损耗，因此，当孕畜和虚弱动物患有积食、气滞、淤血等症时，应配合补气养血药使用，并掌握好剂量。

（二）八法并用

汗、吐、下、和、温、清、补、消八种治疗方法，各有其适用范围，但疾病往往是错综复杂的，有时单用一种方法难以达到治疗目的，必须将八法配合使用，才能提高疗效。

1. 攻补并用 实证宜攻，虚证宜补，这是治疗的常规，但在临诊时亦应灵活运用。如正虚而邪实的病症，若单纯用补法，会使邪气更加固结；若单纯用攻法，又恐正气不支，造成虚脱。在这种情况下，既不能先攻后补，也不能先补后攻，必须采取攻补并用的治疗方法，祛邪而又扶正，这才是两全之计。临床上年老体弱或久病、产后动物所患的结症，就属于这种正虚邪实的症候，常用当归苁蓉汤等方剂，以当归、黄芪等药补气血，大黄、芒硝等药攻结粪，以期达到邪去正复的目的。

2. 温清并用 温法和清法本是两种互相对抗的疗法，原则上不能并用。但对寒热错杂的病症，如单纯使用温法或清法，皆会偏盛一方，引起不良的变证，使病情加重。对此，必须采取温清并用的方法，才能使寒热错杂的病情，趋于协调。例如，肺脏有火，表现气促喘粗，双鼻流涕，鼻液黏稠，口色鲜红；肾脏有寒，表现尿液清长，肠鸣便稀，舌根流滑涎，即为上热下寒的特有症状、对此病症只能温清并用。常用方剂为温清汤（知母、贝母、苏叶、桔梗、桑枝、郁李仁、白芷、官桂、二丑、小茴香、猪苓、泽泻）。此外，为了协助治疗兼证，也有温清并用的情况，如白术散治胎病，方中以温补为主，补脾养血，但因热能动血，故用黄芪以清热。

3. 消补并用　是把消导药和补养药结合起来使用的治疗方法。对正气虚弱，复有积滞，或者积聚日久，正气虚弱，必须缓治而不能急攻的，皆可采取消补并用的方法进行治疗。如脾胃虚弱，消化不良，又贪食精料，致使草料停积胃中所形成的宿草不消，单用消导药效果不够显著，最好配合补养药，如用党参、白术以补脾胃，枳实、厚朴以宣气滞，神曲、麦芽、山楂以导积滞，即为消补并用的方法。临床上常将四君子汤和曲蘖散合用，就是这个道理。

4. 汗下清并用　邪在表宜用汗法，邪在里宜用下法，有热邪在宜用清法，如果既有表证，又有里证，且又寒热错杂之时，则当汗、下、清三法并用。例如，动物在夏季，内有实火，证见口腔干燥、粪干尿赤、苔黄厚、脉洪数，又外受雨淋，复患风寒感冒，又见发热、恶寒、精神沉郁、食欲不振等表证，对于这种风寒袭于表，蕴热结于里的复杂证候，应当采取汗、下、清三法并用，用麻黄、桂枝等疏散在表之邪，使其从汗而解，又用大黄、芒硝之类通利大肠，使实结从大便而解，更用栀子、黄芩等清除在里之热，共奏解表、泻下、清热之效。防风通圣散就是汗、下、清三法并用的方剂。

二、外治法

外治法是不通过内服药物的途径，直接使药物作用于病变部位的一种治疗方法。同内治法一样，在应用外治法时，要根据辨证的结果，针对不同的病症，选择不同的治法。外治法内容丰富，临床常见有贴敷、掺药、点眼、吹鼻、熏、洗、口噙、针灸等方法。

（一）贴敷法

把药物碾成细面，或者把新鲜药物捣烂，加酒、或醋、或鸡子清、或植物油、或水调和，贴敷在患部，使药物在较长时间内发挥作用。凡疮疡初起、肿毒、四肢关节和筋骨肿痛以及体外寄生虫，常用不同处方的药物贴敷。如《元亨疗马集》雄黄散用醋水调敷治疗疮疡初起，有清热消肿解毒的功用。

（二）掺药法

疮疡破溃后，疮口经过清理，在患部撒上药物叫掺药法。根据所用方药的不同，可具有消肿散瘀、拔毒去腐、止血敛口、生肌收口等不同作用。消肿散瘀的方法如治马心火舌疮的冰硼散、拔毒去腐的如九一丹等，多用于疮疡初期脓多之证；止血敛口常用的桃花散，不仅有止血、结痂、促进伤口愈合的作用，还有防止毒物吸收等作用；生肌收口常用的生肌散，适用于疮疡溃后久不收口。

（三）点眼法

是将极细的固体药物或药液滴入眼中，以达明目退翳作用的方法。常用的有拨云散。

（四）吹鼻法

将固体药物吹入鼻内，使患畜打喷嚏，以达到理气辟秽、通关利窍作用的方法。如通关散吹鼻内治疗冷痛及高热神昏、痰迷心窍等。

（五）熏法

是将药物点燃后用烟熏治疗某些疾病的方法，如用硫黄熏治羊疥癣，用艾叶熏治袖口黄。

（六）洗法

是将药物煎熬成汤，趁热擦洗患部，以达活血止痛、消肿解毒作用的方法。常用于跌打损伤、疥癞、脱肛等。如防风汤，水煎去渣，候温洗直肠脱出部。

（七）口噙法

是将药物装入长形纱布袋内，两端系绳噙于动物口内，以达清热解毒、消肿止痛作用的方法。如将青黛散装入长形纱布袋内，噙于动物口内，治疗心火舌疮。

（八）针灸疗法

是运用各种不同针具，或者用艾灸、熨、烙等方法，对动物机体表的某些穴位或特定部位施以适当的刺激，从而达到治疗目的的方法。

第三篇

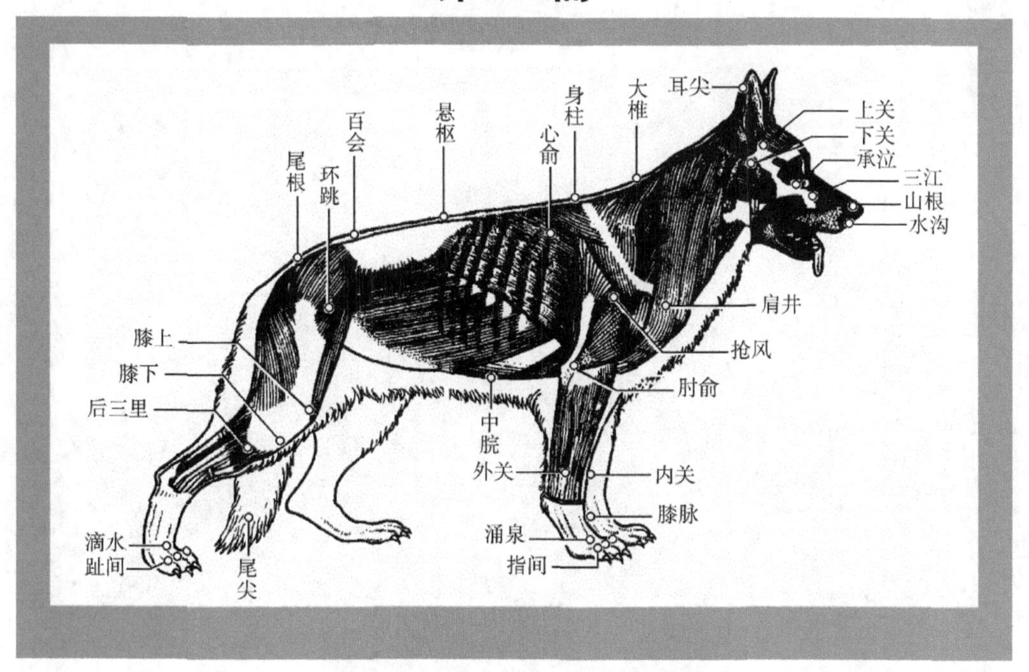

耳尖
大椎
身柱
心俞
悬枢
百会
环跳
尾根
上关
下关
承泣
三江
山根
水沟
肩井
抢风
肘俞
膝上
膝下
后三里
中脘
外关
内关
膝脉
涌泉
指间
滴水
趾间
尾尖

常用中药及方剂

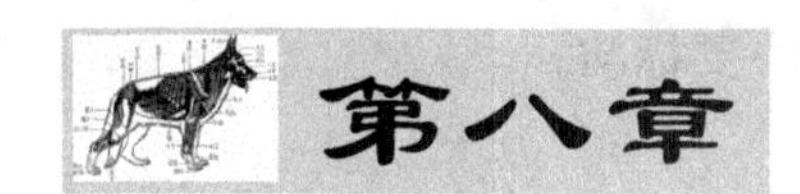

第八章

中药及方剂的基本知识

中国地域辽阔，分布着种类繁多的天然药材资源。仅典籍所记载的药物即有 3 000 种以上，2004 年出版的《中药大辞典》收载中药 5 767 种。来源包括植物、动物和矿物，其中植物药占绝大多数，使用也最普遍，所以古代把药物学称为“本草学”。及至近代，随着西方医药学在我国传播，“本草学” 逐渐改称为“中药学”。中药材资源的开发和有效利用，具有悠久的历史，也是兽医中药学发展的物质基础。几千年来，这些天然药物作为防治疾病的武器，对于保障畜禽健康、促进畜牧业发展，发挥了巨大的作用。

兽医中药学，是专门研究中药基本理论和各种中药的品种来源、采制、性能、功效、临床应用等知识的一门学科，是祖国中兽医学的一个重要组成部分，也是畜牧兽医各类从业人员必备的专业知识。

中兽医方剂学是研究中药配伍规律及其临床运用的一门学科。方剂，包括处方和制剂两个部分，是制成一定剂型的处方。方剂是由药物组成的，但决不是任意的堆砌。它是经过辨证，在明确诊断和立法的基础上，按照一定的原则，选择相应的药物，酌定用量，配伍组合，并制成适宜剂型而成的。

第一节 中药的采集与贮藏

中药的产地、采收与贮藏是否适宜，直接影响药材的质量。对野生动、植物来说，不合理的采收还会破坏药材资源，降低药材产量。历代医药家都十分重视中药的产地与采集，并在长期的实践中，积累了丰富的经验和知识。时至今日，人们利用现代科学技术，发现了中药的产地、采收与贮存是否适宜，与药效成分含量有很大关系，并在这方面取得了较多成果。

一、药材生长环境

天然中药材的生产多有一定的地域性，且产量、质量与其产地有密切关系。中国幅员辽阔，自然地理状况十分复杂，水土、气候、日照、生物分布等生态环境各不相同。因而，各地所产的药材质量也不一样，历代药学家经过长期观察总结，逐渐形成了“道地药材”的概念。道地药材的确定，与药材产地、品种等多种因素有关，而临床疗效则是其关键因素。如四川的黄连、川芎、附子，江苏的薄荷、苍术，广东的砂仁，东北的人参、细辛、五味子，云南的茯苓，河南的地黄，山东的阿胶等，都是著名的道地药材，受到人们的赞誉。道地药材是在长期的生产和用药实践中形成的，并不是一成不变的。自然环境条件的改变、过度采挖、栽培技术的进步、产区经济结构变化等多种因素，皆可导致药材道地的变迁。而药材的品质和临床疗效始终是确定道地药材的主要标准。

二、采收时机

合理采收对保证药材质量和保护药材资源十分重要。中药材所含有效成分是药物具有防病治病作用的物质基础，而有效成分的质和量与中药材的采收季节、时间和方法有着十分密切的关系。因此，采收药材必须掌握它们的采收标准、采收时期、收获年限和采收方法。采收野生药材还必须掌握它们的生态环境和植物的形态特征等。

（一）植物类药物的采收

植物类药材应在其有效成分含量最高时采收，但是，迄今对多数药用植物中的有效成分消长规律，尚未完全弄清，只能按其营养物质的积累规律来指导采收。由于各地土壤、气候、雨量、地势、光照时间等生长条件不同，因此同一药材在不同地区最佳采收期也不相同。药材不同药用部位的一般采收时节可归纳为以下几种情况。

1. 全草类 多数在植物充分生长、枝叶茂盛的花前期或刚开花时采收。有的只需割取植物的地上部分，有的则连根拔起全株，茵陈应于初春采收其嫩苗入药。

2. 叶类 通常在花蕾将放或种子尚未成熟时采收。但桑叶须在深秋或初冬经霜后采集。

3. 花类 一般在花含苞待放或刚开放时采收，以免香气散失，有效成分降低。由于花朵次第开放，所以要分次适时采摘。

4. 果实和种子类 果实类应在完全成熟或将成熟时采收，少数药材采收未成熟的幼嫩果实，如乌梅、青皮、枳实等。种子应在完全成熟后采收。

5. 根和根茎类 多于秋末植物生长停止或初春发芽前采收。但也有例外，如半夏、延胡索在谷雨和立夏之间采收。

6. 树皮和根皮类 树皮多在春夏之交采收，易于剥离，有效成分含量较高。根皮多在秋季采收。为保护药源，树皮、根皮类药材可结合林木采伐进行。

（二）动物及矿物类药物的采收

动物类药物的采收，以保证药效及容易获得为原则，因品种不同，采收各异。如桑螵蛸应在秋季至次年春季采集，此时虫卵未孵化；驴皮应在冬至后剥取，其皮厚质佳；小昆虫等应于数量较多的活动期捕获。矿物类药材大多可随时采收。

三、保护药源

随着医疗事业和养殖业的发展，中药材需求量日益增加，虽然我国中药资源十分丰富，但天然野生资源毕竟是有限的，有些药用植物的分布和产量也很少。如果无计划地滥采，不但造成药材资源的损坏、浪费，甚至有灭种的可能，而且还破坏了生态平衡。所以，合理地采集药材是保护药源的重要原则。要保护好药源，必须注意以下几点。

（一）统一规划

应对中药资源进行深入调查，制定出发展和保护中药资源的规划和有效措施，充分重视中药的采集并给予科学指导，防止乱采乱收，积压浪费，久贮失效等。

（二）合理采收

全草入药时，在不影响质量的前提下，最好在种子成熟落地后采收，以便留种接代。

用根或地下茎的最好留一段地下部分，以便继续生长。用茎叶或地上部分的不要一次采完或连根拔起，以利再生。用树皮或根皮的最好采树枝或支根上的皮。对乔木类树皮要间隔地纵剥，不可环剥，避免造成树木死亡。总之，一般要采大留小，采密留稀，合理采收。动物药材的采收要留种接代，如以锯茸代替砍茸、活麝取香、活体取牛黄等。

（三）加强人工种植药材

不少重要药材都可根据其生长特点，采用人工栽培和繁殖的方法获得。在现代技术条件下，我国已能对不少名贵或短缺药材进行异地引种。如原依靠进口的西洋参在国内引种成功，天麻原产贵州而今在陕西等地大面积引种。人工种植的药材，必须确保该品种原有的性能和疗效。目前，我国许多地区正在大力推进中药材种植示范基地的建设，这对扩大中药资源，提高中药材品质以及生态环境的保护都有重要意义。

（四）分区轮采

对野生资源要根据条件采用分区轮采，实行封山育药的办法，可使天然动植物药材资源得到保护和繁衍生息。

四、药材的加工和贮藏

（一）产地加工

采收中药后，除鲜用者外，均需在产地进行初步加工。加工的方法如下。

①挑选，去除杂质及非药用部分。

②较粗大的全草类、根茎类药材采收后经挑选、刷洗后切成段、片或块。一般新鲜切片后不但便于干燥，还可避免炮制时有效成分丧失。

③对一些富有浆汁、淀粉或糖分的药材需经蒸、烫，便于干燥。对一些花类的药材，蒸后可不散瓣。对一些含有虫卵的药材如桑螵蛸、五倍子经蒸、煮后可杀死虫卵。有些药材因其花蕾含水量大，需用硫黄熏后再干燥，以防变质变色。

（二）干燥

中药采收后应及时干燥，以除去新鲜药材中所含的大量水分，避免发霉、虫蛀、变质、有效成分的分解和破坏以及外观颜色的改变，保证药材质量，便于贮藏。

药物干燥的方法，一般有晒干、阴干、烘干 3 种。

1. 晒干　即利用阳光把药材晒干。这种方法既简便又经济，常用于皮类、根类和根茎类药材的干燥，不适用于含挥发性油类的药材及易变色（如绿色叶子、鲜艳花瓣）而影响药效的药材。

2. 阴干　即将药材放置在阴凉通风的地方晾干。此法适用于草类或具有芳香性的花、叶类药材。

3. 烘干　即用人工加温的方法使药材干燥，可在通风良好的烘干室内或焙炕上进行。温度一般可控制在 50～60℃；对含维生素类、多汁果实类需迅速干燥的药材，温度宜控制在 70～90℃；对含挥发油或需保留酶作用的药材，温度宜控制在 20～30℃。

（三）贮藏

中药的贮藏，主要应避免霉烂、变色、虫蛀、泛油、变味等现象，以保证中药的质量。

贮藏保管好药材，要做到干燥、阴凉、通风和避光。防霉的重要措施是保证药材的干燥，对已生霉的药材，可以用撞刷、晾晒等方法除霉，霉迹严重的，可用醋或水等洗刷后再晾晒。防止虫蛀的方法除用药剂杀虫外，还可采用密封法、冷藏法和对抗法。药材的其他变质情况，如变色多与温度、湿度、日光、氧气、杀虫剂等多种因素有关。防止变色的主要方法是干燥、避光、冷藏；防止“泛油”的主要方法是冷藏和避光保存。此外，对于剧毒药物，必须按国家规定，严密保管。

第二节　中药的炮制

炮制，亦称炮炙。是根据医疗实践和制剂的需要，对原药进行修制整理和特殊加工处理的方法。习惯上将经炮制后的药材成品称为“饮片”。

中药的炮制有多种方法，炮制方法是否得当，对提高药物质量和保证药效有密切的关系。而少数毒性药或烈性药的合理炮制，更是确保用药安全的重要措施。

一、炮制目的

（一）清除杂质及非药用部分

中药在采收、运输、保管过程中常混有泥沙、霉变品及残留的非药用部分等。因此，必须进行严格的分离和洗刷，使其达到规定的净度，保证药材品质和用量准确。

（二）去除异味，便于服用

某些药物有异味，需经过漂洗、酒制、醋制、麸炒等方法处理。如酒制乌梢蛇，醋制乳香、没药，用水漂去海藻、昆布的咸、腥味等。

（三）增强药物的疗效和改变药物的性能

如蜜炙百部、紫菀，能增强润肺止咳作用；酒炒川芎、丹参，可增强活血作用；醋制延胡索、香附，能增强止痛作用。有些药物经炮制后作用完全改变，如生地黄酒拌蒸后由性寒凉血则转变为性温而补血。

（四）降低或消除药物的毒性、烈性和副作用

为了确保用药安全，对含有毒性成分的药物，必须经过适当的炮制才能降低或消除其毒性、烈性和副作用。如乌头、天南星、马钱子生用有毒，需经炮制后用；巴豆、千金子泻下作用剧烈，宜去油取霜用等。

（五）改变或增强药物的作用部位和趋向

中兽医对药物作用趋向以升降沉浮来表示。炮制可以引药入经及改变作用部位和趋向。前人从实践中总结出一些规律性的认识，“生升熟降，酒制升提，姜制发散，醋制入肝，盐制入肾”。

（六）便于制剂和贮藏

通过炮制，改变药物的某些性状，利于制剂和贮存。

二、炮制方法

炮制方法是历代逐渐发展和充实起来的，其内容丰富，方法多样。现代的炮制方法在古代炮制经验的基础上有了很大的发展和改进，根据目前的实际应用情况，可分为以下几个方面。

（一）修制法

1. 纯净处理　采用挑、拣、簸、筛、刮、刷等方法，去掉灰屑、杂质及非药用部分，

使药物清洁纯净。如拣去合欢花中的枝、叶，刷除枇杷叶、石韦叶背面的绒毛，刮去厚朴、肉桂的粗皮等。

2. 粉碎处理　采用捣、碾、镑、锉等方法，使药物粉碎，以符合制剂和其他炮制法的要求。如牡蛎、龙骨捣碎便于煎煮；水牛角镑成薄片或锉成粉末，便于使用等。

3. 切制处理　采用切、铡的方法，把药物切制成一定的规格，便于进行其他炮制，也利于干燥、贮藏和调剂时称量。根据药材的性质和医疗需要，切片有很多规格。如天麻、槟榔宜切薄片，泽泻、白术宜切厚片，黄芪、鸡血藤宜切斜片，桑白皮、枇杷叶宜切丝，白茅根、麻黄宜铡成段，茯苓、葛根宜切成块等。

（二）水制法

水制是用水或其他液体辅料处理药物的方法。水制的目的主要是清洁药材，软化药材以便于切制和调整药性。常用的有洗、淋、泡、漂、浸、润、水飞等。这里介绍常用的三种方法。

1. 润　又称闷或伏。根据药材质地的软硬，加工时的气温、工具，用淋润、浸润、盖润、伏润、露润、复润等多种方法，使清水或其他液体辅料徐徐入内，在不损失或少损失药效的前提下，使药材软化，便于切制饮片，如淋润荆芥、伏润槟榔、黄酒润当归、姜汁浸润厚朴、伏润天麻、盖润大黄等。

2. 漂　将药物置宽水或长流水中浸渍一段时间，并反复换水，以去掉腥味、盐分及毒性成分的方法。如将昆布、海藻、盐附子漂去盐分，紫河车漂去腥味等。

3. 水飞　系借药物在水中的沉降性质分取药材极细粉末的方法。将不溶于水的药材粉碎后置乳钵或碾槽内加水共研，大量生产则用球磨机研磨，再加入多量的水，搅拌，较粗的粉粒即下沉，细粉混悬于水中，倾出；粗粒再飞再研，倾出的混悬液沉淀后，分出，干燥即成极细粉末。此法所制粉末既细，又减少了研磨中粉末的飞扬损失。常用于矿物类、贝甲类药物的制粉。如飞朱砂、飞炉甘石、飞雄黄。

（三）火制法

用火加热处理药物的方法。本法使用最为广泛，常用的火制法有炒、炙、煅、煨、烘焙等方法。

1. 炒　有炒黄、炒焦、炒炭等程度不同的清炒法。炒黄是用文火将药物炒至表面微黄；炒焦是用武火炒至药材表面焦黄或焦褐色，内部颜色加深，并有香气者；炒炭是用武火炒至药材表面焦黑，部分炭化，内部焦黄，但仍保留有药材固有气味（即存性）者。炒黄、炒焦使药物易于粉碎加工，并缓和药性。种子类药物炒后则煎煮时有效成分易于溶出。

炒炭能缓和药物的烈性、副作用，或者增强其收敛止血的功效。除清炒法外，还可拌固体辅料如土、麸、米等一同拌炒，可减少药物的刺激性，增强疗效，如土炒白术、麸炒枳壳、米炒斑蝥等。与沙或滑石、蛤粉同炒的方法习称烫，烫后药物受热均匀酥脆，易于煎出有效成分或便于服用，如蛤粉炒阿胶等。

2. 炙　是将药材与液体辅料拌炒，使辅料逐渐渗入药材内部的炮制方法。通常使用的液体辅料有蜜、酒、醋、姜汁、盐水等。如蜜炙黄芪、蜜炙甘草、酒制川芎、醋制香附、盐水炙杜仲等。炙可以改变药性，增强疗效或减少副作用。

3. 煅　将药材用猛火直接或间接煅烧，使质地松脆，易于粉碎，充分发挥疗效。其中直接放炉火上或容器内而不密闭加热者，称为明煅，此法多用于矿物药或动物甲壳类药，如煅牡蛎、煅石膏等。将药材置于密闭容器内加热煅烧者，称为密闭煅或焖煅，本法适用于质地轻松，可炭化的药材，如煅血余炭、煅棕榈炭。

4. 煨 将药材包裹于湿面粉、湿纸中，放入热火灰中加热，或者用草纸与饮片隔层分放加热的方法，称为煨法。其中以面糊包裹者，称为面裹煨；以湿草纸包裹者，称为纸裹煨；以草纸分层隔开者，称为隔纸煨；将药材直接埋入火灰中，使其高热发泡者，称为直接煨。

5. 烘焙 将药材用微火加热，使之干燥的方法称烘焙。如焙虻虫、焙蜈蚣，焙后可降低毒性和腥臭气味，且便于粉碎。

（四）水火共制法

是将药物通过水（或液体辅料）、火共同炮制的方法。目的是改变药物性能和形态，降低毒性和刺激性。主要方法如下：

1. 蒸 将药物置于蒸笼中，利用水蒸气隔水蒸熟的方法。除不加辅料的清蒸外，还有加上辅料的其他蒸法，如酒蒸、醋蒸等。

2. 煮 将药物与清水或液体辅料共煮，以降低药物毒性和副作用，增强药物疗效。如姜、醋制乌头，水煮天南星、半夏，黑豆汁制首乌等。

3. 淬 将煅后的药物趁热迅速投入液体辅料（醋、药汁等）中，使其松脆，便于粉碎，增强药效。如自然铜、龟板等。

（五）其他制法（即非水火制法）

1. 法制 方法比较复杂。如半夏内加入辅料按照一定的规程进行炮制处理后，叫制半夏（法半夏）。

2. 发酵 是指将药物经发酵方法处理，使原药性改变，以达到一定的治疗目的。如六神曲、淡豆豉等。

3. 发芽 是指将药物置于适宜温度、湿度下，使其发芽后干燥入药。如麦芽、谷芽等。

4. 制霜 是指把药物经去油或其他加工方法制成粉状物，目的是降低毒性和副作用，如巴豆霜、续随子霜、鹿角霜等。

第三节 中药的性能

中药的性能，是指药物的性味和效能。每一种药物都具有一定的性能。根据前人的实践，把各种药物的性能归纳起来，主要有四气、五味、升降浮沉和归经等方面。

一、四 气

是指药物具有寒、热、温、凉四种不同的药性，故又叫四性。其中寒与凉、热与温，仅是程度上的差异，没有本质上的区别，温次于热，凉次于寒。对于有些药物，通常还标以大热、大寒、微温、微寒等，这是对中药四气不同程度的进一步区分。此外，尚有平性的药物，即既非寒凉，亦非温热，是所谓的中性药物，实际上也有微温、微凉之别，只不过是偏胜之气不很明显而已。所以药性上仍称“四气”。

一般而言，寒凉性质的药物属阴，具有清热泻火、凉血解毒等作用，常用治热证、阳证。温热性质的药物属阳，具有温里散寒、助阳通络等作用，用治寒证、阴证。

二、五　味

五味即辛、甘、酸、苦、咸五种药味。药物的味不止五种，但辛、甘、酸、苦、咸是五种最基本的滋味，此外还有淡味和涩味等。由于长期以来将涩附于酸，淡附于甘，故习称五味。五味的阴阳属性，辛、甘、淡属阳，酸、苦、咸属阴。

确定“味”的主要依据，一是药物的滋味；二是药物的作用。而五味的实际意义，一是标示药物的真实滋味；二是提示药物作用的基本特征。

综合前人的论述和用药经验，五味的作用叙述如下：

辛：能散、能行，有发散、行气、活血等作用。一般治疗表证的药物，如麻黄、薄荷；或治疗气血阻滞的药物如木香、红花，都有辛味。

甘：能补、能和、能缓，即有补虚、和中、调和药性、缓急止痛的作用。如人参大补元气，熟地滋补精血，饴糖缓急止痛，甘草调和诸药等。某些甘味药还具有解药物中毒的作用，如甘草、绿豆等，故又有甘能解毒之说。淡附于甘，淡味能渗、能利，有渗湿、利水作用。多用于治疗水肿、小便不利等症，如猪苓、茯苓、薏苡仁等。

酸：能收、能涩，即有收敛固涩作用。多用于体虚多汗、久泻久痢、肺虚久咳、遗精滑精、尿频遗尿等症。如五味子涩精、敛汗，五倍子涩肠止泻，乌梅敛肺止咳等。涩附于酸，涩味与酸味作用相似，能够收敛固涩。但二者又不尽相同，如酸能生津、安蛔，而涩味药不具备。

苦：能泄、能燥。泄的含义较广，一指通泄，如大黄泻下通便；二指降泄，如杏仁降泄肺气，枇杷叶降泄肺气及胃气；三指清泄，如栀子、黄芩清热泄火。燥即燥湿，用于湿证。湿证有寒湿、湿热的不同。温性的苦味药，如苍术、厚朴，用于寒湿证，称为苦温燥湿；寒性的苦味药，如黄连、黄柏，用于湿热证，称为苦寒燥湿。

咸：能软、能下，有软坚散结和泻下作用。多用于痰核瘰疬、瘿瘕、大便秘结等病症。如海藻、昆布消散瘰疬，鳖甲软坚消瘕，芒硝泻下通便等。

四气和五味不是孤立的，每一个药物都有性和味，药物的性能是气和味的综合。因此，只有将两者结合起来，才能全面而准确地理解和使用中药。由于每一个药物只能有一性而味则可以有多种以上，故性味结合后，能产生多种的药性和功效。同一性的药物中会有五味的差别（即性同而味异），如温性有酸温、苦温、甘温、咸温的不同；同一味的药物中也有四性的不同（即味同而性异），如酸味药有酸寒、酸热、酸温、酸凉的差别。此外，还有一性多味的结合，亦有性同味异和味同性异两种情况。由此可见，药物的性味比较复杂，一般来说，气味相同的，作用也往往相似，气味不同的，作用也确有所不同，至于性味均不相同，则作用极少有相似之处。我们只有在掌握四气五味的一般规律和熟悉每一味药物的特殊作用后，在临诊上才能做到辨证用药，发挥药物应有的性能。

三、升降浮沉

升降浮沉是指药物在体内发生作用的趋向，是与疾病表现的趋向相对而言的。所谓升，表示上升、升提；降，就是下降、降逆；浮，表示上行、发散；沉，就是下行、泻痢。

升与浮，沉与降，其作用趋向类似。凡升浮的药物，都主上行而向外，具有升阳、发表、祛风、散寒、温里等作用，归属为阳。常用以治疗表证和阳气下陷之证。凡沉降的药物都主下行而向内，具有清热利水、通便、潜阳、降逆、收敛等作用，归属为阴。常用于治疗里证和邪气上逆之证。此外，有些药物的升降浮沉性能不明显，个别药物还具有双向性，如麻黄既能发汗，又能平喘利水。

掌握药物的升降浮沉性能，可以更好地指导临床用药。一般说来，病变在上、在表宜用升浮药，如外感风寒，用麻黄、桂枝发表；病变在下、在里宜用沉降药，如里实便秘之证，用大黄、芒硝攻下。病势逆上者，宜降不宜升，如肝阳上亢，当用牡蛎、石决明潜降；病势陷下者，宜升而不宜降，如久泻、脱肛当用黄芪、升麻、柴胡等药益气升阳。

升降浮沉与性味的关系 一般来说，凡性温热，味辛甘淡的药物（即阳性药）多主升浮；凡性寒凉，味酸苦咸的药物（即阴性药）多主沉降等。正如李时珍说的“酸咸无升，辛甘无降，寒无浮，热无沉”。

升降浮沉与入药部位和药物质地的关系 凡花、叶类或质地轻而疏松的药物，大多能升浮，凡子、实类或质地重而坚实的药物，大多能沉降。上述情况仅是药物升降浮沉的共性，但也有例外，如“诸花皆升，旋复花独降”，“诸子皆降，牛蒡子独升”等。

炮制和配伍影响药物的升降浮沉 药物的炮制不同，其作用也不同。如酒炒则升，姜汁炒则散，醋炒则收敛，盐水炒则下行。从配伍来讲，升浮药物在一组沉降药中能随之下降，沉降药在一组升浮药中也能随之上升。此外，又有少数药物还可以引导其他药物上升或下降，如“桔梗载药上行”，“牛膝引药下行”等。这就说明，药物的升降浮沉性能不是一成不变的。即所谓“升降在物，亦可在人”。所以在临诊应用时不但要掌握它的一般规律，还要了解其中的变化，才能达到治疗疾病的目的。

四、归 经

归经是指药物对某些脏腑经络的选择性作用。归经的基础是脏腑经络理论，归经的依据是把药物的功效、主治作为归经的重要依据。例如，桔梗止咳祛痰，宣肺排脓，主要作用于肺，所以归肺经。由于各脏腑经络病变可以相互影响，因此，在用药时，并不是单纯使用某一经的药物，还要根据疾病发生的主要脏腑和经络，选用归于该脏腑或经络的主要药物，同时要配伍治疗兼证的一些药物。如肺病兼脾虚者，要配伍补脾的药物，脾若健运，则可以促进肺病痊愈。有些药物虽有相同的功效，但由于疾病发生的脏腑经络不同，故只能选用对某一经或几经产生作用的药物。如石膏、知母可清胃热，但清肝热的效果就不一定明显。同样，补脾药不一定能补肾，清肺药不一定能清心。有的药物虽入十二经，但还是有其主要的归经和主治范围的。总之，为了更好地指导临诊用药，既要了解每一药物的归经，又要掌握脏腑经络之间的相互联系。

第四节 方剂的组成及中药的配伍

一、方剂的组成

（一）方剂的概念

方剂，又称处方，古代称汤头。方剂就是根据病情的需要，在辨证立法的基础上，将若干药物根据一定的配伍原则组成的用以防治疾病的制剂。

方剂是在单味药治病的基础上逐步形成的，经历了由简到繁的过程，也经历了从专病专方与辨证施治相结合的过程。药物通过合理的配伍而成为方剂，其目的首先在于增强或综合药物的作用，以提高原有疗效。所谓“药有个性之特长，方有合群之妙用”即是此意。其次，随证合药，全面兼顾，以扩大治疗的范围，以适应病情的需要。再次，还可以限制某些药物的烈性或毒性，以消除其对畜体的不利影响。所以，将药物组合成方，既能相得益彰，又能相辅相成；既体现出药物配伍的优点，又体现出方剂组成的原则性和灵活性，更符合治疗的需要。

（二）方剂的组成原则

方剂是由药味组成的。每味药在方剂中的作用是什么？或者说处在什么地位？药味之间又有什么关系？这些都是有一定规律和原则的。所谓主、辅、佐、使（前人称为君、臣、佐、使），就是方剂中各味药物所起作用或所处角色的形象比喻。《素问·至真要大论》说“主病之谓君，佐君之谓臣，应臣之谓使”说明方剂中的药味不是随意凑合，而是以法为依据，按一定原则和结构配合而成的。为了说明方剂的结构和方剂中药味之间的相互关系，古人归纳了“君、臣、佐、使”的结构法则。现将其含义分述如下：

主（君）药：是针对病因或主证，起主要治疗作用的药物。

辅（臣）药：是协助主药加强治疗作用的药物。

佐药：有三个意义。一是治疗兼证或次要证候的药物；二是监制主药以制约主药的毒性或烈性的药物；三是反佐作用，用于病势拒药而加以从治者。如温热剂中加入少量寒凉药，或者于寒凉剂中加少许温热药，以消除寒热相拒现象。

使药：即引经药，或者调和药性的药物。

以平胃散为例，主治脾胃湿阻。方中苍术性温而燥，除湿运脾，故为主药；厚朴助苍术行气化湿，并能除满，故为辅药；陈皮理气化滞，故以为佐；甘草甘缓和中，调和诸药，加姜、枣调和脾胃，均为使药。

当然，主辅佐使并不是死板的格式。有的方剂只有二、三味药，甚至一味药，其中的主药或辅药本身就兼有佐使的作用。就可以不另配佐使药。有些方剂药味虽多，也不一定都符合主辅佐使的结构，而是根据需要配伍。

至于方剂中君、臣、佐、使各类药的味数，可多可少。《素问·至真要大论》说：“君一臣二，制之小也；君一臣三佐五，制之中也，君一臣三佐九，制之大也。”又说：“君一臣二，奇之制也；君二臣四，偶之制也。”但也都并非定数，应根据临证需要确定。

此外，由于每味药在方剂中所起的作用不同，其用量也相应有所区别。一般来说，君药用量较大，其他药味用量较小。正如《脾胃论》中所说：“君药分量较多，臣药次之，佐药又次之。不可令臣过于君。君臣有序，相互宣摄，则可御邪除病矣。”

（三）方剂的加减变化

方剂的组成固然有一定的原则，但在临床应用时，必须根据病情的变化、体质的强弱、年龄的老幼、气候的差异、地域的变更以及性别、饲养、管理等不同情况，灵活地予以加减化裁，做到“师其法而不泥其方”。方剂的组成变化，大致有以下几种形式：

1. 药味的加减变化　即在方剂的主药、主证不变的情况下，随着病情的变化，加入某些与病情相适应的药物，或者减去某些与病情不相适应的药物，亦叫随证加减。如郁金散治疗肠黄，热甚者，宜去诃子，加银花、连翘以清热解毒；腹痛重者，加乳香、没药、元胡以活血止痛；水泻不止，去大黄，加茯苓、猪苓、乌梅以利水止泻。一般情况下，药味加减后不影响方剂的主要功能，只是使它更对症而已。在另外一些情况下，由于药味加减，方剂主要的功能和适应证也可能随之改变。例如麻黄汤，原方以麻黄为主药，配伍桂枝。若以石膏代替桂枝（名麻杏甘石汤），其作用也就随之变成了辛凉宣泄，清肺平喘，主治肺热咳喘。

2. 药量的加减变化 即方中药味不变，只增加或减少某些药味的用量。用量增损之后，方剂中药味的主辅关系可能会发生变化，因而整个方剂的功能和主治就可能随之改变。如小承气汤和厚朴三物汤，同是由大黄、枳实、厚朴三味药物组成，但由于各自的用量不同，作用和主治就不一样，小承气汤重用大黄，功能泄热通便，主治阳明腑实证；而厚朴三物汤则重用厚朴，功能行气除满，主治气滞腹胀。

3. 数方相合的变化 就是将两个或两个以上的方剂合并成一个方使用，因而可以使方剂的作用更全面或更复杂一些。如四君子汤补气，四物汤补血，两方合并后名为八珍汤，则成气血双补之剂。又如平胃散燥湿运脾，五苓散健脾利水，两方合用后名为胃苓汤，具有健脾燥湿、利水止泻之功，用治水湿泄泻，功效更好。

4. 剂型更换的变化 同一个方剂，由于剂型不同，作用也有变化，主要反映在效力的大小和急缓上。一般说来，汤剂作用快而力峻，适用于病情较重或较急的患病动物；散剂作用慢而力缓，多用于病情较轻或患慢性病的动物。

二、中药的配伍（附：十八反、十九畏简歌）

中药除少数单味应用外，多数都是配合起来应用。因此，必须掌握它的配伍规律，才能达到预期的疗效。

（一）配伍的含义

配伍是指根据病情需要和药性特点，有目的地选择两味以上的药物配合使用。前人把单味药的应用及药物之间的配伍关系概括为七种情况，称为“七情”。“七情”的提法首见于《神农本草经》。其序例云：“药……有单行者，有相须者，有相使者，有相畏者，有相恶者，有相反者，有相杀者。凡此七情，合和视之。”

（二）七情

七情中除单行外，其余 6 个方面都是有关配伍关系的。

1. 单行 就是单独使用一味药治病。如独参汤大补元气，绿豆解毒，蒲公英治疗疮肿等，适用于病情较单纯的病症。

2. 相须 是将性能功效相似的同类药物配合应用，以起到协同作用，增强药物的疗效。如麻黄配桂枝，其发汗解表功效大大增强。此所谓“同类不可离也”，在临诊中比较常用。

3. 相使 是将性能功效有某种共性的不同类药物配合应用，而以一种药物为主，另一种药物为辅，能提高主要药物的功效。如黄芪（补气利水）与茯苓（利水健脾）配合应用，茯苓能提高黄芪补气利水的作用；黄芩（清热泻火）与大黄（攻下泻热）同用，大黄能提高黄芩清热泻火的功效等。

4. 相畏 “七情”中的“相畏”与“十九畏”的“畏”在概念上并不相同。这里的

"相畏"是指一种药物的毒副作用，能被另一种药物减轻或消除；如生姜能抑制生半夏、生南星的毒性，所以说生半夏、生南星畏生姜。而"十九畏"中的相畏药物就不能同用，若在处方中配伍使用，往往造成毒副作用增强或降低药效。

5. 相杀　就是两种药物合用，一种药物能消除或减轻另一种药物的毒性或副作用。如绿豆杀巴豆毒，防风能解砒霜毒。由此可见，相畏、相杀实际上是药物不同程度的拮抗作用，是同一配伍关系的两种不同提法。

6. 相恶　就是两种药物配伍，能相互牵制而使疗效降低或丧失药效。如黄芩能降低生姜的温性，所以说生姜恶黄芩；莱菔子能削弱人参的补气功能，所以说，人参恶莱菔子。

7. 相反　就是两种药物合用，能产生毒性反应或副作用。如"十八反"中的某些组对。

以上配伍关系的6种情况，在处方用药时必须区别对待。相须、相使可以提高疗效，处方用药时要充分利用；相畏和相杀在应用有毒药物或烈性药物时，常用以减轻或消除副作用，但属于"十九畏"的药物则不能配伍；相恶的药物应避免配伍；属于相反的药物，原则上禁止配伍，如"十八反"、"十九畏"等。

（三）配伍禁忌

大多数中药不甚严格，但对某些性能较特殊的药物也应注意。前人总结的配伍禁忌，有"十八反"和"十九畏"，现介绍如下。

1. 十八反　指甘草反甘遂、大戟、芫花、海藻；乌头反贝母、瓜蒌、半夏、白蔹、白芨；藜芦反人参、沙参、丹参、玄参、苦参、细辛、芍药。

2. 十九畏　指硫黄畏朴硝，水银畏砒霜，狼毒畏密陀僧，巴豆畏牵牛，丁香畏郁金，川乌、草乌畏犀角，牙硝畏三棱，官桂畏赤石脂，人参畏五灵脂。

[附]

十八反简歌：

本草明言十八反，半蒌贝蔹芨攻乌，
藻戟遂芫俱战草，诸参辛芍叛藜芦。

十九畏简歌：

硫黄原是火中精，朴硝一见便相争，
水银莫与砒霜见，狼毒最怕密陀僧，
巴豆性烈最为上，偏与牵牛不顺情，
丁香莫与郁金见，牙硝难合荆三棱，
川乌草乌不顺犀，人参最怕五灵脂，
官桂善能调冷气，若逢石脂便相欺。

"十八反"、"十九畏"是前人在长期用药实践中总结出来的经验，也是中兽医临诊配伍用药时遵循的一个原则。自20世纪80年代以来，中医药、中兽医界对"十八反"作了大量的实验研究工作，对其中的有些内容已进行了研究报道，认为"十八反"不能绝对化，在特定条件下并非配伍禁忌。

在古今配方中也不乏反畏同用的例子。如用甘草水浸甘遂后内服治疗腹水，可以更好地发挥甘遂疗效；党参与五灵脂同用可以补脾胃，止疼痛；"猪膏散"中大戟、甘遂，与粉草（除去外皮的甘草）同用治牛百叶干；"马价丸"中巴豆与牵牛子同用治马结症；尽管如此，“十八反”、“十九畏”的问题，仍有待用现代科学方法作进一步研究。一般地说，对于“十八反”、“十九畏”中的一些药物，若无充分实验根据和应用经验，仍应避免轻易配合应用。

三、妊娠禁忌

妊娠禁忌药是指可能引起堕胎或对孕畜或胎儿不利的药物。根据药物对妊娠的危害性不同，可将妊娠禁忌药分为禁用与慎用两大类。

禁用的药物：一般不宜使用，这部分药大多是毒性较强或药性猛烈之品。如巴豆、水蛭、虻虫、大戟、芫花、斑蝥、三棱、麝香、牵牛、莪术等。

慎用的药物：大多是破血、破气或辛热滑利沉降之品。如桃仁、红花、大黄、芒硝、附子、肉桂、干姜、瞿麦等。

治疗孕畜疾病，要抓住疾病的主证，既要迅速消除病邪，又要注意保胎，才能使母子健康。对于慎用药物，如因病情需要，只要适当配伍，一般不会引起不良后果。

现摘录《元亨疗马集》妊娠禁忌歌诀如下。

蚖斑水蛭及虻虫，乌头附子配天雄，
野葛水银并巴豆，牛膝薏苡与蜈蚣，
三棱芫花代赭麝，大戟蛇蜕黄雌雄，
牙硝芒硝牡丹桂，槐花牵牛皂角同，
半夏南星与通草，瞿麦干姜桃仁通，
硇砂干漆蟹甲爪，地胆茅根都不中。

第五节　中药的剂型、剂量及用法

一、剂　型

剂型是指根据病情的需要、药物的性质、制剂的使用方法和动物的采食性，把药物制成一定形态的制剂。关于病情的需要，病急者宜汤，病缓者宜丸，疮疡湿者宜贴，干枯者宜涂膏等。关于药物的性质，《神农本草经》中说：“药性有宜丸者，宜散者，宜水煮者，宜渍者，宜膏煎者，亦有一物兼宜者，亦有不可入汤酒者，并随药性，不得违越。”关于使用方法，如灌服宜用散剂或汤剂，直肠给药宜用汤剂或栓剂等。关于动物采食特性，禽类可用药砂，鱼类多用药饵等。中药的传统剂型比较丰富，随着新药物和制药科学技术的发展，新的剂型不断出现。下面介绍几种常用剂型。

（一）散剂

中兽医临诊最常用的一种剂型。是一味或多味中药混合制成的粉末状制剂。有内服散剂和外用散剂之分。内服散剂常用开水调成糊状，或者加水稍煎，候温灌服；也可混在饲料中喂服。内服散剂吸收较快，药效比较确实，便于携带，配制简便。急、慢性病症都可使用。常用的内服散剂有消黄散、清肺散、平胃散、郁金散、桂心散等。外用散剂一般研成细末或极细末，多用于疮面或患部的掺撒、敷贴，或者用于点眼、吹鼻等。如桃花散、生肌散、青黛散、冰硼散等。

（二）汤剂

又称煎剂。是将药物切成薄片或粉碎成粗末，加水煎煮后去渣取汁服用的一种剂型。汤剂是中药最常用的剂型，其优点是吸收快，疗效迅速，药量、药味加减灵活，所以能较好地发挥药效。汤剂适应面广，尤其适用于急、重病症，缺点是不易携带和保存，长期服用会影响胃肠功能，近年来有将汤剂改制成合剂、冲剂等剂型，既保持了汤剂的特色，又便于工厂化生产和贮存。

（三）丸剂

是将药物粉碎为细末，加入适宜的赋形剂制成的圆球形制品。有蜜丸、水丸、糊丸、浓缩丸等多种。蜜丸是以蜂蜜为辅料制成；水丸的辅料为水或黄酒、醋、稀药汁、糖液等；糊丸的辅料为米糊或面糊；浓缩丸是由中药提取物加适当辅料制成。很多内服方剂都可做成丸剂，如马价丸、六味地黄丸、枳术丸、四神丸等。丸剂大多吸收缓慢，作用持久，且易于保存，常用于治疗慢性疾病。但在兽医临床上，因动物不能主动吞咽丸药，故给药时需用投丸器，或者用水化开灌服。

（四）膏剂

根据应用的不同，分内服和外用两种。

内服膏剂是将药物煎汁后去渣，然后将药汁用文火炼成黏稠状的一种剂型。内服膏剂中有时也加入适量的蜂蜜。

外用膏剂又分为药膏及膏药两种。外用膏剂的组成是中药和基质两部分，基质作为中药的赋形剂，常用基质主要是油类和黄蜡。

药膏是在适宜的基质（麻油等）中加入中药，制成易涂布的一种外用半固体制剂。药膏具有解毒消肿、防腐杀虫、生肌止痛、保护创面的作用，多用于疮疡溃烂、久不收口及水火烫伤等，如生肌玉红膏。

膏药是用适宜的基质经熬炼去渣，再加入中药熬炼成膏，摊贴于硬纸或布上，应用时将膏药温热融化，贴于患处，是一种外用膏剂。膏药多用于皮肤、关节肿痛、局部未溃之肿胀、风寒湿痹、经脉淤阻等。如黑膏药。

（五）酒剂

是将药物浸泡在白酒或黄酒中，经过一定时间后取汁应用的一种剂型，故又称药酒。酒剂也是一种常用的传统剂型。药酒是以酒作溶剂，浸出药物中有效成分。因此，是一种混合性液体药剂。酒辛热善行，具有疏通血脉，驱除风寒湿痹的作用，所以药效发挥迅速，但不能持久，需要常服。适用于各种风湿痹痛、跌打损伤、寒阻血脉、筋骨不健等症。

（六）针剂

是根据中药中有效成分的不同，经过提取、精制、配制、精滤、灌封、灭菌等步骤，制成水溶液或混悬液，作为注射用的一种剂型。

中药注射剂是近年来发展起来的新型制剂，对防治畜、禽常见病和多发病有良好效果。其优点是剂量小，疗效迅速，使用简便，便于携带；但一定要保证达到安全、有效、质量稳定、无副作用等要求。常用的针剂如柴胡注射液、当归注射液、红花注射液等。

除了上述剂型之外，还有丹剂、锭剂、片剂、颗粒剂、胶剂、曲剂、霜剂、搽剂、糖浆剂、露剂、油剂、灸剂、气雾剂、熏烟剂、膜剂、栓剂、海绵剂，以及用于禽类的药砂，用于鱼类的药饵等。

随着中国规模化和集约化畜牧养殖业的发展，越来越多的采用了对动物的群体用药。所谓群体用药，就是为了防治群发性疫病，或者为了提高动物的生产性能，所采用的批量集体用药。中药方剂的群体用药，目前较普遍的是混饲药剂或饲料添加剂。从剂型的角度来看，它并非一种新剂型，而只不过是拌入饲料中或溶解于饮水中的某些散剂以及某些液体药剂而已。由于中药制剂毒副作用小，很少在食用动物产品中产生有害残留，故用它作为混饲药剂或饲料添加剂日益受到重视。

二、剂　量

剂量是指防治疾病时每一味药物所用的数量，也叫治疗量。在一定范围内，剂量越大作用越强，但若超过一定限度，就会由量变到质变，引起毒性反应和副作用。剂量是否得当，是确保用药安全、有效的重要因素之一。临床上主要依据所用药物的性质和性能、用药方法、家畜患病情况及四季气候等诸方面来确定中药的具体用量。对待中药的剂量必须持严谨的态度。确定药物剂量的一般原则如下。

（一）药物的性能

1. 药材质地　花叶类质轻之品用量宜轻，金石、贝壳质重之品用量宜重；干品用量宜轻，鲜品用量宜重。

2. 药物的气味　气味平淡作用缓和的药物，用量宜重；气味浓厚作用峻猛的药物，用量宜轻。

3. 毒性　凡有毒的、峻烈的药物用量宜小，并从小剂量开始使用，逐渐增加，中病即止，谨防中毒或耗伤正气。

（二）用药方法

1. 方药配伍　单味应用时剂量宜大，复方应用时剂量宜小；在方中作主药时用量宜稍大，而作辅药则用量宜小些。

2. 剂型　入汤剂时用量宜大；入丸、散剂时用量宜小。

3. 使用目的　某些药因用量不同可出现不同作用，故可根据使用目的不同来增减用量。如以槟榔行气消积，牛、马常用9～24g即可，而驱绦虫则需用60～120g。

（三）患病情况

一般病情轻浅的或慢性病，剂量宜轻，病情较重或急性病，剂量可适当加重。有些药物根据病情不同，应掌握用量差别，如红花轻用能养血，重用则能破血；黄连少用能健胃，重用反能败胃。

（四）动物及环境

由于动物种类（表8－1）、体质、年龄、性别及所在地区和季节等的不同，其用量亦有差异。一般幼畜和老龄畜的用量应轻于壮年畜；公畜的用量稍大于母畜；体质强的用量应重于体质弱的病畜。南方地区或夏季，温热药及发汗药物用量宜轻；北方寒冷地区或冬季，温热药物用量适当增加。

总之，中药的剂量可根据临诊治疗的具体情况而有所增减，并不是一成不变，因此，在确定处方用量时应该加以全面考虑（表8－2）。

表 8－1　不同家畜用药比例

畜种	用药比例	畜种	用药比例
马（300kg）	1	猪（60kg）	1/8～1/5
黄牛（300kg）	$1\sim1^{1/4}$	狗（15kg）	1/16～1/10
水牛（500kg）	$1\sim1^{1/2}$	猫（4kg）	1/32～1/20
驴（150kg）	1/3～1/2	鸡（1.5kg）	1/40～1/20
羊（40kg）	1/6～1/5		

表 8－2　中药用量选择表

用量（马、牛）	药物
15～30g	甘遂、大戟、吴茱萸、胡椒、商陆、花椒、附子、白花蛇、南星、通草、柿霜、柿蒂、五倍子、沉香、檀香、三七、罂粟壳、鹤虱、灯心草、硼砂、硫黄、白蔹、儿茶、芫荑、青黛、全虫、水蛭、琥珀、芦荟
6～15g	羚羊角、犀角、细辛、乌头、大枫子、蛇蜕、樟脑、雄黄、木鳖子、槿皮、芫花
3～10g	朱砂、阿魏（牛可用 30g）、冰片、蜈蚣、巴豆霜
1.5～3g	制马钱子、麝香、牛黄、斑蝥、轻粉、胆矾
15～45g	上述以外的一般常用中草药

中药种类繁多，要想记住几千种中药的剂量是不可能的，何况一般常用中药的用量又大体相同。为方便临诊用药，避免药物中毒事故的发生，记住少数毒性和烈性较强的和昂贵的中药剂量就显得格外重要。对一般常用中药的剂量大家畜可控制在 15～45g 内，并根据处方药味的多少和病畜、病情等不同情况酌情增大或减小剂量。一般可按马（中等蒙古马为标准）每剂总药量控制在 400g，牛（中等普通黄牛为标准）控制在 500g 左右的原则应用；猪、羊等小家畜用量可按比例酌减。

根据国务院规定，中药的计量单位从 1979 年 1 月 1 日起采用公制计量单位的 g 为主单位，mg 为辅助单位，取消过去的“两、钱、分”计量单位，并规定一两（16 进位制），按 30g 的近似值进行换算（实际值 31.25g）。

三、用　法

（一）给药途径

给药途径亦是影响药物疗效的因素之一。给药途径不同，会影响药物吸收的速度、分布以及作用效果。中药的给药途径须根据治疗要求和药物剂型而定。大体分为经口给药和非经口给药两种。

经口给药是最常用的方式。通常应用的剂型有散剂、汤剂。另外，丸剂、颗粒剂、酒剂也多采用经口给药。传统的经口给药方式是“灌药”。即将药物汤剂或用水冲调的散剂、丸剂、颗粒剂等用牛角勺或胃管投服。近年来随着集约化养殖的发展，更多使用的是将中药添加于饲料中，或者混入饮水中。尤其对于猪、鸡等的口服给药，更是如此。

非经口给药的方法很多，包括皮肤给药、黏膜表面给药、直肠给药等多种途径。20 世纪 30 年代后，中药的给药途径又增添了皮下注射、肌肉注射、穴位注射和静脉注射等。

（二）服法

无论采用什么形式给药，都需要将药物加工制成适合医疗、预防应用的一定剂型。传统中药剂型中，有供口服的汤剂、丸剂、散剂、酒剂、露剂；供皮肤用的软膏剂、硬膏剂、散剂、丹剂、涂搽剂、浸洗剂、熏剂、灸剂、熨剂；还有供体腔使用的栓剂、药条、锭剂等。20 世纪 30 年代后，又相继研制出了中药注射剂、胶囊剂、颗粒剂、气雾剂、膜剂等新剂型，扩大了中药的应用形式。

经口灌药时间应根据病情和药性而定，除急性病、重病需尽快灌服外，一般滋补药可在草前灌服，驱虫药和泻下药应空腹灌服，慢性病和健脾胃药宜在草后灌服。灌药次数，一般是每天灌服 1 ~ 2 次，轻病可 2 天 1 次，但在急、重病时可根据病情需要，多次灌服。药的温度，一般发散风寒和治寒性病的药宜温服，治热性病的药物宜凉服；冬季宜温，夏季宜凉。

[附 1] 中药的煎煮方法

中药的疗效除与剂型的类别有关外，还与制剂工艺有着密切关系。汤剂是临床常采用的剂型。为了保证获得预期的疗效，中兽医工作者应该掌握正确的中药煎煮法。

器具：最好用陶瓷器皿中的砂锅、砂罐。因其化学性质稳定，不易与药物成分发生化学反应，并且导热均匀，保暖性能好。其次可用白色搪瓷器皿或不锈钢锅。煎药忌用铁、铜、铝等金属器具。因金属元素容易与药液中的中药成分发生化学反应，可能使疗效降低，甚至产生毒副作用。

用水：煎药用水必须无异味，洁净澄清，含矿物质及杂质少，无污染。一般来说，凡人们在生活上可作饮用的水都可用来煎煮中药。在实验室条件下，可以使用蒸馏水。

加水量：按理论推算，加水量应为饮片吸水量、煎煮过程中蒸发量及煎煮后所需药液量的总和。虽然实际操作时加水很难做到十分精确，但至少应根据饮片质地疏密、吸水性能及煎煮时间长短确定加水多少。一般用水量为将饮片适当加压后，液面淹没过饮片约 2cm 为宜。质地坚硬、黏稠，或者需久煎的药物加水量可比一般药物略多；质地疏松，或者有效成分容易挥发，煎煮时间较短的药物，则液面淹没药物即可。

煎前浸泡：中药饮片煎前浸泡既有利于有效成分的充分溶出，又可缩短煎煮时间，避免因煎煮时间过长，导致部分有效成分耗损、破坏过多。多数药物宜用冷水浸泡，一般药物可浸泡 20 ~ 30min，以种子、果实为主的药可浸泡 1h。夏天气温高，浸泡时间不宜过长，以免腐败变质。

火候及时间：煎煮中药还应注意火候与煎煮时间。一般药物宜先武火后文火，即未沸前用大火，沸后用小火保持微沸状态，以免药汁溢出或过快熬干。解表药及其他芳香性药物，一般用武火迅速煮沸，改用文火维持 10 ~ 15min 左右即可。有效成分不易煎出的矿物类、骨角类、贝壳类、甲壳类药及补益药，一般宜文火久煎，使有效成分充分溶出。

趁热滤汁：药煎煮好后，应趁热滤取药汁。因久置后药液温度降低，一些有效成分会因溶解度降低而沉淀，加之药渣的吸附作用而有部分损失，因而影响疗效。

煎煮次数：一般来说，一剂药可煎煮 3 次，最少应煎煮两次。因为煎药时药物有效成分首先会溶解在进入药材组织的水液中，然后再扩散到药材外部的水液中。到药材内外溶液的浓度达到平衡时，因渗透压平衡，有效成分就不再溶出了。这时，只有将药液滤出，重新加水煎煮，有效成分才能继续溶出。为了充分利用药材，避免浪费，一剂药最好煎煮 2 次或 3 次。

入煎顺序：一般药物可以同时入煎，但部分药物因其性质、性能及临床用途不同、所需煎煮时间不同。有的还需作特殊处理，甚至同一药物因煎煮时间不同，其性能与临床应用也存在差异。所以，煎制汤剂还应注意入煎顺序。

1. 先煎　即先将该药入煎30min左右，再纳入其他药同煎。先煎药物包括有效成分不易煎出的矿物、贝壳类药，如磁石、牡蛎等；须久煎去毒的药物，如附子、川乌有毒，均应先煎；治疗特殊需要，如大黄久煎泻下力缓，欲减其泻下力则应先煎。

2. 后下　目的是缩短煎煮时间。后下的药物包括有效成分因煎煮易挥散或破坏的药物，如薄荷、白豆蔻等应后下，待它药将煎成时再投入，煎沸数分钟即可；大黄、番泻叶久煎则泻下力减缓，故欲泻下当后下或开水泡服。

3. 包煎　花粉、细小种子及细粉类药物应包煎，因其易漂浮在水面，不利煎煮，如蒲黄、葶苈子、滑石粉等；含淀粉、黏液质较多的药物应包煎，因其易粘锅糊化、焦化，如车前子等；绒毛类药物应包煎，因其难于滤净，混入药液则刺激咽喉，如旋覆花等。

4. 另煎　少数价格昂贵的药物须另煎，以免煎出有效成分被其他药物的饮片吸附，如人参、西洋参等。此外，根据临床治疗需要也可另煎。

5. 烊化　即溶化或熔化。胶类药容易黏附于其他药渣及锅底，既浪费药材又易熬焦，故应先行烊化，再与其他药汁兑服，如阿胶、鹿角胶等。

6. 冲服　一些入水即化的药或原为汁液性的药，宜用煎好的其他药液或开水冲服，如芒硝、竹沥水、蜂蜜等。

7. 煎汤代水　如灶心土。

[附2] 公制与旧市制计量单位的换算

(1) 基本关系

1公斤（kg）=2市斤=1 000克（g）

1市斤=500克（g）

1克（g）=1 000毫克（mg）

(2) 十六进位旧制“两、钱、分”与公制“克”的关系

1两=31.25克（g）

1钱=3.125克（g）

1分=0.312 5克（g）=312.5毫克（mg）

1厘=0.031 25克（g）=31.25毫克（mg）

(3) 十进位市制“两、钱、分”与公制“克”的关系

1两=50克（g）

1钱=5克（g）

1分=0.5克（g）=500毫克（mg）

1厘=0.05克（g）=50毫克（mg）

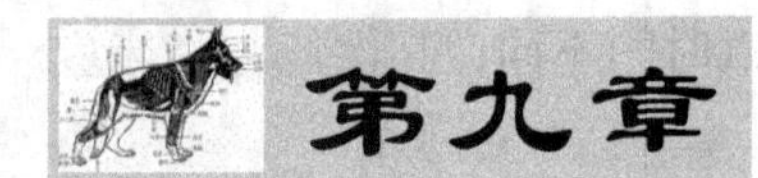

第九章 常用中药及方剂

第一节 解表方药

凡以发散表邪、解除表证为主要作用的方药，称为解表方药。属“八法”（汗、吐、下、和、温、清、补、消）中的“汗法”。

本类方药多具辛散轻扬之性，有发汗解表作用，主要用于感受外邪所致的恶寒、发热、无汗（或有汗）、苔白脉浮等症。此外，某些解表方药兼有利尿退肿，止咳平喘，透疹，止痛，消疮等作用。

根据解表方药的性能和表邪的性质，一般分为辛温解表和辛凉解表两类。

辛温解表方药性味多辛温，主要有发散风寒的作用，适用于外感风寒所致恶寒重，发热轻，无汗，不欲饮水，舌苔薄白，脉浮紧等风寒表证。本类方药发汗作用强。常用药有麻黄、桂枝等，代表方剂麻黄汤。

辛凉解表方药性味多辛凉，有发散风热的作用，适用于外感风热所致的发热重、微恶风寒、咽干口渴，舌苔薄黄，脉浮数等表热证。本类方药发汗作用较弱，而退热作用强。常用药物有柴胡、薄荷等，代表方剂如银翘散。

使用解表方药时，应注意以下几点。

①发汗不宜太过，中病即止，否则汗出过多，使气耗津伤，造成大汗亡阳。汗腺不发达的病畜，则其他症状得到缓解即可。

②发热无汗的病畜以及寒冬季节，用量宜重，服药后，注意保暖；而温暖季节，用量宜轻。

③对体虚或气血不足的病畜（如大泻、大汗、大失血）要慎用或不用，需配合补养药以扶正祛邪。

④本类药物多属芳香易挥发之品，一般不宜久煎，以免有效成分挥发而降低药效。

一、解表药

（一）辛温解表药

麻　黄

麻黄味辛发散，性温散寒，为治外感风寒表实无汗的要药，常与桂枝相须为用；另外长于开宣肺气，止咳平喘。发汗用生麻黄，平喘用炙麻黄。

[**性味归经**] 辛、微苦，温。归肺，膀胱经。

［**功效**］发汗解表，宣肺平喘，利水消肿。

［**主治**］风寒感冒，咳嗽气喘，水肿等。

［**用量**］马、牛 15～30g；猪、羊 3～10g；犬 3～5g；兔、禽 1～3g。

［**禁忌**］本品发汗力强，肺虚咳嗽及夏季多汗时忌用。

［**成分与药理**］本品含麻黄碱、伪麻黄碱及挥发油等。所含挥发油能刺激汗腺分泌，故能发汗，使表邪从汗而解；麻黄碱能松弛支气管平滑肌，故能止咳平喘；伪麻黄碱有显著的利尿作用，故能利水消肿。

附：麻黄根，味甘性平，止一切虚汗，作用与麻黄相反。

桂　枝

桂枝辛甘温，辛能行气活血，甘性和缓，温能散寒，表实无汗及表虚有汗均可应用，主要治疗表寒证所致项背肌肉及关节酸痛。桂枝常作前肢引经药。

［**性味归经**］辛、甘，温。归心、肺、膀胱经。

［**功效**］发表解肌、温经通脉、通阳化气。

［**主治**］风寒表证，风寒湿痹，肢节疼痛，水肿等。

［**用量**］马、牛 15～45g；猪、羊 3～10g；犬 3～5g；兔、禽 1～2.5g。

［**禁忌**］本品辛温助热，易伤阴动血，凡外感热病，阴虚火旺，血热妄行等，均当忌用。

［**成分与药理**］本品所含桂皮醛，能扩张皮肤血管，刺激汗腺分泌，故有发汗解热作用；桂皮油有强心利尿、解肌镇痛、健胃祛风等作用；桂皮醇对金黄色葡萄球菌、炭疽杆菌、沙门氏杆菌均有抑制作用。

荆　芥

荆芥辛散轻扬，药性和缓，表寒、表热皆可应用。生用治风，炒用治血，为治外感表证之常用药。

［**性味归经**］辛、苦，微温。归肺、肝经。

［**功效**］祛风解表，透疹消疮，散淤止血。

［**主治**］外感表证，风疹湿疹，出血等。

［**用量**］马、牛 15～60g；猪、羊 5～15g；犬 3～8g。

［**成分与药理**］本品含右旋薄荷酮、消旋薄荷酮等挥发油，能促进皮肤血液循环，增强汗腺分泌，从而使热随汗解；还能缓解平滑肌痉挛，有健胃祛风作用；荆芥炒炭可缩短凝血时间而起止血作用。

防　风

本品微温不燥，无论外风、内风均可应用，为治外感风寒、风湿、皮肤瘙痒、破伤风等风证的主药。

［**性味归经**］辛、甘，微温。归膀胱，脾、肺、肝经。

［**功效**］祛风解表，胜湿止痉。

［**主治**］外感表证，风湿痹症，破伤风等。

[用量] 马、牛15~60g；猪、羊5~15g；犬3~8g；兔、禽2~5g。

[禁忌] 阴虚火旺，血虚发痉者慎用。

[成分与药理] 本品含挥发油、甘露醇、有机酸、多糖等，有解热、祛风、镇痛和利尿作用，对多种痢疾杆菌和流感病毒均有抑制作用。

（二）辛凉解表药

柴 胡

柴胡轻清升散，善于疏散少阳半表半里之邪，升举阳气，又能疏肝解郁，酒炒则升发力更强，醋制则活血止痛，鳖血拌能退虚热，为扶正除邪之药。

[性味归经] 苦、辛，微寒。归肝、胆经。

[功效] 和解退热，疏肝理气，升阳举陷。

[主治] 感冒发热，寒热往来，肝脾不和，气虚下陷等症。

[用量] 马、牛15~45g；猪、羊5~10g；犬3~5g；兔、禽1~3g。

[禁忌] 肝阳上亢，肝风内动，阴虚火旺及气机上逆者忌用或慎用。

[成分与药理] 本品含挥发油、脂肪油，茎叶含芦丁。退热作用平稳可靠，特别对于弛张热有较强的效果。对结核杆菌、流感病毒和疟原虫均有抑制作用。柴胡注射液，可治疗感冒、流感等。

葛 根

葛根为阳明胃经之药，清阳明腑热，生津止渴，生用解表，煨治泻痢。柴胡、葛根都是解表药，但葛根走阳明经，治热遏于肌表、无汗、口渴、项背强直等；柴胡为少阳经药，治邪在半表半里而呈现寒热往来的症候。故阳明肌表用葛根，少阳半表半里用柴胡。

[性味归经] 辛、甘，凉。入脾、胃经。

[功效] 解肌退热，透发痘疹，生津止渴，升阳止泻。

[主治] 外感表证，痘疹初起，发热口渴，泄泻痢疾等。

[用量] 马、牛20~60g；猪、羊5~15g；犬3~5g；兔、禽1~3g。

[成分与药理] 本品含有葛根甙及异黄酮类衍生物，具有很强的解热、镇痛和解痉作用。

菊 花

菊花体轻达表，气清上浮，微寒清热，能疏风，清肝，尤善解疔毒，治疗疔疮肿毒。黄菊花长于发散风热，白菊花长于养肝明目。

[性味归经] 甘、苦，微寒。归膀胱，入肺、肝经。

[功效] 疏风清热，清肝明目，清热解毒。

[主治] 风热感冒，目赤肿痛，疔疮肿毒等。

[用量] 马、牛15~60g；猪、羊5~15g；犬3~8g。

[成分与药理] 本品含菊甙、腺嘌呤、胆碱、挥发油、水苏碱等，对葡萄球菌、绿脓杆菌、痢疾杆菌和流感病毒均有抑制作用。

附：野菊花，味苦、辛，性凉。功效与菊花相似。但清热解毒之力优于菊花。花序、茎、叶均可入药。适用于风火目赤，咽喉肿痛，疔疮肿毒，鼻炎等症。尤其对疮黄肿毒效果较好。常与蒲公英、紫花地丁、金银花等同用。内服外用均可。

升　麻

升麻升清降浊，治疗痘疹透发不畅及久泻脱肛，子宫脱出等症，发散风热之力较弱。

[**性味归经**] 辛、甘、微苦，微寒。归肺、脾、胃、大肠经。

[**功效**] 发表透疹，清热解毒，升阳举陷。

[**主治**] 痘疹透发不畅，咽喉肿痛，气虚下陷等症。

[**用量**] 马、牛 15～30g；猪、羊 3～10g；兔、禽 1～3g。

[**成分与药理**] 本品含苦味素、升麻碱等。有解热、镇静、降压及抗惊厥的作用；能兴奋肛门及膀胱括约肌；对结核杆菌、皮肤真菌、疟原虫均有抑制作用。

薄　荷

薄荷轻清凉散，芳香开窍，上清头目，下疏肝气，为疏散风热常用之品，能消头面风肿，目赤咽痛以及皮肤风疹。无汗用薄荷叶，有汗用炒薄荷；如兼肚胀宜用薄荷梗；若肝热上扰于目，发生目赤肿痛则用薄荷炭。

[**性味归经**] 辛、凉。归肺、肝经。

[**功效**] 疏散风热，解毒透疹，清头目，利咽喉。

[**主治**] 外感风热，目赤肿痛，痘疹透发不畅等。

[**用量**] 马、牛 15～45g；猪、羊 5～15g；犬 1～5g。

[**禁忌**] 本品芳香辛散，发汗耗气，故体虚多汗者，不宜使用。

[**成分与药理**] 本品含薄荷油，其中主要含薄荷醇、薄荷酮等，内服少量能兴奋中枢神经，使皮肤毛细血管扩张，促进汗腺分泌，故有解热发汗的作用；有抑制肠内异常发酵及健胃祛风作用；外用能麻痹末梢神经，故有止痛止痒作用。

其他解表药见表 9－1。

表 9－1　其他解表药

药名	性味归经	功效	主治
细辛	辛，温，入心、肺、肝、肾经	发散风寒，温肺化饮，祛风镇痛	风寒感冒，肺寒痰饮，咳嗽痰多，风寒湿痹，遍身疼痛等
紫苏	辛，温，入肺、脾经	发散风寒，行气宽中	风寒感冒咳嗽，脾胃气滞，食少
生姜	辛，温，入肺、脾、胃经	发散风寒，温中止呕，解毒	风寒表证，肺寒咳嗽，脾胃受寒吐泻，解半夏、南星毒
白芷	辛，温，入胃、肺、大肠经	祛风发表，消肿止痛	外感风寒，疮黄疔毒，风湿
葱白	辛，温，入肺、胃经	发汗解表，散寒通阳	外感风寒初起，四肢厥冷，阴寒腹痛
辛夷	辛，温，归肺、胃经	发散风寒，宣通鼻窍	外感风寒，头痛鼻塞

（续表）

药名	性味归经	功效	主治
牛蒡子	苦、微辛，寒，入肺、胃经	疏散风热，宣肺透疹，解毒散结	外感风热，咽喉肿痛，痈肿疮毒
桑叶	苦、甘，寒，入肺、肝经	疏风清热，清肺润燥，清肝明目	外感风热初起，肺热燥咳，目赤肿痛，流泪
蝉蜕	甘、咸，寒，入肝、肺经	散风热，定惊，退翳	外感风热，痉挛，破伤风，风疹

二、解表方

麻黄汤《伤寒论》

[组成] 麻黄30g、桂枝20g、杏仁40g、炙甘草20g，煎服。

[功效] 发汗解表，宣肺平喘。

[主治] 外感风寒表实证。证见恶寒发热，精神短少，弓腰，无汗而喘，舌苔薄白，脉浮紧。

[方解] 本方是辛温解表的代表方。方中麻黄发汗解表、宣肺平喘为主药；桂枝发汗解肌、温经通阳，助麻黄发汗解表，解除肢体疼痛为辅药；杏仁宣降肺气，助麻黄止咳平喘为佐药；炙甘草甘平既能调和麻黄、杏仁之宣降，又能缓和麻黄、桂枝之峻烈，使邪去而不伤正气，是使药而兼佐药之用。

[应用] 本方主要应用于外感风寒表实证，是发汗解表的重剂。临诊常用本方加减治疗感冒、支气管炎、流感、支气管哮喘等病属于风寒表实证者。本方去桂枝名三拗汤，治疗外感风寒证见恶寒轻而咳嗽较重者。

[方歌] 麻黄汤中用桂枝，杏仁甘草四般施，发热恶寒头项疼，风寒无汗服之宜。

荆防败毒散《摄生众妙方》

[组成] 荆芥30g、防风30g、羌活25g、独活25g、柴胡30g、前胡25g、桔梗30g、枳壳25g、茯苓30g、甘草15g、川芎20g，研末服。

[功效] 辛温解表，疏风祛湿。

[主治] 主治外感风寒挟湿证。患畜表现恶寒颤抖，皮紧肉硬，牵行懒动，发热无汗，流清涕，舌苔薄白，脉浮。

[方解] 本方是为外感风寒挟湿证而设的辛温解表剂。方中以荆芥、防风发散肌表风寒，羌活、独活祛风胜湿共为主药；川芎散风止痛，柴胡协助荆芥、防风疏散表邪，茯苓渗湿健脾，均为辅药；枳壳理气宽胸，前胡、桔梗宣肺止咳为佐药；甘草益气和中，调和诸药为使。

[应用] 用于外感风寒挟湿而正气未虚的感冒、流感以及下痢、疮疡初起兼有表寒症状者。体虚者可去荆芥、防风，加党参以扶正祛邪；流感则加板蓝根以清热解毒；疮疡初起者去荆芥、防风，加银花、连翘以清热解毒。

[方歌] 荆防败毒草苓芎，羌独柴前枳桔同。

银翘散《温病条辨》

［**组成**］银花30g、连翘30g、淡豆豉25g、荆芥穗25g、薄荷15g、桔梗25g、牛蒡子25g、芦根60g、淡竹叶30g、甘草10g，研末服。

［**功效**］疏散风热，清热解毒。

［**主治**］外感风热或温病初起。症见发热，微恶风寒，口渴舌红，咳嗽咽肿，苔薄白或薄黄，脉浮数。

［**方解**］本方由清热解毒药与解表药组成，是辛凉解表的主要方剂。方中银花、连翘清热解毒，辛凉透表为主药；薄荷、荆芥穗、淡豆豉发散表邪，透热外出为辅药；桔梗、牛蒡子宣泄肺气，清利咽喉为佐药；芦根、竹叶、甘草清热生津，且甘草又能调和诸药共为使药。

［**应用**］《温病条辨》称本方为“辛凉平剂”，广泛用于温病初起，外感风热表证。凡风热感冒，流感、急性咽喉炎、急性支气管炎、急性支气管肺炎、脑炎，荨麻疹等病初期而见有卫分风热表证者均可用本方加减治疗。但方中药物多为芳香轻宣之品，不宜久煎。

［**方歌**］辛凉平剂银翘散，芥穗牛蒡竹叶甘，豆豉桔梗芦根入，上焦风热服之安。

其他解表方见表9－2。

表9－2 其他解表方

方名	组成	功效	主治
桂枝汤	桂枝 白芍 炙甘草 生姜 大枣	解肌发表，调和营卫	外感风寒表虚证，症见恶风发热，汗出流清涕，苔薄白，呼吸喘粗，脉浮缓
防风通圣散	防风 荆芥 连翘 麻黄 薄荷 当归 炒白芍 川芎 白术 山栀 黄芩 大黄（酒制）生石膏 桔梗 滑石 甘草 芒硝	解表通里，疏风清热	外感风邪，内有蕴热，表里俱实之证，症见恶寒发热，口干舌燥，目赤，咽喉不利，便秘尿赤，舌苔黄腻，脉洪数或弦滑，以及遍身黄兼有上述症状者
九味羌活汤	羌活 防风 苍术 细辛 川芎 白芷 生地 黄芩 甘草 生姜 葱白	发汗解表，祛湿清热	寒湿在表，兼有内热的病症，症见恶寒发热，无汗口渴，鼻流清涕，四肢痹痛，苔白滑，脉浮，常用于流感以及牛流行热
桑菊饮	桑叶 菊花 杏仁 桔梗 连翘 薄荷 甘草 苇根	疏散风热，宣肺止咳	风温初起或风热咳嗽。症见咳嗽，身热不甚，口微渴，脉浮数

第二节 清热方药

凡能清解里热的方药称为清热方药。属于“八法”中的清法。

清热药性多寒凉，具有清热泻火，解毒凉血等作用。清热方以寒凉药为主组成。用于治疗急性热病和热毒疮疡等症。

清法是根据“热者寒之”、“温者清之”的原则提出的，用味苦性寒的药物为主，以清除体内热邪的一种治疗方法。

里热证有气分、血分之别，实热、虚热之分，脏腑偏盛之殊，以及湿热、暑热之不同。因此，清热方药又可分为清热泻火、清热燥湿、清热凉血、清热解毒、清热解暑等五类。

清热泻火方、药：适用于温热病初期，热在气分。症见高热、烦渴、汗出、脉象洪大等里热证。常用药物有石膏、知母、栀子等。代表方剂如白虎汤。

清热燥湿方、药：适用于湿热证。如痢疾，热泻，淋浊，阳黄等症。常用黄连、黄芩、黄柏、茵陈等药物。代表方剂如白头翁汤等。

清热凉血方、药：适用于温热病中后期，热邪深入营分、血分。症见高热、神昏、发斑，出血，舌色紫红。常用药物有生地、丹皮、玄参等。代表方剂如清营汤。

清热解毒方、药：适用于热毒引起的瘟疫，毒痢，痈肿疔疮，虫蛇咬伤等。常用药物有金银花、连翘、蒲公英、板蓝根、穿心莲等。代表方剂如黄连解毒汤。

清热解暑方、药：适用于暑热、暑湿等症。症见身热汗出、口渴喜饮、尿短赤、神昏体倦等。常用药物有香薷、青蒿、绿豆等。代表方剂如香薷散。

使用清热方、药时应注意以下几点。

①应在表证已解，里热炽盛的情况下使用。

②本类药物大多寒凉，易伤脾胃，故脾胃虚弱、食少便溏者应慎用。有些药物苦燥伤阴，应与养阴生津药物同用。还需注意用药中病即止，以防克伐太过，损伤正气。

③对屡用清热剂而热仍不退者，可考虑改用滋阴壮水的方法，使阴复则其热自退。

④真寒假热证禁用。

一、清热药

（一）清热泻火药

知　母

知母上清肺火，中退胃火，下滋肾阴，为清肺胃实火之主药，还能润燥滑肠，滋阴生津。

[性味归经] 苦、甘，寒。归肺、胃、肾经。

[功效] 清热泻火，滋阴润燥。

[主治] 肺胃实热，阴虚潮热，大便燥结等。

[用量] 马、牛 20～60g；猪、羊 6～15g；犬 3～8g；家禽 1～2g。

[禁忌] 脾虚便溏者不宜用。

[成分与药理] 本品含知母皂苷、黄酮甙、烟酸等，有解热、祛痰、利尿和抑菌作用。

石　膏

石膏主要用于阳明胃火及气分实热。石膏与知母皆性寒、归肺胃经，常相须为用治疗肺胃实热证。但石膏重在清解，长于清泻肺胃实火；煅后外用能收敛生肌。知母重在清润，偏于滋润肺胃之火燥，并长于滋肾泻火，又能润肠通便。

[性味归经] 辛、甘，大寒。归肺、胃经。

[功效] 清热泻火，除烦止渴，收敛生肌。

[主治] 高热，胃火亢盛，肺热咳嗽，外用治疗创伤，溃疡等。

[用量] 马、牛 30 ~ 250g；猪、羊 15 ~ 30g；犬 3 ~ 5g；兔、家禽 1 ~ 3g。

[禁忌] 胃无实热、脾胃虚寒、阴虚内热及体质素虚者忌用。

[成分与药理] 本品主要成分为含水硫酸钙（$CaSO_4 \cdot 2H_2O$），可抑制发热中枢而起解热作用，并抑制汗腺分泌。此外还能降低血管的通透性和抑制骨骼肌的兴奋性而起消炎、镇静、解痉等作用。

栀　子

栀子苦寒，善于清心、肝、三焦之热，尤长于清肝经之火热。并用于血热妄行引起的鼻衄及尿血。

[性味归经] 苦，寒。归心、肝、肺、胃、三焦经。

[功效] 泻火除烦，清热利湿，凉血解毒，消肿止痛。

[主治] 热病烦躁，疮黄疔毒，湿热黄疸，血热出血等。

[用量] 马、牛 15 ~ 60g；猪、羊 6 ~ 12g；犬 3 ~ 6g；家禽 1 ~ 2g。

[禁忌] 本品苦寒伤胃，脾虚便溏者不宜用。

[成分与药理] 本品含栀子素、栀子甙、果酸、鞣酸等成分。能促进胆汁分泌，有利胆作用；抑制多种皮肤真菌；同时具有解热、镇痛、镇静、降压及止血等作用。

（二）清热燥湿药

黄　连

黄连大苦大寒，尤长于清中焦湿火郁结，为治湿热泻痢要药。并善于清泻心、胃实火，具有良好的清热解毒作用。

[性味归经] 苦，寒。归心、肝、胃、大肠经。

[功效] 清热燥湿，泻火解毒。

[主治] 肠黄，痢疾，疮黄肿毒，口舌生疮，目赤肿痛等症。

[用量] 马、牛 20 ~ 60g；猪、羊 5 ~ 15g；犬 3 ~ 5g；兔、家禽 1.5 ~ 2.5g。

[禁忌] 本品大苦大寒，过服、久服易伤脾胃，肺胃虚寒者忌用。苦燥伤津，阴虚津伤者慎用。

[成分与药理] 本品含小檗碱（黄连素）、黄连碱等多种生物碱。小檗碱有广谱的抗菌作用，其中对痢疾杆菌的抑制作用最强。能增强白细胞的吞噬能力，又有降压、利胆、解热、镇静、镇痛等作用。

黄　芩

黄芩苦能燥湿，寒能清热，清泻脏腑诸热，尤其以清肺热见长，用于肺热咳嗽；又善清肝胆，治寒热往来；更长于清泻大肠，治疗下痢脓血。

[性味归经] 苦，寒。归肺、胃、胆、大肠经。

[功效] 清热燥湿，泻火解毒，凉血止血，除热安胎。

[主治] 湿热黄疸，痢疾，肺热咳嗽，咽喉肿痛，血热出血，胎动不安等。

[用量] 马、牛 20～60g；猪、羊 5～15g；犬 3～5g；兔、家禽 1.5～2.5g。

[禁忌] 本品苦寒伤胃，脾胃虚寒者及无湿热实火者不宜使用。

[成分与药理] 本品含黄芩素、黄芩苷等，有较广的抗菌谱，并有解热、降压、利尿、镇静、利胆、保肝、降低毛细血管通透性，以及抑制肠管蠕动等功能。

黄 柏

黄柏苦寒沉降，善于清泻下焦湿热。治疗疮疡肿痛，内服外用均可。与知母配伍可清退虚热。黄连、黄芩和黄柏皆为苦寒之品，都能清热燥湿、泻火解毒，治疗湿热之泄泻、痢疾、黄疸以及疮疡肿毒等症。但黄芩偏清上焦热，长于泻肺火，又能安胎。黄连偏清中焦热，长于泻心、胃之火，为泻痢主药。黄柏偏清下焦热，长于泻肾火而退虚热。

[性味归经] 苦，寒。归肾、膀胱、大肠经。

[功效] 清热燥湿，泻火解毒，退虚热。

[主治] 湿热痢疾，黄疸，疮黄肿毒，淋浊，虚热等。

[用量] 马、牛 10～45g；猪、羊 20～50g；犬 5～6g；兔、家禽 0.5～2g。

[禁忌] 本品苦寒，容易损伤胃气，故脾胃虚寒者忌用。

[成分与药理] 本品含小檗碱、黄柏碱、黄柏酮等。抗菌谱和抗菌效力与黄连相似但稍弱，有保护血小板及利胆、利尿、降压、解热等作用。

龙胆草

龙胆草大苦大寒，善泻肝胆实火，清下焦湿热。治疗目赤肿痛，下痢，黄疸，阴囊湿肿等病症。

[性味归经] 苦，寒。归肝、胆、膀胱经。

[功效] 清热燥湿，泻肝胆火。

[主治] 目赤肿痛，黄疸，湿热泻痢，阴囊湿肿等。

[用量] 马、牛 15～45g；猪、羊 30～60g；犬 1～5g；兔、家禽 1～2g。

[禁忌] 脾胃虚寒者不宜用。阴虚津伤者慎用。

[成分与药理] 本品含龙胆苦甙、龙胆碱等。少量内服可增加胃液分泌，有助消化作用。又有抑菌、解热、镇静和利胆作用。

（三）清热凉血药

生地黄

生地黄甘寒质润，苦寒清热，入营分、血分，为清热凉血、养阴生津之要药。治温热病热入营血，血热妄行，津伤口渴等病症。

[性味归经] 甘、苦，寒。归心、肝、肾经。

[功效] 清热凉血，养阴生津。

[主治] 热病伤津，口渴贪饮，斑疹吐衄，便秘等。

[用量] 马、牛 30～60g；猪、羊 5～15g；犬 3～6g；家禽 1～2g。

[禁忌] 本品性寒而滞，脾虚湿滞腹满便溏者，不宜使用。

［成分与药理］本品含地黄素、甘露醇、葡萄糖、生物碱、铁质、维生素A等。有促进血液凝固，强心利尿，降低血糖，保护肝脏等作用。

牡丹皮

牡丹皮辛味可活血祛淤，苦寒能清热凉血。既能凉血又能活血，既可止血又可祛瘀。用其止血，则血止而不留瘀；用其活血，则血活而不致过妄，故为凉血药中之上品。生用凉血，炒用散瘀，炒炭则用于止血。

［性味归经］辛、苦，寒。归心、肝、肾经。

［功效］清热凉血，活血散瘀。

［主治］阴虚发热，斑疹吐衄，跌打损伤，痈肿疮毒等。

［用量］马、牛20～45g；猪、羊6～12g；犬3～6g；兔、家禽1～2g。

［禁忌］血虚、有寒及孕畜不宜使用。

［成分与药理］本品含丹皮酚、挥发油及生物碱等。具有降低毛细血管的通透性、镇静、解热、镇痛、解痉、抗过敏等作用，并有抑菌作用。

（四）清热解毒药

金银花

金银花善清上焦之风热，清解热毒，凉血止血，为治一切痈肿疔疮的要药。

［性味归经］甘，寒。归肺、心、胃经。

［功效］清热解毒，疏散风热。

［主治］痈肿疔疮，风热感冒，瘟病发热，热毒血痢等。

［用量］马、牛15～60g；猪、羊5～10g；犬3～5g；兔、家禽1～3g。

［禁忌］脾胃虚寒及气虚、疮疡脓清者忌用。

［成分与药理］本品含木樨草素、忍冬甙、环已六醇等。对多种致病菌及流感病毒均有显著抑制作用，并有一定的解热及降低胆固醇的作用。

连　翘

连翘苦寒，既能清心火，解疮毒，又能消痈散结之功，故有“疮家圣药”之称。金银花与连翘性皆寒凉，为清热解毒的通用药，常用于热毒壅盛所致的痈肿疔疮及外感风热等症，不同之处在于金银花兼能凉血止痢，用于热毒血痢；连翘兼清心、利尿、散结，用于热入心包、热淋、瘰疬等。

［性味归经］苦，微寒。归肺、心、胆经。

［功效］清热解毒，消痈散结，疏散风热。

［主治］外感风热或温病初起，痈肿疮毒，瘰疬痰核，热淋等。

［用量］马、牛20～30g；猪、羊10～15g；犬3～6g；家禽1～2g。

［禁忌］脾胃虚寒及气虚脓清者不宜用。

［成分与药理］本品含连翘酚、齐墩果酸、皂苷及丰富的维生素P。连翘酚具有广谱抗菌作用，对葡萄球菌、痢疾杆菌、流感病毒、真菌都有一定抑制作用。齐墩果酸有强心、利尿及降血压作用，维生素P可降低血管通透性和脆性，防止溶血。

蒲公英

蒲公英主治内外热毒、疮痈诸证，又能通经下乳，为治疗乳痈良药；对湿热引起的淋证、黄疸等也有较好的效果。

[**性味归经**] 苦、甘，寒。归肝、胃经。

[**功效**] 清热解毒，消痈散结，利湿通淋。

[**主治**] 乳痈，痈肿疔毒，热淋尿血，湿热黄疸等。

[**用量**] 马、牛 30 ~ 90g；猪、羊 15 ~ 30g；犬 3 ~ 6g；兔、家禽 1 ~ 2g。

[**禁忌**] 非热毒实证不宜用。

[**成分与药理**] 本品含蒲公英甾醇、蒲公英素等。对多种致病菌均有较强的抑制作用，并有利胆、保肝、利尿等作用。

板蓝根

板蓝根长于治疗热毒炽盛的瘟疫热病。

[**性味归经**] 苦，寒。归心、肺、肝、胃经。

[**功效**] 清热解毒，凉血利咽。

[**主治**] 瘟疫热毒，如流感、脑炎、肝炎、热痢肠黄、咽喉肿痛、痈肿疮毒等。

[**用量**] 马、牛 30 ~ 100g；猪、羊 15 ~ 30g；犬 3 ~ 5g；家禽 1 ~ 2g。

[**禁忌**] 脾胃虚寒者忌用。

[**成分与药理**] 本品含靛蓝、β-谷甾醇等。对多种革兰氏阳性菌、革兰氏阴性菌及流感病毒均有抑制作用。

附：大青叶，功用与板蓝根相似，但长于凉血消斑。青黛，为大青叶加工品，多用于口舌生疮，宜作散剂服用。

（五）清热解暑药

香　薷

香薷主要用于夏季感冒，对役畜暑天重役出汗后，又遇阴风冷雨的侵袭，使毛孔闭塞，内热不得外泄时用之。

[**性味归经**] 辛，微温。归肺、胃经。

[**功效**] 祛暑解表，利湿行水。

[**主治**] 暑热外感，吐泻，水肿等。

[**用量**] 马、牛 30 ~ 60g；猪、羊 10 ~ 25g；犬 3 ~ 5g。

[**成分与药理**] 本品含挥发油。具有发汗，解热，利尿等作用。

青　蒿

青蒿苦寒清热，辛香透散，退虚热、除骨蒸，长于治疗阴虚发热，对疟原虫引起的寒热往来有较好疗效。

[**性味归经**] 苦，寒。归肝、胆经。

[**功效**] 清热解暑，退虚热，杀原虫。

[主治] 外感暑热，阴虚发热，骨蒸，疟疾，鸡、兔球虫等。

[用量] 马、牛20～45g；猪、羊6～12g；犬3～5g。

[禁忌] 脾胃虚弱，肠滑泄泻者忌服。

[成分与药理] 本品含挥发油、青蒿素等。青蒿素可抑制疟原虫发育，而直接杀灭疟原虫；挥发油有镇咳、祛痰、平喘作用；对艾美尔属球虫有一定的治疗作用。

其他清热药见表9－3。

表9－3　其他清热药

药名	性味归经	功效	主治
淡竹叶	甘、淡，寒，入心、小肠经	清热除烦，通利小便	心热烦躁，口舌生疮，小便不利，中暑，胃热呕吐，尿血
芦根	甘，寒，入肺、胃、肾经	清热生津，清胃止渴	热病伤津，肺热咳嗽，胃热口渴，小便不利，肺痈等
天花粉	甘、苦，寒，入肺、胃经	清热生津，排脓消肿	肺热燥咳，内热消渴，热毒痈肿
茵陈	苦，微寒，入肝、胆、膀胱经	清利湿热，利胆退黄	湿热黄疸，口眼色黄，口渴，食少，尿短赤
苦参	苦，寒，入心、肝、胃、大肠、膀胱经	清热燥湿，杀虫利尿	湿热泻痢，湿热黄疸，水肿，湿疹疥癣
白头翁	苦，寒，入大肠经	清热解毒，凉血止痢	热毒血痢，疟疾
秦皮	苦、涩，寒，入肝、胆、大肠经	清热燥湿，解毒明目	湿热下痢，目赤肿痛
紫草	甘、咸，寒，入心、肝经	凉血活血，解毒透疹	血热发斑，痈疽疮疡
玄参	苦、咸，寒，入肺、肾经	滋阴降火，解毒软坚	热病伤阴，口渴或便秘，咽喉肿痛
山豆根	苦，寒，入心、肺、大肠经	清热解毒，清利咽喉	咽喉肿痛等
射干	苦，寒，入肺经	清热利咽，宣肺清痰	肺热痰多，咽喉肿痛
穿心莲	苦，寒，入心、肺、大肠、膀胱经	清热解毒，消肿止痛	咽喉肿痛，湿热下痢，痈肿疮毒，蛇虫咬伤
紫花地丁	苦、辛，寒，归心、肝经	清热解毒，消痈散结	痈肿，疔疮，丹毒，毒蛇咬伤，目赤肿痛
马齿苋	酸，寒，归大肠、肝经	清热解毒，凉血止痢	湿热下痢，热毒疮疡，血热出血，热淋等
鱼腥草	辛，微寒，入肺经	清热解毒，消痈排脓，利尿通淋	肺痈吐脓，肺热咳嗽，热毒疮疡，湿热淋证
绿豆	甘，寒，入心、胃经	清热解毒，消暑止渴	伤暑中暑，热痈肿毒

二、清热方

白虎汤《伤寒论》

[组成] 石膏（打碎先煎）100g、知母60g、甘草45g、粳米100g，煎服。

[功效] 清热生津。

[主治] 阳明经证或气分实热证。患畜身热，口干，舌红，苔黄燥，脉象洪大。

[方解] 本方为阳明经证所设。方中以石膏辛甘大寒，善清阳明气分实热为主药；知母清泄肺胃之热，又其质润可以润燥为辅药；甘草、粳米护胃和中，益胃扶津，使大寒之剂而无损伤脾胃之虑，共为佐使药。

[应用] 本方加减可治疗多种热性病，如肺炎、乙型脑炎及原因不明的高热证具有阳明经证者。

[方歌] 石膏知母白虎汤，再加甘草粳米襄。

郁金散《元亨疗马集》

[组成] 郁金45g、诃子30g、黄芩30g、大黄45g、黄连20g、栀子30g、白芍30g、黄柏30g，研末服。

[功效] 清热解毒，散淤止泻。

[主治] 急慢性肠黄。患畜表现荡泻如水，赤秽腥臭，口色赤红，舌苔黄厚，脉数。

[方解] 本方是治疗马肠黄（急性肠炎）的主方。方中郁金凉血散淤，行气解郁为主药；黄连、黄芩、黄柏、栀子，即黄连解毒汤，清热解毒，泻三焦之热，共为辅药；大黄泻热散淤，芍药敛阴和营，诃子涩肠止泻，三味收攻同用，为方中之佐使药。

[应用] 本方是治疗肠黄的基础方，应用时需随证加减。热毒盛者，加金银花、连翘；腹痛盛者，加乳香、没药、元胡索；肠黄初期，重用大黄，加芒硝、枳壳，去诃子；后期热毒已解，泄泻不止者，去大黄，重用白芍、诃子，加乌梅等涩肠止泻。

[方歌] 郁金黄连解毒汤，芍药诃子与大黄。

白头翁汤《伤寒论》

[组成] 白头翁90g、黄柏45g、黄连45g、秦皮45g，煎服。

[功效] 清热解毒，凉血止痢。

[主治] 湿热痢疾。患畜表现泻痢脓血，赤多白少，排粪黏滞不爽，里急后重，腹痛，舌红苔黄，脉数。

[方解] 本方是治疗湿热泻痢的主方。方中白头翁清热解毒，凉血止痢为主药；黄连泻火解毒、燥湿止痢，黄柏清下焦湿热，秦皮解毒止痢，三药共为辅药，助主药清热解毒，燥湿止痢。

[应用] 本方证是因热毒深陷血分，下迫大肠所致。常用于治疗细菌性痢疾和阿米巴痢疾及肠炎等。

[方歌] 白头翁汤热痢方，连柏秦皮四药良，味苦性寒能凉血，坚阴治痢在清肠。

清营汤《温病条辨》

[组成] 犀角6g（水牛角60g代）、竹叶心40g、金银花60g、连翘50g、丹参45g、玄参60g、黄连30g、生地80g、麦冬50g，煎服。

[功效] 清营解毒，透热养阴。

[主治] 主治温热病邪初入营分证。症见发热烦躁，舌绛口干，脉细数，或者斑疹

隐隐。

[**方解**] 方中犀角清解营分热毒为主药；生地、玄参、麦冬（增液汤）清热养阴为辅；黄连、银花、连翘、竹叶心清解气分热毒，透热邪转气分而解为佐药；丹参清热凉血，并能散淤，以防热与血结，并引药入心经为使药。

[**应用**] 为清营透气的代表方，用于温热病邪初入营分之证。

[**方歌**] 清营汤治热传营，脉数舌绛辨分明，犀地丹玄麦凉血，银翘连竹气亦清。

黄连解毒汤《外台秘要》

[**组成**] 黄连30g、黄芩45g、黄柏45g、栀子60g，煎服。

[**功效**] 泻火解毒。

[**主治**] 用于三焦热盛。症见大热，烦躁不安，或者热甚发斑，或者疮黄疔毒，舌红苔黄，脉数有力。

[**方解**] 本方为泻火解毒之基础方。以黄连泻心火兼泻中焦之火为主药；黄芩泻上焦肺火，黄柏泻下焦肾火为辅药；栀子通泻三焦之火，导热下行从膀胱而出为佐使药。四药合用，一派苦寒，使火邪去而热毒解。

[**应用**] 本方适用于火热壅盛于三焦诸证。凡急性热性病、败血症、脓毒败血症、痢疾、肠炎、肺炎等属于火毒炽盛者，均可酌情加减应用。

[**方歌**] 黄连解毒汤四味，黄柏黄芩栀子备。

仙方活命饮《校注妇人良方》

[**组成**] 金银花45g、陈皮30g、白芷15g、贝母25g、防风20g、赤芍25g、当归尾25g、甘草15g、皂角刺20g、穿山甲15g、天花粉25g、乳香15g、没药15g，煎汤加白酒120g调服。

[**功效**] 清热解毒，消肿软坚，活血止痛。

[**主治**] 疮疡肿毒初起，红肿热痛属于阳证者。

[**方解**] 方中金银花清热解毒，消散疮肿为主药；当归尾、赤芍、乳香、没药活血散淤止痛为辅药；陈皮理气行滞，防风、白芷疏风，贝母、天花粉清热排脓，穿山甲、皂角刺消肿活血皆为佐药；甘草调和诸药，白酒活血，可使药力直达病所为使药。

[**应用**] 本方用于疮痈肿毒红肿热痛较甚而正气充足者，脓未成则消散，脓已成则促进溃破。对脓肿、乳房炎、外伤与手术后感染属热毒实证者，均可随证加减。

[**方歌**] 仙方活命金银花，防芷归陈草芍加，贝母天花兼乳没，穿山皂刺煎酒佳。

龙胆泻肝汤《医宗金鉴》

[**组成**] 龙胆草（酒炒）45g、黄芩（炒）30g、栀子（酒炒）30g、泽泻30g、木通30g、车前子20g、当归（酒炒）25g、柴胡30g、甘草15g、生地30g，研末服。

[**功效**] 泻肝胆实火，清下焦湿热。

[**主治**] 肝火上炎或湿热下注。症见目赤肿痛，小便淋漓涩痛，阴囊肿痛等。

[**方解**] 方中龙胆草大苦大寒，上泻肝胆实火，下清下焦湿热为主药；黄芩、栀子苦寒泻火，泽泻、木通、车前子清热利湿，使湿热从小便而解，同为辅药；生地、当归滋阴

养血，标本兼顾为佐药。柴胡引诸药入肝胆，甘草调和诸药为使药。

［应用］凡急性结膜炎、急性胆囊炎、黄疸型肝炎、肾盂肾炎、膀胱炎、尿道炎、睾丸炎、盆腔炎等属于肝胆实火或湿热者，均可加减应用。

［方歌］龙胆泻肝栀芩柴，生地车前泽泻偕，木通甘草当归合，肝经湿热力能排。

香薷散《元亨疗马集》

［组成］香薷 40g、黄芩 30g、黄连 20g、甘草 20g、柴胡 30g、当归 30g、连翘 45g、天花粉 30g、栀子 30g，研末加蜂蜜 120g 调服。

［功效］清热解暑。

［主治］马、牛中暑或伤暑。

［方解］方中以香薷清暑化湿为主药；柴胡、黄芩、黄连、栀子、连翘通泻诸经之火为辅药；当归、花粉养血生津为佐药；甘草和中解毒，蜂蜜清心肺而润肠，皆为使药。

［应用］中暑一证，有轻重缓急之分，本方适用于病情稍慢而缓和的中暑。

［方歌］香薷散中芩连草、栀子花粉归柴翘，蜂蜜为引相合灌，暑伤脉洪此方好。

其他清热方见表 9－4。

表 9－4　其他清热方

方名	组成	功效	主治
清瘟败毒饮	生石膏　生地　栀子　知母　连翘　黄连　牡丹皮　黄芩　赤芍　玄参　桔梗　淡竹叶　犀角（水牛角代）　甘草	清热泻火凉血解毒	瘟疫热毒，气血两燔。症见高热狂躁，神昏发斑，或者吐血衄血，舌绛唇焦，脉洪数
公英散	蒲公英　金银花　连翘　丝瓜络　通草　木芙蓉　穿山甲（浙贝母代）	清热解毒通络消肿	猪乳痈初起。症见猪乳房发红肿胀、疼痛拒按，兼有发热症状
洗心散	天花粉　黄芩　连翘　黄柏　栀子　黄连　木通　茯神　桔梗　白芷　牛蒡子	清心火解热毒	心经积热，口舌生疮。症见口舌红肿或溃烂，口流黏涎，采食困难，口色鲜红，脉象洪数
清肺散	板蓝根　甜葶苈　贝母　桔梗　甘草	清肺平喘	马肺热喘。症见气促喘粗，或者有咳嗽，呼气热，口色红，脉洪数
清胃散	生石膏　大黄　玄明粉　知母　黄芩　天花粉　麦冬　甘草　陈皮　枳壳	清热泻火理气开胃	胃热食少，便干。症见患畜口色发红，干燥，呼气热臭，粪干尿赤
消黄散	知母　黄药子　白药子　栀子　黄芩　大黄　甘草　贝母　连翘　黄连　郁金　芒硝　蜂蜜　鸡子清	清热解毒散痈消黄	一切热毒疮痈肿毒

第三节　泻下方药

凡能引起腹泻或润肠通便，治疗里实证的方、药，称为泻下方、药。属“八法”中的

“下法”。

泻下法是根据“实则泻之”的原则而设立的。主要有3个方面作用：一是泻下作用，能够清除肠道内的宿食燥粪及其他有害物质；二是清热泻火，使实热壅滞通过泻下得以解除；三是逐水退肿，使水泻从粪尿排出。

根据泻下方药的强度和作用的不同，一般分为攻下、润下、峻下逐水3类方、药。

攻下方、药：本类方药性味多为苦寒，泻下作用强烈，并有较强的清热泻火作用，适用于宿食停滞，粪便燥结的里实证。应用时常辅以行气药，以加强泻下的力量，消除腹满。常用药物有大黄、芒硝等，代表方剂大承气汤。

润下方、药：本类药物多为植物种子或果仁，富含油脂，具有润燥滑肠作用，泻下之力较缓。适用于老弱、血虚津亏及孕畜的便秘。常用药物有火麻仁、郁李仁、蜂蜜等，代表方如当归苁蓉汤。

峻下逐水方、药：本类方药作用峻猛，引起剧烈腹泻，使大量水液从大小便排出。适用于实证水肿，胸腹积水，喘满壅实等水饮停聚的病症。常用药物有大戟、芫花、甘遂、牵牛子等。代表方如十枣汤、大戟散等。

使用泻下方药应注意以下几点。

①攻下及峻下方、药多药性峻猛，凡孕畜、产后、老弱病畜以及伤津亡血者，均应慎用，必要时，可考虑攻补兼施。

②对于表证未解，里实未成者，不宜使用泻下剂。如表证未解而里实已盛，宜先解表，后治里，或者表里双解。

③泻下剂易伤胃气，故应中病即止，切勿过投。

一、泻下药

（一）攻下药

大　黄

大黄善于荡涤胃肠实热，清除燥结积滞，为苦寒攻下之要药。可清上部火热，解疮痈之毒，外治烫火伤，入血分既能活血化淤，又能凉血止血，治疗淤血诸证。

[性味归经] 苦，寒。入脾、胃、大肠、肝、心包经。

[功效] 攻积导滞、清热泻火、凉血解毒、利胆退黄。

[主治] 热结便秘，实热壅滞，热性出血，疮痈肿毒，烧伤烫伤，湿热黄疸等。

[用量] 马、牛20~90g，骆驼35~65g，猪、羊6~12g，犬、猫3~6g，兔、禽1.3~5g。

[禁忌] 凡血分无热，肠胃无积滞，以及孕畜应慎用或禁用。

[成分与药理] 本品含蒽醌衍生物及鞣质。口服后刺激肠黏膜，使其蠕动加强而引起泻下。另外有较强的抑菌作用，还有利胆、利尿、解痉、降压、止血等作用。

芒　硝

芒硝苦能泻火，咸可软坚，为治疗里热燥结之要药。外用解毒消肿。元明粉为精制后的芒硝，泻下力弱，但解毒力强，多作眼科及口腔疾病的外用药。

[性味归经] 苦、咸，大寒。归胃、大肠经。

[功效] 软坚泻下、清热泻火。

[主治] 实热积滞，粪便燥结，目赤肿痛，口腔溃烂，咽喉肿痛及皮肤疮肿。

[用量] 马200～500g；牛300～800g；羊40～100g；猪25～50g；犬、猫5～15g；兔、禽2～4g。

[禁忌] 孕畜禁用。

[成分与药理] 本品含硫酸钠及少量的氯化钠、硫酸镁等。内服后，硫酸根离子不易吸收，形成高渗盐溶液，使肠道保持大量的水分，刺激肠黏膜，促进肠蠕动而起泻下作用。

（二）润下药

火麻仁

火麻仁富含油脂，润大肠之燥，性平和，兼有益津作用，为常用的润下药物。

[性味归经] 甘，平。入脾、胃、大肠经。

[功效] 润肠通便，滋养补虚。

[主治] 病后、津亏、产后或血虚所致的肠燥便秘，虚劳等。

[用量] 马、牛120～180g；骆驼150～200g；猪、羊10～30g；犬、猫2～6g。

[成分与药理] 本品含脂肪油、挥发油、维生素E、B族维生素等。脂肪油内服后，在肠道内遇到碱性肠液后分解产生脂肪酸，刺激肠黏膜，促进分泌，增强蠕动，而起缓泻作用。

蜂　蜜

蜂蜜为百花之精，能养脾胃，润肺燥，和百药，并能益气补中。

[性味归经] 甘，平。入肺、脾、大肠经。

[功效] 润肺，滑肠，解毒，补中。

[主治] 肺热燥咳，大便秘结，脾胃虚弱，外用治疗创伤。

[用量] 马200～500g；牛300～800g；羊40～100g；猪25～50g；犬、猫5～15g。

[成分与药理] 本品主要含果糖、葡萄糖、酶等。有祛痰和缓泻作用；对创面有收敛、营养和促进愈合作用；还有一定杀菌作用。

（三）峻下逐水药

大　戟

大戟主要用于水饮泛溢所致的水肿喘满，胸腹积水等症。还可治疗热毒壅滞所致的痈疮肿毒，瘰疬痰核等症。

[性味归经] 苦、辛，寒。有毒。归肺、肾、大肠经。

[功效] 泻水逐饮，消肿散结。

[主治] 水肿，宿草不转，瘰疬痰核等症。

[用量] 马、牛10～15g；猪、羊2～6g；犬、猫1～3g。

[禁忌] 孕畜及体虚者忌用，反甘草。

[成分与药理] 本品含大戟苷，有泻下、利尿等作用。

牵牛子

牵牛子苦寒，其性降泄，能通利二便以排泄水湿。又能泻肺气，逐痰饮，去积杀虫。

［性味归经］苦，寒。有毒。归肺、肾、大肠经。

［功效］泻下通便，利尿消肿，去积杀虫。

［应用］二便不利，湿热积滞，痰饮，虫积等。

［用量］马、牛 15~60g；骆驼 25~65g；猪、羊 3~10g；犬、猫 2~4g；兔、禽 0.5~1.5g。

［禁忌］孕畜忌用，畏巴豆。

［成分与药理］本品含牵牛子甙、脂肪油、有机酸等。牵牛子甙在肠内遇胆汁及肠液，分解出牵牛子素，刺激肠黏膜，使肠道分泌增多，促进肠蠕动而产生泻下作用。

其他泻下药见表 9-5。

表 9-5　其他泻下药

药名	性味归经	功效	主治
番泻叶	苦、甘，寒，入大肠经	泻热导滞	热结便秘
巴豆	辛，温，有大毒，入胃、大肠经	峻下寒积，逐水消肿	寒积腹痛，水肿；外治恶疮、疥癣
续随子	辛，温，有毒，入肺、胃、膀胱经	峻泻利尿，破血通经	水肿，腹水实证，二便不利，便结腹痛
郁李仁	苦、辛、甘，平，入大肠、小肠经	润燥，滑肠，下气，利水	肠燥便秘，宿草不转，水肿
芫花	辛，温，有毒，入肺、大肠、肾经	泻水逐饮，通利二便	胸腹积水，二便不利，疥癣，痈疽疮毒
甘遂	苦，寒，有毒，入肺、肾、大肠经	泻水逐饮，消肿散结	胸腹积水，痈疮肿毒

二、泻下方

大承气汤《伤寒论》

［组成］大黄 60~90g（后下）、厚朴 30g、枳实 30g、芒硝 150~300g（冲），煎服。

［功效］峻下热结。

［主治］阳明腑实证、热结胃肠。症见粪便秘结，肚腹胀满，口干舌燥，口臭苔厚，脉沉实有力。

［方解］本方为攻下的基础方。方中大黄苦寒泻热通便为主药；芒硝咸寒软坚润燥为辅药；枳实消痞散结，厚朴下气除满为佐使药。四药同用泻下热结，软坚存阴，为寒下之峻剂。

［应用］适用于家畜的实热便秘，以痞、满、燥、实为其临证特征。本方去芒硝名“小承气汤”，主治仅痞、满、实三证而无燥证之便秘。去枳实、厚朴，加炙甘草，名调胃承气汤，主治燥热内结之证，配甘草取其和中调胃，下不伤正。去枳实、厚朴，加增液汤（玄参、麦冬、生地）名“增液承气汤”，适应于体虚、津亏之肠燥便秘，为攻补兼施之剂。

［方歌］大承气汤用芒硝，枳实大黄厚朴饶，通便泻热功效捷，痞满燥实均能消。

当归苁蓉汤《中兽医治疗学》

［组成］当归（麻油炒）150g、肉苁蓉 60g、番泻叶 45g、广木香 15g、厚朴 30g、炒枳

壳30g、醋香附30g、瞿麦15g、通草丝10g、神曲60g，研末加麻油250g，调服。

［功效］润燥滑肠，理气通便。

［主治］老弱、久病、体虚患畜之便秘。

［方解］方中当归养血润肠通便为主药；肉苁蓉补肾壮阳，润肠通便，番泻叶润肠导滞，为辅药；木香、厚朴、香附、枳壳、神曲疏理气机，消导除满，瞿麦、通草有降泄之性，利尿清热，为佐药；麻油润燥滑肠为使药。

［应用］此方药性平和，凡动物肠燥便秘皆可应用。最宜老龄、久病、羸弱患畜之阴血亏虚而致肠燥便秘。

［方歌］当归苁蓉广木香，泻叶枳朴瞿麦尝，神曲通草醋香附，麻油为引润下良。

大戟散《元亨疗马集》

［组成］大戟30g、滑石60g、牵牛子60g、甘遂30g、黄芪30g、巴豆霜5g、大黄100g、芒硝100g，研末，加猪脂250g，调服。

［功效］峻下逐水。

［主治］牛水草肚胀。症见宿草不转，肚腹胀满，二便不通等。

［方解］方中大戟、甘遂、牵牛子峻下逐水为主药；大黄、芒硝、巴豆辛、滑石均能助主药泻下，为辅药；黄芪扶正祛邪可防主、辅药峻烈之性损伤正气，为佐药；猪脂润燥通便为使药。

［应用］凡马属动物肠臌气，牛瘤胃积食、瓣胃阻塞等疾患属于实证者，均可酌情使用本方治疗。但本方药性峻猛，应用时必须严加注意，年老、体弱、胎前产后患畜禁用。

［方歌］大戟散中用硝黄，黄芪滑石及猪脂，牵牛巴豆甘遂帮，水草停胃此方良。

其他泻下方见表9－6。

表9－6　其他泻下方

方名	组成	功效	主治
无失丹	槟榔　牵牛子　郁李仁　木香　木通　青皮　三棱　朴硝　大黄	峻下通肠	马结症。症见粪结不通，频频起卧，肚腹膨胀
大黄附子汤	大黄　附子　细辛	温里散寒，通便止痛	寒积里实证。症见腹痛便秘，胁下偏痛，发热，四肢厥冷，舌苔白腻，脉弦紧
猪膏散	滑石　牵牛子　粉甘草　大黄　官桂　甘遂　大戟　续随子　白芷　地榆皮　猪脂	峻逐滑泻，润下通便	牛百叶干。症见身瘦毛枯，食欲、反刍停止，腹缩粪紧，鼻镜无汗，口色淡红，脉象沉涩等
十枣汤	芫花 甘遂 大戟 大枣	攻逐水饮	胸腹积水或水肿实证。症见咳嗽喘促，胸痛拒按，或者下腹膨大，或者肢体浮肿，舌苔滑，脉沉弦
一捻金	人参 大黄 黑丑 白丑 槟榔	扶正泻下	幼畜便秘。症见胃肠积滞、肚腹胀满、食少、便秘等

第四节　消导方药

一、消导药

山　楂

为蔷薇科植物山里红 *Crataegus pinnatifida* Bge. var. *major* N. E. Brown 或山楂 *Crataegus pinnatifida* Bge. 的干燥成熟果实。前者习称“北山楂”，后者习称“南山楂”。生用或炒用。主产于河北、山东、河南、辽宁、山西、江苏、浙江等地。

［**性味归经**］酸，甘，温。归脾、胃、肝经。

［**功效**］消食健脾，活血化淤。

［**应用**］

1. 治伤食　山楂味酸而甘，消食力佳，为消化食积停滞常用要药，用于草料停滞于胃所致的宿食不消，肚腹饱胀等症，常与麦芽、枳壳、神曲、厚朴、丁香、炒莱菔子等同用；用于伤食泄泻，粪便黏腻恶臭，常与神曲、半夏、陈皮、莱菔子、茯苓、连翘等配伍。

2. 治产后恶露　本品功能活血化淤，用于产后恶露不行，淤血腹痛等症，常与当归、川芎、益母草、五灵脂等同用。

［**用量**］牛、马 20～45g；猪、羊 10～15g；犬、猫 3～6g；兔、禽 1～2g。

［**禁忌**］脾胃虚弱无积滞者忌用。

［**成分与药理**］

1. 主要成分　含有机酸及黄酮类和三萜类化合物，有机酸主要有山楂酸、枸橼酸、琥珀酸、绿原酸、咖啡酸、齐墩果酸、熊果酸等。黄酮类化合物主要有槲皮素、槲皮甙、牡荆素等。尚含蛋白质、脂肪、糖类、山梨醇、皂苷、维生素 C 及消化酶等。

2. 药理研究　①山楂煎剂，对痢疾杆菌有较强的抑制作用；焦山楂煎剂对各型痢疾杆菌和绿脓杆菌均有抑制作用。②口服山楂能增加胃中酶类分泌，促进消化。③山楂提取物对蟾蜍在体、离体、正常及疲劳的心脏均有一定程度的强心作用，持续时间较长。④山楂总黄酮和三萜类均有降压、降血脂和抗动脉粥样硬化作用。⑤本品尚有收缩子宫、抗氧化、抗肿瘤、利尿等作用。

神　曲

又名神曲、六曲，为辣蓼、青蒿、杏仁、赤小豆、苍耳子等药加入面粉或麸皮混合后，经发酵而成的加工品。生用或炒用。原产福建，现各地均能生产。

［**性味归经**］甘、辛，温。归脾、胃经。

［**功效**］消食化积，健脾和中。

［**应用**］

1. 治食物停滞　本品辛以行气，甘温和中，能健脾开胃，行气消食。临床常与炒麦芽、炒山楂同用，习称“焦三仙”。用于草料积滞，肚腹胀痛，食减便溏等症，常与麦芽、山楂、苍术、陈皮、厚朴、枳壳等同用，如曲蘖散。治脾胃虚弱，运化不良，配党参、白术、陈皮等。治积滞日久不化，腹胀疼痛，可与木香、厚朴、三棱等配伍。

2. 治脾胃寒湿 用于腹胀便溏，宿食不消等症，又多与山楂、青皮、麦芽、砂仁、白术、茯苓、陈皮等配伍。

[**用量**] 牛、马20~60g；猪、羊10~15g；犬、猫5~8g；兔、禽1~2g。

[**成分与药理**]

1. 主要成分 神曲中有酵母菌。其成分有挥发油、麦角甾醇、脂肪油及B族维生素复合体、酶类等。

2. 药理研究 ①酵母菌及B族维生素，有促进消化，增强食欲的作用。②中药神曲及其制剂可干扰磺胺类药物与细菌的竞争，使磺胺类药物失去疗效。

麦　芽

为禾本科植物大麦 *Hordeum vulgare* L. 的成熟果实，经发芽后，低温干燥而成。生用或炒用。全国各地均产。

[**性味归经**] 甘，平。归脾、胃经。

[**功效**] 健脾消食，行滞回乳。

[**应用**]

1. 脾虚食积 本品消导化积作用较强，擅长于消化淀粉类食物。用于草料积滞于胃所致的肚腹胀痛，食欲不振，反刍减少等症，常与山楂、陈皮、白术等同用；用于脾胃虚弱所致的食减便溏，肚腹虚胀等症，常与白术、党参、砂仁、苡仁、茯苓等配伍。

2. 回乳，治乳房胀痛 本品大剂量有回乳作用。用于因乳汁郁积引起乳房胀痛，则用量必须加倍，可收退乳消胀之效。但在哺乳期内不宜服用，以免引起乳汁减少。亦可与舒肝理气，清热消痈药配伍。

[**用量**] 牛、马20~60g；猪、羊10~15g；犬、猫5~8g；兔、禽1.5~5g。

[**禁忌**] 孕畜及哺乳母畜忌用炒麦芽。

[**成分与药理**]

1. 主要成分 其主要成分为淀粉酶，其次为麦芽糖、糊精、蛋白质、脂肪油、B族维生素。此外，还含有大麦芽碱等多种生物碱、卵磷脂、生育三烯酚、大麦胚苷等。

2. 药理研究 ①含消化酶及B族维生素，故有助消化功能。②大麦芽碱类，具有类似吗啡碱作用，被证明是抗霉菌的有效成分。③对乳汁有双向调节作用，小剂量催乳，大剂量回乳。

其他消导药见表9-7。

表9-7　其他消导药

药名	性味归经	功效	主治
鸡内金	甘，平，入脾、胃、小肠、膀胱经	消食健脾，化石通淋	食积不化、肚腹胀满；砂淋、石淋等
莱菔子	辛、甘，平，入肺、脾经	消食导滞，理气化痰	食积气滞的肚腹胀满、嗳气酸臭、腹痛腹泻；痰涎壅盛，气喘咳嗽

二、消导方

曲蘖散（《元亨疗马集》）

［**组成**］神曲 60g、麦芽 30g、山楂 30g、甘草 15g、厚朴 25g、枳壳 25g、陈皮 25g、青皮 25g、苍术 25g。

［**功效**］消食导滞，化谷宽肠。

［**主治**］主治马伤料。精神倦怠，闭眼头低，拘行束步，四足如攒，口色鲜红，脉洪大。

［**方解**］本方适用于马、骡伤料。《元亨疗马集》中云："伤料者，生料过多也，凡治者，消积破气、化谷宽肠"。方中神曲健脾消食，麦芽化谷宽肠，山楂消积散郁，三药合用，共消积滞，宽肠消积，为主药；枳壳、陈皮、青皮、厚朴疏理气机，宽中除满为辅药；苍术燥湿健脾以助运化为佐药；甘草健脾胃而和诸药（或加麻油、萝卜下气润肠）为使药；综观全方具有化谷消积，理气除胀之功效。

［**应用**］用于治疗马、牛料伤。若脾胃虚弱而草谷不消，则去青皮、六曲、苍术，加白术、茯苓、木香、党参、山药、砂仁等以补气健脾。

［**方歌**］曲蘖散中三仙齐，苍术枳朴青陈皮，萝卜麻油加姜草，料伤食滞服之宜。

第五节　和解方药

一、和解药

柴　胡

为伞形科植物柴胡 *Bupleurum chinense* DC. 或狭叶柴胡 *Bupleurum scorzonerifolium* Willd. 的干燥根。前者习称北柴胡，后者习称南柴胡。切片生用或醋炒用。北柴胡主产于辽宁、甘肃、河北、河南等地；南柴胡主产于湖北、江苏、四川等地。

［**性味归经**］苦，微寒。入肝、胆、心包、三焦经。

［**功效**］和解退热，疏肝理气，升举阳气。

［**应用**］

1. 退热　本品轻清升散，退热作用较好，为和解少阳经之要药。常与黄芩、半夏、甘草等同用，治疗寒热往来等症。

2. 疏肝解郁　性善疏泄，具有良好的疏肝解郁作用，是治肝气郁结的要药。配当归、白芍、枳实等，治疗乳房肿胀，胸胁疼痛等。

3. 气虚下陷　长于升举清阳之气，适用于气虚下陷所致的久泻脱肛、子宫脱垂等，常配伍黄芪、党参、升麻等，如补中益气汤。

［**用量**］马、牛 15～45g；猪、羊 5～10g；犬 3～5g；兔、禽 1～3g。

［**成分与药理**］

1. 主要成分　含挥发油、有机酸、植物甾醇等。

2. 药理研究　①有解热、镇静、镇痛、利胆和抗肝损伤的作用。②对疟原虫、结核杆菌、流感病毒有抑制作用。③柴胡注射液、复方柴胡注射液可治疗感冒、流感等。

二、和解方

小柴胡汤（《伤寒论》）

［**组成**］柴胡45g、黄芩45g、党参45g、炙甘草30g、生姜（切）20g、大枣60g、制半夏30g。

［**功效**］和解少阳，和胃降逆。

［**主治**］主治少阳病，肝脾不和。寒热往来，饥不饮食，口津少，反胃呕吐，脉弦虚。

［**方解**］此证多由邪犯少阳，少阳经气郁滞枢机不利所致。病邪既不在太阳之表，又未入阳明之里，不得用汗、清、下，只宜和解少阳。方中柴胡清解少阳半表之邪热，疏畅气机之郁滞为主药；黄芩苦寒，清泄少阳半里之邪热为辅药；主、辅合用，最善和解少阳之邪。少阳病，多因正虚或误治，致邪气乘虚而入，故以人参、炙甘草益气调中，扶正祛邪、半夏开结痰，降逆止呕，更加姜、枣助少阳生发之气，使邪无内向，为佐药：甘草调和诸药又兼使药之用。诸药合用，共奏和解少阳，和胃降逆，单正祛邪之功。综观全方，能升能降，能开能合，去邪而不伤正，扶正而不留邪，故前人喻为“少阳枢机之剂，和解表里之总方”。

［**应用**］本方为治伤寒之邪传入少阳的代表方。也可用于体虚及母畜产后或发情期间外感寒邪。

［**方歌**］小柴胡汤和解供，半夏党参甘草从，更用黄芩加姜枣，少阳百病此方宗。

第六节　止咳化痰平喘方药

一、止咳化痰平喘药

半　夏

为天南星科多年生草本植物半夏 *Pinellia ternata*（Thunb.）Breit. 的块茎。夏、秋两季茎叶茂盛时采挖，除去外皮及须根，晒干，为生半夏，一般用姜汁、明矾制过入药。我国大部分地区均有，主产于四川、湖北、江苏、安徽等地。

［**性味归经**］辛，温，有毒。归脾、胃、肺经。

［**功效**］燥湿化痰，降逆止呕，消痞散结；外用消肿止痛。

［**应用**］

1. 用于湿痰，寒痰证　本品辛温而燥，为燥湿化痰，温化寒痰之要药。尤善治脏腑之湿痰。治湿痰阻肺之咳嗽气逆，痰多质稠者，常配橘皮同用，如二陈汤；治寒痰咳嗽，则配干姜、细辛等，如小青龙汤。

2. 用于胃气上逆呕吐　半夏为止呕要药。各种原因的呕吐，皆可随证配伍用之，对痰饮或胃寒呕吐尤宜。常配生姜同用，如小半夏汤；若胃热呕吐，则配黄连、竹茹等；胃阴虚呕吐，则配石槲、麦冬；胃气虚呕吐，则配人参、白蜜等。

3. 用于肚腹胀满　半夏辛开散结，化痰消痞。治肚腹胀满，常配干姜、黄连、黄芩，以苦辛通降，开痞散结，如半夏泻心汤。

4. 用于瘿瘤痰核，痈疽肿毒及毒蛇咬伤等　本品内服能消痰散结，外用能消肿止痛。治瘿瘤痰核，配昆布、海藻、贝母等；无名肿毒、毒蛇咬伤，以生品研末调敷或鲜品捣敷。

[**用量**] 马、牛15~45g；猪、羊3~10g；犬、猫1~5g。

[**禁忌**] 反乌头。其性温燥，一般而言阴虚燥咳，热痰，燥痰应慎用。

[**成分与药理**]

1. 主要成分　本品含β-谷甾醇及葡萄糖苷，多种氨基酸和挥发油，皂苷，辛辣性醇类，胆碱，左旋麻黄碱等生物碱及少量脂肪、淀粉等。

2. 药理研究　①对咳嗽中枢有镇静作用，可解除支气管痉挛，并使支气管分泌减少而有镇咳祛痰作用。②可抑制呕吐中枢而止呕。③含葡萄糖醛酸的衍化物，有显著的解毒作用。④半夏对小鼠有明显的抗早孕作用，煎剂可降低兔眼内压。

桔　梗

为桔梗科多年生草本植物桔梗 *Platycodon grandiflorus*（Jacq.）A. DC. 的干燥根。春、秋两季采挖，除去须根，剥去外皮或不去外皮，切片，晒干生用。全国大部分地区均有，以东北、华北地区产量较大，华东地区质量较优。

[**性味归经**] 苦、辛，寒。归肺经。

[**功效**] 宣肺化痰，利咽，排脓。

[**应用**]

1. 咳嗽痰多，胸闷不畅　用于肺气不宣的咳嗽痰多，胸闷不畅。本品辛散苦泄，宣开肺气，化痰利气，无论属寒属热皆可应用。风寒者，配紫苏、杏仁，如杏苏散；风热者，配桑叶、菊花、杏仁，如桑菊饮。

2. 咽喉肿痛　用于咽喉肿痛。本品能宣肺利咽。凡外邪犯肺，咽喉肿痛者，配射干、马勃、板蓝根等以清热解毒利咽。

3. 咳吐脓痰　用于肺痈咳吐脓痰。本品性散上行，能利肺气以排壅肺之脓痰。临床上常配以鱼腥草、冬瓜仁等以加强清肺排脓之效。

[**用量**] 马、牛15~45g；猪、羊3~10g；犬2~5g；兔、家禽1~1.5g。

[**禁忌**] 本品性升散，凡气机上逆，呕吐、呛咳，阴虚火旺咳血等，不宜用。用量过大易致恶心呕吐，又因桔梗皂苷有溶血作用，不宜作注射给药。

[**成分与药理**]

1. 主要成分　本品含多种皂苷，主要为桔梗皂苷，另外还含菊糖，植物甾醇等。

2. 药理研究　①能反射性增加气管分泌，稀释痰液而有较强的祛痰作用，并有镇咳作用。②桔梗皂苷有抗菌消炎作用，并能抑制胃液分泌和抗溃疡。③有解痉、镇痛、镇静、降血糖、降血脂等作用。④桔梗皂苷有很强的溶血作用，但口服能在消化道中分解破坏而失去溶血作用。

天南星

为天南星科多年生草本植物天南星 *Arisaema erubescens*（Wall.）Schott 或异叶天南星

Arisaema heterophyllum Bl. 或东北天南星 *Arisaema amurense* Maxim. 的干燥块茎。秋、冬两季采挖，除去须根及外皮，晒干，即生南星；用姜汁、明矾制过用，为制南星。天南星主产于河南、河北、四川等地；异叶天南星主产于江苏、浙江等地；东北天南星主产于辽宁、吉林等地。

[**性味归经**] 苦、辛，温，有毒。归肺、肝、脾经。

[**功效**] 燥湿化痰，祛风解痉；外用消肿止痛。

[**应用**]

1. 用于湿痰，寒痰证 本品燥湿化痰功似半夏而温燥之性更甚，祛痰较强。治顽痰阻肺，咳喘胸闷，常配半夏、枳实等，如导痰汤；若属痰热咳嗽，则须配黄芩、瓜蒌等清热化痰药用之。

2. 用于风痰证，如眩晕、中风，口眼歪斜及破伤风等 本品专走经络，善祛风痰而止痉。治风痰眩晕，配半夏、天麻等；治风痰留滞经络，瘫痪，四肢麻木、口眼歪斜等，则配半夏、川乌、白附子等；治破伤风角弓反张，痰涎壅盛，则配白附子、天麻、防风等。

3. 用于痈疽肿痛，毒蛇咬伤等 本品外用有消肿散结止痛之功。治痈疽肿痛、痰核，可研末醋调敷；治毒蛇咬伤，可配雄黄为末外敷。

[**用量**] 马、牛 15～25g；猪、羊 3～10g；犬、猫 2～5g；兔、禽 1～3g。

[**禁忌**] 阴虚燥痰及孕畜忌用。

[**成分与药理**]

1. 主要成分 本品主含三萜皂苷、安息香酸、氨基酸、D-甘露醇等，近年分离得二酮哌嗪类生物碱，为抗心律失常的有效成分。

2. 药理研究 ①煎剂具有祛痰及抗惊厥、镇静、镇痛作用。②水提取液对小鼠试验性肿瘤（肉瘤 S_{180}、肝癌鳞状上皮型子宫颈癌移植于鼠者）有明显抑制作用。③二酮哌嗪类生物碱能对抗乌头碱所致的实验性心律失常。④动物试验证明，其所含皂苷能刺激胃黏膜，反射性引起支气管分泌增加，而起到祛痰作用。

杏 仁

为蔷薇科落叶乔木植物山杏 *Prunus armeniaca* L. var. *ansu* Maxim.、西伯利亚杏 *Prunas sibirica* L.、东北杏 *Prunas mandshurica* 或杏 *Prunas armewdeca* L. 的干燥成熟种子。秋季采收成熟果实，除去果肉及核壳，晒干，生用。主产我国东北、内蒙古自治区、华北、西北、新疆维吾尔自治区及长江流域。

[**性味归经**] 苦，微温，有小毒。归肺、大肠经。

[**功效**] 止咳平喘，润肠通便。

[**应用**]

1. 用于咳嗽气喘 本品主入肺经。味苦能降，且兼疏利开通之性，降肺气之中兼有宣肺之功而达止咳平喘，为治咳喘之要药。随证配伍可用于多种咳喘病症。如风寒咳喘，配麻黄、甘草，以散风寒宣肺平喘，即三拗汤；风热咳嗽，配桑叶、菊花，以散风热宣肺止咳，如桑菊饮；燥热咳嗽，配桑叶、贝母、沙参，以清肺润燥止咳，如桑杏汤；肺热咳喘，配石膏等以清肺泄热宣肺平喘，如麻杏石甘汤。

2. 用于肠燥便秘 本品含油脂而质润，味苦而下气，故能润肠通便。常配柏子仁、郁李仁等同用。

［**用量**］马、牛25～45g；猪、羊5～15g；犬、猫2～5g；兔、禽1～3g。

［**禁忌**］阴虚咳嗽者忌用；本品有小毒，用量不宜过大。

［**成分与药理**］

1. 主要成分　本品含苦杏仁苷及脂肪油、蛋白质、各种游离氨基酸。

2. 药理研究　①苦杏仁苷分解后产生少量氢氰酸，能抑制咳而起镇咳平喘作用。过量中毒有可能致死，因苦杏仁口服后易在胃肠道分解出氢氰酸，故毒性比静脉注射大。②苦杏仁油对蛔虫、钩虫及伤寒杆菌、副伤寒杆菌有抑制作用，且有润滑性通便作用。

贝　母

为百合科植物川贝母 *Fritillaria cirrhosa* D. Don. 或浙贝母 *Fritillaria thunbergii* Miq. 的干燥鳞茎，又称大贝或尖贝。原药均生用，主产于四川、浙江、青海、甘肃、云南、江苏、河北等地。

［**性味归经**］川贝：苦、甘，微寒。浙贝：苦，寒。均入心、肺经。

［**功效**］止咳化痰，清热散结。

［**主治**］川贝偏治痰少咳嗽，阴虚或肺燥咳嗽；浙贝母偏治痰多咳嗽和痈肿疮毒、瘰疬未溃者，外感风热、痰火郁结咳嗽。

1. 止咳化痰　用于痰热咳嗽，常与知母同用。与杏仁、紫菀、款冬花、麦冬等止咳养阴药配伍，用于久咳；配百合、大黄、天花粉等，用治肺痈鼻脓，如百合散。

2. 清热散结　浙贝母长于清火散结，故适用于瘰疬痈肿未溃者，多与清热散结、凉血解毒药物同用。如配伍天花粉、连翘、蒲公英、当归、青皮等，用治乳痈肿痛。

［**用量**］马、牛15～30g；猪、羊3～10g；犬、猫1～2g；兔、禽0.5～1g。

［**禁忌**］脾胃虚寒及有湿痰者忌用。反乌头。

［**成分与药理**］

1. 主要成分　贝母含川贝母碱、炉贝母碱、青贝母碱等多种生物碱。浙贝母含有浙贝母碱、贝母酚、贝母新、贝母替丁等多种生物碱及浙贝碱甙、甾醇、淀粉等。

2. 药理研究　川贝母碱有降压、增强子宫收缩、抑制肠蠕动的作用，但大量则能麻痹中枢神经系统、抑制呼吸运动等。浙贝母有阿托品样作用，能松弛支气管平滑肌及降低血压，扩大瞳孔等作用。其散瞳作用比阿托品还强大而持久。

款冬花

为菊科多年生草本植物款冬 *Tussilago farfara* L. 的干燥花蕾，生用或蜜炙用。主产于河南、甘肃、山西、陕西等地。

［**性味归经**］辛，温。归肺经。

［**功效**］润肺下气，止咳化痰。

［**应用**］用于多种咳嗽。本品为治咳常用药，药性功效与紫菀相似，紫菀长于化痰，款冬花长于止咳，二者常相须而用。本品辛温而润，尤宜于寒嗽，常配麻黄等同用。若肺热咳喘，则配桑白皮、瓜蒌；若肺气虚而咳者，可配人参、黄芪同用；若阴虚燥咳，则配沙参、麦冬；喘咳日久痰中带血，常配百合同用；若肺痈咳吐脓痰，则配桔梗、薏苡仁等

同用。

[**用量**] 马、牛15~45g；猪、羊3~10g；犬2~5g；兔、家禽0.5~1.5g。

[**成分与药理**]

1. 主要成分 本品含款冬二醇及其异体结构山金车二醇、芸香甙、金丝桃甙、三萜苷、挥发油及鞣质等。

2. 药理研究 ①煎剂在动物试验中有镇咳作用。②醇提取液及煎剂有升血压作用。③醚提取物能抑制胃肠平滑肌，有解痉作用。④对结核杆菌、金黄色葡萄球菌等多种细菌有抑制作用。

瓜 蒌

为葫芦科多年生草质藤本植物栝楼 *Trichosanthes kirilowii* Maxim. 和双边栝楼 *Trichosanthes uniflora* Hao. 的成熟果实。秋季采收，将壳与种子分别干燥生用，或者以仁制霜用。全国均有，主产于河北、河南、安徽、浙江、山东、江苏等地。

[**性味归经**] 甘、微苦，寒。归肺、胃、大肠经。

[**功效**] 清热化痰，宽胸散结，润肠通便。

[**应用**]

1. 痰热咳喘 本品有清肺化痰之功。常以本品治幼畜膈热，咳嗽痰喘，久延不愈者，临床常配知母、浙贝母等同用。若痰热内结，咳痰黄稠，胸闷而大便不畅者，又可配以黄芩、胆南星、枳实等。

2. 肺痈，肠痈，乳痈等 本品能消肿散结。治肺痈咳吐脓血，则配鱼腥草、芦根等同用；治肠痈，则配败酱草、红藻等同用；治乳痈初起，红肿热痛，配当归、乳香、没药，亦可配蒲公英、银花、牛蒡子等同用。

3. 肠燥便秘 瓜蒌仁有润肠通便之功，常配火麻仁、郁李仁等同用。

[**用量**] 马、牛30~60g；猪、羊10~20g；犬6~8g；家禽0.5~1.5g。

[**禁忌**] 本品甘寒而滑，脾虚便溏及湿痰、寒痰者忌用。反乌头。

[**成分与药理**]

1. 主要成分 本品含三萜皂苷、有机酸及盐类、树脂、糖类和色素。种子含脂肪油、皂苷等。瓜蒌皮含多种氨基酸及生物碱等。

2. 药理研究 ①所含皂苷及皮中总氨基酸有镇咳祛痰作用。②瓜蒌注射液对豚鼠离体心脏有扩冠作用。③对垂体后叶引起的大鼠急性心肌缺血有明显的保护作用。④并有降血脂作用。⑤对金色葡萄球菌、肺炎双球菌、绿脓杆菌、溶血性链球菌及流感杆菌等有抑制作用。⑥瓜蒌仁有致泻作用。

葶苈子

为十字花科草本植物独行菜 *Lepidium apetalum* Willd. 或播娘蒿 *Descurainia sophia*（L.）Schur. 的成熟种子。夏季果实成熟时采割植株，晒干，搓出种子，除去杂质，生用或炒用。前者称“北葶苈”，主产于河北、辽宁、内蒙古自治区、吉林等地；后者称“南葶苈”，主产于江苏、山东、安徽、浙江等地。

[**性味归经**] 苦、辛，大寒。归肺、膀胱、大肠经。

［功效］泻肺平喘，利水消肿。

［应用］

1. 平喘咳　用于痰涎壅盛，肺气喘促，咳逆之实证。本品苦降辛散，性寒清热，专泻肺中水饮及痰火而平喘咳。治疗肺热咳喘，配伍板蓝根、浙贝母、桔梗等，如清肺散。

2. 利水消肿　用于水肿、胸腹积水、小便不利等。本品泄肺气之壅闭而通调水道，利水消肿。治腹水肿满属湿热蕴阻者，配防已、大黄等；治结胸证之胸胁积水，配杏仁、大黄、芒硝，即大陷胸丸，近代用本品配伍其他药物，治渗出性胸膜炎等有效。

［用量］马、牛15～30g；猪、羊6～12g；犬、猫3～5g；兔、禽1～3g。

［禁忌］肺虚喘促、脾虚肿满患畜忌用。

［成分与药理］

1. 主要成分　北葶苈子含有强心作用的物质，芥子苷、脂肪油、蛋白质、糖类等，南葶苈子含挥发油（油中含异硫氰酸苄酯和异硫氰酸烯丙酯等）、脂肪油、七里香苷甲等。

2. 药理研究　①两种葶苈子醇提取物，均有强心作用，能使心肌收缩力增强，心率减慢。对衰弱的心脏可增加输出量，降低静脉压。大剂量可引起心律不齐等强心苷中毒症状。②本品尚有利尿作用。

其他止咳化痰平喘药见表9－8。

表9－8　其他止咳化痰平喘药

药名	性味归经	功效	主治
旋覆花	苦、辛、咸，微温，入肺、大肠经	降气平喘，消痰行水	痰壅气逆及痰饮蓄积所致的咳喘痰多
白前	辛、甘，微温，入肺经	祛痰，降气止咳	肺气壅塞、痰多；外感咳嗽
前胡	苦、辛，微寒，入肺经	降气祛痰，宣散风热	肺气不降的痰稠喘满及风热郁肺的咳嗽；风热郁肺，发热咳嗽
紫菀	辛、苦，温，入肺经	化痰止咳，下气	劳伤咳喘、鼻流脓血
百部	甘、苦，微温，入肺经	润肺止咳，杀虫灭虱	风寒咳喘，肺劳久咳；善杀蛲虫
马兜铃	苦、微辛，寒，入肺、大肠经	清肺降气，止咳平喘	肺热咳嗽、痰多喘促
紫苏子	辛，温，入肺经	止咳平喘，降气祛痰	咳逆痰喘
枇杷叶	苦，平，入肺、胃经	化痰止咳，和胃降逆	肺热咳喘；胃热口渴、呕逆
白果	甘、苦、涩，平，入肺经	敛肺定喘，收涩除湿	久病或肺虚引起的咳喘
洋金花	辛，温，入肺经	止咳平喘，镇痛	慢性气喘，咳嗽气逆，寒湿痹痛
天花粉	苦、酸，寒，入肺、胃经	清肺化痰，养胃生津	肺热燥咳、肺虚咳嗽、胃肠燥热、痈肿疮毒；热证伤津

二、止咳化痰平喘方

二陈汤（《和剂局方》）

［组成］制半夏40g、陈皮50g、茯苓30g、炙甘草15g。

［功效］燥湿化痰，理气和中。

［主治］主治湿痰咳嗽。咳嗽，气喘，鼻液量多色白而黏稠，苔白腻，脉滑。

［方解］本方为治脾不健运，湿聚为痰，阻滞胸膈，气机失畅而成。故治宜燥湿化痰，理气和中。方中半夏辛温而燥，最善燥湿化痰，且能和胃降逆为主药；陈皮理气燥湿，使气顺而痰消为辅药；两药相使为用，半夏得陈皮化湿痰之力胜，陈皮得半夏理气和胃之功捷。茯苓甘淡，甘能补脾，淡能渗湿，使湿无所聚，则痰无由生；生姜降逆化痰，一助陈、夏以行气消痰，二则制半夏之毒；乌梅收敛肺气，与半夏有散收开阖之配，相反相成，有欲劫之而先聚之之义，均为佐药，甘草调和诸药为使药。诸药合用，有燥湿化痰、理气和中之功，方中陈皮、半夏二味，用陈久者，则无过燥之弊，故有“二陈”之名。

［应用］本方为治疗以湿痰为主的多种痰证的基础方，多用于治疗因脾阳不足，运化失职，水湿凝聚成痰所引起的咳嗽、呕吐等症。本方加紫苏、杏仁、前胡、桔梗、枳壳可治风寒咳嗽；加党参、白芍可治脾胃虚弱、食少便溏、湿咳等症；本方加沙参、麦冬、芍药、丹皮、贝母、杏仁、蜂蜜，名沙参散，治劳伤咳嗽、久咳不止（慢性气管炎）。

［方歌］二陈汤用夏和陈，益以甘草与茯苓，利气祛痰兼燥湿，湿痰为病此方珍。

止嗽散（《医学心悟》）

［组成］桔梗30g、荆芥30g、紫菀30g、百部30g、白前30g、陈皮10g、甘草6g。

［功效］止咳化痰，宣肺疏表。主治外感咳嗽。

［主治］频发咳嗽，咳声高亢有力，白天或温暖时咳嗽轻，夜晚或寒冷时咳嗽重，常伴鼻流清涕，发热恶寒，被毛逆立，甚至颤抖，耳鼻发凉或时冷时热等。

［方解］本方用于风寒外袭，肺气被郁，气逆痰升所致的咳嗽流涕，故有止咳、化痰、解表作用，但以止咳为主，化痰、解表为辅，故名止嗽散。方中紫菀、白前、百部、陈皮理气化痰止咳为主辅药，荆芥、桔梗疏风宣肺，甘草调和诸药，润肺利咽，为佐使药，全方不寒不燥，为止咳化痰，兼以疏表宣肺之常用方。

［应用］本方为治外感咳嗽的常用方，用于外感风寒咳嗽，以咳嗽不畅、痰多为主证。若恶寒发热，偏重于表证者，可加防风、苏叶、生姜等以发散风寒；若外邪已去，见有热候者，去荆芥，加黄芩、栀子、连翘等以清热。

［方歌］止咳桔梗百部前，荆芥陈皮甘草菀，化痰止咳兼疏表，外感咳嗽方中贤。

第七节 温里方药

一、温里药

附 子

为毛茛科植物乌头 *Aconitum carmichaeli* Debx. 的子根。6~8 月间采挖根部，除去母根、须根及杂质，留旁生侧根。须炮制后方可入药。主产于四川、陕西、湖南、湖北等地。

[性味归经] 大辛、大热，有大毒。归心、脾、肾经。

[功效] 温中散寒，回阳救逆，除湿止痛。

[应用]

1. 治寒伤脾胃 因寒伤脾胃所引起的草料减少，或者腹痛起卧、泄泻、呕吐等症，常与干姜、党参、白术、甘草配伍，如附子理中汤。

2. 治阳虚 本品能上助心阳通血脉，中温脾阳以散寒，下补肾阳益命火。用于肾阳不足，命门火衰，可配伍肉桂、山茱萸、干地黄等。用于寒伤脾胃，配党参、白术、干姜等。心阳虚衰，配党参、桂枝、甘草，以温通心阳。

3. 治风寒湿痹 本品药性温热，能祛除寒湿，因此对风湿痹痛属于寒气偏胜者，有良好的散寒止痛作用。凡腰胯冷痛，束步难行，卧地难起，口色淡，脉象迟细等症，常与桂枝及祛风湿药配伍。

[用量] 牛、马 15~30g；猪、羊 3~9g；犬、猫 1~3g；兔、禽 0.5~1g。

[禁忌] 热证阴虚火旺及孕畜忌用。

[成分与药理]

1. 主要成分 为乌头碱、新乌头碱及其他非生物碱成分。

2. 药理研究 ①附子少量能兴奋迷走神经中枢，有强心镇静和消炎作用，同时能使心肌收缩幅度增高。由于毒性大，临床多需炮制，使乌头碱分解，减轻毒性后应用。若生用或大量用要慎用以防中毒。②另外，据报道本品对垂体肾上腺皮质系统有兴奋作用。③附子磷脂酸钙及谷甾醇等脂类成分具有促进饱和胆固醇新陈代谢的作用。

干 姜

为姜科植物姜 *Zingiber officinale* Rosc. 的干燥根状茎。切片生用。炒黑后称炮姜，主产于四川、陕西、河南、安徽、山东等地。

[性味归经] 辛，温。归心、脾、胃、肾、肺、大肠经。

[功效] 温中散寒，回阳通脉，温肺化痰。

[应用]

1. 治脾胃寒证 本品温中散寒。无论外寒内侵之寒实证，还是脾阳不足之虚寒证，均可应用。治脾胃虚寒所致的草少、泄泻、冷痛、吐涎等，常与党参、白术、甘草配伍，如理中汤。若脾胃寒实证，可配伍附子、高良姜等同用。

2. 治亡阳证 本品助心通阳，回阳通脉。治心肾阳虚、阴寒内盛之亡阳证，配附子相须为用。既助附子回阳救逆，又降低附子毒性。故有“附子无姜不热”之说。

3. 治肺寒咳嗽、痰稀而多、形如白沫 本品温燥辛散，不仅能温肺以散寒，又能燥湿以化痰，故可用于寒咳多痰之症，常与细辛、五味子、茯苓、炙甘草等同用。

[**用量**] 牛、马 15 ~ 30g；猪、羊 3 ~ 10g；犬、猫 1 ~ 3g；兔、禽 0.3 ~ 1g。

[**禁忌**] 热证阴虚有热忌用，孕畜慎用。

[**成分与药理**]

1. 主要成分 本品主要含挥发油。油中成分是姜烯、水芹烯、莰烯、姜烯酮、姜辣素、姜酮、龙脑、姜醇、柠檬醛等。

2. 药理研究 ①本品浸剂有显著止呕作用，对胃黏膜有保护作用，对胃肠机能活动具有双向调节作用。②干姜乙醇提取物兴奋心脏，有强心作用。③干姜提取物有抗血小板聚集、抑制血栓形成作用。④此外，有降血脂、保肝、利胆作用。

肉　桂

为樟科植物肉桂 *Cinnamomum cassia* Presl 的干燥树皮。生用。主产于广东、广西壮族自治区、云南、贵州等地。

[**性味归经**] 辛、甘，大热。归脾、肾、肝经。

[**功效**] 补火助阳，温经通脉，散寒止痛。

[**应用**]

1. 治命门火衰 本品为大热之品，有益火消阴、温补肾阳的作用。用于因肾阳不足所致的四肢厥冷、口色淡，脉沉细等症，常配与熟地、附子、山茱萸等配伍。

2. 治寒凝血滞各种痛证 本品能温中散寒而止痛，故遇虚寒性的脘腹疼痛，单用一味，亦有相当功效。治寒邪内侵，脾胃寒伤，患畜表现耳鼻寒冷，草少，口流清涎，或者腹痛，或者泄泻，口色淡白，脉沉迟，常与青皮、白术、厚朴、益智仁、干姜、当归、陈皮等配伍。若寒疝腹痛，配小茴香、吴茱萸等，散寒止痛。

3. 治寒湿痹痛 本品能振奋脾阳，又能通利血脉。用治风寒痹痛，尤其寒痹腰痛，本品常用，配伍独活、杜仲、桑寄生等。若寒凝血滞，配当归、川芎、小茴香等，温经散寒，活血止痛。

此外，还可在治疗血气衰弱的方中用之，有鼓舞气血生长的功效，如在十全大补汤中有肉桂。

[**用量**] 牛、马 25 ~ 30g；猪、羊 3 ~ 10g；犬、猫 2 ~ 5g；兔、禽 1 ~ 2g。

[**禁忌**] 忌赤石脂。孕畜慎用。

[**成分与药理**]

1. 主要成分 含有肉桂油，肉桂酸，甲酯等成分。

2. 药理研究 ①据试验能促进胃肠分泌，具增进食欲的作用。②有扩张血管，增强血液循环，抗心肌缺血，以致血小板凝集等作用。③肉桂油能缓解胃肠痉挛，并能抑制肠内的异常发酵，故有止痛作用。④对多种革兰氏阳性菌和皮肤真菌有抑制作用。

小茴香

为伞形花科植物小茴香 *Foeniculum vulgare* Mill. 的干燥成熟果实。生用或盐水炒用。主要产于山西、陕西、江苏、安徽、四川等地。

［**性味归经**］辛，温。归肺、肾、脾、胃经。

［**功效**］祛寒止痛，理气和胃，暖腰肾。

［**应用**］

1. 治脾胃中寒、气滞　凡冷痛，草少，吐涎、寒泄等均可应用，常与干姜、木香等配伍。

2. 治寒伤腰胯　本品入肾经，“主肾间冷气”，善治寒伤腰胯，寒疝腹痛。治寒伤腰胯，常与川楝子、青皮、葫芦巴、细辛等配伍。治寒疝腹痛，配伍乌药、木香、川楝子等散寒行气药物。

［**用量**］牛、马15~60g；猪、羊6~10g；犬、猫2~5g；兔、禽1~2g。

［**禁忌**］热证及阴虚火旺忌用。

［**成分与药理**］

1. 主要成分　含挥发油（茴香脑、茴香酮、茴香醛等）。

2. 药理研究　①能刺激神经血管，促进消化机能，增强胃肠蠕动，排除腐败气体。②本品煎剂有利胆、抗溃疡作用。③小茴香油对真菌、金黄色葡萄球菌有杀灭作用。④此外，有镇痛、祛痰作用。

其他温里药见表9-9。

表9-9　其他温里药

药名	性味归经		功效	主治
吴茱萸	辛、苦，温	入肝、肾、脾、胃经	温中止痛，理气止呕	脾虚慢草、伤水冷痛、胃寒不食；胃冷吐涎
高良姜	辛，温	入脾、胃经	散寒止痛，温中止呕	胃寒草少、伤水冷痛、气滞腹痛、胃冷吐涎
艾叶	苦、辛，温	入脾、肝、肾经	理气血，逐寒湿，安胎	寒性出血和腹痛，特别是子宫出血、腹中冷痛、胎动不安
花椒	辛，温	入肺、脾、肾经	温中散寒，杀虫止痛	脾胃虚寒，伤水冷痛；蛔虫
白扁豆	甘，微温	入脾、胃经	补脾除湿，消暑	脾虚作泻，伤暑泄泻

二、温里方

茴香散（《元亨疗马集》）

［**组成**］茴香30g、肉桂20g、槟榔10g、白术25g、巴戟天25g、当归30g、牵牛子10g、藁本25g、白附子15g、川楝子25g、肉豆蔻15g、荜澄茄20g、木通20g。

［**功效**］温肾散寒，祛湿止痛。

［**主治**］主治寒伤腰胯。腰胯疼痛、腰脊紧硬、难移后脚等。

[方解] 本方证是因寒邪侵入肌腠，流注经络，使气血凝滞腰胯，经络闭塞不通所致。“肾为腰之府”，故寒伤腰胯治宜温肾散寒，除湿止痛。方中茴香辛温，温肾散寒，理气止痛，为主药；细辛、藁本、荜澄茄、肉桂、肉豆蔻辛温，能除寒止痛，巴戟天辛温助阳，温肾除寒，共助主药温肾除寒而止痛，为辅药；当归、青皮、陈皮、川楝子理气活血而止痛，木通、牵牛子利湿，共为佐药；盐下行入肾，酒散寒通络为使药。诸药合用，共奏温肾散寒，祛湿止痛之功。

[应用] 本方以温肾散寒为主，临床用于治疗寒邪偏胜的寒伤腰胯疼痛。若湿邪偏重，加羌活、独活、秦艽、苍术等。《元亨疗马集》中有金铃散（肉桂、茴香、没药、当归、槟榔、防风、荆芥、肉苁蓉、木通、川楝子、肉豆蔻、荜澄茄、白附子），温肾祛湿，活血止痛，临证可与本方互参。

[方歌] 茴香散槟术肉桂，木通巴戟牵牛归，藁本白附川楝子肉蔻澄茄共同擂。

理中汤（《伤寒论》）

[组成] 党参60g、干姜60g、炙甘草60g、白术60g。水煎服，或者共为末，开水冲调，候温灌服。

[功效] 补气健脾，温中散寒。

[主治] 脾胃虚寒证。证见慢草不食，腹痛泄泻，完谷不化，口不渴，口色淡白，脉象沉细或沉迟。

[方解] 本方为温中散寒的代表方。脾主运化而升清阳，胃主受纳而降浊。脾胃虚寒，升降失职，故出现食欲减退，腹痛泄泻等症。治宜温中祛寒，补气健脾，助运化而复升降。方中干姜辛热温中焦脾胃而祛里寒，为主药；党参甘温，益气健脾，助干姜振脾胃之升降，为辅药；脾虚则生湿，以白术燥湿健脾，为佐药；炙甘草益气和中而调诸药，为使药。四药合用，温中焦之阳，补脾胃之虚，复升降之常，升清降浊，共奏“理中”之效。

[应用] 本方是治疗脾胃虚寒的代表方剂。对于脾胃虚寒引起的慢草不食，腹痛泄泻等均可应用，如慢性胃肠炎、胃及十二指肠溃疡等属脾胃虚寒者。寒甚者，重用干姜；虚甚者，重用党参；呕吐者，加生姜、吴茱萸；泄泻甚者，加肉豆蔻、诃子。本方加附子，名附子理中汤（《和剂局方》），温阳祛寒，益气健脾，主治脾胃虚寒，腹痛，泄泻，四肢厥逆，拘急等。

[方歌] 理中汤主理中乡，甘草党参术干姜，腹痛泄泻阴寒盛，祛寒健脾是妙方。

第八节 祛湿方药

一、祛湿药

羌 活

为伞形科多年生草本植物羌活 *Notopterygium incisum* Ting ex H. T. Chang、宽叶羌活 *Notopterygium forbesii* Boiss. 的干燥根茎及根。春、秋两季采挖，除去泥沙，晒干切片生用。主产于四川、甘肃、青海及云南等地。

[性味归经] 辛，温。归膀胱、肾经。

[功效] 解表散寒，祛风胜湿，止痛。

[应用]

1. 外感风寒表证 用于外感风寒表证本品气香性散，善散在表之风寒湿邪。适用于风寒夹湿的表证，风寒感冒，发热无汗、颈项强硬，四肢拘挛、骨节酸痛，肢体沉重者，常配独活、白芷、防风、藁本等发散风寒药物，以奏发表之效。

2. 风寒湿痹证 用于风寒湿痹证本品能祛风湿，散风通痹，利关节而止痛，为治痹常用药物，以祛上部风湿为主，多用于项背、前肢风湿痹痛，常与防风、姜黄等配伍。

[用量] 马、牛15~45g；猪、羊3~10g；犬、猫2~5g；兔、禽0.5~1.5g。

[禁忌] 阴虚火旺，产后血虚者慎用。

[成分与药理]

1. 主要成分 本品含挥发油、有机酸（棕榈酸、油酸、亚麻酸）及生物碱、内酯等。

2. 药理研究 ①抗菌作用。羌活挥发油对痢疾杆菌、大肠杆菌、伤寒杆菌、绿脓杆菌及皮肤真菌有抑制作用。②解热镇痛作用。本品煎剂发汗解热作用较强，对风湿性疼痛具有镇痛作用。③其他作用。羌活还具有抗过敏、抗氧化、抗血栓等作用。

车前子

为车前科植物车前 *Plantago asiatica* L. 或平车前 *Plantago depressa* Willd. 的干燥成熟的种子。生用或炒用。全国各地均产。

[性味归经] 甘、淡，寒。归肝、肾、肺、小肠经。

[功效] 利水通淋，清肝明目，渗湿止泻，清肺化痰。

[应用]

1. 热结膀胱 用于因热结膀胱所致的尿涩、尿血、水肿等症，常与木通、栀子、滑石等配伍，如八正散。

2. 暑热 用于因暑热所致的泄泻，常与香薷、茯苓、猪苓等配伍。

3. 肝经风热 用于因肝经风热所致的目赤肿痛、翳障等，常与菊花、青葙子、黄芩等配伍。

4. 祛痰止咳 用于咳嗽痰多，本品有祛痰止咳之功，以用于肺热咳嗽较宜，可与杏仁、桔梗、苏子等化痰止咳药同用。

[用量] 牛、马20~30g；驼30~50g；猪、羊10~15g；犬、猫3~6g；兔、禽1~3g。

[禁忌] 内无湿热及肾虚精滑者忌用。

[成分与药理]

1. 主要成分 含车前子酸、车前聚糖、琥珀酸、腺嘌呤、维生素A及维生素B_1等。

2. 药理研究 ①利尿作用。经犬猫等动物试验，车前子能增强尿的水分、尿素、尿酸及氯化钠的排除。②祛痰、镇咳作用。车前子煎剂灌胃使麻醉猫呈明显的祛痰作用。③浸剂可调节胃的分泌功能，减轻兔肠收缩。④对伤寒杆菌、大肠杆菌等有抑制作用。

独　活

为伞形科多年生草本植物重齿毛当归 *Angelica pubescens* f. *biserrata* Shan et Yuan. 的干燥根。秋末或春初采挖。切片生用。主产于四川、湖北、安徽、云南、内蒙古自治区等地。

［性味归经］辛，温。归肝、肾、膀胱经。

［功效］祛风除湿，通痹止痛，解表。

［应用］

1. 风寒湿痹 本品善祛风湿、散寒而通痹止痛，为治风寒湿痹，尤其是腰胯、后肢痹痛的常用药物。治风盛之行痹或寒盛之痛痹，常与附子、乌头、防风等散寒祛风药物配伍；治肾气虚弱，腰膝冷痛，常与桑寄生、杜仲、防风等药物配伍。

2. 风寒表证 本品除散风祛湿止痛外，又能发汗解表，适用于风寒表证及表证夹湿，常与羌活、防风、荆芥等解表散寒胜湿药物配伍。

［用量］马、牛30～45g；猪、羊3～10g；犬、猫2～5g；兔、禽0.5～1.5g。

［禁忌］气血亏虚者慎用。

［成分与药理］

1. 主要成分 含独活内酯、当归素、佛手柑内酯、东莨菪素、当归酸及黄酮类化合物。

2. 药理研究 ①镇静、催眠、镇痛、抗炎作用。独活煎剂或流浸膏给大鼠或小鼠内服或腹腔注射，均可产生镇静、催眠作用，甚至可防止士的宁对蛙的惊厥作用，但不能防止蛙死亡。对大鼠甲醛性关节炎有抗炎消肿作用。②解痉作用。相柑内酯对兔回肠有明显的解痉作用。东莨菪素对雌激素或氧化钡所致在体或离体大鼠子宫有解痉作用。③抗菌作用。独活煎剂对大肠杆菌、痢疾杆菌、变形杆菌、伤寒杆菌、绿脓杆菌、霍乱弧菌等具有抑制作用。④其他作用。独活还具有抗血栓、抗凝、抗血小板凝集、抗肿瘤等作用。

滑　石

为硅酸盐类矿物滑石族滑石。主含含水硅酸镁｛$Mg_3[Si_4O_{10}]_2\cdot(OH)_2$｝。打碎成小块，水飞或研磨生用。产于广东、广西壮族自治区、云南、山东、四川等地。

［性味归经］甘，寒。归胃、肾、膀胱经。

［功效］利水渗湿，清热解暑。外用祛湿敛疮。

［应用］

1. 利水渗湿 滑石性寒滑利，寒能清热，滑能利窍，为清热利水通淋常用之品，临床用于小便不利、淋沥涩痛等症，可配车前子、金钱草、海金沙等品；用于湿热引起的水泻，可配合茯苓、薏苡仁、车前子等同用。

2. 清热解暑 滑石能清暑、渗湿泄热，用于感受暑热所致的烦渴、尿少、泄泻等，配甘草为六一散。

3. 敛疮 本品外用能清热收湿，用治湿疹、痱子等，可配石膏、炉甘石、冰片或与黄柏、枯矾等同用。

［用量］牛、马25～45g；驼30～60g；猪、羊10～20g；犬3～9g；兔、禽1.3～5g。外用适量。

［禁忌］内无湿热、尿过多及孕畜禁用。

［成分与药理］

1. 主要成分 含硅酸镁、氧化铝、氧化镍等。

2. 药理研究 ①硅酸镁有吸附和收敛作用，内服能保护肠壁，止泻而不引起臌胀。

②滑石粉撒布疮面形成被膜，有保护创面、吸附分泌物、促进结痂的作用。③抑菌作用，煎剂对金黄色葡萄球菌、副伤寒杆菌、脑膜炎球菌有抑制作用。

木　瓜

为蔷薇科植物贴梗海棠 *Chaenomeles speciosa*（Sweet）Nakai. 的干燥近成熟果实。蒸煮后切片用或炒用。主产于安徽、浙江、四川、湖北等地。

[性味归经] 酸，温。入肝、脾、胃经。

[功效] 舒筋活络，和胃化湿。

[应用] 本品味酸，生津舒筋，性温去湿，并能和胃化湿，用于风湿痹痛、腰胯无力、后躯风湿、湿困脾胃、呕吐腹泻等。用治后肢风湿，常与独活、威灵仙等同用。并为后肢痹痛的引经药。

[用量] 马、牛 15～30g；猪、羊 6～12g；犬、猫 2～5g；兔、禽 1～2g。

[成分与药理]

1. 主要成分　含有苹果酸、酒石酸、皂苷、鞣酸、维生素 C 等。

2. 药理研究　①对于腓肠肌痉挛所致的抽搐有一定效果。②木瓜水煎剂对小鼠蛋白性关节炎有明显的消肿作用。

木　通

为马兜铃科植物东北马兜铃 *Aristolochia manshuriensis* Kom.、毛茛科植物小木通 *Clematis armandii* Franch. 或同属植物绣球藤 *Clematis montana* Buch. – Ham. 的干燥藤茎。秋冬采收，晒干，切片生用。国内有 3 种不同科属的木通，即木通科木通、毛茛科的川木通和马兜铃科的关木通。

[性味归经] 苦，寒。归心、肺、小肠、膀胱经。

[功效] 清热利水，通经下乳，清泄心火，利痹。

[应用]

1. 利水通淋　用于小便不利，淋沥涩痛，水肿等症，木通寒能清热，苦能泄降，功能利水通淋，为治湿热下注、淋沥涩痛要药，常与车前子、滑石等同用。且利尿力强，对小便不利、水肿等症也常为要药，可配其他利水消肿药如桑白皮、猪苓等同用。

2. 心火上炎　治心火上炎、口舌生疮、尿短赤、湿热淋痛、尿血等，木通性味苦寒，能入心经，且能利通小便，导热下行而降心火，故可用于心火上炎、心烦尿赤、口舌生疮等症，常与生地、竹叶、甘草同用，如导赤散。

3. 乳汁不通　治乳汁不通，木通能通利血脉而下乳汁，常与王不留行等同用；用于因湿热痹证导致的关节不利、肿痛等，常与桑枝、海桐皮等配伍。

4. 关节不利　用于湿热痹痛，木通能通利渗湿，以治湿热痹痛、关节不利之症，常与薏苡仁、桑枝、忍冬藤等配伍应用。

[用量] 牛、马 25～40g；猪、羊 3～6g；犬 2～4g。

[禁忌] 汗出不止、尿频数者忌用。

[成分与药理]

1. 主要成分　含马兜铃酸、齐墩果酸、钙和鞣质。

2. 药理研究 ①有利尿和强心的作用，其利尿作用较猪苓弱，较淡竹叶强。②对革兰氏阳性菌、痢疾杆菌、伤寒杆菌有抑制作用。马兜铃酸有抑制癌细胞生长作用。③动物实验，大剂量木通可使心脏跳动停止。

茯　苓

为多孔菌科真菌茯苓 *Poria cocos*（Schw.）Wolf. 的干燥菌核，异名：云苓、茯灵、松苓。寄生于松树根。其傍附松根而生者，称为茯苓；抱附松根而生者，谓之茯神；内部色白者，称白茯苓；色淡红者，称赤茯苓；外皮称茯苓皮，均可供药用。晒干，切片，生用。主产于云南、安徽、湖北、江苏等地。

[**性味归经**] 甘、淡，平。归脾、胃、心、肺、肾经。

[**功效**] 利水渗湿，健脾补中，宁心安神，化痰。

[**应用**]

1. 用于小便不利，水肿等症 茯苓功能利水渗湿，而药性平和，利水而不伤正气，为利水渗湿要药。凡小便不利、水湿停滞的症候，不论偏于寒湿，或者偏于湿热，或者属于脾虚湿聚，均可配合应用。如偏于寒湿者，可与桂枝、白术等配伍；偏于湿热者，可与猪苓、泽泻等配伍；属于脾气虚者，可与党参、黄芪、白术等配伍；属虚寒者，还可配附子、白术等同用。

2. 用于脾虚泄泻，带下 茯苓既能健脾，又能渗湿，对于脾虚运化失常所致泄泻、带下，应用茯苓有标本兼顾之效，常与党参、白术、山药等配伍。有可用为补肺脾，治气虚之辅佐药。

3. 用于痰饮咳嗽，痰湿入络，肩背酸痛 茯苓既能利水渗湿，又具健脾作用，对于脾虚不能运化水湿，停聚化生痰饮之症，具有治疗作用。可用半夏、陈皮同用，也可配桂枝、白术同用。治痰湿入络、肩酸背痛，可配半夏、枳壳同用。

4. 用于心悸、失眠等症 茯苓能养心安神，故可用于心神不安、心悸、失眠等症，常与人参、远志、酸枣仁等配伍。

[**用量**] 牛、马 20～60g；猪、羊 5～10g；驼 45～90g；犬 3～6g；兔、禽 1.3～5g。

[**成分与药理**]

1. 主要成分 β-茯苓聚糖，约占干品的 93%，水解后 95% 转化为葡萄糖，还含有茯苓酸、麦角甾醇、蛋白质、卵磷脂、脂肪、胆碱、钾盐及酶等。

2. 药理研究 ①利尿作用：以 25% 茯苓醇浸剂 0.5g/kg，连续 5 天腹腔注射家兔，具有明显的利尿作用。②镇静作用：茯苓煎剂腹腔注射，能明显降低小鼠自发活动。③免疫作用：含茯苓的煎剂内服，能使自然玫瑰花结形成率及植物血凝素诱发淋巴细胞转化率明显上升。④对平滑肌的影响：茯苓对家兔离体肠管有直接的松弛作用。⑤抑菌作用：对金黄色葡萄球菌、大肠杆菌等有抑制作用。⑥抗癌作用：茯苓次聚糖能抑制小鼠肉瘤。

苍　术

为菊科植物茅苍术 *Atractylodes* lancea（Thunb.）DC. 和北苍术 *Atractylodes chinensis*（DC.）Koidz.、关苍术 *Atractylodes japonica* Koidz. ex Kitam. 的干燥根茎。除去残茎、须根及泥土，晒干，用时洗净，润透，切厚片，干燥，生用或麸炒用。茅苍术主产于江苏、浙

江、安徽等省；北苍术主产于辽东半岛一带；关苍术产于东北、内蒙古自治区、河北等地。

［**性味归经**］辛、苦，温。归脾、胃、肝经。

［**功效**］燥湿健脾，发汗解表，祛风湿，明目。

［**应用**］

1. 治湿阻脾胃　本品有较强的燥湿健脾功效。用于湿阻脾胃所致的食少，泄泻，水肿，舌苔白腻等，常与厚朴、陈皮、甘草、生姜、大枣同用，如平胃散。又可用于痰饮内停，配陈皮、茯苓、生姜皮等。

2. 治风寒湿痹　本品既能温燥除湿，又能辛散祛风，散除经络肢体的风湿之邪，对寒湿偏重的痹痛尤为适宜，用于风寒湿痹，湿盛者为宜。常配羌活、独活、威灵仙等。若湿热痹痛，配黄柏，如二妙散。

3. 治外感风寒　本品辛散，兼能散寒解表，适用于感受风寒湿邪的头痛、身痛、无汗等症，治风寒表证夹湿，配防风、羌活、独活等；若风热表证夹湿，常与荆芥、防风、金银花等同用。

4. 治夜盲症　常与青葙子、石决明等同用，方如青葙子散。

［**用量**］牛、马 15 ~60g；猪、羊 9 ~15g；犬、猫 5 ~8g；兔、禽 1 ~3g。

［**禁忌**］阴虚内热者或多汗者忌用。

［**成分与药理**］

1. 主要成分　含挥发油 5% ~9%，油的主要成分为苍术醇、苍术呋喃烃等；尚有少量的苍术酮和大量维生素 A、维生素 D 和 B 族维生素。

2. 药理研究　①挥发油小剂量有镇静作用，大剂量对中枢呈抑制作用并能够降低血糖。②大鼠试验证明，茅苍术灌胃，显著增加钠和钾的排泄，但无利尿作用。③烟熏消毒：用苍术、艾叶、白芷、雄黄烟熏，对结核杆菌、金黄色葡萄球菌有明显杀灭作用，其中起主要作用的是苍术。④对离体犬肠管有兴奋作用。⑤含有大量维生素 A 和 B 族维生素，对夜盲症、骨软症、皮肤角化症都有一定疗效。

猪　苓

为多孔菌科真菌猪苓 *Polyporus umbellatus*（Pers.）Fries. 的干燥菌核，寄生于桦树、枫树、柞树等的朽根上。呈不规则块状，表面黑或灰黑色，皱缩或瘤状突起，体轻质硬，断面类白色或黄白色，气微味淡。切片生用。春、秋两季采挖，洗净，润透，切厚片，干燥。主产于华北、西北和东北等地。

［**性味归经**］甘，平。归肾、膀胱经。

［**功效**］利水通淋，除湿退肿。

［**应用**］

1. 少腹胀满　用于因膀胱气化不利所致少腹胀满，水肿，小便不利，淋浊等症，常与茯苓、白术、泽泻、桂枝配伍，如五苓散。

2. 冷肠泄　用于因冷肠泄泻所致的耳鼻寒凉，肠鸣腹痛，小便少，大便如水，口色淡，脉沉迟等，常与泽泻、肉桂、干姜、天仙子同用，如猪苓散。

3. 尿不利　治阴虚性尿不利、水肿，常配以阿胶、滑石。

4. 分利水湿　治湿注带下，因其能利尿，故有分利水湿的功效，可配合其他利水渗湿药或清热燥湿药同用。

[用量] 马、牛 25～60g；猪、羊 10～20g；犬 3～6g。

[成分与药理]

1. 主要成分 含有麦角甾醇、可溶性糖分、α-羟基二十四碳酸、生物素、水溶性多聚糖化合物猪苓聚糖Ⅰ和粗蛋白等。

2. 药理研究 ①有较好的利尿作用，能促进钠、氯、钾等电解质的排出。输尿管瘘犬慢性实验，静脉注射或肌肉注射猪苓煎剂，0.25～0.5g/kg，均有明显的利尿作用。②抗肿瘤作用，猪苓多聚糖经实验有明显的抗肿瘤作用。③免疫作用，猪苓提取物能增强小鼠网状内皮系统吞噬功能。④抑菌作用，体外试验，提取物对金黄色葡萄球菌及大肠杆菌有抑制作用。

藿　香

为唇形科植物藿香 *Agastache ragosus*（Fisch. et Meyer）Kutze. 或广藿香 *Pogostemon cablin*（Blance）Benth. 的干燥地上部分。用时拣去杂质，除去残根及茎，叶摘下另放，茎用水润透，切段，晒干，然后与叶和匀，生用。主产于中国广东、海南、台湾等省。

[性味归经] 辛，微温。归肺、脾、胃经。

[功效] 祛暑解表，和中化湿，行气化滞。

[应用]

1. 治夏伤暑湿 本品微温，化湿而不燥热，又善于解暑，为解暑要药。其治暑湿之症，不论偏寒、偏热，都可应用，临床经常与佩兰配伍同用。用于暑天外感风寒，内伤暑湿所致发热身痛、肚腹胀满、草少、呕吐或泄泻，常与苏叶、白芷、大腹皮、茯苓、白术、半夏曲、陈皮、厚朴等配伍，如藿香正气散。

2. 治湿困脾土 本品气味芳香，醒脾化湿，为芳化湿浊之要药，故适用于湿阻中焦、脘闷纳呆之症候，凡湿困脾土所致草少、呕吐、腹胀、泄泻等均可应用，常与厚朴、苍术、半夏等配伍。湿温初起，可配薄荷、茵陈、黄芩等同用。

[用量] 牛、马 25～45g；猪、羊 5～10g；犬、猫 3～5g；兔、禽 1～2g。

[禁忌]

①汗多表虚忌用。

②不宜久煎。

[成分与药理]

1. 主要成分 含挥发油 0.28%。主要为甲基胡椒酚，占 80%，其他为茴香醚、茴香醛、柠檬烯等。

2. 药理研究 ①挥发油可抑制胃肠过度蠕动，促使胃液分泌而助消化。②轻度发汗作用。③对金黄色葡萄球菌、溶血性链球菌、大肠杆菌及痢疾杆菌有抑制作用。

[附药]

紫苏：紫苏与藿香皆有发表和中的作用，紫苏长于散寒解表，且能安胎、解鱼蟹毒；藿香长于化湿醒脾，且能解暑、治鼻渊。

香薷：香薷与藿香皆为既能发表又能解暑之药，而香薷散寒解表力佳，且能行水消肿；藿香则化湿醒脾力优，且能治鼻渊。

泽　泻

为泽泻科植物泽泻 *Alisma orientale*（Sam.）Juzepcz. 的干燥块茎。为类球形或椭圆形。表面黄棕色，有不规则的横向环状浅沟纹及须根痕。质坚实，断面黄白色，粉性，有多数细孔。气微，味微苦。冬季茎叶开始枯萎时采挖，去粗根、粗皮、杂质，洗净，切厚皮，晒干，切片生用。主产于福建、广东、江西、四川等地。

［**性味归经**］甘、淡，寒。归肾、膀胱经。

［**功效**］利水渗湿，泻肾火。

［**应用**］

1. 水湿内停　用于因水湿内停所致的水肿，排尿不利，带下等症，常与猪苓、茯苓等配伍，如四苓散，用于湿热泄泻，常与白术、茯苓等配伍。

2. 膀胱湿热　用于因膀胱湿热所致的尿涩，尿血，砂石淋等，常与茯苓、薏苡仁等配伍。

3. 治阴不足　治肾阴不足，虚火偏亢，可配丹皮、熟地等，如六味地黄汤。

4. 泄泻及痰饮　治泄泻及痰饮所致的眩晕，可与白术配伍。

［**用量**］牛、马 20～45g；猪、羊 10～15g；犬 5～8g；兔、禽 0.5～1g。

［**禁忌**］无湿及肾虚精滑者禁用。

［**成分与药理**］

1. 主要成分　含泽泻醇 A、泽泻醇 B 及泽泻醇的 A、B、C 乙酸酯。此外还含有挥发油、生物碱、胆碱、卵磷脂、B 族维生素、钾及大量淀粉。含钾达 147.5mg/kg。

2. 药理研究　①利尿作用。泽泻煎剂对多种动物均有利尿作用，并使尿中钠、氯、钾及尿素排出量增加。②有降血脂、抗脂肪肝、降血糖作用。③对金黄色葡萄球菌、肺炎双球菌、结核杆菌等有抑制作用。④具有毒性。泽泻甲醇提取物小鼠静脉或腹腔注射的 LD_{50} 分别为 0.98g/kg 和 1.27g/kg。

［附］**泽泻与猪苓的功效比较**

泽泻与猪苓两药专主渗泄下焦湿热，其利尿作用，泽泻强于猪苓，且泽泻性寒，又能泻肾火，故长于治下焦湿热病症以及痰饮眩晕等症。

其他祛湿药见表 9－10。

表 9－10　其他祛湿药

药名	性味	归经	功效	主治
威灵仙	辛、咸，温	入膀胱经	祛风湿，通经络，消肿止痛	风湿所致的四肢拘挛、屈伸不利、肢体疼痛、跌打损伤
桑寄生	苦，平	入肝、肾经	补肝肾，除风湿，强筋骨，益血安胎	血虚，筋脉失养，腰脊无力，四肢痿软，筋骨痹痛，背项强直；肝肾虚损，胎动不安
秦艽	苦、辛，平	入肝、胆、胃、大肠经	祛风湿，退虚热	风湿性肢节疼痛、湿热黄疸、尿血；虚劳发热
五加皮	辛、苦，温	入肝、肾经	祛风湿，壮筋骨	风湿痹痛、筋骨不健；水肿、尿不利

（续表）

药名	性味	归经	功效	主治
乌梢蛇	甘，平	入肝经	祛风湿，定惊厥	风湿麻痹、风寒湿痹；惊痫、抽搐；破伤风
防己	苦、辛，寒	入膀胱、肺经	利水退肿，祛风止痛	水湿停留所致的水肿、胀满；风湿疼痛、关节肿痛
藁本	辛，温	入膀胱经	发表散寒，祛风胜湿	风寒感冒，颈项强硬；风寒湿邪所致的痹痛、肢节疼痛
马钱子	苦，寒	入肝、脾经	通经络，消结肿，止疼痛	风毒窜入经络所致的拘挛疼痛，跌打骨折等淤滞肿痛，痈肿疮毒
豨莶草	苦，寒	入肝、肾经	祛风湿，利筋骨，镇静安神	镇静安神，风湿痹痛，骨节疼痛
通草	甘、淡，寒	入肺、胃经	清热利水，通气下乳	尿不利、湿热淋
瞿麦	苦，寒	入心、小肠经	清热利水，行血祛瘀	尿短赤、血尿、便血、石淋、水肿；热淋
茵陈	苦，微寒	入脾、胃、肝、胆经	清湿热，利黄疸	湿热黄疸，湿热泄泻；阴黄
薏苡仁	甘、淡，微寒	入脾、肺、肾经	清热除湿，健脾止泻，除痹	肺痈，水肿、浮肿、沙石热淋；脾虚泄泻；风湿热痹、四肢拘挛
金钱草	微咸，平	入肝、胆、肾、膀胱经	利水通淋，清热消肿	湿热黄疸；尿道结石
海金沙	甘，寒	入小肠、膀胱经	清湿热，通淋	热淋涩痛，尿不利、尿结石、尿血
地肤子	甘、苦，寒	入膀胱经	清湿热，利水道	尿不利、湿热瘙痒、皮肤湿疹
石韦	苦，微寒	入肺、膀胱经	清热通淋，凉血止血	尿闭、热淋；血淋
萹蓄	苦、辛，寒	入胃、膀胱经	利水通淋，杀虫止痒	湿热淋证、尿短赤、尿血
萆薢	苦，平	入肝、胃经	祛风湿，利湿热	风湿痹痛；尿混浊
佩兰	辛，平	入脾经	醒脾化湿，解暑生津	治湿热浊邪郁于中焦所致的肚腹胀满和暑湿表证，暑热内蕴
白豆蔻	辛，温	入肺、脾、胃经	芳香化湿，行气和中，化痰消滞	胃寒草少、腹痛下痢、脾胃气滞、肚腹胀满、食积不消；马翻胃吐草；胃寒呕吐
草豆蔻	辛，温	入脾、胃经	温中燥湿，健脾和胃	脾胃虚寒的食欲不振、食滞腹胀、冷肠泄泻、伤水腹痛；寒湿郁滞中焦，气逆作呕

二、祛湿方

独活寄生汤（《备急千金要方》）

［**组成**］独活30g、桑寄生45g、秦艽30g、防风25g、细辛6g、当归30g、白芍25g、川芎15g、熟地45g、杜仲30g、牛膝30g、党参30g、茯苓30g、桂心15g、甘草20g。

［**功效**］祛风湿，止痹痛，益肝肾，补气血。

［**主治**］主治痹症日久，肝肾两亏，气血不足。腰胯痿软无力或腰背强硬，重则瘫痪不起，或者肢蹄屈伸不利，口色淡白，脉象沉细。

［**方解**］本方所治，乃风寒湿邪痹着日久，肝肾不足，气血两虚之证。故宜祛风散寒止痛以祛邪，补益肝肾以扶正，邪正兼顾，标本同治。方中独活、秦艽、防风祛风湿止痹痛，更加细辛散阴经风寒，搜筋骨风湿且能止痛；杜仲、牛膝、桑寄生补益肝肾兼祛风湿；以当归、地黄、川芎、白芍养血和血，党参、茯苓、甘草补益正气；再加桂心温通血脉，暖下焦而逐寒外出。诸药协力，有祛风湿，止痹痛，益肝肾，补气血之功。

《成方便读》："此亦肝肾虚而三气承袭也。故以熟地、牛膝、杜仲、寄生补肝益肾，壮骨强筋；归、芍、川芎和营养血，所谓治风先活血，血行风自灭也；参、苓、甘草益气扶脾，又所谓祛邪先扶正，正旺则邪自除也；然病因肝肾先虚；其邪必乘虚深入，故以独活、细辛之入肾经，能搜伏风，使之外出；桂心能入肝肾血分而祛寒；秦艽、防风为风药卒徒，周行肌表，且又风能胜湿耳。"

［**应用**］本方为治疗痹证日久，肝肾气血不足之证的常用方剂。临床上对肝肾两虚，风寒湿三气杂至，痹阻经脉导致的慢性肌肉风湿、腰胯及四肢关节疼痛、慢性风湿性关节炎及牛产后瘫痪等皆可酌情加减应用。若疼痛较甚者，可加制川乌、红花、地龙、白花蛇等；寒邪偏重者，可加附子、干姜；湿邪重者，加防己、苍术。

［**方歌**］独活寄生艽防辛，芎归地芍桂苓君，杜仲牛膝党参草，冷风顽痹能屈伸。

五苓散（《伤寒论》）

［**组成**］猪苓30g、茯苓30g、泽泻45g、白术30g、桂枝25g。

［**功效**］渗湿利水，温阳化气，和胃止呕。

［**主治**］外有表证，内停水湿。证见发热恶寒，口渴贪饮，小便不利，舌苔白，脉浮。亦可治水湿内停之水肿、泄泻、小便不利或痰饮、吐涎等症。

［**方解**］本方具有化水行气之效，是利尿消肿的常用方剂。水湿内停兼有表证，治宜利水渗湿，温阳化气，兼解表邪。方中重用泽泻，甘淡性寒，渗湿利水，为主药。以茯苓、猪苓淡渗，助主药以增强利水饮之力；加白术健脾燥湿，运化水湿，共为辅药。又以桂枝通阳化气，疏散表邪为佐药。五药合用，有行水化气，健脾除湿兼解表邪之效。

［**应用**］本方是利尿消肿的常用方剂。临床上凡脾虚不运，气不化水之水湿内停、小便不利，或为蓄水，或为水逆，或为痰饮，或为水肿、泄泻等，均可以本方加减治疗。若无表证，可将方中桂枝改为肉桂，以增强除寒化气利水的作用。本方合平胃散（陈皮、苍术、厚朴、甘草）名胃苓汤，具有行气利水，祛湿和胃的作用，用于治疗寒湿泄

泻，腹胀，水肿，小便不利；本方加茵陈，名茵陈五苓散，具有利湿清热退黄疸的作用，治疗湿热性黄疸；本方去桂枝名“四苓散”，功专渗湿利水，治脾虚湿阻，粪便溏泻。

现代临床常用于治疗肾炎、心源性水肿、急性肠炎、尿潴留等属于水湿内停者。

［方歌］五苓散是治水方，泽泻白术猪茯苓，桂枝化气兼解表，小便不利水饮除。

八正散（《和剂局方》）

［组成］木通 30g、瞿麦 30g、萹蓄 30g、车前子 45g、滑石 60g、甘草梢 25g、炒栀子 25g、大黄 25g、灯心草 10g。

［功效］清热泻火，利水通淋。

［主治］湿热下注引起的热淋、石淋。证见尿频、尿痛或闭而不通，或者小便浑赤，淋漓不畅，口干舌红，苔黄腻，脉象滑数。

［方解］本方为苦寒通利之剂，所治之证系湿热下注膀胱所致。湿热结于膀胱，则小便涩痛，淋漓不尽，甚至闭而不通；邪热内蕴，故口干舌红，苔黄，脉象滑数。治宜清热泻火，利水通淋。方中木通、瞿麦、车前子、萹蓄、滑石清热利湿，利水通淋，为主辅药。栀子、大黄泄热降火，导热下行为佐药。灯心草清心利水；甘草梢调和诸药，缓急止痛为使药。诸药合而用之，共奏清热通淋之功。

［应用］本方为治疗热淋的常用方剂。凡淋证属于湿热者，均可用本方加减治疗。若治血淋，宜加小蓟、白茅根以凉血止血；如有结石（石淋），宜加金钱草、海金沙、石苇以化石通淋；如小便浑浊（膏淋），宜加萆薢、菖蒲以分清化浊；内热甚，加蒲公英、金银花等，以清热解毒。

临床上，本方被广泛用于治疗泌尿系统感染、泌尿系结石、急性肾炎等属于下焦湿热者。

［方歌］八正车前和木通，大黄栀滑加萹蓄，瞿麦草梢灯心草，热淋血淋病能祛。

第九节　理气方药

一、理气药

凡以疏畅气机，消除气滞或气逆为主要作用的药物，称为理气药。

理气药性味多辛香苦温，入肺、脾、大肠、肝、胆等经。因其辛香行散，苦能降泄，温能通行，故有疏畅气机的作用，包括理气健脾、疏肝解郁、理气宽胸和行气止痛等功效。主要用于气机不畅所致的气滞、气逆等症。

本类药有行气除胀、燥湿醒脾、降逆平喘、和胃止呕、顺气宽胸、解郁止痛等作用。适用于治疗畜禽因脾胃气滞所致的肚腹胀痛、反胃呕吐、草料减少、大便秘结或泻痢不爽；因肝气郁结所致的胸胁胀痛、躁动不安、乳房结肿；因肺气上逆所致的咳嗽气喘等症。此外，部分药物还兼有燥湿化痰、破气散结、降逆止呕等作用。

气机不畅多与肺、肝、脾胃有关。因肺主一身之气，肝主疏泄，调畅气机，脾胃为气机升降的枢纽。一般而言，气滞证多见胀满、疼痛，气逆证多见呕逆咳喘等症状。如肺失宣降，咳嗽气喘；肝气郁滞，胸胁胀满；脾胃气滞，肚腹胀满，呕吐或便秘。

使用理气药应针对病症配伍。脾胃气滞兼湿困脾阳者，与健脾燥湿药同用；食积者，与消积导滞药同用；粪干燥结者，与泻下药同用；肺气不宣，胸闷不舒，咳喘者，与化痰止咳平喘药同用。肝气郁滞，多配合养血柔肝药，或者活血化淤药。

本类药中如陈皮、厚朴等有理气健脾、化湿导滞作用，用作饲料添加剂，可提高饲料利用率。

理气药易耗伤气阴，气虚阴亏病及孕畜慎用。理气药不宜久煎，以免气味俱失，影响疗效。

陈 皮

为芸香科植物橘 *Citrus reticulata* Blanco 的干燥成熟果皮。冬季至次春采摘成熟果实，剥取果皮，喷淋清水，闷润，切丝，阴干生用。主产于中国广东、广西壮族自治区、台湾、四川等地，以气味香甜浓郁者为佳。

[**性味归经**] 辛、苦，温。归脾、肺经。

[**功效**] 理气健脾，燥湿化痰。

[**应用**]

1. 脾胃气滞 适用于脾胃气机不畅所致的草少、肚腹胀痛、翻胃呕吐或腹泻，倦怠无力，苔腻等，常与党参、白术、茯苓、木香、砂仁、枳壳等配伍；治寒湿困脾，可配苍术、厚朴等，如平胃散。若脾虚气滞，食后肚胀，配伍党参、白术、茯苓等，如异功散。若肝气乘脾，腹痛泄泻，又可配伍白术、白芍、防风，即痛泻要方。治猪呕吐反胃、肚胀食少，常与生姜配伍，如橘皮汤。

2. 痰湿壅滞 本品能燥湿化痰，调理肺气之壅滞。治疗湿痰阻肺，配伍半夏、茯苓等，如二陈汤。治寒痰咳嗽，配合干姜、甘草、杏仁等。

此外，本品常用于补益方中，作为佐药，以助脾胃运化，使补而不滞。

[**用量**] 牛、马 15～45g；猪、羊 6～12g；犬、猫 2～5g；兔、禽 1～2g。

[**禁忌**] 阴虚及无气滞痰湿者慎用。实热津亏者不宜用。

[**成分与药理**]

1. 主要成分 含挥发油，其中主要成分为右旋柠檬烯、枸橼醛，并含橙皮苷、新橙皮苷、柑橘素、川陈皮素、二氢川陈皮素、肌醇、黄酮类及维生素 B_1 等。

2. 药理研究 ①煎剂能抑制小鼠、兔离体小肠的运动；静注对麻醉犬胃肠、麻醉兔小肠及不麻醉兔的胃运动均表现抑制效果，其解痉方式主要为直接抑制肠管平滑肌。②陈皮素能显著对抗蛋清致敏的豚鼠离体回肠与支气管的过敏性收缩。③给麻醉大鼠皮下注射甲基橙皮苷，可增加胆汁排泄量。④陈皮煎剂醇提取物及橙皮苷能兴奋离体及在体蛙心。橙皮苷静注，能使在体兔心收缩力增强。⑤煎剂对小鼠离体子宫有抑制作用，高浓度则使其呈现松弛状态。⑥尚有升高血压、抗炎、肾小管收缩作用。⑦毒性。干、鲜品煎剂在多种实验中，给动物连续多次大量给药，均未见急性中毒现象。

厚 朴

为木兰科植物厚朴 *Magnolia officinalis* Rehd. et Wils. 或凹叶厚朴 *Magnolia officinalis*

Subsp. *biloba*（Rehd. et Wils.）的干燥干皮、根皮或枝皮。切片生用或制用。主产于四川、云南、福建、贵州、湖北等地。

［**性味归经**］苦、辛，温。归脾、胃、大肠经。

［**功效**］行气燥湿，降逆平喘。

［**应用**］

1. 本品能除胃肠滞气，燥湿运脾 用治湿阻中焦、气滞不利所致的肚腹胀满、腹痛或呃逆等，常与苍术、陈皮、甘草等药配伍应用，如平胃散。用治肚腹胀痛兼见便秘属于实证者，常与枳实、大黄等药配伍，如消胀汤。

2. 降逆平喘 因外感风寒而发者，可与桂枝、杏仁配伍；属痰湿内阻之咳喘者，常与苏子、半夏等同用。

［**用量**］马、牛15～45g；骆驼30～60g；猪、羊5～15g；犬3～5g；兔、禽1.5～2g。

［**禁忌**］脾胃无积滞者慎用。

［**成分与药理**］

1. 主要成分 挥发油（为厚朴酚、四氢厚朴酚、β-桉叶酚等）、生物碱为木兰箭毒碱等。

2. 药理研究 ①厚朴煎剂对伤寒杆菌、霍乱弧菌、葡萄球菌、链球菌、痢疾杆菌及人型结核杆菌均有抑制作用。②水煎剂可抑制动物离体心脏收缩。③厚朴碱还有明显的降压作用。

枳　实

为芸香科植物酸橙 *Citrus aurantium* L. 及其栽培变种或甜橙 *Citrus sinensis* Obbeck 的干燥幼果。切片晒干，生用、清炒、麸炒及酒炒用。6月收集脱落幼果，略大者切开为两半，晒干。麸炒枳实：将麸皮撒匀于加热锅内，冒烟时，加入枳实片，炒至色变深，取出，筛去麸皮放凉。主产于四川、江西、福建等地。

［**性味归经**］苦、辛，酸。微寒。归脾、胃经。

［**功效**］破气消积，通便消痰。

［**应用**］

1. 治脾胃气滞 本品善破气除痞，消积导滞。用治食积不化，肚腹胀满等，常与山楂、神曲、麦芽等同用。治脾虚食胀，可配白术，以消补兼施，健脾消痞。如枳术丸。若湿热积滞，泻痢后重，可配大黄、黄连，以泻热除湿，消积导滞。如枳实导滞丸。若寒湿停滞，胃肠冷痛，常与陈皮、生姜等配伍。

2. 治热结便秘 用治热邪积滞，肚腹胀满疼痛，粪便燥结，常与大黄、厚朴、白术、建曲等配伍。

3. 用治痰浊阻滞 本品行气化痰。治痰多阻肺，可配桂枝、瓜蒌等。治热痰，可与黄连、半夏、瓜蒌等同用。若脾虚痰滞，寒热互结，食欲不振者，可配伍半夏曲、黄连、党参等。

另外，本品尚可用于胃扩张、脱肛、子宫脱垂等症。多与黄芪、党参、柴胡、升麻等同用，以增强补气升提功效。

［**用量**］牛、马15～45g；猪、羊6～12g；犬、猫2～5g；兔、禽1～2g。

［禁忌］ 脾胃虚弱和孕畜忌服。

［成分与药理］

1. 主要成分　果实含挥发油。油中主要成分为柠檬烯及芳樟醇。另含橙皮苷、新橙皮苷、柚皮苷、黄酮苷、对羟福林和N-甲基酪胺等。

2. 药理研究　①本品有抗溃疡、镇痛、镇静、抗过敏、抗休克、抗血栓形成作用。②离体蛙心灌流实验表明，枳实煎剂可使心收缩力增强，振幅增大。有明显升压作用，且持续时间较长。③有明显利尿作用。④能缓解乙酰胆碱或氯化钡所致的小肠痉挛。给胃、肠瘘犬灌服煎剂，使胃肠运动节律增加。⑤枳实煎剂对未孕或已孕小鼠子宫，均有明显抑制作用。⑥毒性。枳实注射液小鼠静注 LD_{50}为（71.8 ±6.5）g/kg。

［附］枳　壳

枳壳、枳实同为一物，枳壳为已成熟的果实，较枳实作用缓，长于理气宽胸消胀，常用治食少不化，肚腹胀满，常与白术、香附、槟榔配伍。

香　附

为莎草料植物莎草 *Cyperus rotundus* L. 的干燥根茎。秋季采挖，燎去毛须，放沸水中略煮或蒸透后晒干，用时碾碎或切薄片。主产于广东、河南、山东等省。

［性味归经］ 辛、微苦、微甘，平。归肝脾、三焦经。

［功效］ 疏肝理气，活血止痛。

［应用］

1. 治肝郁气滞诸痛证　本品疏肝理气，有良好的止痛作用。无论寒热虚实均可使用。用于气血郁滞所致的食欲减少，食积不消，肚腹胀满，呕吐等，常与苍术、川芎、神曲、栀子配伍，如越鞠丸。

2. 治产后腹痛　常与当归、艾叶等配伍。

［用量］ 牛、马15～45g；猪、羊9～15g；犬、猫2～5g；兔、禽1～2g。

［禁忌］ 本品苦燥能耗血散气，故血虚气弱者不宜单用。体温过高和孕畜慎用。

［成分与药理］

1. 主要成分　含挥发油，油中主要成分为β-蒎烯、香附子烯、α-香附酮、β-香附酮。还含生物碱、强心苷和黄酮类。

2. 药理研究　①对去卵巢大鼠实验证明，香附有轻度雌激素样作用。②香附提取物注射，能明显提高小鼠痛阈。③较低浓度皮下注射，对离体蛙心及在体蛙心、兔心及猫心，均有强心作用。④醇提取物对离体兔回肠平滑肌有直接抑制作用。⑤香附油对金黄色葡萄球菌有抑制作用。⑥具有毒性。香附提取物小鼠腹腔注射，LD_{50}为1 500mg/kg。

木　香

为菊科植物木香 *Aucklandia lappa* Decne. 的干燥根。切片生用。秋、冬两季采挖，除去杂质，洗净，闷透，切片，晒干生用。主产于四川、云南等地。

［性味归经］ 辛、苦，温。归肺、肝、脾、胃、大肠经。

［功效］ 行气止痛，温中和胃。

［应用］

1. 治脾胃气滞 本品善通行脾胃气滞，有良好的行气止痛作用。用于因脾胃气滞所致的肚腹胀满疼痛，常与砂仁、藿香等同用。治脾虚气滞，可与厚朴、党参、白术等配伍，如香砂六君子汤。

2. 治大肠气滞，泻下等症 本品善行大肠气滞。配槟榔、枳实等治疗大肠积滞、肚胀。配黄连，治疗湿热泻痢，如香连丸。

［用量］牛、马 30～60g；猪、羊 6～12g；犬、猫 2～5g；兔、禽 1～2g。

［禁忌］血枯阴虚、热盛伤津者忌用。

［成分与药理］

1. 主要成分 挥发油（α-木香烃和 β-木香烃，木香内醇、樟烯、水芹烯等）、树脂、菊糖、木香碱及甾醇等。

2. 药理研究 ①水提液、挥发油和总生物碱对大鼠离体小肠先有兴奋作用，此后紧张性节律性明显降低。对乙酰胆碱、组织胺所致的肠痉挛有对抗作用。可促进胃液分泌，促进胃肠蠕动，促进胆囊收缩。②抑菌作用，挥发油 1∶3 000 浓度能抑制链球菌、金黄色与白色葡萄球菌的生长。对大肠肝菌有微弱抑制作用。③具有毒性。小鼠腹腔注射总内脂 LD_{50} 为 100mg/kg。

其他理气药见表 9－11。

表 9－11 其他理气药

药名	性味归经	功效主治
青皮	苦、辛，温。归肝、胆经	疏肝止痛，破气消积。胸胁胀痛，食积气滞
砂仁	辛，温。归胃、脾、肾经	行气止痛，温脾止泻，理气安胎。肚腹胀满，脾胃虚寒，气滞胎动不安
乌药	辛，温。归脾、胃、肺、肾经	行气止痛，温胃散寒。胸腹胀痛，虚寒性尿频
丁香	辛，温。归肺、胃、脾、肾经	温中降逆，暖肾助阳。胃寒呕吐，泄泻，阳痿，子宫虚寒
槟榔	辛、苦，温。归胃、大肠经	破气消积，杀虫利水。食积气滞，驱杀多种肠内寄生虫
代赭石	苦，寒。归肝、心包经	平肝潜阳，降逆，凉血止血。肝阳上亢，胃逆呕吐，血热出血

二、理气方

凡以理气药为主组成，具有调理气分，舒畅气机，消除气滞、气逆作用，用于治疗各种气分病症的方剂，称为理气方。

橘皮散（《元亨疗马集》）

［组成］青皮 30g、陈皮 30g、厚朴 25g、桂心 20g、细辛 15g、茴香 20g、当归 25g、白芷 20g、槟榔 25g。

共为细末，开水冲，候温加葱白 3 支、炒盐 10g、醋 120ml，同调灌服。

［功效］疏理气机，散寒止痛。

［**主治**］马冷痛。证见口鼻俱凉，回头顾腹，肠鸣腹痛，口色青白，脉沉涩等。

［**方解**］本方证为伤水腹痛起卧，伤水为本，腹痛为标。急则治其标，方中青皮、陈皮、当归理气活血为主药；水为阴邪，"阴盛则寒"，故以桂心、茴香、厚朴、大葱等辛温散寒之品，以驱里寒，为辅药；白芷、细辛、槟榔等温经行水，以驱肠内积水为佐药；盐、醋引经为使药。

［**应用**］本方广泛用于治疗马属动物伤水冷痛。如小便不利，可加滑石、茵陈、木通；若肠鸣如雷，可加苍术。

［**方歌**］橘皮散中青陈皮，槟榔厚朴桂心齐，细辛归芷茴香入，伤水起卧服之宜。

平胃散（《和剂局方》）

［**组成**］苍术 60g、厚朴 45g、陈皮 45g、甘草 20g、生姜 20g、大枣 90g。

共为末，开水冲调，候温灌服，或者水煎服。

［**功效**］健脾燥湿，行气和胃。

［**主治**］湿滞脾胃，慢草。证见食欲减退、肚腹胀满、大便溏泻、嗳气呕吐、舌苔白腻而厚、脉缓。

［**方解**］本方为治湿滞脾胃的主方。脾主运化，喜燥恶湿，湿浊困阻脾胃，运化失司，则食欲减少，大便溏泻；湿阻气滞，则肚腹胀满；胃失和降，则嗳气呕吐；舌苔白腻、脉缓为湿郁之象。治宜燥湿健脾，行气和胃。方中苍术，苦温性燥，除湿健脾，为主药。厚朴行气化湿，消胀除满，为辅药。陈皮理气化滞，和胃止呕为佐药。甘草甘缓和中，调和诸药；生姜、大枣调和脾胃，共为使药。

［**应用**］本方为健脾燥湿的基本方，随证加减临床可用于治疗多种脾胃病症。如湿郁化热，加黄芩、黄连以清热燥湿；如属寒湿，加干姜、肉桂以温化寒湿；如兼见表证，加藿香或苏叶以芳香解表；如兼见食滞，加山楂、神曲、麦芽以消食化滞；如气滞甚者，加砂仁、木香以行气宽中，如脾虚，加党参、黄芪。如本方以白术易苍术，加山楂、香附、砂仁等，为消积平胃散，治马伤料不食。

［**方歌**］平胃散用苍术朴，甘草陈皮共四药，湿滞脾胃腹胀满，行气和胃有奇功。

第十节　理血方药

一、理血药

凡能调理和治疗血分病症的药物，称为理血药。

血分病症一般分为血虚、血热、血瘀、出血 4 种。治疗时血虚宜补血，血热宜凉血，血瘀宜活血，出血宜止血。故理血药有补血、活血祛淤、清热凉血和止血四类。清热凉血药已在清热药中叙述，补血药将在补益药中叙述，理血药有活血祛淤药和止血药两类。

1. 活血祛淤药　具有活血祛淤、疏通血脉的作用，适用于血行不畅或血分淤滞所致的多种病症，如产后血瘀腹痛，痈肿初起，跌打损伤，肿块，淤血肿痛及胎衣不下等。活血祛淤药兼有催产下胎作用，孕畜要忌用或慎用。

2. 止血药　具有制止内外出血的作用，适用于各种出血证，如咯血、便血、衄血、尿血、子宫出血及创伤出血等。治疗出血，必须根据出血的原因和不同症状，适当选择药物进行配伍，增强疗效。

（一）活血祛淤药

川　芎

为伞形科植物川芎 *Ligusticum chuanxiong* Hort. 的干燥根茎。夏季采挖，除去茎叶及须根，晒干或烘干。用时润透切片，生用或酒炒、麸炒用。主产于四川省。

［**性味归经**］辛，温。归肝、胆、心包经。

［**功效**］活血化淤，行气止痛。

［**应用**］

1. 淤血肿痛　治疗淤血肿痛。本品活血祛瘀作用较强，既能活血又能行气，为血中之气药。适用于跌打损伤，气滞血瘀所致的淤血肿痛，常以川芎为主药；用治胸中淤血所致的胸痛，口色暗红或舌有瘀点，脉象涩或弦紧，常与桃仁、红花、当归、生地黄、赤芍、牛膝等配伍，如血府逐瘀汤；用治瘀阻头部，常与桃仁、红花、麝香、老葱等配伍，如通窍活血汤；用治瘀阻膈下，肚腹刺痛等症，常与当归、桃仁、赤芍、乌药、枳壳等配伍，如膈下逐瘀汤；用治瘀阻少腹，常与当归、赤芍、小茴香、官桂、干姜配伍，如少腹逐瘀汤；用治瘀阻经络所致的肢体痹痛，常与桃仁、红花、秦艽、羌活、地龙等配伍，如身痛逐瘀汤；用治因火毒壅盛，气滞血瘀所致的疮黄肿痛，常与当归、金银花等配伍。

2. 气滞血瘀　治气滞血瘀所致难产、胎衣不下、恶露不尽、淤血腹痛等症，常与桃仁、红花、干姜等配伍，如生化汤。

［**用量**］马、牛 15～45g；猪、羊 3～10g；犬、猫 2～5g；兔、禽 1～3g。

［**禁忌**］阴虚火旺、肝阳上亢及子宫出血忌用。

［**成分与药理**］

1. 主要成分　含挥发油、生物碱、阿魏酸等酚性物质、内酯类，从川芎碱中可分离出川芎嗪等。

2. 药理研究　①对大脑有抑制作用。川芎嗪能通过血脑屏障，对抗血栓形成，对缺血性脑血管病有显著预防作用。水煎剂对动物中枢神经有镇静、降压作用。②对心脏有扩张冠脉，增加血流量，降低心肌耗氧量，改善微循环，降低血小板表面活性，抑制血小板凝集等作用。③小剂量川芎煎剂能刺激子宫平滑肌使之收缩，大剂量则反使子宫麻痹。对小肠平滑肌有抑制作用。④阿魏酸可提高 γ－球蛋白及 T 淋巴细胞的免疫作用。对各种致病菌及病毒有抑制作用。⑤有抗维生素缺乏作用。

三　棱

为黑三棱科植物黑三棱 *Sparganium stoloniferum* Buch.－Ham. 的干燥块茎。冬季至初春采挖，晒干。切片生用或醋炙用。主产于江苏、河南、山东等地。

［**性味归经**］辛、苦，平。归肝、脾经。

［**功效**］破血行气，消积止痛。

［**应用**］

1. 治产后血瘀腹痛　本品破血祛瘀作用强，又能行气止痛，适用于产后淤滞腹痛、淤血结块等症，常与莪术、当归、红花、桃仁等同用。

2. 治食积　用于食积气滞引起的宿草不转、肚腹胀满疼痛、粪干秘结等症，常与木香、枳实、莪术、山楂、麦芽等配伍。

［**用量**］马、牛15～60g；猪、羊6～12g；犬、猫2～5g；兔、禽1～3g。

［**禁忌**］无瘀滞及孕畜忌用。

［**成分与药理**］

1. 主要成分　含挥发油、有机酸及豆甾醇、β-豆甾醇、刺芒柄花素、胡萝卜苷等。

2. 药理研究　①水提取物能显著延长凝血酶对纤维蛋白的凝集时间，能抑制血小板的聚集，使全血黏度降低，并有抗体外血栓形成的作用。②水煎剂对兔离体子宫呈兴奋作用。

桃　仁

为蔷薇科植物桃 *Prunus persica*（L.）Batsch. 或山桃 *Prunus davidiana*（Carr.）Franch. 的干燥成熟种子。7～9月采收，去皮生用或捣碎用。主产于河北、山东、四川、贵州等地。

［**性味归经**］甘、苦，平。归肝、肺、大肠经。

［**功效**］活血祛瘀，润肠通便。

［**应用**］

1. 治产后淤血　本品味苦能泄淤血，味甘以生新血，为血瘀血闭之专药，有活血祛瘀的作用，适用于产后淤血所致的腹痛、胎衣不下、恶露不尽等症，常与当归、川芎、延胡索、炮姜等配伍，如生化汤。

2. 治淤血肿痛　本品是行血祛瘀、消肿之常用药，用于跌打损伤、气滞血瘀所致的淤血肿痛，可与红花、当归、川芎、赤芍配伍。如桃红四物汤。

3. 治肠燥便秘　本品富含油脂，体润能滋肠燥，用于肠燥便秘，常与杏仁、郁李仁、火麻仁等配伍，如五仁丸。

［**用量**］马、牛15～30g；猪、羊6～12g；犬、猫2～5g；兔、禽1～3g。

［**禁忌**］无淤滞及孕畜忌用。

［**成分与药理**］

1. 主要成分　本品主要含脂质体、甾体、黄酮及糖类。含苦杏仁苷约3.6%，苦杏仁酶、挥发油等。

2. 药理研究　①本品煎剂能促进子宫收缩，有助于产后子宫复原。②对炎症初期有较强的抗渗出作用。③桃仁的醇提取物有显著的抑制血凝作用。④苦杏仁苷分离氢氰酸，对呼吸中枢起镇静作用而止咳，但过量可使呼吸中枢麻痹而中毒。⑤含有大量脂肪油能润肠通便。

莪　术

为姜科植物蓬莪术 *Curcuma phaeocaulis* Val.、广西莪术 *Curcuma kwangsiensis* S. G. Lee et C. F. Liang 或温郁金 *Curcuma wenyujin* Y. H. Chen et C. Ling 的干燥根茎。切段生用。主产于广东、广西、台湾、四川、福建、云南等地。

［**性味归经**］苦、辛，温。归肝、脾经。

[功效] 破血行气，消积止痛。

[应用]

1. 破血祛淤 本品有与三棱相似的破血祛淤，行气止痛作用，用于血瘀气滞所致的产后淤血疼痛，常与三棱相须为用。

2. 行气止痛 行气止痛作用，较三棱强，用于食积气滞、肚腹胀满疼痛等，常与木香、青皮、山楂、麦芽等配伍；也可与三棱同用。

[用量] 马、牛 15～60g；猪、羊 5～10g。

[成分与药理]

1. 主要成分 含挥发油，油中含倍半萜烯醇、莪术醇、β-姜烯、桉油精、β-莰烯，另含树脂、黏液质等。

2. 药理研究 ①水提取液可显著抑制血小板聚集率，降低全血黏度；水提醇沉物对体内血栓形成有显著抑制作用。②可促进微动脉血液恢复，完全阻止微动脉收缩，明显促进局部微循环恢复。③挥发油能抑制金黄色葡萄球菌、β-溶血性链球菌、大肠杆菌、伤寒杆菌等的生长。

红 花

为菊科植物红花 *Carthamus tinctorius* L. 的干燥花。夏季花色由黄变红时采摘，生用。主产于四川、河北、河南等地。

[性味归经] 辛，温。归心、肝经。

[功效] 活血通经，祛瘀止痛。

[应用]

1. 治产后血瘀、胎衣不下 本品为应用广泛的活血祛瘀止痛要药，适用于产后淤血疼痛、胎衣不下等症，常与桃仁、当归、川芎等同用，如桃红四物汤。

2. 治跌打损伤、淤血肿痛 常与桃仁、川芎、赤芍、当归等配伍。以增强活血止痛作用。

3. 治胸膊痛 本药是活血散瘀止痛主药，适用于马、牛因气滞血瘀所致的胸膊痛、束步难行、频频换蹄，常与当归、没药、大黄、桔梗、杷叶、黄药子等配伍，如当归散。

4. 治料伤五攒痛 适用于气滞食积所致的料伤五攒痛，精神倦怠，束步难行，口色红燥等，常与没药、枳壳、当归、厚朴、陈皮、山楂等配伍，如红花散。

[用量] 马、牛 15～30g；猪、羊 3～9g；犬、猫 2～5g；兔、禽 1～3g。

[禁忌] 孕畜忌用。

[成分与药理]

1. 主要成分 含红花苷、红花黄色素、红花油等。

2. 药理研究 ①具有兴奋子宫、肠管、血管和支气管平滑肌，使之加强收缩作用，并可使肾血管收缩，肾的血流量减少。②小剂量对心肌有轻度兴奋作用，大剂量则抑制，并能使血压下降。③抑制血小板凝集，增强纤维蛋白溶解酶活性。

益母草

为唇形科植物益母草 *Leonurus heterophyllus* Sweet. 的新鲜或干燥全草。夏季采割，切碎晒干，生用，各地均产。

[**性味归经**] 辛、苦，微寒。归肝、心、膀胱经。

[**功效**] 活血祛瘀，利水消肿。

[**应用**]

1. 治产后血瘀、胎衣不下　本品有活血通经、祛瘀生新的作用，是治疗产科疾病的要药。适用于产后血热瘀阻所致的胎衣不下，恶露不尽，肚腹疼痛等症，常与当归、川芎、赤芍、炮姜等同用，如益母生化汤。用于跌打损伤，常与乳香、没药等配伍。

2. 治水肿　能利水消肿，有较强的利水作用，用于湿热壅盛的水肿，小便不利及尿血等症，常与猪苓、茯苓、车前子等配伍。

3. 用于疮痈肿毒，皮肤瘙痒　本品有清热解毒消肿之功。可单用本品煎汤外洗，也可配苦参、黄柏等煎汤内服。

[**用量**] 马、牛30~60g；猪、羊9~30g；犬、猫2~5g；兔、禽1~3g。

[**禁忌**] 孕畜忌用。

[**成分与药理**]

1. 主要成分　含益母草碱（约0.01%~0.04%），水苏碱等生物碱。尚含苯甲酸、氯化钾等。

2. 药理研究　①益母草碱有兴奋子宫，加快子宫收缩作用，帮助产后子宫复原，排出恶露。②益母草水煎剂（1∶4）有抑制皮肤真菌的作用。③益母草碱有明显的利尿作用。④本品注射液可增加冠脉流量，减慢心率。

延胡索

为罂粟科植物延胡索 *Corydalis yanhusuo* W. T. Wang 的干燥块茎。又称玄胡或元胡。醋炒捣碎用。主产于浙江、天津、黑龙江等地。

[**性味归经**] 苦、微辛，温。归肝、脾经。

[**功效**] 活血通经，行气止痛。

[**应用**] 本品的止痛作用显著。作用部位广泛，持久而不具毒性，是良好的止痛药。兼有活血行气功效，多用于气滞血滞所致的多种疼痛等。如治血滞腹痛，可与五灵脂、青皮、没药等配伍；治跌打损伤，常与当归、川芎、桃仁等同用。

[**用量**] 马、牛15~30g；骆驼35~75g；猪、羊3~10g；犬1~5g；兔、禽0.5~1.5g。

[**禁忌**] 无淤滞及孕畜忌用。

[**成分与药理**]

1. 主要成分　含多种生物碱，其中延胡索乙素、延胡索丑素为延胡索中止痛与镇静作用较强的成分。

2. 药理研究　①能显著提高痛阈，有镇痛作用。②延胡索乙素、延胡索丑素能使肌肉松弛，有解痉作用。③有中枢性镇吐作用。

牛　膝

为苋科植物牛膝 *Achyranthes bidentata* Bl. 或川牛膝 *Cyathula officinalis* Kuan 的干燥根。

前者习称怀牛膝，后者习称川牛膝。冬季采挖，除去须根、杂质，切段，生用或酒炙用。怀牛膝主产于河南、河北等地；川牛膝主产于四川、云南、贵州等地。

[**性味归经**] 苦、酸，平。归肝、肾经。

[**功效**] 行血祛瘀，强筋骨、补肝肾、引血下行。

[**应用**]

1. 治产后淤血、胎衣不下 本品性善下行，长于活血祛瘀止痛，适用于产后淤血阻滞所致的腹痛、胎衣不下，常与当归、川芎、桃仁、红花黄等同用。

2. 治跌打损伤 尤以四肢下部肿痛为佳，常与当归、没药、乳香等配伍，如当归乳没汤。

3. 治风湿痹痛 本品能补肝肾，益气血，适用于肝肾不足、气血亏虚所致的风湿痹痛，常与桑寄生、独活、杜仲等配伍，如独活寄生汤。

4. 治腰膝痿弱 酒炒牛膝有强筋骨、补肝肾之功，长于治疗腰膝关节疼痛，适用于肝肾不足引起的腰膝痿弱，常与当归、杜仲、菟丝子、熟地黄等同用。

[**用量**] 马、牛 15 ~45g；猪、羊 6 ~12g；犬、猫 2 ~5g；兔、禽 1 ~3g。

[**禁忌**] 气虚下陷及孕畜忌用。

[**注**] 川牛膝偏于活血化淤，怀牛膝偏于补肝肾，强筋骨。

[**成分与药理**]

1. 主要成分 含三萜皂苷及昆虫变态激素，生物碱及多量钾盐。

2. 药理研究 ①能增强子宫的收缩。②有降压和轻度的利尿作用。

（二）止血药

蒲 黄

为香蒲科植物狭叶香蒲 *Typha angustifolia* L.、东方香蒲 *Typha orientalis* Presl 或同属植物的干燥花粉。夏季当花开放时，采收蒲棒上部的黄色雄花穗，晒干后碾压，过筛取花粉生用。主产于浙江、江苏等地。

[**性味归经**] 甘，平。归肝、心包经。

[**功效**] 止血，祛瘀。

[**应用**]

1. 止血 蒲黄甘缓，功能止血，性平无寒热之偏，用于衄血、便血、尿血等多种出血证，常与知母、黄柏、地榆、槐花、血余炭等配伍，如十黑散；用于努伤所致的尿血，常与秦艽、车前子、当归、瞿麦等配伍，如秦艽散；单用本品也能收到良好的止血效果。

2. 祛瘀 尚可祛瘀，利水，为常用止血良药。用于因产后淤血所致的胎衣不下、恶露不尽、产后腹痛等，常与五灵脂等同用。

[**用量**] 牛、马 15 ~45g；猪、羊 6 ~12g；犬、猫 2 ~5g；兔、禽 1 ~3g。

[**成分与药理**]

1. 主要成分 含类固醇及挥发油、黄酮类、生物碱等。

2. 药理研究 ①蒲黄醇提取物低浓度对蟾蜍离体心脏有增强收缩力作用。提取物使金黄地鼠夹囊微循环小动脉血流速度增快，毛细血管开放数增加。②水煎液浓液外敷，对大鼠下肢烫伤有显著消肿作用。③煎剂、酊剂及乙醚浸出物对豚鼠、大鼠、小鼠的离体子宫均呈兴奋作用。④煎剂给兔灌胃，有缩短血液凝固的作用。⑤对麻醉家兔试验证明，以生蒲黄外敷，其止血效果较蒲黄炭好。⑥毒性。醇提取物 500ml/kg 给小鼠静注，未引起死亡，蒲黄毒性低，安全范围大。

地 榆

为蔷薇科植物地榆 *Sanguisorba officinalis* L. 或长叶地榆 *Sanguisorba officinalis* var. *longifolia*（Bert.）Yü et Li 的干燥根。春季将发芽时或秋季植株枯萎后采收，洗净后干燥或趁新鲜时切片，干燥后用或炒炭用。全国各地均产。

［**性味归经**］苦、酸、涩，微寒。归肝、大肠经。

［**功效**］凉血止血，解毒敛疮。

［**应用**］

1. 凉血止血 可用于各种出血证，尤为治下焦出血的佳品，如便血、血痢、子宫出血等。用于因血热妄行所致的尿血、便血、衄血等，常与槐花、侧柏叶等配伍；用治血痢，常与黄连、木香、诃子等配伍，如地榆丸。

2. 解毒敛疮 用于痈肿疮毒，常与金银花、蒲公英、连翘等同用。或研末涂敷患处，或者单味煎汤清洗。

3. 治烫火伤 为治疗烫火伤的要药。单味生地榆研极细末，麻油调敷；或以地榆炭、黄柏、大黄、生石膏、寒水石共研极细末，植物油调敷。

［**用量**］马、牛 15～60g；猪、羊 6～12g；兔、禽 1～2g。

［**禁忌**］虚寒病畜不宜用。

［**成分与药理**］

1. 主要成分 根含地榆苷Ⅰ、Ⅱ，地榆皂苷 A、B 及 E。其根、茎、叶均含鞣质。

2. 药理研究 ①能缩短出血时间，对小血管出血有止血作用，其稀溶液作用更显著，并有降压作用。②对溃疡病大出血及烧伤有较好的疗效，因所含鞣质对溃疡面有收敛作用，并能抑制感染而防止毒血症，并可减少渗出，促进新皮生长。③对痢疾杆菌、大肠杆菌、绿脓杆菌、金黄色葡萄球菌等多种细菌均有抑制作用，但其抗菌力在高压消毒处理后显著降低，甚至消失。

槐 花

为豆科植物槐 *Sophora japonica* L. 的干燥花及花蕾。夏季花蕾形成时采收，干燥后生用或炒用。全国大部分地区均产。

［**性味归经**］苦，微寒。归肝、大肠经。

［**功效**］凉血止血，清肝明目。

［**应用**］

1. 凉血止血 槐花凉血止血，清大肠火。用于因血热妄行所致的多种出血证，如肠风便血、赤白痢疾及仔猪白痢等，常与侧柏叶、荆芥穗、枳壳配伍，如槐花散。

2. 清肝明目 用于肝火上炎所致的目赤肿痛，常与夏枯草、菊花、黄芩、草决明等配伍。

［**用量**］牛、马 30～60g；猪、羊 6～15g；犬、猫 2～5g；兔、禽 1～3g。

[禁忌] 孕畜忌用。

[成分与药理]

1. 主要成分 含芸香苷（又名芦丁）、槐花甲素、槐花乙素、槐花丙素、鞣质、绿色素、油脂、挥发油及维生素A类物质。

2. 药理研究 ①槐花能缩短凝血时间，炒炭后作用更显著。②芸香苷有降低毛细血管壁通透性作用。还可扩张冠脉，增加心肌收缩力。③水煎剂对堇色毛癣菌、许兰氏黄癣菌等皮肤真菌有抑制作用。

其他理血药见表9－12。

表9－12 其他理血药

药名	性味归经	功效主治
丹参	苦，微寒。归心、心包、肝经	活血祛淤，凉血消痈，养血安神。多种淤血证，躁动不安，疮痈肿毒
赤芍	苦，凉。归肝经	清热凉血，活血祛淤、止痛。各种血热妄行的出血，产后淤血腹痛，疮黄肿毒
三七	甘、微苦，温。归肝，胃经	散瘀止血
王不留行	苦，平。归肝、胃经	活血通经，下乳消肿。乳汁不通，乳痈
乳香	苦、辛，温。归心、肝、脾经	活血、止痛，外用生肌。跌打损伤，疮痈肿痛
没药	苦，平。归肝经	活血、止痛及生肌功用与乳香基本相似
五灵脂	咸，温。归肝经	活血散瘀，止痛。产后淤血腹痛，胎衣不下，跌打损伤
郁金	辛、苦，寒。归肝、心、肺经	行气解郁，凉血祛淤。胸胁胀满，尿血、肠黄消肿止痛，为治跌打损伤之要药
穿山甲	咸，微寒。归肝、胃经	活血下乳，消肿排脓。痈疽肿毒，乳汁不通
白芨	苦、甘、涩，微寒。归肺、胃、肝经	收敛止血，消肿生肌。肺、胃出血，疮痈肿毒
仙鹤草	苦、涩，凉。归肝、肺、脾经	收敛止血。各种出血证
大蓟	甘，凉。归肝、心经	凉血，止血，散痈肿。各种血热妄行的出血，疮痈肿毒
小蓟	甘，凉。归心、肝经	凉血止血，散痈消肿。各种血热出血证，热毒疮肿
棕榈	苦、涩，平。归肝、肺、大肠经	收敛止血。多种出血证
侧柏叶	苦、涩，微寒。归肝、肺、大肠经	凉血止血，清肺止咳。血热妄行出血，肺热咳嗽
茜草	苦，寒。归肝经	凉血止血，活血祛淤。血热妄行出血，跌打损伤，淤滞肿痛
血竭	甘、咸，平。归心、肝经	止血，敛疮生肌。外伤出血，疮面久不愈合

二、理血方

具有活血调血或止血作用，治疗血瘀或出血证的方剂，统称理血方。

红花散（《元亨疗马集》）

［组成］红花 20g、没药 20g、桔梗 20g、六神曲 30g、枳壳 20g、当归 30g、山楂 30g、厚朴 20g、陈皮 20g、甘草 15g、白药子 20g、黄药子 20g、麦芽 30g。

共为末，开水冲，候温灌服。

［功效］活血理气，消食化积。

［主治］料伤五攒痛，即现代兽医学中的蹄叶炎。证见站立时腰曲头低，四肢攒于腹下，食欲大减，吃草不吃料，粪稀带水，口色红，呼吸迫促，脉洪大等。

［方解］本方证系因喂饲精料过多，饮水过少，运动不足，脾胃运化失职，致使谷料毒气凝于肠胃，吸归血液，流注肢蹄所致。方中红花、没药、当归活血祛瘀为主药；枳壳、厚朴、陈皮行气宽中，三仙消食化积为辅药；桔梗宣肺利膈，黄药子、白药子凉血解毒为佐药；甘草和中缓急，协调诸药为使药。

［应用］对于因喂养过剩、运动不足或过食精料所致五攒痛，可随证加减应用。

［方歌］活血祛瘀红花方，黄白没药陈朴当，桔曲楂麦枳甘草，料伤五攒痛服康。

生化汤（《傅青主女科》）

［组成］当归 120g、川芎 45g、桃仁 45g、炮姜 10g、炙甘草 10g。

加黄酒 250ml，候温灌服；亦可水煎服。

［功效］活血化淤，温经止痛。

［主治］产后肚腹疼痛，恶露不尽。

［方解］产后血虚，寒邪乘虚而归，寒凝血瘀，留阻胞宫，导致恶露不尽，肚腹疼痛，治宜温经散寒，养血化淤。方中重用当归活血补血，化淤生新为主药；川芎活血行气，桃仁活血祛瘀，均为辅药；炮姜温经散寒，止痛为佐药；炙甘草调和诸药，黄酒温通血脉，助药力直达病所引败血下行，均为使药。

［应用］本方为临床治疗产后淤血阻滞的基础方。产后恶露不行，肚腹疼痛均可加减应用。如产后腹痛，恶露不尽且其中血块较多者，加蒲黄、五灵脂；产后腹痛寒甚者，加肉桂、吴茱萸、益母草；产后腹痛属气血亏损者，加党参、熟地、山药、阿胶等；产后恶露已去，仅有腹痛者，去桃仁，加元胡、益母草；产后发热者，去炮姜，加黄芩、柴胡。本方加穿山甲、山楂、党参，用治于产后子宫收缩不全，能够加速子宫复原，减少宫缩腹痛，并有促进乳汁分泌的作用；亦可加归党参、黄芪、益母草、丹皮等，治疗产后胎衣不下。本方加益母草，名益母生化散，具有活血化淤，温经止痛的功能，亦主治产后恶露不行。

［方歌］生化汤宜产后服，恶露不行痛难当，炮姜归草芎桃仁，黄酒童便共成方。

当归散（《元亨疗马集》）

［组成］当归 30g、天花粉 20g、黄药子 20g、枇杷叶 20g、桔梗 20g、白药子 20g、丹

皮 20g、白芍 20g、红花 15g、大黄 15g、没药 20g、甘草 10g。

共为末，水煎数沸，候温灌服。

［功效］和血止痛，宽胸顺气。

［主治］胸膊痛。证见胸膊疼痛、束步难行、频频换足、站立困难。

［方解］本方为治闪伤胸膊痛的常用方剂。方中当归、红花、没药、白芍活血散瘀止痛为主药；丹皮、大黄、花粉、黄药子、白药子清热凉血，消肿破瘀，大黄同时还能助主药行淤滞，共为辅药；佐以桔梗、枇杷叶宽胸顺气，利膈散滞，引药上行直达病所；甘草协调诸药，为使药。

［应用］临床用于马、牛胸膊痛。若在本方中加归行气散瘀药物川芎、川楝子、青皮、三七等，则疗效更佳。本方去桔梗、白药子、红花，名止痛散，亦可治疗马胸膊痛。临床治疗时，结合放胸堂血或蹄头血，则疗效更好。

秦艽散（《元亨疗马集》）

［组成］秦艽 30g、炒蒲黄 30g、瞿麦 30g、车前子 30g、天花粉 30g、黄芩 20g、大黄 20g、红花 20g、当归 20g、白芍 20g、栀子 20g、甘草 10g、淡竹叶 15g。

共为末，开水冲，候温灌服，亦可煎汤服。

［功效］清热通淋，祛瘀止血。

［主治］马尿血。

［方解］本方用于治疗弩伤尿血证。方中蒲黄、瞿麦、秦艽通淋止血，和血止痛为主药；当归、白芍养血滋阴为辅药；大黄、红花清热活血，栀子、黄芩、车前子、天花粉、竹叶清热利尿，均为佐药；甘草调和诸药为使药。

［应用］本方适用于膀胱积热之尿血，凡体虚弩伤之尿血或兼有热者，均可加减应用。

［方歌］秦艽散归芍黄草，红花瞿麦蒲川军，花粉车前栀竹草，用治瘦马尿血淋。

第十一节　补益方药

一、补益药

凡能补益机体气血阴阳的不足，治疗各种虚证的药物，称为补益药。

虚证一般分为气虚、血虚、阴虚、阳虚四种，故补虚药也分为补气、补血、滋阴、助阳四类。临床除应根据虚证的不同类型选用相应的补虚药外，还应充分重视动物机体气、血、阴、阳相互依存的关系。一般说来，阳虚者多兼有气虚，而气虚者也易致阳虚；气虚和阳虚表示动物机体活动能力的衰减。阴虚者每兼见血虚，而血虚者也易致阴虚；血虚和阴虚，表示动物机体内精血津液的耗损。与此相应，各类补益药之间也有一定联系和共通之处。如补气药和补阳药多性温，属阳，主要能振奋衰减的机能，改善或消除因此而引起的形衰乏力，畏寒肢冷等症，补血药和补阴药多性寒凉或温和，属阴，主要能补充耗损的阴液，改善或消除精血津液不足的证候。故补气药和补阳药，补血药和补阴药，往往相辅而用。至于气血两亏，阴阳俱虚的证候，又当气血兼顾或阴阳并补。

1. 补气药　凡能消除或改善气虚证的药物，称为补气药。

补气药多味甘，性平或微温，以归脾、胃、肺经为主。主要具有补脾气、益肺气之功效，适用于脾气虚、肺气虚等病症。兼血虚、阴虚或阳虚者，可与补血、滋阴、助阳药同用。由于气能生血、气能统血、气能生化津液，故在治疗血虚、津亏、出血等症时，常配伍补气药，以增强补血、止血、生津之效。

使用补气药，应酌情配伍理气药，使其补而不滞，以免影响食欲和消化。

2. 补血药　本类药物的药性多甘温或甘平，质地滋润，能补肝养心或益脾，而以滋生血液为主，主要适用于心肝血虚所致的唇爪苍白，皮毛无华，蹄甲枯槁，心动无力，神疲力乏等，脉细弱等症。若母畜冲任脉虚，则不发情或发情紊乱，或者胎动，或者早产，或者流产等。

应用时，如兼见气虚者，要配伍补气药，使气旺以生血，兼见阴虚者，要配伍补阴药，或者选用补血而又兼能补阴的阿胶、熟地黄、桑椹之类。“后天之本在脾”，脾的运化功能衰弱，补血药就不能充分发挥作用，故还应适当配伍健运脾胃药。

补血药多滋腻黏滞，妨碍运化。故凡湿滞脾，脘腹胀满，食少便溏病畜应慎用。必要时，可配伍健脾消食药，以助运化。

3. 助阳药　凡能助阳益肾适用于阳虚证的药物，称为补阳药。肾阳为一身之元阳，因此阳虚诸证与肾阳关系密切。故补阳药主要是补肾阳。

补阳药多味甘、辛、咸，性温、热，多归肝、肾经。主要具有补肾阳、益精髓、强筋骨之功效，适用于治疗形寒肢冷、腰膀无力、生殖功能减退及肾阳不足所致泄泻，肾不纳气等症。

补阳药性多温燥，阴虚火旺的患畜不宜使用。

4. 滋阴药　本类药物的药性大多甘寒（或偏凉）质润，能补阴、滋液、润燥，而以治疗阴虚液亏之证为主。故历代医家相沿以“甘寒养阴”来概括其性用。“阴虚则内热”，而补阴药的寒凉性又可以清除阴虚不足之热，故阴虚多热者用之尤宜。

阴虚证多见于热病后期及若干慢性疾病。最常见的证候为肺、胃及肝、肾阴虚。补阴药各有其长，可根据阴虚的主要证候，选择应用。但补胃阴者，常可补肺阴，补肾阴者，每能补肝阴，在实际应用时，又常相互为用。

补阴药各有所长，不仅应随证选用，同时还应作随证配伍。如热邪伤阴而邪热未尽者，应配伍清热药；阴虚内热者，应配伍清虚热药；阴虚阳亢者，应配伍潜阳药；阴虚风动者，应配伍息风药；阴血俱虚者，并用补血之品。

另外，尚须依据阴阳互根之理，在补阴药中适当辅以补阳药，使阴有所化，并可借阳药之通运，以制阴药之凝滞。张景岳说：“善补阴者，必于阳中求阴，则阴得阳升而源泉不竭”，在实际应用中是颇有道理的。当然，他这里所说的主要是针对补肾阴而言，并不是说任何补阴药中都要辅以补阳药。

补阴药大多甘寒滋腻，凡脾胃虚弱，痰湿内阻，腹满便溏患畜不宜用。

（一）补气药

党　参

为桔梗科植物党参 *Codonopsis pilosula*（Franch.）Nannf.、素花党参 *Codonopsis pilosula* var. *modesta*（Nannf.）L. T. Shen 或川党参 *Codonopsis tangshen* Oliv. 的干燥根。因以山西上

党者最有名，故名党参。秋季采挖，洗净，晒干。切厚片，生用。主产于山西、陕西、甘肃、四川等省。

［**性味归经**］甘、平。归脾、肺经。

［**功效**］补中益气，健脾生津。

［**应用**］

1. 治疗脾虚泄泻 用于久病气虚、倦怠无力、脾虚泄泻、食少便溏、中气下陷、垂脱之证等。本品能补中益气，升阳举陷。治疗脾虚泄泻、食少便溏，常配白术、茯苓、甘草等；治疗中气下陷的垂脱之证常配黄芪、升麻、白术等。

2. 补益肺气 用于肺气亏虚的咳嗽气促，叫声低微等。本品能补益肺气。可配伍黄芩、五味子等同用。

3. 益气生津 用于气津两伤的气短口渴及气血双亏的口色淡白、口干、心悸等。本品有益气生津和益气生血之效。可分别与麦冬、五味子、生地等生津药，或者当归、熟地黄等补血药同用。

此外，对气虚外感及正虚邪实之证，亦可随证配解表药或攻里药同用，以扶正祛邪。

［**用量**］马、牛 20～60g；猪、羊 5～10g；犬 3～5g；兔、禽 0.5～1.5g。

［**禁忌**］反藜芦。

［**成分与药理**］

1. 主要成分 含皂苷、蛋白质、维生素 B_1 和维生素 B_2、生物碱、菊糖等。

2. 药理研究 ①党参对神经系统有兴奋作用，能增强机体抵抗力。②能使家兔红细胞及血红蛋白增加。③能扩张周围血管而降低血压，并可抑制肾上腺素的升压作用。④具有调节胃肠运动，抗溃疡，抑制胃酸分泌，降低胃蛋白酶活性等作用。⑤还对化疗和放射线所引起的白细胞下降有提升作用。⑥可促进凝血。

黄　芪

为豆科植物膜荚黄芪 *Astragalus membranaceus*（Fisch.）Bge. 或蒙古黄芪 *Astragalus membranaceus*（Fisch.）Bge. var. *mongholicus*（Bge.）P. K. Hsiao 的干燥根。春、秋两季采挖，除去须根及根头，晒干。生用或蜜炙用。主产于内蒙古、山西、甘肃、黑龙江等地。

［**性味归经**］甘，微温。归脾、肺经。

［**功效**］补气升阳，益卫固表，利水消肿，托疮生肌。

［**应用**］

1. 脾胃气虚 用于脾胃气虚及中气下陷诸证。

（1）用治脾胃气虚症：黄芪擅长补中益气，凡脾虚气短，食少便溏，倦怠乏力等，常配白术，以补气健脾；若气虚较甚，则配人参，以增强补气作用；若中焦虚寒，腹痛拘急，常配桂枝、白芍、甘草等，以补气温中；若阳气虚弱，体倦汗多，常配附子，以益气固表。

（2）用治中气下陷证：脾阳不升，中气下陷，而见久泻脱肛，内脏下垂者，黄芪能补中益气，升举清阳，常配人参、升麻、柴胡等，如补中益气汤，以升阳举陷。

2. 气虚 用于肺气虚及表虚自汗，气虚外感诸证。黄芪能补肺气、益卫气，以固表止汗。用治肺气虚弱，咳喘气短，常配紫菀、五味子等同用；治表虚卫阳不固的自汗，且易外感者配白术、防风同用，如玉屏风散，既可固表以止自汗，又能实卫而御外邪。

3. 浮肿　用于气虚水湿失运的浮肿，小便不利。黄芪能补气利尿，故能消肿。常与防己、白术等同用，如防己黄芪汤。

4. 气血不足　用于气血不足，疮疡内陷的脓成不溃或溃久不敛。黄芪能补气托毒，排脓生肌。治脓成不溃，常配伍当归、穿山甲、皂角刺等，以托毒排脓；治溃久不敛，可配伍当归、人参、肉桂等，以生肌敛疮。

[**用量**] 马、牛 20 ~ 60g；猪、羊 10 ~ 20g；犬 5 ~ 15g；兔、家禽 1 ~ 2g。

[**禁忌**] 阴虚火盛、邪热实证不宜用。

[**成分与药理**]

1. 主要成分　主要含有苷类、多糖、氨基酸及微量元素等。

2. 药理研究　①具有增强机体免疫功能、利尿、抗衰老、保肝、降压作用。②能消除实验性肾炎尿蛋白，增强心肌收缩力，还有促雌激素样作用和较广泛的抗菌作用。③其中膜荚黄芪皂苷甲具有降压、稳定红细胞膜、提高血浆组织内 cAMP 的含量、增强免疫功能、促进再生肝 DNA 合成等多种作用。④黄芪多糖具有提高小鼠应激能力、增强免疫功能、调节血糖含量、保护心血管系统、加速遭受放射线损伤机体的修复等作用。⑤有抑制发汗的作用。⑥有类性激素的作用。

山　药

为薯蓣科植物薯蓣 *Dioscorea opposita* Thunb. 的干燥块茎。霜降后来挖。刮去粗皮，晒干或烘干，为“毛山药”；再经浸软闷透，搓压为圆柱状，晒干打光，成为“光山药”。润透，切厚片，生用或麸炒用。主产于河南、江苏、广西、湖南等地。

[**性味归经**] 甘，平。归脾、肺、肾经。

[**功效**] 健脾胃，益肺肾。

[**应用**]

1. 脾胃虚弱证　山药能平补脾气，又益脾阴，且性兼涩，故凡脾虚食少，体倦便溏等，皆可应用。常配人参（或党参）、白术、茯苓、白扁豆等同用，如参苓白术散。

2. 肺肾虚弱证　山药既补脾肺之气，又益肺肾之阴，并能固涩肾精。治肺虚咳喘，或者肺肾两虚久咳久喘，常配人参、麦冬、五味子等同用。治肾虚不固的遗精、尿频等，常配熟地黄、山茱萸、菟丝子、金樱子等同用；治疗尿频、遗尿，常配益智仁、桑螵蛸等。

3. 消渴证　用于阴虚内热，口渴多饮，小便频数的消渴证。有益气养阴生津止渴之效。常配黄芪、生地黄、天花粉等同用。

[**用量**] 马、牛 30 ~ 90g；猪、羊 10 ~ 30g；犬 5 ~ 15g；兔、家禽 1.3 ~ 5g。

[**成分与药理**]

1. 主要成分　山药含薯蓣皂苷、薯蓣皂苷元、胆碱、植酸、止杈素、维生素、甘露聚糖等。

2. 药理研究　具有滋补、助消化、止咳、祛痰、脱敏和降血糖等作用。

白　术

为菊科植物白术 *Atractylodes macrocephala* Koidz. 的干燥根茎。冬季下部叶枯黄、上部叶变脆时采收，除去泥沙，烘干或晒干，再除去须根。切厚片。生用或土炒、麸炒用，炒至黑褐色，称为焦白术。主产于浙江、湖北、湖南、江西等地。

［**性味归经**］甘、苦，温。归脾、胃经。

［**功效**］补气健脾，燥湿利水，止汗，安胎。

［**应用**］

1. 脾胃气虚 用于脾胃气虚，运化无力，食少便溏，脘腹胀满，倦怠乏力等症。白术有补气健脾之效。治脾气虚弱，食少胀满，常配党参、茯苓等同用，以益气补脾；治脾胃虚寒，肚腹冷痛，胀满泄泻，常配党参、干姜等同用，以温中健脾；治脾虚而有积滞，脘腹痞满，常配枳实同用，以消补兼施。

2. 水肿 健脾燥湿，又能利水，可用于水湿内停或水湿外溢之水肿。治水肿常与茯苓、泽泻等同用，如五苓散。

3. 固表 补气固表，用于表虚自汗，常与黄芪、浮小麦同用。

4. 安胎 治胎动不安，常与当归、白芍、黄芩配伍。

［**用量**］马、牛 20～60g；猪、羊 10～15g；犬 1～5g；兔、家禽 1～2g。

［**成分与药理**］

1. 主要成分 白术含挥发油，油中主要成分为苍术酮，白术内酯 A、白术内酯 B 及糖类（主要为甘露糖、果糖）等。

2. 药理研究 ①有利尿作用，其利尿可能与抑制肾小管重吸收有关。②有轻度降血糖作用。③对于因化学疗法或放射线疗法引起的白细胞下降，有使其升高的作用。

甘　草

为豆科植物甘草 *Glycyrrhiza uralensis* Fisch.、胀果甘草 *Glycyrrhiza inflata* Bat-al. 或光果甘草 *Glycyrrhiza glabra* L. 的干燥根及根茎。春、秋季采挖，除去须根，晒干。切厚片，生用或蜜炙用。主产内蒙古、山西、甘肃、新疆等地。

［**性味归经**］甘，平。归心、肺、脾、胃经。

［**功效**］补中益气，清热解毒，润肺止咳，缓急止痛，调和药性。

［**应用**］

1. 补脾胃 本品炙用则性微温，善于补脾胃，益心气。治脾胃虚弱证，常与党参、白术等同用，如四君子汤。

2. 清热解毒 生用能清热解毒，常用于疮痈肿痛，多与金银花、连翘等清热解毒药配伍；治咽喉肿痛，可与桔梗、牛蒡子等同用；治药物、食物中毒，在无特殊解毒药时，可以甘草治之，亦可与绿豆或大豆煎汤服。

3. 痰多咳嗽 用于痰多咳嗽。本品能祛痰止咳，并可随症作适宜配伍而应用广泛。如属风寒咳嗽，可配麻黄、杏仁；肺热咳喘，可配石膏、麻黄、杏仁；寒痰咳喘，配干姜、细辛；湿痰咳嗽，配半夏、茯苓。

4. 止痛 用于肚腹及四肢挛急作痛，能缓急止痛。如属阴血不足，筋失所养而挛急作痛者，常配白芍，即芍药甘草汤；如属脾胃虚寒，营血不能温养所致者，常配白芍、饴糖等，如小建中汤。

5. 缓和药性 用于药性峻猛的方剂中。能缓和烈性或减轻毒副作用，又可调和脾胃。

如调胃承气汤，用甘草以缓和芒硝、大黄之性，使泻下不致太猛，并避免其刺激大肠而产生腹痛；半夏泻心汤，甘草与半夏、干姜、黄芩、黄连同用，又能在其中协和寒热，平调升降，起到调和的作用。

［**用量**］马、牛30~60g；猪、羊3~10g；犬1~5g；兔、家禽0.6~3g。

［**禁忌**］湿盛胀满、浮肿者不宜用。反大戟、芫花、甘遂、海藻。

［**成分与药理**］

1. 主要成分 甘草根和根茎含甘草甜素，是甘草次酸的二葡萄糖醛酸苷，为甘草的甜味成分。此外尚含多种黄酮成分。

2. 药理研究 ①甘草有类似肾上腺皮质激素样作用。②对组织胺引起的胃酸分泌过多有抑制作用；并有抗酸和缓解胃肠平滑肌痉挛作用。③甘草黄酮、甘草浸膏及甘草次酸均有明显的镇咳作用，祛痰作用也较显著，其作用强度为甘草次酸>甘草黄酮>甘草浸膏。④甘草还有抗炎、抗过敏作用，能保护发炎的咽喉和气管的黏膜。⑤甘草浸膏和甘草甜素对某些毒物有类似葡萄糖醛酸的解毒作用。

（二）补血药

当归

为伞形科植物当归 *Angelica sinensis*（Oliv.）Diels的干燥根。秋末采挖，除去须根及泥沙，待水分稍蒸发后，捆成小把，上棚，用烟火慢慢熏干。切薄片，或者身、尾分别切片。生用或酒炒用。主产甘肃东南部岷县（秦州），产量多，质量好；其次则为陕西、四川、云南等地。

［**性味归经**］甘、辛，温。归肝、心、脾经。

［**功效**］补血，活血，止痛，润肠。

［**应用**］

1. 血虚 当归甘温质润，为补血要药。常配熟地黄、白芍等同用，如四物汤。若气血两虚者，常与黄芪同用，如当归补血汤。

2. 血滞 血滞而兼有寒凝，以及跌打损伤，风湿痹阻的疼痛证。当归补血活血，又兼能散寒止痛，故可随证配伍应用。如治血滞兼寒的肿痛，常配川芎、白芷等；气血淤滞的胸痛、胁痛，常配郁金、香附等；治虚寒腹痛，常配桂枝、白芍等；治血痢腹痛，常配黄芩、黄连、木香等；治跌打损伤，常配乳香、没药、桃仁、红花等；治风湿痹痛、肢体麻木，常配羌活、独活、桂枝、秦艽等。治疗产后淤血疼痛，常配益母草、川芎、桃仁等。

3. 痈疽疮疡 当归既能活血消肿止痛，又能补血生肌，故亦为外科所常用。用于疮疡初期，常配银花、连翘、赤芍等，以消肿止痛；用于痈疽溃后，气血亏虚，常配党参、黄芪、熟地黄等，以补血生肌。

4. 便秘 用于血虚、阴虚肠燥便秘。能养血润肠通便。常配火麻仁、肉苁蓉等同用。

［**用量**］马、牛15~60g；猪、羊10~15g；犬2~5g；兔、家禽1~2g。

［**禁忌**］阴虚内热者不宜用。

［**成分与药理**］

1. 主要成分 当归含有挥发油，油中主要成分为藁本内酯、正丁烯夫内酯、当归酮、香荆芥酚等。另含水溶性成分阿魏酸、丁二酸、烟酸、尿嘧啶、腺嘌呤、豆甾醇-D-葡萄糖苷、香荚兰酸、钩吻萤光素等。此外，尚含当归多糖，多种氨基酸，维生素 A、维生素 B_{12}、维生素 E 及多种为动物机体必需的多种元素等。

2. 药理研究 ①当归挥发油和阿魏酸能抑制子宫平滑肌收缩，而其水溶性或醇溶性非挥发性物质，则能使子宫平滑肌兴奋。当归对子宫的作用取决于子宫的机能状态而呈双相调节作用。②正丁烯夫内酯能对抗组胺-乙酸胆碱喷雾所致豚鼠实验性哮喘。③当归有抗血小板凝集和抗血栓作用，并能促进血红蛋白及红细胞的生成。④有抗心肌缺血和扩张血管作用，并证明阿魏酸能改善外周循环。⑤当归对实验性高血脂症有降低血脂作用。⑥对非特异性和特异性免疫功能都有增强作用。⑦当归对小鼠四氯化碳引起的肝损伤有保护作用，并能促进肝细胞再生和恢复肝脏某些功能的作用。⑧有镇静、镇痛、抗炎、抗缺氧、抗辐射损伤及抑制某些肿瘤株生长和体外菌作用等。

白 芍

为毛茛科植物芍药 *Paeonia lactiflora* Pall. 的干燥根。夏、秋两季采挖，洗净，除去头尾及细根，置沸水中煮后除去外皮，或者去皮后再煮至无硬心，捞起晒干。切薄片，生用或炒用、酒炒用。主产于浙江、安徽、西川等地。

［**性味归经**］苦、酸，微寒。归肝、脾经。

［**功效**］平抑肝阳，平肝止痛，敛阴止汗。

［**应用**］

1. 血虚证 本品养血柔肝止痛。配伍当归、熟地黄等，治疗血虚证，如四物汤。

2. 肝阴不足，肝阳上亢、躁动不安等症 本品有养肝阴，调肝气，平肝阳，缓急止痛之效。常配生地黄、牛膝、石决明、女贞子等同用。

3. 肝脾不调，腹痛泄泻 本品有柔肝止痛之效。常配甘草、防风、白术等同用。

4. 用于阴虚盗汗及营卫不和的表虚自汗证 能敛阴和营而止汗。治营卫不和，表虚自汗，常与桂枝配伍，调和营卫而止汗，如桂枝汤；治阴虚盗汗，可配生地黄、牡蛎，浮小麦等，敛阴而止汗。

［**用量**］马、牛 15～60g；猪、羊 6～15g；犬 1～5g；兔、家禽 1～2g。

［**禁忌**］反藜芦。

［**成分与药理**］

1. 主要成分 本品含有芍药苷、羟基芍药苷及芍药内酯苷、苯甲酰芍药苷，以及苯甲酸、鞣质、挥发油、脂肪油、树脂、糖、黏液质、蛋白质、β-谷甾醇、草酸钙芍药碱、牡丹酚及三萜类化合物等。

2. 药理研究 ①所含芍药苷有较好的解痉作用，对大鼠胃、肠、子宫平滑肌呈抑制作用。②有一定的镇静、镇痛、抗惊厥、降压、扩张血管等作用。③白芍总苷对小鼠免疫应答具有调节作用，有增强心肌营养性血流量的作用。④白芍醇提取物对大鼠蛋清性、甲醛性急性炎症及棉球肉芽肿等几种炎症模型均有显著抑制作用。⑤白芍煎剂对葡萄球菌、溶血性链球菌、肺炎双球菌、痢疾杆菌、伤寒杆菌、霍乱杆菌、大肠杆菌等细菌和致病真菌有抑制作用。

阿 胶

为马科动物驴 *Equus asinus* L. 的皮熬煮加工而成的胶块。溶化冲服或炒煮用。主产于山东、浙江。此外，北京、天津、河北、山西等地也有生产。

［性味归经］甘，平。归肺、肾、肝经。

［功效］补血止血，滋阴润肺，安胎。

［应用］

1. 血虚证 为补血之佳品。常与熟地黄、当归、黄芪等补益气血药同用。

2. 多种出血证 止血作用良好。对出血而兼见阴虚、血虚证者，尤为适宜。治血热吐衄，配伍蒲黄、生地黄、旱莲草、仙鹤草、茅根等；治肺破咳血，配伍人参、天冬、北五味子、白及等；治便血，配伍当归、赤芍或槐花、地榆等；治先便后血，配伍白芍、黄连等；治子宫出血，配伍生地黄，艾叶、当归等。

3. 阴虚证及燥证 能滋阴润燥。治温燥伤肺，干咳无痰，配伍麦冬、杏仁等，如清燥救肺汤；治热病伤阴，烦躁不安，配白芍、黄连等，如黄连阿胶汤。此外用于妊娠胎动、下血，可与艾叶配伍使用。

［用量］马、牛15～60g；猪、羊10～15g；犬5～8g。

［禁忌］本品性滋腻，有碍消化，胃弱便溏患畜慎用。

［成分与药理］

1. 主要成分 含骨胶原，与明胶相类似。水解生成赖氨酸、精氨酸、组氨酸等多种氨基酸，并含钙、硫等。

2. 药理研究 ①阿胶能促进血中红细胞和血红蛋白的生成，作用优于铁剂。②改善动物机体内钙平衡，促进钙的吸收和在体内的存留。③预防和治疗进行性肌营养障碍。④可使血压升高而抗休克。

熟地黄

为玄参科植物地黄 *Rehmannia glutinosa* Libosch. 的块根，经加黄酒拌蒸至内外色黑、油润，或者直接蒸至黑润而成。切厚片用。主产于河南、浙江、北京，其他地区也有生产。

［性味归经］甘，微温。归心、肝、肾经。

［功效］补血滋阴，益精充髓。

［应用］

1. 血虚证 为补血要药。常与当归、川芎、白芍同用，并随证配伍相应的药物。

2. 肾阴不足的潮热骨蒸、盗汗、遗精等 为滋阴主药。常与山萸肉、山药等同用，如六味地黄丸。

3. 肝肾精血亏虚的腰膝痿软等 能补精益髓。常与制何首乌、枸杞子、菟丝子等补精血药同用。

［用量］马、牛30～60g；猪、羊5～15g；犬3～5g。

［禁忌］脾虚湿盛者忌用。

［成分与药理］

1. 主要成分 含梓醇、地黄素、维生素A样物质、葡萄糖、果糖、乳糖、蔗糖及赖氨酸、组氨酸、谷氨酸、亮氨酸、苯丙氨酸等，还含有少量磷酸。

2. 药理研究 ①有强心、利尿、降血糖的作用。②有升高外周白细胞，增强免疫功能等作用。③对石膏样小芽孢癣菌、羊毛状小芽孢癣菌等真菌均有抑制作用。

(三) 助阳药

巴戟天

为茜草科植物巴戟天 *Morinda officinalis* How 的干燥根。全年均可采挖。晒干，再经蒸透，除去木心者，称“巴戟肉”。切段，干燥。生用或盐水炙用。主产广东、广西、福建等地。

[**性味归经**] 辛、甘，微温。归肝、肾经。

[**功效**] 补肾阳，强筋骨，祛风湿。

[**应用**]

1. 肾阳虚弱的阳痿，滑精早泄、不孕，少腹冷痛等 本品能温肾壮阳益精。治阳痿、不孕，常配淫羊藿、仙茅、枸杞子等。治下元虚冷，少腹冷痛，常与高良姜、肉桂、吴茱萸等同用。

2. 肝肾不足的筋骨痿软，腰胯疼痛，或者风湿久痹 本品既可补阳益精而强筋骨，又兼辛温能除风湿。常配茴香、肉桂、川楝子等同用，如巴戟散。

[**用量**] 马、牛 15 ~ 30g；猪、羊 5 ~ 10g；犬 1 ~ 5g；家禽 0.5 ~ 1.5g。

[**禁忌**] 阴虚火旺者不宜用。

[**成分与药理**]

1. 主要成分 根皮含植物甾醇，根含蒽醌、黄酮类化合物、维生素 C、糖类等。

2. 药理研究 ①巴戟天有类皮质激素样作用及降低血压作用。②巴戟天水煎液能显著增加小鼠体重、延长游泳时间，抑制幼年小鼠胸腺萎缩，升高血中白细胞数。③对枯草杆菌有抑制作用。

肉苁蓉

为列当科植物肉苁蓉 *Cistanche deserticola* Y. C. Ma 的干燥带鳞叶的肉质茎。多于春季苗末出土或刚出土时来挖，除去花序，干燥。用盐水浸渍，称咸苁蓉；再以清水漂洗，蒸熟晒干，称淡苁蓉；或切片生用。主产内蒙古、甘肃、新疆、青海等地。

[**性味归经**] 甘、咸，温。归肾、大肠经。

[**功效**] 补肾壮阳，润肠通便。

[**应用**]

1. 肾阳不足，精血亏虚的阳痿，不孕，腰膝痿软，筋骨无力 本品能补肾阳，益精血，暖腰膝。治阳痿不育，常配熟地黄、菟丝子、五味子等；治宫冷不孕，常配鹿角胶、当归、紫河车等；治腰膝痿软，筋骨无力，常配巴戟天、杜仲等。

2. 肠燥便秘 本品能润燥滑肠，对老弱肾阳不足，病后及产后精血亏虚便秘者尤宜，常配当归、枳壳、麻仁、柏子仁等同用。

[**用量**] 马、牛 15 ~ 45g；猪、羊 5 ~ 10g；犬 3 ~ 5g；家禽 1 ~ 2g。

[**禁忌**] 阴虚火盛、脾虚便溏者忌用。

[**成分与药理**]

1. 主要成分 本品含微量生物碱及结晶性中性物质等。

2. 药理研究 ①水浸液对实验动物有降低血压作用，又能促进小鼠唾液分泌。②有抗家兔动脉粥样硬化的作用。③有一定程度的抗衰老作用，能显著提高小鼠小肠推进度，缩短通便时间，同时对大肠的水分吸收有明显抑制作用（研究发现肉苁蓉含通便有效物质无机盐类和亲水性胶质类多糖）。

淫羊藿

为小檗科植物淫羊藿 *Epimedium brevicornum* Maxim.、箭叶淫羊藿 *Epimedium sagittatum* (Sieb. et Zucc.) Maxim.、柔毛淫羊藿 *Epimedium pubescens* Maxim.、巫山淫羊藿 *Epimedium wushanense* T. S. Ying、朝鲜淫羊藿 *Epimedium koreanum* Nakai 的干燥茎叶。秋季茎叶茂盛时采割，除去粗梗及杂质，晒干。切丝生用或羊脂油（炼油）炙用。主产于陕西、辽宁、山西、四川等地。

[**性味归经**] 辛、甘，温。归肝、肾经。

[**功效**] 补肾壮阳，强筋骨，祛风湿。

[**应用**]

1. 肾阳不足 用于肾阳不足所致的阳痿、滑精、尿频、腰膝冷痛、肢冷恶寒等，常与仙茅、山茱萸、肉苁蓉等补肾药同用，以加强药效。

2. 肝肾不足 用于肝肾不足的筋骨痹痛，风湿拘挛麻木等症。治肢体麻木拘挛，可单用浸酒服；兼见筋骨痿软，四肢不利，瘫痪等，可配威灵仙、独活、肉桂、当归、川芎等同用。

[**用量**] 马、牛 15～30g；猪、羊 10～15g；犬 3～5g；家禽 0.5～1.5g。

[**成分与药理**]

1. 主要成分 本品主要有效成分为淫羊藿总黄酮、淫羊藿苷及多糖。此外，尚含有生物碱、甾醇、三十一烷及维生素 E 等。

2. 药理研究 ①淫羊藿能促进阳虚动物的核酸、蛋白质合成，并具有雄性激素样作用，能提高机体免疫功能，特别是对肾虚病畜免疫功能低下有改善作用。②能扩张外周血管，改善微循环，增加血流量，降低外周阻力，增加冠脉流量。③对金黄色葡萄球菌、肺炎双球菌、流感杆菌、结核杆菌、脊髓灰质炎病毒及其他肠道病毒有抑制作用。④还具有抗缺氧、镇静、抗惊厥及镇咳、祛痰作用。

杜 仲

为杜仲科植物杜仲 *Eucommia ulmoides* Oliv. 的干燥树皮。4～6 月剥取，刮去粗皮，堆置“发汗”至内皮呈紫褐色，晒干。切块或丝，生用或盐水炙用。主产于四川、云南、贵州、湖北等地。

[**性味归经**] 甘，温。归肝、肾经。

[**功效**] 补肝肾，强筋骨，安胎。

[**应用**]

1. 肝肾不足 用于肝肾不足的腰膝酸痛，四肢痿软，腰胯无力及阳痿，尿频等症本品能补肝肾，强筋骨，暖下元。治腰膝痿软、酸痛，常配补骨脂、胡桃肉；治阳痿尿频，可与山萸肉、菟丝子、覆盆子等同用。

2. 肝肾亏虚 用于肝肾亏虚，下元虚冷的胎动不安本品能补肝肾，调冲任，固经安胎。治胎动不安，常配伍艾叶、续断、白术、党参、砂仁、熟地黄、阿胶等同用。

[用量] 马、牛 15 ~60g；猪、羊 5 ~10g；犬 3 ~5g。

[禁忌] 阴虚火旺者不宜用。

[成分与药理]

1. 主要成分 本品含杜仲胶、杜仲苷、松脂醇二葡萄糖苷、桃叶珊瑚苷、鞣质、黄酮类化合物等。

2. 药理研究 ①杜仲有较好的降压作用，并能减少胆固醇的吸收。其降压作用，炒杜仲大于生杜仲，炒杜仲煎剂比酊剂好。但重复给药，易产生耐受性。②能使离体子宫自主收缩减弱，并有拮抗子宫收缩剂（乙酰胆碱、垂体后叶素）的作用而解痉。③煎剂对家兔离体心脏有明显加强作用。④对犬、大鼠、小鼠均有利尿作用。⑤有增强动物肾上腺皮质功能，增强机体免疫功能及镇静作用。

（四）滋阴药

沙 参

为桔梗科植物轮叶沙参 *Adenophora tetraphylla*（Thunb.）Fisch.、沙参 *Adenophora stricta* Miq. 或伞形科植物珊瑚菜 *Glehnia littoralis* F. Schmidt ex Miq. 等的干燥根。前两种习称南沙参，后者习称北沙参。切片生用。南沙参主产于安徽、江苏、四川等地，北沙参主产于山东、河北等地。

[性味归经] 甘，凉。归肺、胃经。

[功效] 润肺止咳，养胃生津。

[应用] 两种沙参作用相似，但北沙参养阴作用较强，而南沙参祛痰作用较好。

1. 肺阴虚 用于肺阴虚的肺热燥咳，干咳少痰，或者劳伤久咳等。能养肺阴而清燥热。常与麦冬、玉竹、天花粉、川贝母等同用。

2. 热伤 用于胃阴虚或热伤胃阴，津液不足的口渴咽干，舌质红绛等。有养胃阴，清胃热，生津液之功。常配麦冬、石斛等同用。

[用量] 马、牛 30 ~60g；猪、羊 10 ~15g；犬、猫 2 ~5g；兔、禽 1 ~2g。

[禁忌] 肺寒湿痰咳嗽者不宜用。反藜芦。

[成分与药理]

1. 主要成分 南沙参含沙参皂苷，具有祛痰作用。轮叶沙参含呋喃香豆精、花椒毒素。北沙参含挥发油、三萜酸、豆甾醇、β-谷甾醇、生物碱、淀粉，有祛痰解热作用。

2. 药理研究 ①乙醇提取物有降低体温和镇痛作用。②水浸汁在低浓度时对离体蟾蜍的心脏能加强收缩，浓度增高则出现抑制直至心室停跳，但可以恢复。

天 冬

为百合科植物天门冬 *Asparagus cochinchinensis*（Lour.）Merr. 的干燥块根。秋、冬两季采挖，洗净，除去茎基和须根，置沸水中煮或蒸至透心，趁热除去外皮，洗净，干燥。切薄片，生用。主产于贵州、四川、广西等地。

[性味归经] 甘、微苦，寒。归肺、肾经。

[功效] 养阴润燥，清火，生津。

[应用]

1. 燥咳　用于阴虚肺热的燥咳，能养阴清肺润燥。常配麦冬、沙参、川贝母等同用。

2. 肾阴不足　用于肾阴不足，阴虚火旺的潮热盗汗、滑精，低热、口渴，肠燥便秘等症，能滋肾阴，清降虚火，生津润燥。治肾虚火旺，潮热滑精等，常配熟地黄、知母、黄柏等同用；治热病伤津口渴，常配党参、生地黄等同用；治热伤津液的肠燥便秘，可与生地黄、玄参、火麻仁等配伍。

[用量] 马、牛 30～60g；猪、羊 10～15g；犬、猫 1～3g；兔、禽 0.5～2g。

[禁忌] 寒咳痰多、脾虚便溏者不宜用。

[成分与药理]

1. 主要成分　本品含天门冬素、黏液质、β-甾醇及 5-甲氧基甲基糠醛及多种氨基酸等。

2. 药理研究　①有镇咳祛痰作用。②对急性淋巴细胞型白血病、慢性粒细胞型白血病及急性单核细胞型白血病患者的脱氢酶有一定的作用，具抗肿瘤活性。③对金黄色葡萄球菌、绿脓杆菌、大肠杆菌、肺炎双球菌等多种细菌有抑制作用。

麦　冬

为百合科植物麦冬 *Ophiopogon japonicus*（L. f.）Ker－Gawl. 的干燥块根。夏季采挖，反复暴晒、堆置，至七八成干，除去须根，干燥。生用。主产四川、浙江、湖北等地。

[性味归经] 甘、微苦，微寒。归心、肺、胃经。

[功效] 养阴润肺、益胃生津、清心除烦。

[应用]

1. 肺阴不足　用于肺阴不足，而有燥热的干咳痰黏、咳嗽等。能养阴、清热、润燥。治肺燥咳嗽，常与桑叶、杏仁、阿胶等配伍，如清燥救肺汤。

2. 胃阴虚　用于胃阴虚或热伤胃阴，口渴咽干，大便燥结等。能益胃生津，润燥。治热伤胃阴的口渴咽干，常配玉竹、沙参等，如益胃汤；治热病津伤，肠燥便秘，常与玄参、生地黄配伍，如《温病条辨》增液汤。

3. 心阴虚　用于心阴虚及温病热邪扰及心营，心烦不安，舌绛而干等。能养阴清心，除烦安神。治阴虚有热的心烦不安，常与生地黄、酸枣仁等同用，如天王补心丹；治邪扰心营，身热烦躁，舌绛而干等，常配黄连、生地黄、竹叶心等同用，如清营汤。

[用量] 马、牛 20～60g；猪、羊 10～15g；犬 5～8g；家禽 0.6～1.5g。

[禁忌] 寒咳多痰、脾虚便溏者不宜用。

[成分与药理]

1. 主要成分　麦冬含多种沿阶草甾体皂苷、β-谷甾醇、氨基酸、多量葡萄糖及其葡萄糖苷等。

2. 药理研究　①能增强网状内皮系统吞噬能力，升高外周白细胞，提高免疫功能。②能增强垂体肾上腺皮质系统作用，提高机体适应性。③有抗心律失常和扩张外周血管作用。④有降血糖作用。⑤体外实验对白色葡萄球菌、大肠杆菌、伤寒杆菌等多种细菌有抑制作用。⑥注射麦冬液能明显提高小鼠耐缺氧能力。

枸杞子

为茄科植物宁夏枸杞 *Lycium barbarum* L. 的干燥成熟果实。夏、秋二季果实呈橙红色时采收，晾至皮皱后，再暴晒至外皮干硬、果肉柔软。生用。主产于宁夏回族自治区、甘肃等地。

[**性味归经**] 甘，平。归肝、肾经。

[**功效**] 补肝肾，明目。

[**应用**]

1. 肝肾亏虚 用于肝肾亏虚，精血不足，腰胯乏力等。本品为滋阴补血的常用药，常与菟丝子、熟地黄、山茱萸等同用。

2. 肝肾不足 用于肝肾不足所致视力减退、内障目昏、瞳孔放大等。有补肝肾，益精血，明目之效。常配菊花、地黄等，如杞菊地黄丸。

[**用量**] 马、牛 30 ~ 60g；猪、羊 10 ~ 15g；犬 5 ~ 8g。

[**禁忌**] 脾虚湿滞、内有实热者不宜用。

[**成分与药理**]

1. 主要成分 本品合甜菜碱、多糖、粗脂肪、粗蛋白、硫胺素、核黄素、胡萝卜素、抗坏血酸、尼克酸及钙、磷、铁、锌等元素。

2. 药理研究 ①具有升高外周白细胞、增强网状内皮系统吞噬能力，有增强细胞与体液免疫的作用。②对造血功能有促进作用。③能抗衰老、抗突变、抗肿瘤、保肝、降血糖及降低胆固醇等。

百　合

为百合科植物百合 *Lilium brownii* N. E. Brown ex Miellez var. *viridulum* Baker、细叶百合 *Lilium pumilum* DC. 或卷丹 *Lilium lancifolium* Thunb. 的干燥肉质鳞叶。秋季采挖，洗净，剥取鳞叶，置沸水中略烫，干燥。生用或蜜炙用。全国各地均产，以湖南、浙江产者为多。

[**性味归经**] 甘，微寒。归肺、心经。

[**功效**] 养阴，润肺止咳，清心安神。

[**应用**]

1. 肺阴虚 用于肺阴虚的燥热咳嗽及劳嗽久咳等。能养阴清肺润燥止咳。治燥热咳嗽，痰中带血，常与款冬花配伍；治肺虚久咳，劳嗽咯血，常配生地黄、玄参、川贝母等，如百合固金汤。

2. 热病余热 用于热病余热未清，惊悸，躁动不安等。能清心安神。常配知母、生地黄同用，如百合知母汤、百合地黄汤。

[**用量**] 马、牛 30 ~ 60g；猪、羊 5 ~ 10g；犬 3 ~ 5g。

[**禁忌**] 外感风寒咳嗽者忌用。

[**成分与药理**]

1. 主要成分 百合含秋水仙碱等多种生物碱及淀粉、蛋白质、脂肪等。

2. 药理研究 煎剂对氨水引起的小鼠咳嗽有镇咳作用，并能对抗组织氧引起的蟾蜍哮喘。此外，尚有耐缺氧作用。

其他补益药见表9－13。

表9－13　其他补益药

药名	性味归经	功效主治
人参	甘、微苦。归脾、肺、心经	大补元气，补益脾肺，生津安神。各种虚脱证
大枣	甘，平。归脾、胃经	补脾和胃，养血安神，缓和药性。脾胃虚弱，血虚
何首乌	甘、苦、涩，微温。归肝、肾经	制首乌：补肝肾，益精血；生首乌：通便，解疮毒。阴虚血少，便秘
益智仁	辛，温。归脾、肾经	温肾固精，暖脾止泻。滑精、尿频，虚寒泄泻
补骨脂	辛、苦，大温。归脾、肾经	温肾壮阳，止泻。阳痿、滑精、腰胯冷痛，脾肾阳虚引起的泄泻
续断	苦，温。归肝、肾经	补肝肾，强筋骨，续伤折，安胎。腰胯疼痛及风湿痹痛，跌打损伤，胎动不安
菟丝子	甘、辛，微温。归肝、肾经	补肝肾，益精髓。肾虚阳痿、滑精、尿频数
骨碎补	苦，温。归肝、肾经	补肾坚骨，活血。肾阳不足所致的久泻，跌打损伤及骨折
锁阳	甘，温。归肾、肝、大肠经	温肾壮阳。肾虚阳痿、滑精
胡芦巴	苦，温。归肾经	温肾，祛寒，止痛。阳痿，寒伤腰胯
蛤蚧	咸，平。有小毒。归肺、肾经	补肺滋肾，定喘止咳。虚喘劳咳
石斛	甘，微寒。归肺、胃、肾经	养阴清热，益胃生津。热病伤阴、津少口渴
女贞子	甘、微苦，平。归肝、肾经	滋阴补肾，养肝明目。肝肾阴虚所致的腰胯无力、视力减退
鳖甲	咸，平。归肝、肾经	滋阴潜阳，软坚散结。阴虚发热，证瘕积聚
黄精	甘，平。归脾、肺经	滋肾润肺，补脾益气。脾胃虚弱，肺虚燥咳
玉竹	甘，平。归肺、胃经	养阴润燥，生津止渴。肺虚燥咳，热病伤津

二、补益方

具有补益畜体气、血、阴、阳不足和扶助正气，用以治疗各种虚证的一类方剂，统称为补益方。

四君子汤（《和剂局方》）

［**组成**］党参60g、白术45g、茯苓45g、炙甘草15g。

共为末，开水冲调，候温灌服，或者水煎服。

［**功效**］益气健脾。

［**主治**］脾胃气虚。证见体瘦毛焦，精神倦怠，四肢无力，食少便溏，舌淡苔白，脉细弱等。

［**方解**］本方为补气的基础方。脾胃为后天之本，气血生化之源，补气必从脾胃着手。方中党参（原方为人参）补中益气为主药；白术苦温，健脾燥湿为辅药；茯苓甘淡，健脾

渗湿为佐药，白术、茯苓合用，健脾除湿之功更强；炙甘草甘温，益气和中，调和诸药为使药。

[应用] 用于脾胃虚弱证，许多补气健脾的方剂，都是从本方演化而来。本方加陈皮以理气化滞，名为异功散，主治脾虚兼有气滞者；加陈皮、半夏以理气化痰，名六君子汤，主治脾胃气虚兼有痰湿；加木香、砂仁以行气止痛，降逆化痰，名香砂六君子汤，主治脾胃气虚，湿阻气机；加诃子、肉豆蔻以收涩止泻，名加味四君子汤，主治脾虚泄泻。

[方歌] 四君子汤中和义，参术茯苓甘草比，益以夏陈名六君，祛痰益气补脾虚，除去半夏名异功，或者加香砂胃寒使。

四物汤（《和剂局方》）

[组成] 熟地黄60g、白芍50g、当归45g、川芎25g。

共为末，开水冲调，候温灌服，或者水煎服。

[功效] 补血调血。

[主治] 血虚、血瘀诸证。证见舌淡，脉细，或者血虚兼有淤滞。

[方解] 本方是治疗血虚、血滞的基础方剂，所主诸证皆由营血亏虚，血行不畅所致。方中熟地滋阴补血，为主药；当归补血、活血，为辅药；白芍养血敛阴，为佐药；川芎归血分行气活血，为使药。本方补血而不滞血，行血而不破血，补中有散，散中有收，共同组成治血要剂。

[应用] 对于营血虚损，气滞血瘀，胎前产后诸疾，均可以本方为基础，加减运用。本方合四君子汤名八珍汤，气血双补，用治气血两虚者；再加黄芪、肉桂，名十全大补汤，气血双补兼能温阳散寒，用治气血双亏兼阳虚有寒者。本方加桃仁、红花，即桃红四物汤。血虚有热，可加黄芩、丹皮，并改熟地黄为生地黄以清热凉血；若妊娠胎动不安，加艾叶、阿胶以养血安胎；若血虚气滞腹痛，加香附子、延胡索。

[方歌] 四物地芍与归芎，血分疾患此方宗，血虚血滞诸病症，加减运用在变通。

补中益气汤（《脾胃论》）

[组成] 炙黄芪90g、党参60g、白术60g、当归60g、陈皮30g、炙甘草30g、升麻30g、柴胡30g。

水煎服。

[功效] 补中益气，升阳举陷。

[主治] 脾胃气虚及中气下陷诸证。证见精神倦怠，草料减少，发热，汗自出，口渴喜饮，粪便稀溏，舌质淡，苔薄白或久泻脱肛、子宫脱垂等。

[方解] 本方为治疗脾胃气虚及气虚下陷诸证的常用方。气虚下陷，治宜益气升阳，调补脾胃。方中黄芪补中益气，升阳固表为主药；党参、白术、甘草健脾益气为辅药；当归补血，陈皮理气行滞，与补气养血药物同用，使补而不滞，更配升麻、柴胡升阳举陷，助主、辅药升提正气，均为佐药；炙甘草调和诸药，兼有使药之用。

[应用] 本方为补气升阳的代表方。中气不足，气虚下陷，泻痢脱肛，子宫脱垂或气虚发热自汗，倦怠无力等均可使用本方。本方去当归，加木香，用苍术易白术，名调中益气汤，功效相近。

［方歌］补中益气芪术陈，升柴参草当归身，劳倦内伤功独显，气虚下陷亦堪珍。

六味地黄汤（《小儿药证直诀》）

［组成］熟地黄 80g、山萸肉 40g、山药 40g、泽泻 30g、茯苓 30g、丹皮 30g。

水煎服，亦可作为散剂服用。

［功效］滋补肝肾。

［主治］肝肾阴虚，证见潮热盗汗，腰膝痿软无力，耳鼻四肢温热，舌燥喉痛，滑精早泄，粪干尿少，舌红苔少，脉细数。

［方解］本方所治诸证，皆因肾阴亏虚，虚火上炎所致。本方以肾、肝、脾三阴并补二重在补肾。方中熟地黄补肾滋阴，养血生津，为主药；山萸肉养肝肾而涩精，山药补脾固精，共为辅药。主辅配合，肾、脾、肝三阴同补以收补肾治本之功，称为“三补”。泽泻清泻肾火，利水，以防熟地之滋腻；丹皮凉血清肝，退骨蒸，以制山萸肉之温；茯苓利脾除湿，助山药以益脾；三药同用称为“三泻”，共为佐使药。综观全方，“三补”、“三泻”，以补为主，肝、脾、肾三阴并补，以补肾为主。

［应用］本方是滋补肝肾的代表方剂，凡肝肾阴虚不足诸证，如慢性肾炎、肺结核、骨软症、贫血、消瘦、子宫内膜炎、周期性眼炎、慢性消耗性疾病等属于肝肾阴虚者，均可加减应用。

本方加知母、黄柏，名知柏地黄汤，用治阴虚火旺，潮热盗汗；加枸杞子、菊花，名杞菊地黄汤，重在滋补肝肾以明目，用治肝肾阴虚所致的夜盲、弱视；加五味子，名都气汤，用治肾虚气喘；加麦冬、五味子，名麦味地黄汤，滋阴敛肺，用治肺肾阴虚；加桂枝、附子，名肾气丸，温补肾阳，主治肾阳不足。

［方歌］六味地黄滋肾肝，山药萸肉苓泽丹，再加知柏成八味，阴虚火旺治何难。

第十二节　固涩方药

一、固涩药

凡具有收敛固涩作用，能治疗各种滑脱证的药物，称为固涩药。

所谓滑脱证，主要表现为子宫脱出、滑精、自汗、盗汗、久泻、久痢、粪尿失禁、脱肛、久咳虚喘等症。滑脱证的根本原因是正气虚弱，而收敛固涩属于应急治标的方法，不能从根本上消除导致滑脱诸证的病因，故临床应选择适宜的补益药同用，以期标本兼顾。由于滑脱证的表现各异，故将本类药物又分为涩肠止泻和敛汗涩精两类。

涩肠止泻药：具有涩肠止泻的作用，适用于脾肾虚寒所致的久泻久痢，粪便失禁、脱肛和子宫脱等症，在应用上常配补益脾胃药、温补脾肾药同用。

敛汗涩精药：具有敛汗涩精或缩尿的作用，适用于肾虚气弱所致的自汗、盗汗、阳痿、滑精、尿频等症，在应用上常与补肾药、补气药同用。

（一）涩肠止泻药

乌　梅

为蔷薇科植物梅 *Prunus mume* Sieb. et Zucc. 的未成熟果实的加工熏制品。5、6 月果青黄色（青梅）时采收，用火炕焙2~3昼夜可干，再闷2~3天，使色变黑即得。去核生用或炒用。全国各地均产。

［**性味归经**］酸、涩，平。归肝、脾、肺、大肠经。

［**功效**］敛肺，涩肠，生津，安蛔。

［**应用**］

1. 治疗肺虚咳嗽　本品能收敛肺气以缓解咳嗽，主要用于肺虚久咳，常与款冬花、半夏、杏仁等配伍。

2. 治疗久泄久痢　本品能收敛涩肠而止泻，主要用于气虚脾弱引起的久痢滑泻，可与肉豆蔻、诃子等同用；也可配伍党参、白术等益气健脾药。

3. 治虚热消渴　本品味酸，能生津止渴，主要用于虚热引起的口渴咽干，常与天花粉、麦门冬、葛根等同用。

4. 治蛔虫病　本品味酸，蛔虫得酸则伏，故有安蛔作用，适用于蛔虫引起的腹痛、呕吐等症，常配干姜、细辛、黄柏等同用，如“乌梅丸”。

［**用量**］马、牛15~30g；猪、羊6~10g；犬3~5g。

［**禁忌**］有表证及里实证者忌用。

［**成分与药理**］

1. 主要成分　含苹果酸、柠檬酸、琥珀酸等有机酸，黄酮苷、花生四烯酸酯及苦杏仁苷等。

2. 药理作用　①本品对大肠杆菌、痢疾杆菌、伤寒杆菌、霍乱杆菌、绿脓杆菌、结核杆菌及多种球菌、真菌有抑制作用。②灌服乌梅煎剂的犬的胆汁有刺激蛔虫后退的作用，对猪蛔虫有兴奋作用，有轻度收缩胆囊作用。③本品能增强机体免疫功能，对多种致病菌和皮肤真菌有抑制作用。

诃　子

为使君子科植物诃子树 *Terminalia chebula* Retz. 的干燥果实。原产印度、马来西亚、缅甸。一年可采收3批，分别于9、10、11月，将成熟果实采下，晒干。生用或煨用。用时打碎或去核。现我国云南、广东、广西等省区均有栽培。

［**性味归经**］苦、酸、涩，温。归肺、胃、大肠经。

［**功效**］涩肠止泻，敛肺利咽。

［**应用**］

1. 治疗久泻久痢　本品煨用能涩大肠，止腹泻，适用于久泻久痢，以及由此引起的脱肛等症，常与党参、白术、肉豆蔻、茯苓等同用。

2. 治疗肺虚咳嗽　本品生用能敛肺下气而利咽喉，适用于肺虚咳喘，常与党参、肉豆蔻、麦门冬、五味子，甘草等同用；如为肺热咳久，咽喉不利者，可配伍瓜蒌、川贝、桔梗等同用。

［**用量**］马、牛30~60g；猪、羊6~10g；犬、猫1~3g；兔、禽1~2g。

［**禁忌**］咳嗽及痢疾初起邪未清者不宜用。

［**成分与药理**］

1. 主要成分　本品主要含鞣质、诃子素、番泻苷等。

2. 药理研究 ①本品含大量鞣质，对菌痢及肠炎形成的黏膜溃疡有收敛作用。②诃子素对平滑肌有罂粟碱样作用，可松弛肠管。③本品煎剂对肺炎双球菌、痢疾杆菌有较强的抑制作用。

肉豆蔻

为肉豆蔻科植物肉豆蔻 *Myristica fragrans* Houtt. 的干燥种仁。4～6 月及 11～12 月各采一次。早晨摘取成熟果实，剖开果皮，剥去假种皮，再敲脱壳状的种皮，取出种仁，用石灰乳浸一天后，缓火焙干。用时以面裹煨去油。我国广东有栽培；国外印度以及西印度群岛、马来半岛等地亦产。

[**性味归经**] 辛，温。归脾、胃、大肠经。

[**功效**] 收敛止泻，温中行气。

[**应用**]

1. 治久泻久痢 本品能温脾胃，并长于涩肠止泻，适用于脾胃虚寒久泻不止，常配肉桂、诃子、木香、大枣等同用。治脾肾阳虚泄泻，配补骨脂、吴茱萸、五味子，如四神丸。

2. 治脾胃虚寒引起的肚腹胀痛 本品理脾暖胃，下气调中，适用于脾胃虚寒引起的肚腹胀痛，常与木香、白术、半夏、干姜等同用。

[**用量**] 马、牛 15～30g；猪、羊 6～10g；犬、猫 1～3g；兔、禽 1～2g。

[**禁忌**] 凡热泻热痢者忌用。

[**成分与药理**]

1. 主要成分 含挥发油，主要为 α-蒎烯、δ-莰烯；还含有肉豆蔻木脂素等。

2. 药理研究 ①临床试验表明，挥发油能增加胃液的分泌，刺激胃肠蠕动。②挥发油中的萜类对细菌和霉菌有抑制作用。

（二）敛汗涩精药

五味子

为木兰科植物五味子 *Schisandra chinensis*（turcz.）Baill.、华中五味子 *S. sphenanthera* Rehd. et Wils. 的成熟果实。习惯称前者为“北五味子”，后者为“南五味子”。北五味子为传统使用的正品，主产于东北及华北；南五味子主产于西南及长江流域以南各省区，其果实较小，果肉较薄，表面呈棕红色，一般认为品质较差。秋季果实成熟时采摘，除去杂质，晒干。生用或经醋、蜜拌蒸，晒干用。

[**性味归经**] 酸，温。归肺、肾经。

[**功效**] 敛肺止咳、益肾固精、涩肠止泻、生津敛汗。

[**应用**]

1. 治疗久咳虚喘 本品上敛肺气，下滋肾阴，既能补益肺肾，又能止咳平喘。用于治疗肺虚喘咳，常与党参、黄芪、紫菀等配伍；用于治疗肾虚（肾不纳气）喘咳，常与山茱萸、熟地黄、山药、丹皮、泽泻、茯苓配伍。

2. 治疗肾虚 本品功专补肾，有益肾固精之效，用于治疗肾虚滑精及尿频等症时，常与桑螵蛸、菟丝子、金樱子等同用。

3. 治脾肾阳虚导致的泄泻 本品有收敛固涩之功，治疗泄泻时，常与补骨脂、吴茱萸、肉豆蔻同用。

4. 治疗津伤口渴 本品有生津止渴的作用。用于治疗津少口渴，常与麦冬、人参同用，即生脉散。

5. 治疗自汗、盗汗 本品有收涩敛汗之功。治气虚自汗常与黄芪、白术、牡蛎同用；治疗阴虚盗汗常与党参、麦冬、山茱萸等配伍。

[**用量**] 马、牛 30 ~ 60g；猪、羊 10 ~ 20g；犬、猫 1 ~ 3g；兔、禽 1 ~ 2g。

[**成分与药理**]

1. 主要成分 本品主要含挥发油和木脂素，挥发油主要成分为α-蒎烯、莰烯、β-蒎烯等；木脂素主要成分为五味子素、五味子乙素、五味子丙素等。

2. 药理作用 ①本品对大脑皮层的兴奋和抑制均有影响，并能使其趋于平衡。有类似人参的适应原样作用，能增强机体防御能力。②对肝损伤有保护作用，还能明显降低谷丙转氨酶，但停药后有反弹。能促进肝糖原异生及分解，改善机体对糖的利用。③对未孕、已孕及产后子宫平滑肌均有兴奋作用。煎剂有呼吸兴奋作用，并能对抗吗啡的呼吸抑制作用，酸性成分有明显的祛痰镇咳作用。④乙醇浸液在体外对多种革兰氏阴性菌和阳性菌有抑制作用，在体内有抗病毒作用。

龙 骨

为古代哺乳动物如象类、犀牛类、三趾马等的骨骼化石。生用或煅用。主产于河南、河北、山西、内蒙古自治区等地。

[**性味归经**] 甘、涩，平。归心、肝、肾、大肠经。

[**功效**] 镇惊安神、收敛固涩、平肝潜阳。

[**应用**]

1. 镇惊安神 用于惊狂不安、癫痫等，配朱砂、远志。

2. 收敛固涩 用于盗汗、滑精、久泻，与牡蛎、黄芪等配伍。

3. 平肝潜阳 适用于阴虚阳亢引起的躁动不安等症，常与牡蛎、龟板、白芍等配伍。

[**用量**] 马、牛 30 ~ 60g；猪、羊 6 ~ 10g。

[**禁忌**] 有湿热实邪者忌用。

[**主要成分**] 含碳酸钙、磷酸钙，少量铁、铝、镁、钾、钠与氯、硫酸根等离子。

[**药理研究**] ①碳酸钙不溶于水，遇胃中盐酸即变为可溶行钙盐，有中和胃酸的作用。②钙离子能促进血液凝固，降低血管壁的通透性，减少渗出，有消炎及缓解渗出性瘙痒之效。③能减轻骨骼肌的兴奋而有镇静作用。

牡 蛎

为牡蛎科动物长牡蛎 *Ostrea gigas* Thunberg、近江牡蛎 *Ostrea rivularis* Gould 或大连湾牡蛎 *Ostrea talienwhanensis* Crosse 的贝壳。生用或煅用。主产于沿海地区。

[**性味归经**] 咸、涩，微寒。归肝、肾经。

[**功效**] 平肝潜阳，软坚散结，敛汗涩精。

[**应用**]

1. 本品能平肝潜阳 适用于阴虚阳亢引起的躁动不安等症，常与龟板、白芍等配伍。

2. 软坚散结　用以消散瘰疬，常与玄参、贝母等同用。

3. 煅用长于敛汗涩精　可用于自汗、盗汗、滑精等。用治自汗、盗汗，常与浮小麦、麻黄根、黄芪等配伍，如牡蛎散；治滑精，常与金樱子、芡实等配伍。

［**用量**］马、牛30～90g；猪、羊10～30g；犬5～10g；兔、禽1～3g。

［**主要成分**］含碳酸钙、磷酸钙及硫酸钙，并含铝、镁、硅及氧化铁等。

［**药理研究**］酸性提取物在活体中对脊髓类病毒有抑制作用，使感染鼠的死亡率降低。

其他固涩药见表9－14。

表9－14　其他固涩药

药名	性味归经	功效主治
石榴皮	酸、涩，温。归大肠经	收敛止泻，杀虫。久泻久痢，驱杀蛔虫、蛲虫
五倍子	酸、涩，寒。归肺、肾、大肠经	涩肠止泻，止咳，止血，杀虫解毒。久泻久痢，肺虚久咳，疮癣肿毒，皮肤湿烂
浮小麦	甘、凉。归心经	止汗。自汗、虚汗
桑螵蛸	甘、咸、涩，平。归肝、肾经	益肾助阳，固精缩尿。滑精早泄，尿频数，阳痿
海螵蛸	咸、涩，微温。归肝、肾、胃经	止血，生肌。各种出血

二、固涩方

具有收敛固涩作用，治疗气、血、精、津液耗散滑脱的一类方剂，统称为固涩方。

乌梅散（《元亨疗马集》）

［**组成**］乌梅（去核）15g、干柿25g、诃子6g、黄连20g、姜黄15g。

共为末，开水冲调，候温灌服，亦可水煎服。

［**功效**］涩肠止泻，清热燥湿。

［**主治**］幼驹奶泻及其他幼畜的湿热下痢。

［**方解**］本方是治幼驹奶泻的收敛性止泻方剂。方中乌梅涩肠止泻，生津止渴为主药；黄连清热燥湿止泻为辅药，诃子肉、干柿涩肠止泻；姜黄破气行血止痛共为佐使药。

［**应用**］凡幼驹或其他幼畜奶泻，均可加减应用。体热者，加银花、蒲公英、黄柏；体虚者，加党参、白术、茯苓、山药等。亦可加大剂量用于成年动物的泻痢；对猪痢疾也有效。

［**方歌**］乌梅散中用干柿，诃子郁金与黄连，涩肠止泻兼清热，新驹奶泻此方治。

玉屏风散（《世医得效方》）

［**组成**］黄芪90g、白术60g、防风30g。

共为末，开水冲调，候温灌服，或者水煎服。

［**功效**］益气固表止汗。

［**主治**］表虚自汗及体虚易感风寒者。证见自汗，恶风，苔白，舌淡，脉浮缓。

［**方解**］方中重用黄芪以益气固表，为主药；白术健脾益气，助黄芪益气固表止汗，为辅药；防风疏风祛寒，为佐使药。黄芪得防风，固表而不留邪；防风得黄芪，祛邪而不伤正。方名是取其有益气固表止汗、抵御风邪之功，有如御风的屏障之意。

［**应用**］本方为治表虚自汗以及体虚患畜易感风寒的常用方剂。若表虚自汗不止，可酌加牡蛎、浮小麦、五味子等，以增强固表止汗的作用；若表虚外感风邪，汗出不解，可合桂枝汤以解肌祛风，固表止汗。

［**方歌**］玉屏风散术芪防，益气固表止汗良，表虚自汗恶风证，服之以后体安康。

牡蛎散（《和剂局方》）

［**组成**］麻黄根45g、黄芪45g、煅牡蛎80g、浮小麦200g。

共为末，开水冲调或用浮小麦煎水冲调，候温灌服，或者水煎服。

［**功效**］固表敛汗。

［**主治**］体虚多汗。证见身常汗出，夜晚尤甚，脉虚等。

［**方解**］方中牡蛎益阴潜阳，固涩止汗，为主药；生黄芪益气固表为辅药；麻黄根专于止汗，浮小麦益心气，止汗，二药助黄芪、牡蛎增强止汗功效，共为佐使药。

［**应用**］本方用于治疗自汗、盗汗。若属阳虚，加白术、附子以助阳固表；若属阴虚，加干地黄、白芍以养阴止汗；若属气虚，加党参、白术以健脾益气；若属血虚，可加熟地黄、何首乌以滋阴养血。

［**方歌**］牡蛎散中用黄芪，浮麦麻黄根最宜，卫虚自汗或盗汗，固表敛汗功能奇。

第十三节　平肝方药

凡能清肝热、息肝风的方、药，称为平肝方、药。肝藏血，主筋，外应于目。故当肝受风热外邪侵袭时，表现目赤肿痛，羞明流泪，甚至云翳遮睛等症状；当肝阳上亢、肝风内动引起四肢抽搐、口眼歪邪、神志昏迷等症。由于本类方药对以上症候的疗效不同，故分为平肝明目和平肝息风两类方药。属中医传统治疗“八法”中的“清”法。

一、平肝药

（一）平肝明目药

平肝明目药具有清肝火、退云翳的功效，适用于肝火亢盛、目赤肿痛、睛生翳膜等症。

石决明

出于《名医别录》，处方用名为石决明、生石决明、煅石决明。为鲍科动物杂色鲍 *Haliotis diversicolor* Reeve、皱纹盘鲍 *Haliotis discus* hannai Ino 等鲍的贝壳。打碎生用或煅后碾碎用。主产于广东、福建、海南、山东、辽宁等地。

［**性味归经**］咸，平。入肝经。

［**功效**］平肝潜阳、清肝明目。

［**应用**］

1. 平肝潜阳　适用于肝肾阴虚，肝阳上亢以致目赤肿痛之证，常与生地黄、白芍、菊花等配用。

2. 为平肝明目之要药　适用于肝热实证所致的目赤肿痛、羞明流泪等症，常与夏枯草、菊花、钩藤等同用；治疗目赤翳障，多与密蒙花、夜明沙、蝉蜕等同用。

［**用量**］牛、马60～90g；猪、羊15～30g。

［**禁忌**］消化不良者禁用；脾胃虚寒者慎用。

［**成分与药理**］

1. 主要成分　为碳酸钙90%以上、有机质、少量镁、铁、硅酸盐、氯化物和极微量的碘。具有珍珠样光泽的贝壳内层为角蛋白，经盐酸水解可以得到多种氨基酸如：甘氨酸、天门冬氨酸、丙氨酸、丝氨酸、谷氨酸等。

2. 药理研究　石决明可明目退翳，治疗视力障碍和眼内障；具有抗感染作用，对流行性感冒病毒有抵抗作用；对金黄色葡萄球菌、大肠杆菌等有较强的抑菌作用；此外，还有镇静、扩张气管、支气管的平滑肌、中和胃酸等作用。

草决明

出于《神农本草经》，处方名为决明子。为豆科植物决明 *Cassia obtusifolia* L. 或小决明 *Cassia tora* L. 的干燥成熟种子。生用或炒用。主要产于安徽、广西壮族自治区、四川、浙江、广东等地。

［**性味归经**］甘、苦、咸，微寒。入肝、大肠经。

［**功效**］清肝明目、润肠通便。

［**应用**］

1. 清肝明目　对肝热或风热引起的目赤肿痛、羞明流泪，可单用煎服或与龙胆草、夏枯草、菊花、黄芩等配伍。

2. 润肠通便　用于粪便燥结，可单用或与蜂蜜配用。

［**用量**］牛、马30～60g；猪、羊10～15g。

［**禁忌**］气虚便溏者不宜使用。

［**成分与药理**］

1. 主要成分　为大黄素、大黄素甲醛、大黄酚、决明素、美决明子素、决明子内酯等多种成分。

2. 药理研究　具有泻下、降压、收缩子宫或催产作用；其醇浸出液对金黄色葡萄球菌、大肠杆菌、沙门氏菌、真菌等均有抑菌作用。

（二）平肝息风药

平肝息风药具有潜降肝阳、止息肝风的作用。适用于肝阳上亢、肝风内动、惊痫癫狂、痉挛抽搐等症。

天　麻

出于《神农本草经》，处方名天麻、明天麻。为兰科植物天麻 *Gastrodia* elata 的干燥块茎。生用。主产四川、贵州、云南、陕西等地。

［**性味归经**］甘，微苦。入肝经。

［**功效**］平肝息风、息风止痉、镇痉止痛。

[应用]

1. 具有息风止痉作用 适用于肝风内动所致的抽搐拘挛之症，可与钩藤、全蝎、川芎、白芍等配伍。若用于破伤风可与白附子、天南星、僵蚕、全蝎等同用。

2. 能息风止痉 可治疗偏瘫、麻木等症，可与牛膝、桑寄生等配伍，用于治疗风湿痹痛，常与秦艽、牛膝、独活、杜仲等同用。

[**用量**] 牛、马 20～45g；猪、羊 6～10g。

[**禁忌**] 阴虚者忌用。

[**成分与药理**]

1. 主要成分 为天麻苷、天麻醚苷、香荚兰醇、对羟基苯甲醛、胡萝卜甙、柠檬酸、柠檬酸甲酯、棕榈酸、琥珀酸、维生素 A、微量元素、生物碱等。

2. 药理研究 天麻甙具有镇静的作用，能降低中枢神经的兴奋性；香荚兰醇有抗惊厥的作用。全药使用还有镇痛作用。天麻所含得多种微量元素可增强机体免疫力、抗炎、耐疲劳等作用。

全　蝎

出于《开宝本草》，处方用名为全蝎、全虫、蝎子。为蝎科昆虫东亚钳蝎 *Buthus martensii* Karsch 的干燥全虫。生用、酒洗用或制用。主要产于河南、山东、安徽等地。

[**性味归经**] 辛、甘，温。有毒。入肝经。

[**功效**] 息风止痉、解毒散结、通络止痛。

[**应用**]

1. 息风止痉 为息风止痉的主要药，适用于惊痫、破伤风等痉挛抽搐之证，常与蜈蚣、钩藤、僵蚕等同用。

2. 解毒散结 可单独用于治疗恶疮毒肿。

3. 通络止痛 用于治疗风湿痹痛，筋脉拘挛，常与蜈蚣、僵蚕、川芎、羌活等同用。

4. 其他 还可治疗癫痫、乳腺小叶增生、破伤风、慢性荨麻疹等。

[**用量**] 牛、马 15～25g；猪、羊 3～6g。

[**禁忌**] 有毒，血虚生风者禁用。

[**成分与药理**]

1. 主要成分 为蝎毒素、蝎酸、三甲胺、甜菜碱、牛磺酸、软脂酸、卵磷脂、胆固醇、铵盐等。

2. 药理研究 全蝎能影响血管运动中枢的机能，使血管扩张、血压降低；能明显延长凝血时间；能产生溶血作用；对心脏、血管、小肠、膀胱、骨骼肌等有兴奋作用；还具有抗肿瘤、镇静、杀灭猪囊尾蚴的作用。

僵　蚕

出于《神农本草经》，处方名为僵蚕、白僵蚕、僵虫、制僵蚕、天虫。为蚕蛾科昆虫家蚕 *Bombyx mori* L. 的幼虫，因感染白僵菌分生孢子而致死的干燥全虫。生用或炒用。主要产于四川、浙江、广东、贵州等地。

[**性味归经**] 辛、咸、平。入肝、肺、胃经。

［功效］息风止痉、祛风止痛，化痰散结。

［应用］

1. 既能止痉，又可化痰　适用于肝风内动所致的惊痫抽搐、中风、口眼歪斜等症，常与天麻、全蝎、牛黄、胆南星等配伍。

2. 有祛风止痛作用　用于外感风热上扰而致目赤肿痛、咽喉肿痛，常与菊花、桑叶、薄荷等配伍。

3. 能化痰散结　可治疗肺结核、糖尿病等。

［用量］牛、马30～60g；猪、羊10～15g。

［禁忌］无外邪、风邪者禁用。

［成分与药理］

1. 主要成分　为蛋白质、草酸胺、多种氨基酸、无机元素如钙、镁、锌等、6-N-羟基乙基腺嘌呤等。

2. 药理研究　僵蚕所含的草酸胺具有抗惊厥作用。僵蚕提取液具有镇静、抗血凝和降血糖作用。僵蚕对金黄色葡萄球菌、大肠杆菌等细菌有一定的抑制作用。

其他平肝药见表9－15。

表9－15　其他平肝药

中药名	性味归经	功效	主治
青葙子	苦、微寒。入肝经	清肝火，祛风热，明目退翳	清肝火，明目退翳，视物不清
木贼	甘、苦、平。入肝、胆、肺经	疏散风热，清头目，退目翳	风热目赤、翳障多泪，翳障目赤
密蒙花	甘、微苦、平。入肝经	清肝明目，退翳	肝热目赤肿痛，羞明流泪，睛生翳障
钩藤	甘、微寒。入肝、心包经	息风止痉、平肝清热	痉挛抽搐、目赤肿痛、疏散外感风热、破伤风
蜈蚣	辛、温、有毒。入肝经	息风止痉、解毒散结、通络止痛	癫痫，破伤风，痉挛抽搐、疮疡肿痛，风湿麻痹
白附子	辛、甘、温。入脾、胃经	燥湿化痰，祛风止痉，解毒散结	中风痰壅，口眼歪斜，破伤风，风湿痹痛，痈疽，毒蛇咬伤
地龙	咸、寒。入脾、胃、肝、肾、膀胱经	清热息风、平喘利尿	惊痫、抽搐、气喘、热痹

二、平肝方

决明散《元亨疗马集》

［组成］煅石决明45g、草决明45g、栀子30g、大黄30g、白药子30g、黄药子30g、黄芪30g、黄芩20g、黄连20g、没药20g、郁金20g。

煎汤候温加蜂蜜60g、鸡蛋清2个，同调灌服。

［功效］清肝明目，退翳消瘀。

［主治］肝经积热，外传于眼所致的目赤肿痛、云翳遮睛等，口色赤红、脉象弦数。

［方解］本方为明目退翳之剂。方中石决明、草决明为清肝热，消肿痛，退云翳的主

药；黄连、黄芩、栀子、清热泻火，黄药子、白药子凉血解毒，清热泻火为辅药；大黄、郁金、没药活血散瘀、消肿止痛，黄芪升举清阳，托毒外出，共为佐药；蜂蜜、鸡蛋清缓急，调和药性为使。各种药物相合，达到清肝明目，退翳消瘀的目的。

[应用]

1. 眼目赤肿 用于外障眼、鞭伤所致、肝热传眼引起的眼目赤肿、睛生云翳、眵盛难睁、羞明流泪、畏光等症。

2. 角膜炎、结膜炎 急性角膜炎、结膜炎及外伤引起的眼目赤肿、睛生云翳等症。

[方歌] 决明散用二决明，芩连栀黄鸡蜜清，芪没郁金二药入，能治肝热翳遮睛。

牵正散《杨氏家藏方》

[组成] 白附子20g、僵蚕20g、全蝎20g。

共研为末，开水冲，加黄酒100ml灌服。

[功效] 祛风化痰。

[主治] 颜面神经麻痹、歪嘴风。症见口眼歪斜、一侧耳下垂，或者口唇麻痹下垂等症。

[方解] 本方为治风痰阻滞头面经络，口眼歪斜之剂。方中主药为白附子，具有辛散头面之风的作用；僵蚕驱络中之风，兼能化痰，全蝎能祛风止痉为辅佐药；使药为黄酒，具有助药力、增强祛风通络的作用。诸药相合，祛风化痰。

[应用] 用于风湿性或神经炎性颜面神经麻痹。可按病情的需要酌加蜈蚣、天麻、川芎、白芷、防风等以增强疗效。

[方歌] 口眼㖞斜牵正散，阳明风中邪干漫，僵蚕白附全蝎投，酒服二钱功可赞。

第十四节　安神开窍方药

凡具有安定心神、通关开窍性能，治疗心神不宁、窍闭神昏、躁动不安、癫狂等症的方药，称为安神开窍方药。按药物性质、功能的不同，又分为安神方、药和开窍方、药两类。

安神方、药：具有镇静安神作用。按性能可分为质重安神药，以治阳气躁动的心惊、惊痫、狂躁不安等症；质轻的植物药，取其养心、柔肝、滋阴、益血的作用，以治疗心肝血虚，心神失养的心悸、心慌、失眠、心神不安者；前者适用于实证，后者适用于虚证。此类方药以入心经为主。

开窍方、药：具有芳香走窜、醒神开窍的作用。适用于神智昏迷、窍闭神昏、气滞痰闭等症。此类药物为急救药，只能暂用，不可久用，避免耗伤元气。

一、安神药

朱　砂

出于《神农本草经》，处方名为朱砂、辰砂、丹砂、飞朱砂。为硫化物类矿物辰砂族辰砂 Cinnanbar，主含硫化汞（HgS）。研末或水分用主产于湖南、贵州等地，四川、广西壮族自治区、云南等地亦产。

[性味归经] 甘，微寒；有毒。入心经。

[功效] 安神，定惊，解毒。

［应用］

1. 安神　本品有镇心安神作用，适用于心火上炎，以致躁动不安、惊痫之证，常与黄连，甘草同用，使心火得清，邪火被制，则心神安宁，若因心虚血少所致的心神不宁尚需配伍熟地黄、当归、酸枣仁等以补心血安神。

2. 解毒　朱砂外用有良好的解毒作用，主要用于疮疡肿毒，常与雄黄配伍外用；治口舌生疮。咽喉肿瘤，多与冰片、硼砂等研末吹喉。

［用量］马、牛 3 ~ 6g；猪、羊 0.3 ~ 1.5g；兔、禽 0.5 ~ 1.5g。

［禁忌］忌用火煅。朱砂有毒，内服不宜过量和持续服用，孕畜禁用，肝肾功能不正常者不能使用。

［成分与药理］

1. 主要成分　为硫化汞（HgS），常混有氧化镁、氧化铁等物质；尚含有微量的碘和锌。

2. 药理研究　朱砂有镇静、催眠、抗惊厥的作用，还有抑制生育作用及解毒防腐作用。外用朱砂能抑杀皮肤细菌及寄生虫。朱砂为汞的化合物，汞对蛋白质中的巯基有特别的亲和力，高浓度时，可抑制多种酶的活动。进入体内的汞，主要分布在肝肾，容易引起肾损害，并可透过血脑屏障，直接损害中枢神经系统。

酸枣仁

出于《神农本草经》，处方名酸枣仁、生枣仁、炒枣仁、枣仁。为鼠李植物酸枣 *Ziziphus jujuba* Mill. var. *spinosa*（Bge.）Hu ex H. F. Chow. 熟种仁。生用或炒用。主产于河北、河南、陕西、辽宁等地。

［性味归经］甘、酸，平。入心、肝、胆、脾经。

［功效］心虚惊悸、烦躁不安、益阴敛汗。

［应用］

1. 心肝血虚　主要用于心肝血虚所致的燥动不安、心虚劳损，常配远志、熟地黄、当归、茯苓、丹参等同用。

2. 体虚　能敛汗益阴，常用于治疗体虚自汗、脾胃虚弱，多与山茱萸、白芍、五味子或牡蛎、麻黄根、浮小麦等配伍。

3. 肺结核　治疗肺结核病，用酸枣仁、生地黄各 30 ~ 60g，小米 60 ~ 100g。水煎服，每日 1 剂。

［用量］马、牛 30 ~ 45g；猪、羊 10 ~ 15g。

［禁忌］有实邪及大便滑泄者慎用。

［成分与药理］

1. 主要成分　含生物碱、桦木素、桦木酸、有机酸、脂肪油、蛋白质及丰富的维生素 C。

2. 药理研究　有显著持久的镇静作用；有降低血压和降温的作用；有明显的镇痛作用；对子宫有兴奋现象。

远　志

出于《神农本草经》处方名为远志、远志肉、炙远志、炒远志、蜜远志。为远志科植

物远志 *Polygala tenuifolia* Willd. 或卵叶远志 *Polygala sibirica* L. 的干燥根、皮。主产于山西、陕西、河南、河北、山东、东北等地。

［**性味归经**］苦、辛，温。归心、肾、肺经。

［**功效**］养心安神，祛痰开窍，消散痈肿。

［**应用**］

1. 心肝血虚 配当归、熟地黄，用于治疗心肝血虚所致的躁动不安、心虚劳损等症，达到养心安神的作用。

2. 痰阻心窍 配半夏、天麻等；痰多咳嗽，配杏仁、桔梗。

3. 癫狂发作 配石菖蒲、郁金等。

4. 痈疽疮毒，乳房肿痛等 单用研末，黄酒送服或外用调敷于患部。

［**用量**］马、牛 30~60g；猪、羊 10~15g。

［**禁忌**］阴虚火旺、脾胃虚弱者、孕畜慎用。

［**成分与药理**］

1. 主要成分 远志含皂苷，水解后可得远志皂苷 A、远志皂苷 B、细叶远志素及远志糖 A、B、C、D；又含远志醇，细叶远志定碱、脂肪油酸、树脂等。

2. 药理研究 远志有镇静、催眠及抗惊厥作用；有较强的祛痰作用；醇浸剂对人型结核杆菌、金黄色葡萄球菌、痢疾杆菌、伤寒杆菌、肺炎双球菌等细菌均有明显抑制作用。此外，远志皂苷有较强的溶血作用。

二、开窍药

石菖蒲

出于《神农本草经》，处方用名为石菖蒲、菖蒲。为天南星科植物石菖蒲 *Acorus tatarinowii* Schott. 的干燥根茎。主产于四川、浙江，分布于黄河以南的广大区域。

［**性味归经**］辛，温。归心、肝、胃经。

［**功效**］开窍豁痰，化湿和中。

［**应用**］

1. 具有芳香开窍的作用 常用于痰湿蒙蔽心窍、清阳不升所致的神昏、癫狂，常与远志、茯神、郁金等配伍使用。

2. 芳香化湿 又能健胃，常用于湿困脾胃、食欲不振、肚腹胀满之证，常与香附、郁金、藿香、陈皮、厚扑等同用。

［**用量**］马、牛 30~60g；猪、羊 10~15g。

［**禁忌**］阴虚阳亢、血亏、汗多者慎用。

［**成分与药理**］

1. 主要成分 石菖蒲主要含挥发油，油中有α-细辛脑（醚）、β-细辛醚、γ-细辛醚、二聚细辛醚、顺式甲基异丁香油酚、榄香脂素、细辛醛、δ－荜澄茄烯、百里香酚、肉豆蔻酸等；还含有苯丙素类、单萜类、倍半萜类、黄酮类及其他多种化合物。

2. 药理研究 石菖蒲对中枢神经系统有镇静作用，尤其是挥发油类成分，有极强的催眠效果，还有抗惊厥、增加体力、促进智力、解痉作用；石菖蒲中的挥发油有减慢心率、抗心律失常作用；石菖蒲成分中的二聚细辛醚有显著的降脂作用；α－细辛醚能对抗垂体后叶素的宫缩作用。体外实验发现石菖蒲煎剂有杀蛔效果，高浓度浸出液能抑制常见真菌。

皂　角

为云实科植物皂角树 *Gleditsia sinensis* Lam. 的干燥果实。皂角刺为皂角茎上的干燥棘刺。主要产于东北、华北、华东、中南、四川、贵州等地。

[性味归经] 辛、咸、温。有小毒。入肺、大肠经。

[功效] 豁痰开窍、消肿排脓。

[应用]

1. 开窍　本品走窜力大，有开窍醒神作用。用于热闭昏迷、癫痫痰盛等症，常与细辛等配用。

2. 祛痰　本品辛散力大，有强烈的祛痰作用。主要用于顽痰、结痰或风痰阻闭、猝然倒地的病症，常配细辛、天南星、半夏、薄荷、雄黄等研末吹鼻，促使通窍苏醒。

3. 消肿散毒　本品具有消肿散毒的功效，外用治疗恶疮肿毒。

[用量] 马、牛 30～40g；猪、羊 5～15g；犬 1～3g。

[禁忌] 孕畜及体虚者不宜用。用量过大可引起呕吐和腹泻。

[成分与药理]

1. 主要成分　含三萜皂苷、生物苷、黄酮苷、二十九烷、鞣质、酚类、氨基酸等。

2. 药理研究　皂苷对呼吸道黏膜有刺激作用；对离体子宫有兴奋作用，并有溶血作用；对大肠杆菌、痢疾杆菌、绿脓杆菌及皮肤真菌等有抑制作用。其他安神开窍药见表 9－16。

表 9－16　其他安神开窍药

中药名	性味归经	功　效	主　治
柏子仁	甘，平。入心肾、大肠经	养心安神、润燥、止汗	惊悸、出虚汗、肠燥便秘
合欢皮	甘，平。入心、肝经	安神解郁，活血消肿	心烦不宁，跌打损伤，疮痈肿毒
牡　蛎	咸、涩，微寒。入肝、肾经	平肝潜阳、软坚散结、收敛固涩	阴虚阳亢、痰火郁结、体虚卫外不固
牛　黄	苦、甘，凉。入心，肝经	豁痰开窍、清热解毒，息风定惊	热病神昏，狂躁，咽喉肿痛，口舌生疮，痈疽疔毒，痉挛抽搐
冰　片	辛、苦，微寒。入心、肝、脾、肺经	开窍醒神，清热止痛	神昏惊厥，清热止痛，防腐止痒，目赤肿痛，睛生翳膜，咽喉肿痛

三、安神开窍方

朱砂散《元亨疗马集》、《中华人民共和国兽药典》

[组成] 朱砂（另包、研）15g、党参 45g、茯神 50g、黄连 25g。

共研为末，朱砂（水飞），开水冲，候温，加猪苦胆汁 50～100ml，一起灌服。

[功效] 镇心安神、清热泻火，扶正祛邪。

［**主治**］心热风邪。

［**方解**］治疗心热风邪。由于外受热邪，热积于心，扰乱神明所致。主药朱砂性甘寒，能镇心安神，清心火，甘以生津，抑阴火之浮游，养上焦之元气，茯苓宁心安神，二药相配，增进安神作用；辅药为黄连，具有清心降火，宁心除烦的作用；佐药为党参，具有益气宁神，固卫止汗，扶正祛邪的作用。诸药合用，安神清热，扶正祛邪。

［**应用**］随症加减，可用于心热风邪等症。

1. 治心热风邪 症见心神不宁，易惊喜恐、食欲减少、全身出汗，肉颤头摇，气促喘粗，左右乱跌，口色赤红，脉洪数。

2. 癫痫痰迷 可配用贝母、陈皮、石菖蒲、半夏等同用。

3. 热重者 可配黄芩、栀子等同用。

4. 惊恐症状重 可加琥珀、龙骨等同用以加强镇静安神功效。

5. 对大便秘结 可加大黄、芒硝、枳实等同用，促使实热下行。

［**方歌**］朱砂散中茯神用，党参扶正在其中，黄连生用清心火，心热风邪见其功。

通关散《丹溪心法附余》

［**组成**］猪牙、皂角、细辛。

各取等份研末拌匀，取少许吹鼻。

［**功效**］通关开窍。

［**主治**］高热神昏，痰迷心窍。

［**方解**］本方是回苏醒神的救急之剂。方中皂角味辛散，性燥烈，可祛痰开窍；细辛辛香走窜，善宣散而开窍醒神。两药相合，有通关开窍作用。因鼻为肺窍，吹鼻可使肺气宣通，气机畅通，便于回苏醒神。

［**应用**］为急救药，病畜高热神昏、痰迷心窍时急救之用。用于治疗慢性鼻炎、鼻窦炎等属闭证、实证者。

［**方歌**］皂角细辛通关散，吹鼻醒神又豁痰，回苏开窍救济剂，闭证实证皆可宜。

第十五节　涌吐方药

凡是以促进呕吐为主要作用的药物及方剂，称为涌吐方药，又称催吐方药。属中医传统治疗“八法”中的“吐法”。通过应用具有涌吐性能的药物，使停留在咽喉、胸膈、胃脘的病邪或有毒物质从口腔中吐出，达到减轻病势、缓和症状、早日痊愈的目的。

一、涌吐药

瓜　蒂

出于《神农本草经》。处方名为瓜蒂、甜瓜蒂、瓜丁、苦丁香。为葫芦科植物甜瓜 *Cucumis melo* L. 干燥果蒂。全国各地均产。

［**性味归经**］苦，寒；归胃经。

［**功效**］涌吐痰食，祛湿退黄。

[应用]

1. 宿食停滞胃中　胃脘胀痛、烦闷不食、嗳腐等，常配赤小豆、豆豉应用。

2. 湿热黄疸　可研末吹鼻或送服。

3. 食物中毒　可用瓜蒂100g，赤小豆100g研末，每次服用30～60g。

4. 慢性鼻炎　可用瓜蒂粉30g，黄连粉10g，冰片3g。研末吹鼻。

[用量] 牛、马10～15g；猪、羊3～6g。瓜蒂有毒，不能大量服用。过量会出现头晕眼花、脘腹不适、呕吐、腹泻等症状。

[禁忌] 老弱畜、体虚、产后、孕畜、失血及上焦无实邪者禁用。

[成分与药理]

1. 主要成分　为葫芦苦素B、D、E、异葫芦苦素B、氨基酸、α-菠菜固醇等。

2. 药理研究　口服瓜蒂有强烈的催吐作用；能有效地抑制肝细胞变性、坏死的发展，加速组织的修复和抑制胶原纤维的增生；可提高机体的细胞免疫机能。

藜　芦

出于《神农本草经》。处方名为藜芦、黑藜芦。为百合科植物藜芦 *Veratrum nigrum* L. 的干燥根及根茎。主产于山西、河北、河南、山东、辽宁等地。全国大部分地区有分布。

[性味归经] 辛、苦，寒；归肺、胃、肝经。

[功效] 涌吐风痰，杀虫。

[应用]

1. 诸风痰饮　配郁金同用。

2. 风痰内盛　配天南星同用。

3. 疥癣秃疮　可外用。

4. 其他　可治疗疟疾、牙痛、骨折等症。

[用量] 牛、马10～15g；猪、羊3～6g。藜芦毒性大，使用时注意掌握剂量的大小。

[禁忌] 藜芦不宜与人参、沙参、丹参、玄参、苦参、白芍、赤芍、细辛等同用。藜芦毒性强烈，体弱、孕畜、素有失血者忌用。

[成分与药理]

1. 主要成分　藜芦含多种生物碱，如：藜芦碱、原藜芦碱、伪藜芦碱、计莫林碱，红藜芦碱，白屈菜碱等。

2. 药理研究　藜芦能促进骨折愈合、缩短治疗时间，其浸液有降压作用及杀灭血吸虫的作用。

二、涌吐方

瓜蒂散《伤寒论》

[组成] 瓜蒂30～60g，赤小豆30～60g。以上二味研成细粉末，马每次5～10g，猪、犬3～6g，用淡豆豉30g煎汤送服。

[功效] 涌吐痰涎宿食。

[主治]

1. 痰食壅滞 痰食壅滞胸脘、宿食或毒物停于上脘，气不得通畅，故胸中痞硬，躁动不安，甚至于气冲咽喉，喘息急促。

2. 痰食壅塞 痰食壅塞，气机不畅。

［**方解**］选用酸苦涌泄之药，因势利导，涌而吐之，使病邪因吐而解。而使上焦得通，阳气得复，食滞可消。故立涌吐之法。方中取瓜蒂味苦，善吐痰涎宿食为主药；赤小豆味酸，能祛湿除烦满为辅药。二药相伍，具有酸苦涌泄之用。又以豆豉煎汤调服，意在宣解胸中之邪气，取其轻清宣泄，故豆豉为佐药；三药合用，涌吐之力大增，能除去肺中痰涎和胃中宿食、毒物等。

［**应用**］主要用于误食毒物、癫痫发作、痰涎壅盛者；饮食过饱、轻度胃扩张或脏躁发作急、呼吸不畅、神志不清者。特别要注意的是瓜蒂有毒，容易败伤胃气，故非形气俱实者慎用。若宿食已离胃脘，痰涎不在胸膈者须禁用。同时应掌握好剂量大小、吐出次数及吐后的护理工作。若宿食已离胃入肠时禁用。

［**方歌**］瓜蒂散用赤豆研，散和豉汁不需煎，逐邪催吐效更速，宿食痰涎一并除 。

第十六节 催乳方药

凡能促进母畜下乳或使乳量增加的方药，称为催乳药或催乳方。

一、催乳药

王不留行

出于《神农本草经》。处方名为王不留行、炒王不留行、留行子、王不留。为石竹科植物麦蓝菜 *Vaccaria segetalis*（Neck.）Garcke 的干燥成熟种子。主产于黑龙江、辽宁、河北、山东等地，吉林、山西、湖北、湖南、河南、安徽等地亦产。

［**性味归经**］苦，平。归肝、胃经。

［**功效**］活血消痈，通经下乳。

［**应用**］

1. 产后乳汁不下 配穿山甲。

2. 乳痈、急性乳腺炎 配蒲公英、瓜蒌等。

3. 产后乳汁缺乏、乳汁不通 配猪蹄 1 只炖服。

4. 泌尿道结石 小便淋漓不畅者，配金钱草、海金沙等。

［**用量**］牛、马 30 ~ 60g；猪、羊 10 ~ 15g。

［**禁忌**］孕畜禁用。

［**成分与药理**］

1. 主要成分 王不留行皂苷 A、B、C、D 及王不留行黄酮苷、磷脂、豆脂醇、植酸镁钙等。

2. 药理研究 具有促进乳汁分泌、通乳的作用；同时具有抗胚胎着床的作用；对食道癌细胞有较强的杀伤作用；有轻微的镇痛作用。

四叶参

出于《新华本草纲要》。处方名为羊乳根、四叶参、奶参、奶薯、山海螺等。为桔梗科多年生蔓性草本植物四叶参 *Codonopsis lanceolata*（Sieb. et Zucc.）Trautv. 的根。因藤断端流出白汁，其状如乳故得名。入药以新鲜的根为佳。产于辽宁、吉林、黑龙江、河北、山东、山西、安徽、广西、江苏、浙江、湖北等地。

［**性味归经**］甘、辛，平。入肝、胃、肺经。

［**功效**］补血益气，补虚通乳、排脓解毒。

［**应用**］

1. 气血双亏，病后体虚　配常黄芪、党参、熟地黄、当归等。

2. 产后缺乳症　常配通草、大枣等。

3. 乳痈、乳腺炎、痈肿疮毒等症　常配蒲公英、瓜蒌等外用。

4. 毒蛇咬伤等症　取新鲜根煎汤灌服或捣烂外敷。

［**用量**］牛、马 100～300g；猪、羊 50～150g。

［**成分与药理**］

1. 主要成分　含合欢酸、齐墩果酸、环阿屯醇、α-波甾醇、多聚糖、皂苷等。

2. 药理研究　具有补血益气、镇咳作用，无祛痰、平喘作用；对链球菌、肺炎球菌有一定的抑制作用；能使红细胞、血红蛋白明显增高；有抗疲劳的功能。

二、催乳方

通乳散（江西省中兽医研究所）

［**组成**］黄芪 60g、党参 45g、通草 25g、川芎 30g、白术 30g、川断 30g、山甲珠 30g、当归 60g、王不留行 60g、木通 20g、杜仲 20g、甘草 20g、阿胶 60g，共研为末，开水冲，加黄酒 100ml，候温灌服。

［**功效**］补气益血，活络通乳。

［**主治**］气血虚弱所致产后乳汁不下或极少，食少、舌淡苔薄、脉细弱。

［**方解**］适用于气血不足引起的缺乳症。乳乃血液化生，血由水谷精微气化而来，气衰则血亏，血虚则乳少。方中主药为黄芪、党参、白术、甘草、当归、阿胶起到补气补血的作用；杜仲、川芎、川断补肝益肾，通利肝脉，木通、山甲、通草、王不留行通经下乳，以增加乳汁，治其标为辅佐药；使药为黄酒有增强药效的作用。诸药相合，补气血，通乳汁。

［**应用**］

1. 产后气血虚　主要用于治疗母畜产后气血虚弱，缺少乳汁，表现为体瘦毛焦，乳房萎缩，乳汁量减少或全无，舌滑无苔，脉象迟细无力之症。

2. 气血极虚　可加大黄芪、党参的用量，以利益气生血，而方中山甲珠、王不留行的量应当酌量减少。

3. 注意　若乳房胀痛、乳腺炎、感冒等引起的少乳，用本方治疗无效。

［**方歌**］通乳散芪参术草，归杜芎断通草胶，木通山甲王不留，黄酒为引催乳好。

第十七节　驱虫方药

一、驱虫药

使君子

出于《开宝本草》。处方用名使君子、使君肉、炒使君子仁、君子仁。为使君子科植物使君子 *Quisqualis indica* L. 的干燥成熟果实。主产于四川、福建、广东、广西壮族自治区、江西、云南等地。

［**性味归经**］甘，温。归脾、胃经。

［**功效**］杀虫消积、健脾和胃。

［**应用**］

1. 驱蛔虫　为驱杀蛔虫的主药，也可治疗蛲虫病，可单用或配槟榔、苦楝子等同用；

2. 脾胃虚寒　若治疗脾胃虚寒、消化不良，常配党参、白术等。

3. 单用　单用可治疗化脓性耳炎；外用可治疗疥癣及皮肤真菌病。

［**用量**］牛、马 30 ~60g；猪、羊 5 ~15g。

［**禁忌**］用量不可超过现有剂量。

［**成分与药理**］

1. 主要成分　川楝素、苦楝酮、苦楝萜酮内酯、苦楝萜酸甲酯、苦楝子三醇及水溶性成分等。

2. 药理研究　驱虫的有效成分为川楝素对蛔虫有麻痹作用；大剂量的川楝素对中枢神经具有抑制作用，能引起呼吸中枢衰竭；同时亦有抑菌、抗病毒、抗内毒素的作用。

贯　众

出于《神农本草经》。处方名为贯众、贯仲、贯众炭。为鳞毛蕨科植物贯众 *Cyrtomium fortunei* J. Smith. 的干燥根茎。叶柄残基。主产于湖南、广东、四川、云南、福建等地。

［**性味归经**］苦，寒。归肝、胃经。

［**功效**］杀虫消积、凉血止血、清热解毒。

［**应用**］

1. 驱杀蛔虫、钩虫、蛲虫　常与槟榔、芜荑、百部、苦楝子等配伍。

2. 湿热毒疮　可与芜荑、百部、大青叶等同用治疗湿热毒疮、痈肿等。

3. 感冒　配桑叶、连翘、菊花可治疗风热感冒及流行性感冒。

4. 出便血　配仙鹤草、侧柏叶等可治子宫出血、便血等症。

5. 疥癞　外用治疗疥癞。

［**用量**］牛、马 30 ~90g；猪、羊 5 ~10g。

［**禁忌**］肝病、贫血、脾胃虚寒、阴虚内热、老弱病畜和孕畜忌用。

［**成分与药理**］

1. 主要成分　为绵马酸和黄绵马酸、白绵马素、东北贯众素、异戊烯腺苷、里百烯等，起到杀虫作用。

2. 药理研究　对流感、流脑、乙脑、麻疹病毒有预防效果。

川楝子

出于《神农本草经》。处方用名为川楝子、金铃子、苦楝子、川楝。为楝科植物川楝 *Melia toosendan* Sieb. et Zucc. 的干燥成熟果实。主产于四川、湖北、贵州、云南等地。

［**性味归经**］苦，寒。入肝、心包、小肠、膀胱经。

［**功效**］杀虫、理气、止痛。

［**应用**］

1. 湿热气滞　常与延胡索、木香等配用，治疗湿热气滞所致的肚腹胀痛、胃痛、肝痛等。

2. 驱虫　常与使君子、槟榔等同用起到驱杀蛔虫、蛲虫、钩虫、绦虫的作用。

3. 出血　可治疗功能性的子宫出血、便血、热性出血等。

4. 止痛　对可复性的阴囊疝所引起的局部疼痛、睾丸与附睾炎症引起的疼痛、气滞腹痛有一定的止痛作用。

［**用量**］牛、马 30～60g；猪、羊 5～10g。

［**禁忌**］有小毒，使用时注意剂量。

［**成分与药理**］

1. 主要成分　为川楝素、生物碱等。

2. 药理研究　能麻醉各种寄生虫的虫体而起到杀虫作用，亦能起到抑制细菌的作用。

常　山

出于《神农本草经》。处方名为常山、恒山、鸡骨常山、炒常山。为虎耳草科植物常山 *Dichroa febrifuga* Lour. 的干燥根。主产于四川、贵州、湖南、湖北等地。

［**性味归经**］苦、辛，寒；有毒。归肺、心、肝经。

［**功效**］涌吐痰涎，截疟 。

［**应用**］

1. 疟疾　热多寒少，配黄芩、石膏；寒多热少，配附子、肉桂或配槟榔、草果、陈皮、厚朴等。

2. 杀原虫　有杀灭畜、禽、兔原虫的作用。

［**用量**］牛、马 30～60g；猪、羊 10～15g。常山有毒，使用时注意掌握剂量。

［**禁忌**］正气不足，久病体虚者及孕畜禁用。

［**成分与药理**］

1. 主要成分　常山素 B、香草酸、八仙花酚、7-羟基-8-甲氧基香豆精、各种生物碱、黄常山定碱等。

2. 药理研究　常山水煎剂和醇提取液对疟疾有显著的疗效作用；有一定的降压作用；对流感病毒有一定的抑制作用。

其他驱虫药见表 9－17。

表 9－17 其他驱虫药

药名	性味归经	功效	主治
雷丸	苦、寒，小毒。入胃、大肠经	杀虫	绦虫，蛔虫，钩虫
南瓜子	甘、平。入胃、大肠经	驱虫	绦虫、吸血虫
大蒜	辛、温。入胃、大肠经	杀虫、杀菌、解毒	蛲虫
蛇床子	辛、苦，温。入肾、膀胱经	燥湿杀虫，止痒，温肾壮阳	湿疹瘙痒，荨麻疹，杀蛔虫，腰胯冷痛，宫冷不孕
鹤虱	苦、辛，平，小毒。入脾、胃经	杀虫、止痒	蛔虫、蛲虫、钩虫、绦虫、疥癣

二、驱虫方

化虫方《中兽医药方及针灸》

[组成] 鹤虱 30g、使君子 30g、槟榔 20g、芜荑 30g、雷丸 30g、贯众 30g、乌梅 30g、百部 30g、诃子 30 g、大黄 30g、榧子 30g、干姜 15g、附子 15g、木香 15g。

共研为末。加蜂蜜 250g 为引，空腹服用，服后 1h 再灌服植物油或石蜡油 500ml，促使虫体排出。

[功效] 驱虫。

[主治] 胃肠道虫积证。

[方解] 方中的鹤虱、使君子、槟榔、芜荑、雷丸、贯众、乌梅、百部、榧子均有驱杀胃肠诸虫的作用。诃子、干姜、附子有温脾暖肠胃的功能。大黄利便通肠，引药下行；木香行气止痛；蜂蜜和中解毒，调和诸药之药性。

[应用] 主要驱杀胃肠各种寄生虫。

[方歌] 化虫鹤虱用使君，芜荑雷丸贯众槟，姜附乌梅诃榧子，百部木香蜜川军。

槟榔散《全国中兽医经验选编》

[组成] 槟榔 25g、苦楝根皮 20g、枳实 15g 、芒硝（后下）15g、鹤虱 10g、大黄 10g、使君子 10g，共研为末，空腹服用。

[功效] 攻逐杀虫。

[主治] 猪蛔虫病。

[方解] 方中槟榔、苦楝根皮、鹤虱、使君子驱杀蛔虫为主药；枳实、大黄、芒硝有攻逐通肠的作用为辅药，诸药合用加强了攻逐杀虫的作用。

[应用] 本方是比较安全的驱蛔方剂，若病猪体质强健，食欲正常者，可加入雷丸 19g，以增强驱蛔的效果。若体弱、食欲差者，可加麦芽、六神曲等达到健胃、增加食欲的目的。

[方歌] 槟榔散中硝黄枳，苦楝根皮鹤君子，攻逐杀虫良药方，胃肠蛔虫永绝止。

第十八节　外用方药

一、外用药

冰　片

冰片又名龙脑香，菊科植物大风艾的鲜叶经蒸馏、冷却所得的结晶品，或者以松节油、樟脑为原料化学方法合成。主要产于广东、广西壮族自治区及上海、北京、天津等地。

［**性味归经**］辛、苦，微寒。入心、肝、脾、肺经。

［**功效**］宣窍除痰、消肿止痛。

［**应用**］

1. 闭证神昏　本品有开窍醒神之功效，但不及麝香，二者常相须为用。然冰片性偏寒凉，为凉开之品，宜用治热病神昏、痰热内闭、暑热卒厥等热闭，常与牛黄、麝香、黄连等配伍，如安宫牛黄丸。若与温里祛寒及性偏温热的开窍药配伍，也可以治疗寒闭。

2. 目赤肿痛，喉痹口疮　本品苦寒，有清热止痛、消肿之功。治疗目赤肿痛，单用点眼即效；也可与炉甘石、硼砂、熊胆等制成点眼药水，如八宝眼药水。治疗咽喉肿痛、口舌生疮，常与硼砂、朱砂、玄明粉共研细末，吹敷患处，如冰硼散。

3. 疮疡肿痛，溃后不敛　本品亦有清热解毒、防腐生肌作用。以本品与银朱、香油制成红褐色药膏外用，可治烫火伤；与象皮、血竭、乳香等同用，治疗疮疡溃后不敛，如生肌散。

［**用量**］马、牛3～6g；猪、羊1～1.5g；犬0.5～0.75g。

［**禁忌**］孕畜慎用。

［**成分与药理**］本品为从龙脑香树脂和挥发油中取得的结晶，是近乎于纯粹的右旋龙脑。能兴奋中枢神经，有抑菌作用。

雄　黄

雄黄又名石黄、鸡冠石，为块状或颗粒状的集合体，呈不规则块状，深红色或橙红色，条痕淡橘红色，晶面有金刚石样光泽，微有特异的臭气，味淡，入药时，常需水飞成细粉末，叫飞雄黄。主要产于湖南、湖北、贵州、云南等。

［**性味归经**］辛、苦，温。归心、肝、胃经。

［**功效**］杀虫解毒。

［**应用**］

1. 解毒　可用于痈疽疔疮，疥癣，虫毒蛇伤。

2. 杀虫　主治蛔虫等肠道寄生虫。亦用治疟疾寒热。

［**用量**］马、牛3～9g；猪、羊0.5～1.5g；犬0.05～0.15g。

［**禁忌**］孕畜禁用。

［**成分与药理**］为含砷的结晶矿石雄黄，主含三硫化二砷。对常见化脓性球菌、肠道致病菌等均有抑制作用。

硫　磺

硫磺又名石硫磺，为硫磺矿或含硫矿物冶炼而成。

[**性味归经**] 酸，热，有毒。入肾、脾、大肠经。

[**功效**] 壮阳、杀虫、解毒。

[**应用**]

1. 内服　治阳痿，虚寒泻痢，大便冷秘。

2. 外用　治疥癣，湿疹，癞疮。

[**用量**] 马、牛 10 ~30g；猪、羊3 ~6g。

[**禁忌**] 阴虚火旺及孕畜忌服。

[**成分与药理**] 主含单质硫，尚含少量钙、铁、铝、镁和微量硒、碲等元素，常有黏土和有机质混入，人工制品较纯。能杀灭皮肤寄生虫，对皮肤真菌有抑制作用，对疥虫有杀灭作用。

硼　砂

硼砂又名西月石，块粒结晶可透明，主产于青海、西藏自治区、云南、新疆维吾尔自治区、四川等地。

[**性味归经**] 甘、咸，凉。入肺、胃经。

[**功效**] 解毒防腐、清热化痰。

[**应用**] 用于口舌糜腐，咽喉肿痛，目赤痛，肺热咳喘，痰多艰咯，久咳喉痛声嘶音哑、癫痫等症。

[**用量**] 马、牛 10 ~25g；猪、羊 2 ~5g。

[**禁忌**] 本品外用为主，内服应慎。

[**成分与药理**] 为四硼酸二钠，能刺激胃液分泌，促进尿液分泌及防止尿道炎症。

儿　茶

儿茶又名孩儿茶，本品呈方形或不规则块状，大小不一。表面棕褐色或黑褐色，光滑而稍有光泽。主产于云南、广西等地。

[**性味归经**] 苦、涩，凉。归肺经。

[**功效**] 外用收湿、敛疮、止血；内服清热、化痰。

[**应用**] 主治疮疡多脓，久不收口及外伤出血，泻痢便血，肺热咳嗽等。

[**用量**] 马、牛 10 ~25g；猪、羊 5 ~10g。

[**禁忌**] 寒湿之证禁服。

[**成分与药理**] 本品含有鞣质、脂肪油、树胶、蜡等，有止泻作用，对金黄色葡萄球菌、痢疾杆菌、伤寒杆菌及常见致病性皮肤真菌均有抑制作用。

二、外用方

生肌散（《外科正宗》）

[**组成**] 煅石膏 50g、轻粉 50g、赤石脂 50g、黄丹 10g、龙骨 15g、血竭 15g、乳香

15g、冰片15g。

共为细末，混匀装瓶备用。

［功效］去腐，生肌，敛口。

［主治］外科疮疡。

［方解］方中轻粉、黄丹、冰片清热解毒，防腐生肌为主药；乳香、血竭活血化淤，消肿止痛，煅石膏、龙骨、赤石脂收湿、敛疮、生肌为辅佐药。

［应用］用于疮疡破溃后流脓恶臭，久不收口。

［方歌］生肌石膏黄丹藏，石脂轻粉竭乳香，龙骨冰片一同研，去腐敛疮效力强。

桃花散（《医宗金鉴》）

［组成］陈石灰500g、大黄片90g、陈石灰用水泼成末，与大黄同炒至石灰呈粉红色为度，去大黄，将石灰研细过筛备用。

［功效］止血定痛，清热解毒，敛口结痂。

［主治］新鲜创伤出血。

［方解］方中陈石灰敛伤止血并有较强的解毒作用为主药；大黄清热解毒，凉血止血，消肿为辅药。两药同炒能增强敛伤、止血、定痛的功效。

［应用］常用于新鲜创伤出血。对于化脓疮、溃疡、皮肤霉菌病及久治不愈和的创口，亦有显著的疗效。

［方歌］桃花石灰炒大黄，外伤出血速撒上。

冰硼散（《外科正宗》）

［组成］冰片50g、朱砂60g、硼砂500g、玄明粉500g。

［功效］清热解毒，消肿止痛。

［主治］舌疮、咽喉肿痛，敛疮生肌。

［方解］方中诸药均具有寒凉之性，有清热解毒作用，且冰片、硼砂又可消肿止痛；朱砂又可防腐疗疮。诸药合用，清热解毒、消肿止痛。

［应用］用于咽喉肿痛、口舌生疮。

［方歌］冰硼散效实堪夸，玄明粉与辰朱砂。硼砂冰片共细末，咽肿舌疮一把抓。

第十九节　中药饲料添加剂

一、常用添加药

艾　叶

艾叶又名艾蒿、灸草，为菊科植物艾或同属植物野艾的叶子，于春、夏季采摘，阴干或晒干，去掉绒毛，粉碎贮备。

［性味归经］苦、辛，温。归肝、脾、肾经。

［功效］温经止痛、逐湿散寒，止血安胎。

［应用］

1. 肥育猪 用于猪的育肥。能显著提高日增重和饲料效率，一般按日粮2%添加。

2. 蛋鸡 用于蛋鸡可以提高产蛋率，降低死亡率，一般按0.5%～2%添加。

3. 肉鸡和兔 用于肉鸡和兔，可以提高饲料利用率，节省饲料。

［**禁忌**］阴虚血热者慎用。

［**成分与药理**］艾叶含挥发油和芳香油，并富含蛋白质、矿物质、多种必需氨基酸、胡萝卜素、泛酸、胆碱，以及维生素 B_2、维生素C等。

杨树花

杨树花，又名杨树吊、杨花絮，春季收集自然落地的杨树花，在室温下自然干燥，粉碎后即可使用。

［**性味归经**］苦、甘，微寒。

［**功效**］清热解毒、健脾养胃、止泻止痢。

［**应用**］作饲料添加剂，用杨树花代替36%的豆饼喂鸡，产蛋量与全喂豆饼相同；杨树花代替部分精料喂猪，有促进增重的作用。在蛋鸡饲料中添加1%～2%的杨树花，可明显提高鸡的产蛋率和饲料转化率，降低腹泻病发生，夏秋季还可提高鸡的抗热应激能力。

［**用量**］猪、羊30～50g；牛、马100～200g。

［**成分与药理**］本品营养成分较丰富，各种氨基酸含量比较齐全，此外还含有黄酮、香豆精、酚类及苷类等。

松　针

松针又名松叶、松毛，即松树的叶子。因其叶如针故名“松针”。

［**性味归经**］苦，温。

［**功效**］健脾理气、祛风燥湿，杀虫。

［**应用**］

1. 家禽 松针粉能够增强家禽的生产性能，在产蛋鸡日粮中添加3%～5%的松针粉，产蛋量可以提高6.1%～13.8%，饲料利用率提高15.1%，产蛋重量提高2.9%，受精率提高1.0%，而且蛋黄颜色较深；在肉鸡日粮中添加3%～5%松针粉，日增重可以提高8.1%～12.0%，饲料回报率提高8.4%。同时，松针粉中含有植物杀菌素和维生素，具有防病抗病的功效，能有效的抵御蛋鸡疾病的发生。

2. 奶牛 松针粉能够提高奶牛产奶量，在奶牛日粮中，添加10%的松针粉，可以节省饲料6%，产奶量提高7.4%～10.5%，增加收入4.3%。

3. 猪 添加松针粉喂猪可克服一般农家饲料和市场上销售的预混饲料中蛋白质含量偏低的缺点，并能有效的刺激猪的食欲，促进猪的消化吸收和新陈代谢，提高饲料利用率，加速猪的生长发育。在育肥猪的日粮中添加3%～5%的松针粉，可以使猪平均日增重提高15%～30%，瘦肉率增加，抗病力明显增强。

［**成分与药理**］松针富含蛋白质、抗菌素、叶绿素、植物纤维、植物酵素、8种氨基酸和多种微量元素、多种维生素等活性物质。

蚕　砂

蚕砂又名原蚕屎、晚蚕矢本品为蚕蛾科昆虫家蚕蛾，幼虫的干燥粪便。6～8月收集，以二眠到三眠时的粪便为主。收集后晒干，簸净泥土，除去轻粒及桑叶碎屑。生用。

[性味归经] 味甘、辛，温。归肝、脾、胃经。

[功效] 祛风除湿、镇静止痛。

[应用]

1. 猪　用于猪，可以用15%的干蚕砂代替麦麸进行饲喂。

2. 鸡　用于鸡，在饲料中添加5%的蚕砂，可提高鸡的增重率，饲料报酬高。

[成分与药理] 含有机物、叶绿素、植物醇、皂化物、胆甾醇、麦角甾醇、蛋白质、维生素等。

桐叶及桐花

《博物志》“桐花及叶饲猪，极其肥大而易养。”

[性味] 苦，寒。

[功效] 补充营养、清热解毒。

[应用] 泡桐叶粉在饲料中的添加量以5%～10%为宜。

1. 猪　用于猪可提高增重率和饲料报酬。

2. 鸡　用于鸡有促进鸡的发育、产蛋，提高饲料利用率，缩短肉鸡饲养周期等功用。

[成分与药理] 本品含粗蛋白质、粗脂肪、粗纤维、无氮浸出物、熊果酸、糖苷、多酚类以及钙、磷、硒、铜、锌、锰、铁、钴等元素。

二、复方添加剂

苦枣粥（《中国实用技术科研成果大辞典》）

[组成] 苦参250g、红枣250g、糯米500g、先将苦参、红枣加水煎至3～5沸，取出药液，加水再煎，如此3次。将3次药液混合，加入糯米粥，分两次灌服。隔天一剂，连用3～5剂。

[功效] 杀虫健脾，滋阴补虚，加快复膘。

[应用] 慢性拉稀，皮肤瘙痒，瘦弱等。

肥猪散（《中华人民共和国兽药典》）

[组成] 绵马贯众、何首乌（制）各30g，麦芽、黄豆各500g，共为末，按每只猪50～100g拌料饲喂。

[功效] 开胃，驱虫、补养、催肥。

[应用] 食少、瘦弱、生长缓慢。

八味促卵散（《中兽医方剂学》）

[组成] 当归、生地、苍术、淫羊藿各200g，阳起石100g，山楂、板蓝根各150g，鲜

马齿苋 300g。

水适量制成颗粒，在鸡饲料中加入 3%，饲喂 43 日龄母鸡至开产。

[**功效**] 助阳、促进产卵。

[**应用**] 本方有明显的促进母鸡性成熟作用，试验结果表明，开产日期比对照组提前 20 天，产蛋日期也相对集中、整齐，平均蛋重比对照组多 11.1g。

壮膘散（《中兽医方剂学》）

[**组成**] 牛骨粉 200g、糖糟、麦芽各 1 500g，黄豆 2 250g，共为细末。每次用 30g，混料中饲喂。

[**功效**] 开胃进食，强壮添膘。

[**应用**] 本方是比较全面的营养补充剂。适用于牛马体质消瘦、消化力弱。

第四篇

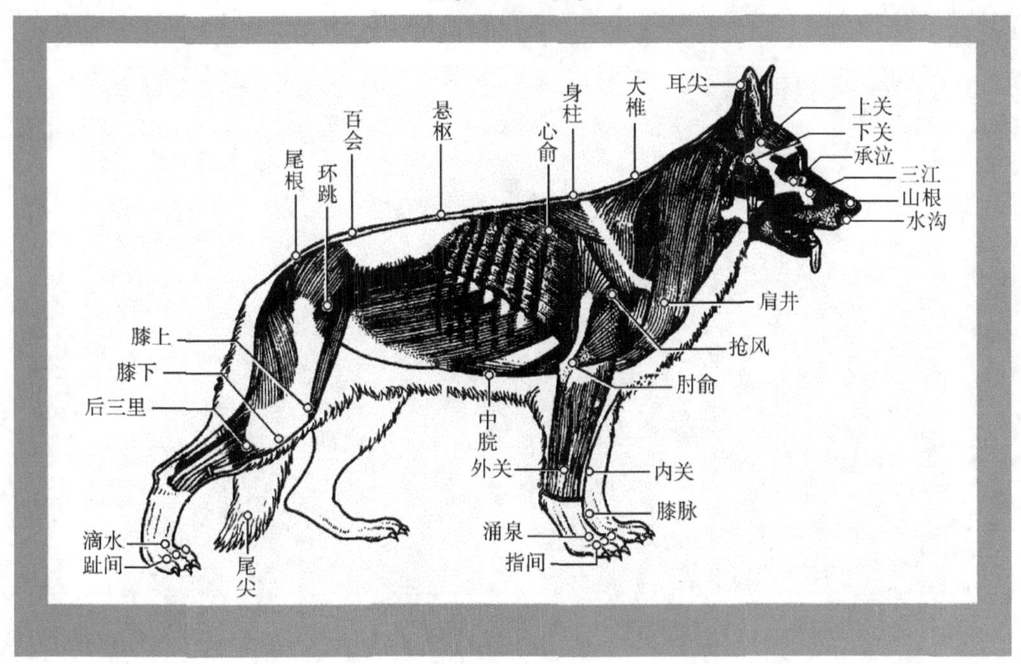
耳尖
大椎
身柱
心俞
悬枢
百会
尾根
环跳
上关
下关
承泣
三江
山根
水沟
肩井
抢风
肘俞
膝上
膝下
后三里
中脘
外关
内关
膝脉
涌泉
指间
滴水
趾间
尾尖

针灸术

第十章

针灸的基本知识

针灸术是在中兽医理论特别是经济学说的指导下，根据辨证施治和补虚泻实等原则，运用针灸工具对穴位施以物理刺激以促使经络通畅、气血调和，达到扶正祛邪、防治病症的目的。包括针术和灸术两种治疗技术，因为二者常常合并使用，又同属于外治法，所以，自古以来就把它们合称为针灸。它具有治病范围广，操作方便、安全，疗效迅速，易学易用，节省药品，便于推广等优点。

第一节 针 术

运用各种不同类型的针具或某种刺激源（如激光、电磁波等）刺入或辐射动物机体一定的穴位或患部，予以适当刺激来防治疾病的技术称为针术。

一、针 具

（一）白针用具

包括毫针和圆利针。基本构造分为针柄、针体和针尖。

1. 毫针 用不锈钢或合金制成。特点是针尖圆锐，针体细长。针体直径 0.64 ~ 1.25mm，长度有 3cm、4cm、5cm、6cm、9cm、12cm、15cm、18cm、20cm、25cm、30cm 等多种。针柄主要有盘龙式和平头式两种（图 10－1）。多用于白针穴位或深刺、透刺和针刺麻醉。

2. 圆利针 用不锈钢制成。特点是针尖呈三棱状，较锋利，针体较粗。针体直径 1.5 ~2mm，长度有 2cm、3cm、4cm、6cm、8cm、10cm 数种。针柄有盘龙式、平头式、八角式、圆球式 4 种（图 10－2）。短针多用于针刺马、牛的眼部周围穴位及仔猪的白针穴位；长针多用于针刺马、牛、猪的躯干和四肢上部的白针穴位。

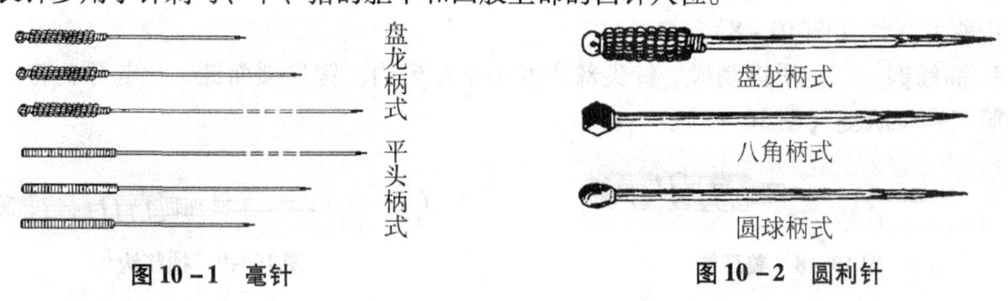

图 10－1 毫针　　**图 10－2 圆利针**

（二）血针用具

包括宽针、三棱针、眉刀针和痧刀针。基本构造分为针体和针头两部分。

1. 宽针　用优质钢制成。针头部如矛状，针刃锋利；针体部呈圆柱状。分大、中、小三种。大宽针长约12cm，针头部宽8mm，用于放大动物的颈脉、肾堂、蹄头血；中宽针长约11cm，针头部宽6mm，用于放大动物的带脉、尾本血；小宽针长约10cm，针头部宽4mm，用于放马、牛的太阳、缠腕血（图10－3）。

2. 三棱针　用优质钢或合金制成。针头部呈三棱锥状，针体部为圆柱状。有大、小两种，大三棱针用于针刺三江、通关、玉堂等位于较细静脉或静脉丛上的穴位，或者点刺分水穴，小三棱针用于针刺猪的白针穴位；针尾部有孔者，也可作缝合针使用（图10－4）。

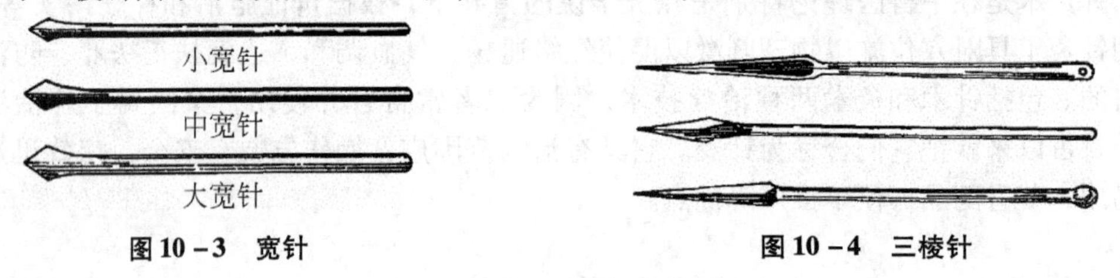

图10－3　宽针　　**图10－4　三棱针**

（三）火针用具

火针　用不锈钢制成。针尖圆锐，针体光滑，比圆利针粗。针体长度有2cm、3cm、4cm、5cm、6cm、8cm、10cm等多种。针柄有盘龙式、双翅式、拐子式多种，也有另加木柄、电木柄的，以盘龙式、针柄夹垫石棉类隔热物质为多。用于动物的火针穴位（图10－5）。

盘龙柄式

木柄式

图10－5　火针

（四）巧治针具

1. 三弯针　用优质钢制成。长约12cm，针尖锐利，距尖端约5mm处呈直角双折弯。专用于针马的开天穴，治疗混睛虫病（图10－6）。

2. 玉堂钩　用优质钢制成。尖部弯成直径约1cm的半圆形，针尖呈三棱针状，针身长6～8cm，针柄多为盘龙式。专用于放玉堂血（图10－7）。

图10－6　三弯针 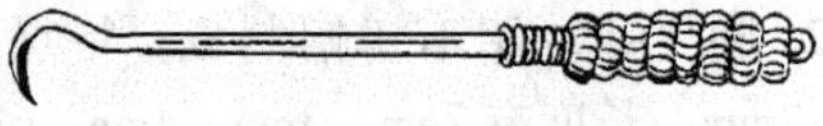　　**图10－7　玉堂钩**

3. 姜牙钩　用优质钢制成。针尖部半圆形，钩尖圆锐，其他与玉堂钩相似。专用于姜牙穴钩取姜牙骨（图10－8）。

4. 抽筋钩　用优质钢制成。针尖部弯度小于姜牙钩，钩尖圆而钝，比姜牙钩粗。专用于抽筋穴钩拉肌腱（图10－9）。

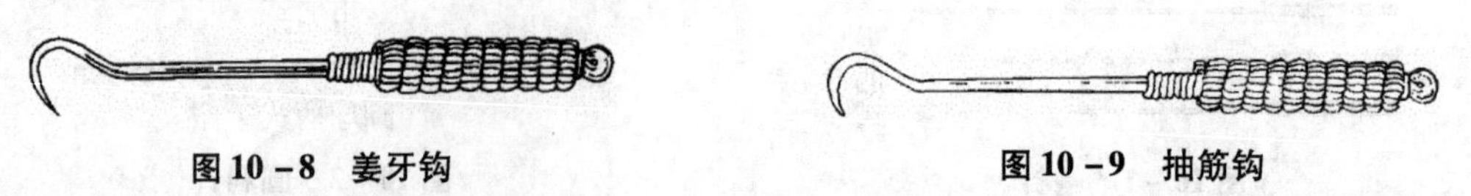

图10－8　姜牙钩　　**图10－9　抽筋钩**

5. 骨眼钩　用优质钢制成。钩弯小，钩尖细而锐，尖长约 0.3cm。专用于马、牛的骨眼穴钩取闪骨（图 10－10）。

6. 宿水管　用铜、铝或铁皮制成的圆锥形小管，形似毛笔帽。长约 5.5cm，尖端密封，扁圆而钝，粗端管口直径 0.8cm，有一唇形缘，管壁有 8～10 个直径 2.5mm 的小圆孔。用于针刺云门穴放腹水（图 10－11）。

图 10－10　骨眼钩　　　**图 10－11　宿水管**

（五）持针器

针锤　用硬质木料车制而成。长约 35cm，锤头呈椭圆形，通过锤头中心钻有一横向洞道，用以插针。沿锤头正中通过小孔锯一道缝至锤柄上段的 1/5 处。锤柄外套一皮革或藤制的活动箍。插针后将箍推向锤头部则锯缝被箍紧，即可固定针具；将箍推向锤柄部，锯缝松开，即可取下针具。主要用于安装宽针，放颈脉、带脉和蹄头血等（图 10－12）。

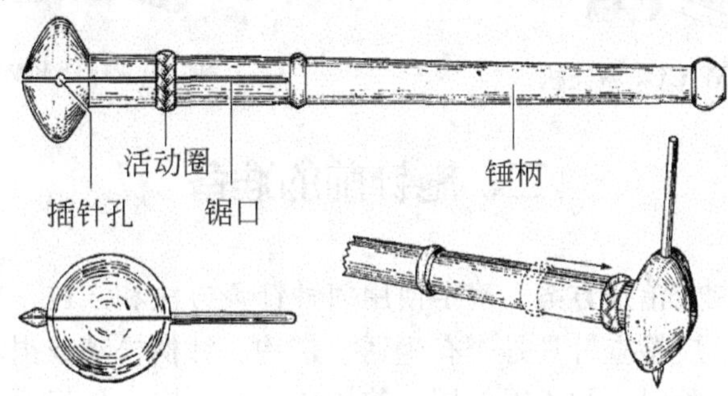

图 10－12　针锤

（六）现代针灸仪器

1. 电针治疗机　电针机种类很多，现在广泛应用的是半导体低频调制脉冲式电针机，这种电针机具有波型多样、输出量及频率可调、刺激作用较强、对组织无损伤等特点。由于是用半导体元件组装而成，故具有体积小、便于携带、操作简单、交直流电源两用、一机多用等优点，可做电针治疗、电针麻醉、穴位探测等（图 10－13）。

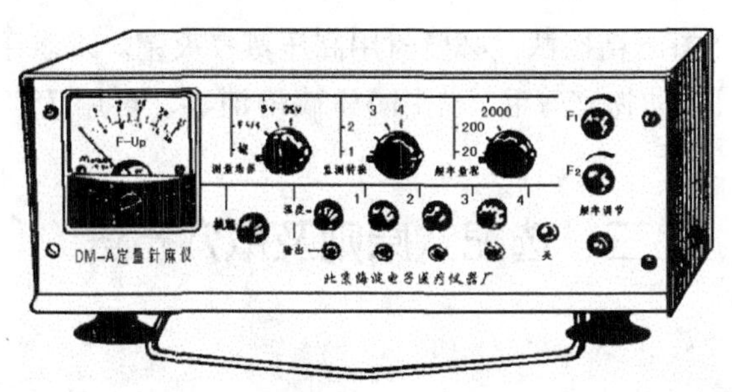

图 10－13　电针机

2. 激光针灸仪　医用激光器的种类很多，按受激物质分类，有固体（如红宝石、钕玻璃等）激光器、气体（如氦、氖、氢、氮、二氧化碳等）激光器、液体（如有机染毡若丹明）激光器、半导体（如砷化镓等）激光器等。目前，在兽医针灸常用的有氦氖激光器和二氧化碳激光器两种。氦氖激光器能发出波长632.8nm的红色光，输出功率1~40mW，由于功率低，常用于穴位照射，称为激光针疗法。二氧化碳激光器发出波长10.6μm的无色光，输出功率5~30W，由于功率高，常用于穴位灸灼、患部照射或烧烙，因而又称激光灸疗法（图10－14、图10－15）。

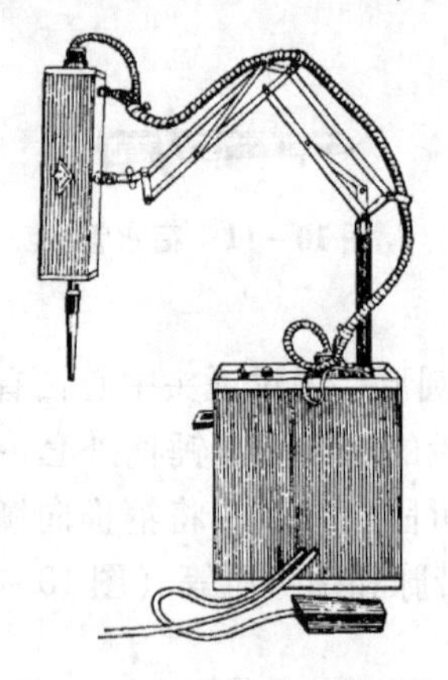

图10－14　5W CO_2 激光机

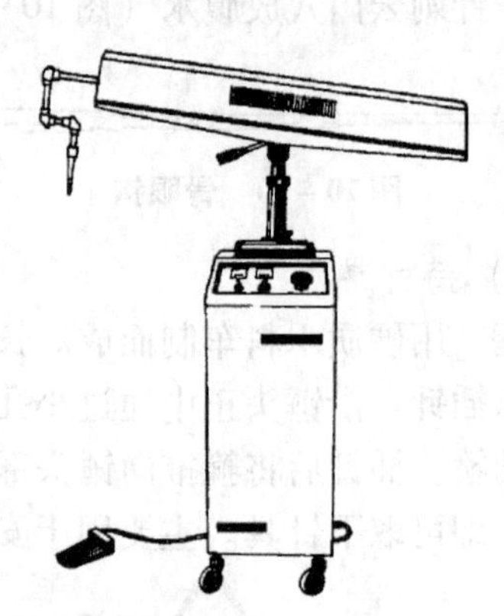

图10－15　30W CO_2 激光机

二、施针前的准备

（一）用具准备

针灸治疗前必须制定治疗方案，确定使用何种针灸方法和穴位，准备适当的针灸工具和材料。使用针术时，应检查针具是否有生锈、带钩、针柄松动或损坏等现象，若有应修理好；如发现有折断危险时，则不得使用。使用灸术时，应准备好灸烙器材。使用针灸仪器时应预先调试好，若使用交流电应准备好接线板。同时，还要准备好消毒、保定器材和其他辅助用品，如血针时应准备止血用品，火针时准备碘酊、橡皮膏等。

（二）动物保定

在施行针灸术时，为了取穴准确，顺利施术，保证术者和动物安全，对动物必须进行确实保定，并保持适当的体位以方便施术。

（三）消毒准备

针具消毒一般用75%酒精擦拭，必要时用高压蒸气灭菌。术者手指亦要用酒精棉球消毒。针刺穴位选定后，大动物宜剪毛，先用5%碘酊消毒，再用75%酒精脱碘，待干后即可施针。

三、选配穴原则及取穴方法

（一）选配穴原则

1. 选穴原则

（1）*局部选穴*：在患病区内选穴，即哪里有病就在哪里选穴。例如，舌肿痛选通关穴，蹄病选蹄头穴等。

（2）*邻近选穴*：在病变部位附近选穴。这样既可与局部选穴相配合，又可因局部不便针灸（如疮疖）而代替之。例如，蹄痛选缠腕穴等。

（3）*循经选穴*：根据经脉的循行路线选取穴位。如脏腑有病，就在其所属经脉上选取穴位。如肺热咳喘选肺经的颈脉穴，胃气不足选胃经的后三里穴等。

（4）随证选穴：主要是针对全身疾病选取有效的穴位。例如，发热选大椎穴，中暑、中毒选颈脉、耳尖、尾尖穴等。

2. 配穴原则

（1）单、双侧配穴：选取患病同侧或两侧的穴位配合使用。四肢病常在单侧施针，例如，股胯扭伤选患侧的大胯、小胯为主穴，邪气、汗沟为配穴等。脏腑病常选双侧穴位，例如，结症选双侧的关元俞穴等。有时，也可以病侧穴位为主穴，健侧穴位为配穴，例如，歪嘴风选患侧锁口、开关为主穴，健侧的相同穴位为配穴等。

（2）远近、前后配穴：选取患病部位附近和远隔部位或体躯前部和后部具有共同效能的穴位配合使用。例如，歪嘴风选锁口为主穴、开关为配穴，胃病选胃俞为主穴、后三里为配穴，冷痛选三江为主穴、尾尖为配穴等。

（3）背腹、上下配穴：选取背部与腹部或体躯上部和下部的穴位配合使用。例如，脾胃虚弱选脾俞为主穴、中脘为配穴，血尿选断血为主穴、阴俞为配穴等。

（4）表里、内外配穴：选取互为表里的两条经络上的穴位或体表与体内的穴位配合使用。例如，脾虚慢草选脾经的脾俞为主穴、胃经的后三里为配穴，食欲不振选六脉为主穴、玉堂为配穴等。

（二）取穴方法

1. 解剖标志定位法　主要以动物不活动时的自然标志为依据。

（1）以器官作标志：例如，尾巴末端取尾尖穴，蹄匣上缘取蹄头穴等。

（2）以骨骼作标志：例如，肩胛骨前角取膊尖穴，腰荐十字部取百会穴等。

（3）以肌沟作标志：例如，腓沟内取后三里穴，臂三头肌长头、外头与三角肌之间的凹陷中取抢风穴等。

有时以摇动肢体或改变体位时出现的明显标志作为定位依据。如上下摇动头部，在动与不动处取天门穴；上下摇动尾巴，在动与不动处取尾根穴；压低头部，在穴位下方按压取三江穴等。

2. 体躯连线比例定位法　在某些解剖标志之间画线，以一线的比例分点或两线的交叉点为定穴依据。例如，百会穴与股骨大转子连线中点取巴山穴，胸骨后缘与肚脐连线中点取中脘穴等。

3. 指量定位法　以术者手指第二节关节处的横宽作为度量单位来量取定位。指量时，食指、中指相并（二横指）为 1 寸（3cm），加上无名指三指相并（三横指）为 1.5 寸（4.5cm），再加上小指四指相并（四横指）为 2 寸（6cm）（图 10－16）。例如，肘后四指血管上取带脉穴，邪气穴下四指取汗沟穴，耳后一指取风门穴，耳后二指取伏兔穴等。指量法适用于体型和营养状况中等的动物，如体型过大或过小，术者的手指过粗或过细，则指间距离应灵活放松或收紧一些，并结合解剖标志加以弥补。

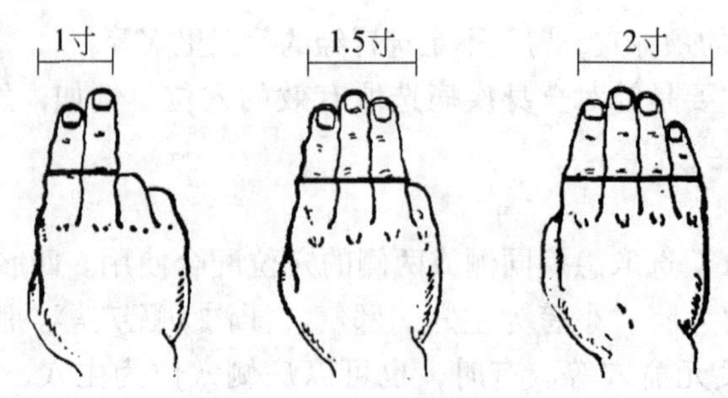

图 10－16　指量定位法

四、施针的基本技术

（一）持针法

针刺时多以右手持针施术，称为刺手，要求持针确实，针刺准确。

1. 毫针的持针法　普通毫针施术时，常用右手拇指对食指和中指夹持针柄，无名指抵住针身以辅助进针并掌握进针的深度（图 10－17）。如用长毫针，则可捏住针尖部，先将针尖刺入穴位皮下，再用上述方法捻转进针（图 10－18）。

2. 圆利针的持针法　与地面垂直进针时，以拇指、食指夹持针柄，以中指、无名指抵住针身（图 10－19）。与地面水平进针时，则用全握式持针法，即以拇、食、中指捏住针体，针柄抵在掌心（图 10－20）。进针时，可先将针尖刺至皮下，然后根据所需的进针方向，调好针刺角度，用拇指、食指、中指持针柄捻转进针达所需深度。

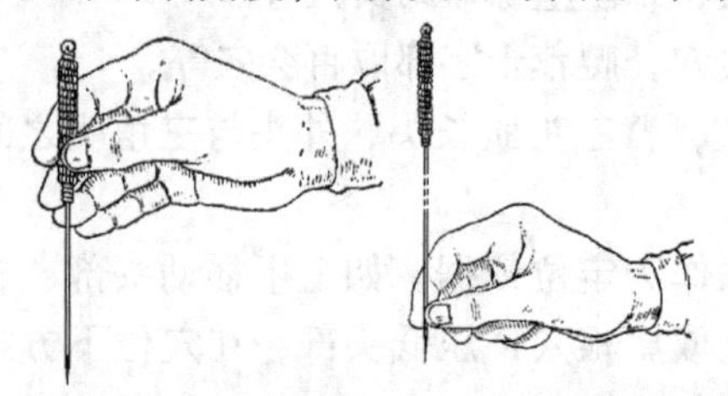

图 10－17、图 10－18　毫针的持针法

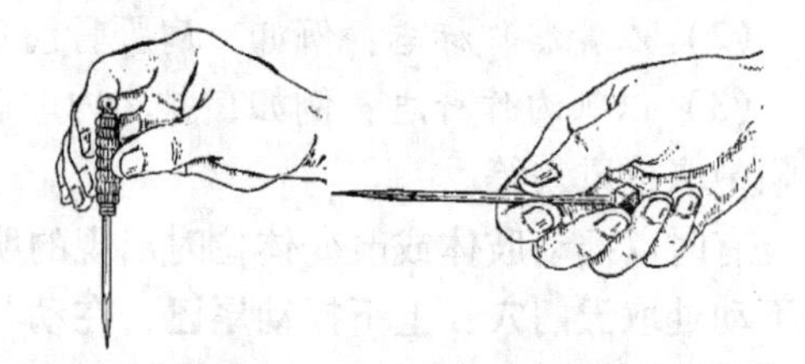

图 10－19、图 10－20　圆利针持针法

3. 宽针的持针法

（1）全握式持针法：以右手拇、食、中指持针体，根据所需的进针深度，针尖露出一定长度，针柄端抵于掌心内（图 10－21）。进针时动作要迅速、准确。使针刃一次穿破皮肤及血管，针退出后，血即流出。

（2）手代针锤持针法：以持针手的食指、中指和无名指握紧针体，用小指的中节，放在针尖的内侧，抵紧针尖部，拇指抵压在针的上端，使针尖露出所需刺入的长度（图 10－22）。针刺时，挥动手臂，使针尖顺血管刺入，随即出血。

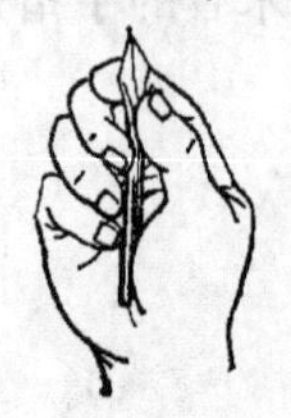

图 10－21　宽针持针法（全握式）

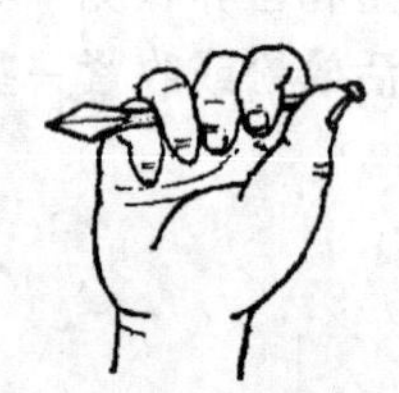

图 10－22　宽针持针法（手代针锤）

（3）针锤持针法：先将针具夹在锤头针缝内，针尖露出适当的长度，推上锤箍，固定针体。术者手持锤柄，挥动针锤使针刃顺血管刺入，随即出血。

4. 三棱针的持针法

（1）执笔式持针法：以拇、食、中三指持针身，中指尖抵于针尖部以控制进针的深度，无名指抵按在穴旁以助准确进针（图10－23）。

（2）弹琴式持针法：以拇、食指夹持针尖部，针尖留出适当的长度，其余三指抵住针身（图10－24）。

5. 火针的持针法　烧针时，必须持平。若针尖向下，则火焰烧手；针尖朝上，则热油流在手上。扎针时，因穴而异。与地面垂直进针时，似执笔式，以拇、食、中三指捏住针柄，针尖向下（图10－25）；与地面水平进针时，似全握式，以拇、食、中三指捏住针柄，针尖向前（图10－26）。

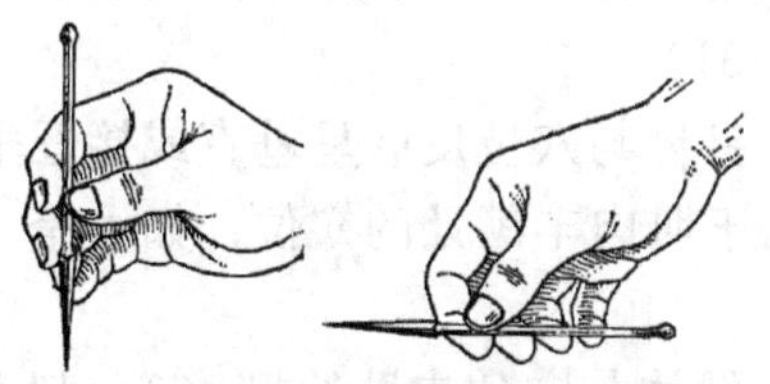

图10－23、图10－24　三棱针持针法

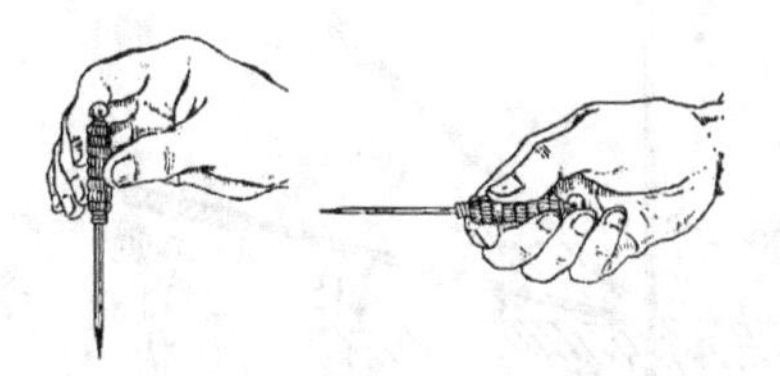

图10－25、图10－26　火针持针法

（二）按穴（押手）法

针刺时多以左手按穴，称为押手。其作用是固定穴位，辅助进针，使针体准确地刺入穴位，还可减轻针刺的疼痛。常用押手法，有下列四种：

1. 指切押手法　以左手拇指指甲切压穴位及近旁皮肤，右手持针使针尖靠近押手拇指边缘，刺入穴位内。适用于短针的进针（图10－27）。

2. 骈指押手法　用左手拇指、食指夹捏棉球，裹住针尖部，右手持针柄，当左手夹针下压时，右手顺势将针尖刺入。适用于长针的进针（图10－28）。

图10－27　指切押手法

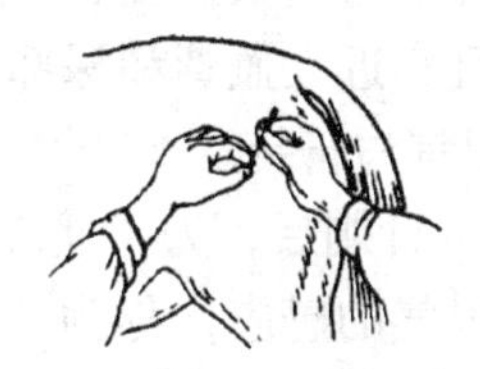

图10－28　骈指押手法

3. 舒张押手法　用左手拇指、食指，贴近穴位皮肤向两侧撑开，使穴位皮肤紧张，以利进针。适用于位于皮肤松弛部位或不易固定的穴位（图10－29）。

4. 提捏押手法　用左手拇指和食指将穴位皮肤捏起来，右手持针，使针体从侧面刺入穴位。适用于头部或皮肤薄、穴位浅等部位的穴位，如锁口、开关穴（图10－30）。

图10－29　舒张押手法

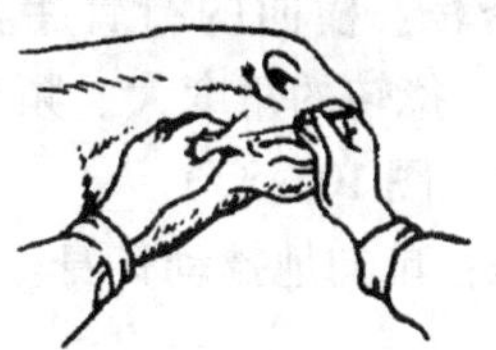

图10－30　提捏押手法

（三）进针法

针刺时依所用的针具、穴位和针治对象的不同，可采用不同的进针方法。

1. 捻转进针法　毫针、圆利针多用此法。操作时，一般是一手切穴，一手持针，先将针尖刺入穴位皮下，然后缓慢捻转进针。

2. 速刺进针法　多用于宽针、火针、圆利针、三棱针的进针。用宽针时，使针尖露出适当的长度，对准穴位，以轻巧敏捷手法，刺入穴位，即可一针见血。用火针时，则可一次刺入所需的深度，再作短时间的留针。用圆利针时，可先将针尖刺入穴位皮下，再调整针向，随手刺入。

（四）针刺角度和深度

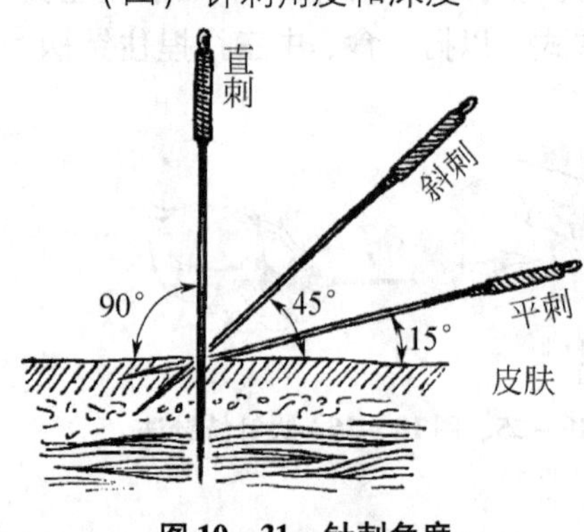

图 10-31　针刺角度

1. 针刺角度　针刺角度是指针体与穴位局部皮肤平面所构成的夹角，它是由针刺方向决定的，常见的有 3 种（图 10-31）。

（1）直刺：针体与穴位皮肤呈垂直或接近垂直的角度刺入。常用于肌肉丰满处的穴位，如大胯、抢风等穴。

（2）斜刺：针体与穴位皮肤约呈 45°角刺入，适用于骨骼边缘和不宜于深刺的穴位，如风门、伏兔、九委等穴。

（3）平刺：针体与穴位皮肤约呈 15°角刺入，多用于肌肉浅薄处的穴位，如锁口、开关穴等。

2. 针刺深度　针刺时进针深度必须适当，不同的穴位对针刺深度有不同的要求，一般以穴位规定的深度作标准。如开关穴刺入 2～3cm，而抢风穴一般要刺入 6～8cm。但是，随着畜体的胖瘦、病症的虚实、病程的长短以及补泻手法等的不同，进针深度应有所区别。针刺的深浅与刺激强度有一定关系，进针深，刺激强度大；进针浅，刺激强度小。应注意的是，凡靠近大血管和深部有重要脏器处的穴位，如胸壁部和肋缘下针刺不宜过深。

（五）得气与行针

1. 得气　针刺后，为了使患病动物产生针刺感应而运行针体的方法，称为行针。针刺部位产生了经气的感应，称为“得气”，也称“针感”。得气以后，动物会出现提肢、拱腰、摆尾、局部肌肉收缩或跳动，术者则手下亦有沉紧的感觉。

2. 行针手法　主要有提、插、捻、捣、搓、弹、刮、摇 8 种基本手法。

（1）提插：纵向的行针手法。将针从深层提到浅层，再由浅层插入深层，如此反复地上提下插。提插幅度大、频率快，刺激强度就大；提插幅度小、频率慢，刺激强度就小（图 10-32）。快速的提插称为捣。

（2）捻转：横向的行针手法。将针左右、来回反复地旋转捻动。捻转幅度一般在 180°～360°。捻转的角度大、频率快，所产生的刺激就强；捻转角度小、频率慢，所产生的刺激就弱（图 10-33）。

（3）搓：单向地捻动针身。有增强针感的作用，也是调气、催气的常用手法之一（图 10-34）。

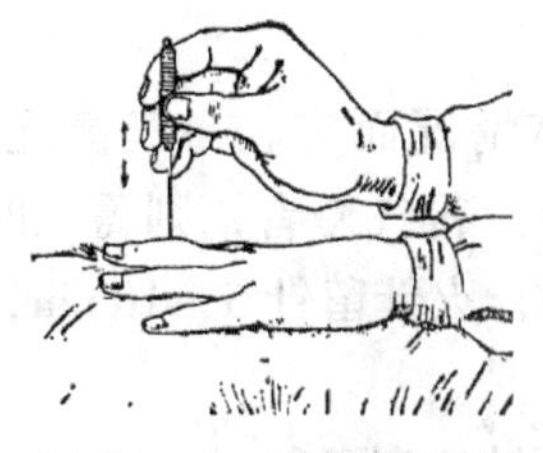

图 10-32　提插行针法

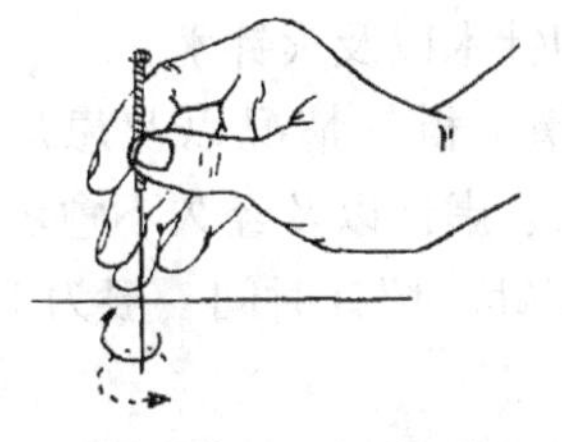

图 10-33　捻转行针法

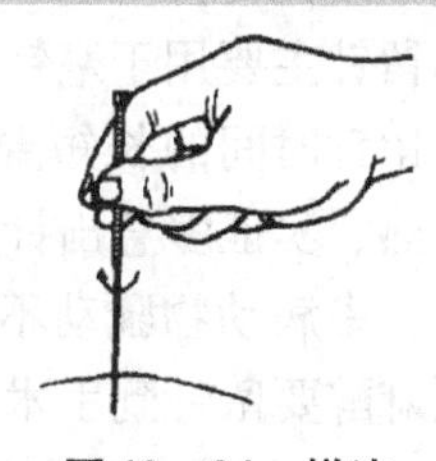

图 10-34　搓法

（4）弹：用手指弹击针柄，使针体微微颤动，以增强针感（图 10-35）。

（5）刮：以拇指抵住针尾、食指或中指指甲轻刮针柄，以加强针感、促进针感的扩散（图 10-36）。

（6）摇：用手捏住针柄轻轻摇动针体。直立针身而摇可增强针感，卧倒针身而摇可促使针感向一定方向传导，使针下之气直达病所（图 10-37）。

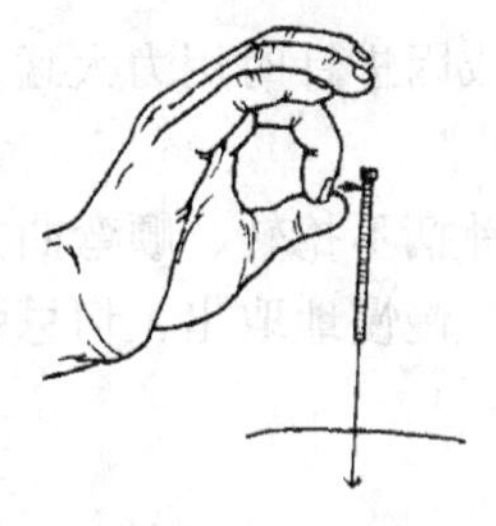

图 10-35　弹法

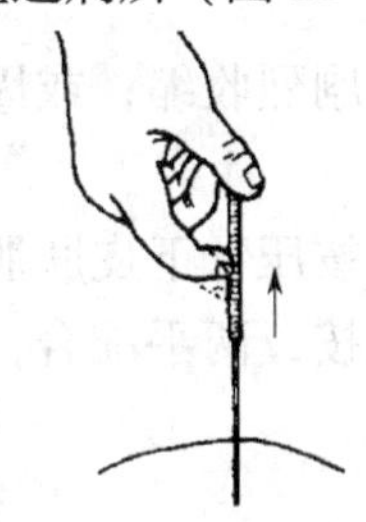

图 10-36　刮法

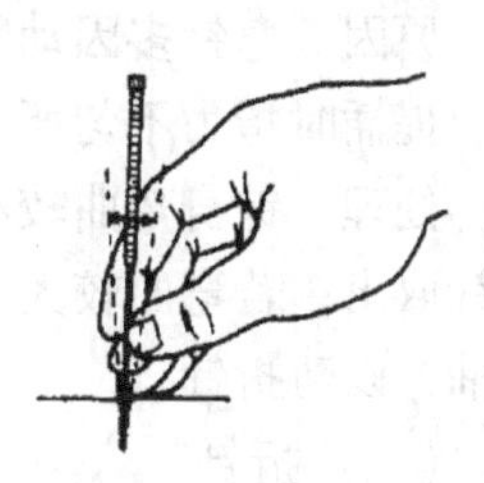

图 10-37　摇法

临诊上大多采用复式行针法，尤以提插捻转最为常用。行针法虽然用于毫针、圆利针术，但对有些穴位（如睛俞、睛明穴）则禁用或少用，火针术在留针期间也可轻微捻转针体，但禁用其他行针手法。

3. 行针间隔

（1）直接行针：当进针达一定深度并出现了针感后，再将针体均匀地提插捻转数次即出针，不留针。

（2）间歇行针：针刺得气后，不立即出针，把针留在穴位内，在留针期间反复多次行针。如留针 30min，可每隔 10min 行针 1 次，每次行针不少于 1min。

（3）持续行针：针刺得气后，仍持续不断地行针，直至症状缓解或痊愈为止。

（六）刺激强度

1. 强刺激　进针较深，较大幅度和较快频率的行针。一般多用于体质较好的动物，针刺麻醉时也常应用。

2. 弱刺激　进针较浅，较小幅度和较慢频率的行针。一般多用于老弱年幼的动物，以及内有重要脏器的穴位。

3. 中刺激　刺激强度介于上述两者之间，行针幅度和频率均取中等。适用于一般动物。

（七）留针与起针

1. 留针法　得气后根据病情需要把针留置在穴位内一定时间，称为留针。针刺治病，要达到一定的刺激量，除取决于刺激强度外，还需要一定的刺激时间，才能取得较好的效果。留针主要用于毫针术、圆利针术以及火针术。

留针时间的长短要依据病情、得气情况以及患病动物具体情况而定。一般情况下，表、热、实证多急出针，里、寒、虚证以及经久不愈者多需留针。得气慢者，则需长时间留针；患病动物骚动不安可不留针。留针时间一般为 10 ~ 30min，火针留针 5 ~ 10min，而针刺麻醉要留针到手术结束。

2. 起针法 针刺达到一定的刺激量后，便可起针，常用的起针法有两种。

（1）*捻转起针法*：押手轻按穴旁皮肤，刺手持针柄缓缓地捻转针体，随捻转将针体慢慢的退出穴位。

（2）*抽拔起针法*：押手轻按穴旁皮肤，刺手捏住针柄，轻快地拔出针体。也可不用押手，仅以刺手捏住针柄迅速地拔出针体。对不温驯的患病动物起针时多用此法。

五、施针时意外情况的处理

（一）弯针

原因　弯针多因动物肌肉紧张，剧烈收缩；或因跳动不安；或因进针时用力太猛，捻转、提插时指力不匀所致。

处理　针身弯曲较小者，可左手按压针下皮肤肌肉，右手持针柄不捻转、顺弯曲方向将针取出；若弯曲较大，则需轻提轻按，两手配合，顺弯曲方向，慢慢地取出，切忌强力猛抽，以防折针。

（二）折针

原因　多因进针前失于检查，针体已有缺损腐蚀；进针后捻针用力过猛；患病动物突然骚动不安所致。

处理　若折针断端尚露出皮肤外面，用左手迅速紧压断针周围皮肤肌肉，右手持镊子或钳子夹住折断的针身用力拔出；若折针断在肌肉层内，则行外科手术切开取出。

（三）滞针

原因　多因肌肉紧张，强力收缩，肌纤维夹持针体，使针体无法捻转或拔出。

处理　停止运针，轻揉局部，待动物安静后，使紧张的肌肉缓解，再轻轻的捻转针体将针拔出。

（四）晕针

在针刺过程中，有时个别动物突然出现站立不稳、昏迷、出汗等情况，多为晕针。

原因　多因针刺过猛或行针过强所致，常发生于体质虚弱的动物。

处理　立即停针，使患病动物安静，如症状重者，可针分水、水沟等穴。

（五）血针出血不止

原因　多因针尖过大，或者用力过猛刺伤附近动脉；或操作时动物突然骚动不安导致刺破血管所致。

处理　轻者用消毒棉球或蘸止血药压迫止血，或者烧烙止血，或者针刺断血穴，或者用止血钳夹住血管止血；重者施行手术结扎血管。

（六）局部感染

原因　多因针前穴位消毒不严，针具不洁，火针烧针不透；针刺或灸烙后遭雨淋、水浸或患病动物啃咬所致。

处理　轻者局部涂擦碘酒，重者根据不同情况进行全身和局部处理。

第二节　灸烙术

一、艾　灸

用点燃的艾绒在患病动物机体的一定穴位上熏灼，借以疏通经络，驱散寒邪，达到治疗疾病的目的所采用的方法，叫做艾灸疗法。

艾绒是中药艾叶经晾晒加工捣碎，去掉杂质粗梗而制成的一种灸料。艾叶性辛温、气味芳香、易于燃烧，燃烧时热力均匀温和，能窜透肌肤直达深部，有通经活络，祛除阴寒，回阳救逆的功效，有促进机能活动的治疗作用。常用的艾灸疗法分为艾炷灸和艾卷灸两种，此外还有与针刺结合的温针灸。

（一）艾灸用具

主要是艾炷和艾卷，都用艾绒制成。

1. 艾炷　呈圆锥形，有大小之分，一般为大枣大、枣核大、黄豆大等，使用时可根据动物机体质、病情选用（图10－38）。

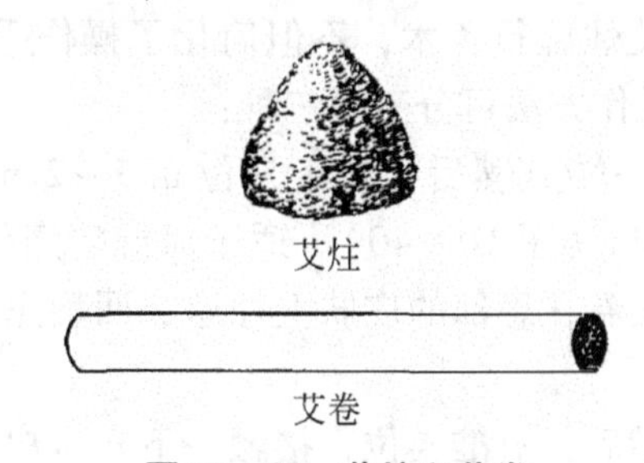

图10－38　艾炷和艾卷

2. 艾卷　是用陈久的艾绒摊在棉皮纸上卷成，直径1.5cm，长约20cm（图10－38）。

（二）艾灸方法

1. 艾炷灸　艾炷是用艾绒制成的圆锥形的艾绒团，直接或间接置于穴位皮肤上点燃。前者称为直接灸，后者称为间接灸。艾炷有小炷（黄豆大）、中炷（枣核大）、大炷（大枣大）之分。每燃尽一个艾炷，称为“一炷”或“一壮”。治疗时，根据动物的体质、病情以及施术的穴位不同，选择艾炷的大小和数量。一般来说，初病、体质强壮者，艾炷宜大，壮数宜多；久病、体质虚弱者艾炷宜小，壮数宜少；直接灸时艾炷宜小，间接灸时艾炷宜大。

（1）直接灸：将艾炷直接置于穴位上，在其顶端点燃，待烧到接近底部时，再换一个艾炷。根据灸灼皮肤的程度又分为无疤痕灸和有疤痕灸两种。

①无疤痕灸　多用于虚寒轻证的治疗。将小艾炷放在穴位上点燃，动物有灼痛感时不待艾炷燃尽就更换另一艾炷。可连续灸3～7壮，至局部皮肤发热时停灸。术后皮肤不留疤痕。

②有疤痕灸　多用于虚寒痼疾的治疗。将放在穴位上的艾炷燃烧到接近皮肤、动物灼痛不安时换另一艾炷。可连续灸7～10壮，至皮肤起水泡为止。术后局部出现无菌性

化脓反应，十几天后，渐渐结痂脱落，局部留有疤痕。

（2）间接灸：在艾炷与穴位皮肤之间放置药物的一种灸法。

①隔姜灸　将生姜切成0.3cm厚的薄片，用针穿透数孔，上置艾炷，放在穴位上点燃，灸至局部皮肤温热潮红为度（图10－39）。利用姜的温里作用，来加强艾灸的驱风散寒功效。

②隔蒜灸　方法与隔姜灸相似，只是将姜片换成用独头大蒜切成的蒜片施灸（图10－39），每灸4～5壮须更换蒜片一次。隔蒜灸利用了蒜的清热作用，常用于治疗痈疽肿毒证。

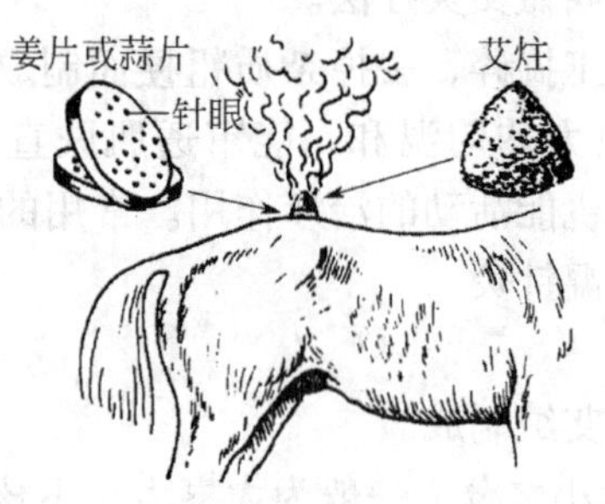

图10－39　隔姜灸、隔蒜灸

2. 艾卷灸　用艾卷代替艾炷施行灸术，不但简化了操作手续，而且不受体位的限制，全身各部位均可施术。具体操作方法可分下列三种：

（1）温和灸：将艾卷的一端点燃后，在距穴位0.5～2cm处持续熏灼，给穴位一种温和的刺激，每穴灸5～10min（图10－40）。适于风湿痹痛等症。

（2）回旋灸：将燃着的艾卷在患部的皮肤上往返、回旋熏灼，用于病变范围较大的肌肉风湿等症。

（3）雀啄灸：将艾卷点燃后，对准穴位，接触一下穴位皮肤，马上拿开，再接触再拿开，如雀啄食，反复进行2～5min（图10－41）。多用于需较强火力施灸的慢性疾病。

3. 温针灸　是针刺和艾灸相结合的一种疗法，又称烧针柄灸法。即在针刺留针期间，将艾卷或艾绒裹到针柄上点燃，使艾火之温热通过针体传入穴位深层，而起到针和灸的双重作用（图10－42）。适用于既需留针，又需施灸的疾病。

图10－40　温和灸

图10－41　雀啄灸

图10－42　温针灸

二、温　熨

温熨，又称灸熨，是指应用热源物对动物患部或穴位进行温敷熨灼的刺激，以防治疾病的方法。温熨包括醋麸灸、醋酒灸和软烧3种，主要针对较大的患病部位，如背腰风湿、腰胯风湿、破伤风、前后肢闪伤等。

（一）温熨用具

有软烧棒、麻袋、毛刷等。软烧棒可临时制作，用圆木一根（长40cm，直径1.5cm），一端为木柄，另一端用棉花包裹，外用纱布包扎，再用细铁丝结紧，使之呈鼓锤状，锤头长约8cm，直径3cm。

（二）温熨方法

1. 醋麸灸　是用醋拌炒麦麸热敷患部的一种疗法，主治背部及腰胯风湿等症。用于马、牛等大动物时，需准备麦麸10kg（也可用醋糟、酒糟代替），食醋3～4kg，布袋（或麻袋）2条。先将一半麦麸放在铁锅中炒，随炒随加醋，至手握麦麸成团、放手即散为度。炒至温度达40～60℃时即可装入布袋中，平坦地搭于患病动物腰背部进行热敷。此时再炒另一半麦麸，两袋交替使用。当患部微有汗出时，除去麸袋，以干麻袋或毛毯覆盖患部，调养于暖厩，勿受风寒。本法可一日一次，连续数日。

2. 醋酒灸　俗称火烧战船。是用醋和酒直接灸熨患部的一种疗法。主治背部及腰胯风湿，也可用于破伤风的辅助治疗，但忌用于瘦弱衰老、妊娠动物。施术时，先将患病动物保定于六柱栏内，用毛刷蘸醋刷湿背腰部被毛，面积略大于灸熨部位，以1m见方的白布或双层纱布浸透醋液，铺于背腰部；然后以橡皮球或注射器吸取60°的白酒或70%以上的酒精均匀地喷洒在白布上，点燃；反复地喷酒浇醋，维持火力，即火小喷酒，火大浇醋，直至动物耳根和肘后出汗为止。在施术过程中，切勿使敷布及被毛烧干。施术完毕，以干麻袋压熄火焰，抽出白布，再换搭毡被，用绳缚牢，将患畜置暖厩内休养，勿受风寒（图10－43）。

3. 软烧法　是以火焰熏灼患部的一种疗法。适用于慢性关节炎、屈腱炎、肌肉风湿等体侧部的疾患。

（1）术前准备：软烧棒，作火把用；长柄毛刷，为蘸醋工具，也可用小扫帚代替；醋椒液，取食醋1kg，花椒50g，混合煮沸数分钟，滤去花椒候温备用；60°白酒1kg，或者用95%酒精0.5kg。

（2）操作方法：将患病动物妥善保定于柱栏内，健肢向前方或后方转位保定，以毛刷蘸醋椒液在患部大面积涂刷，使被毛完全湿透。将软烧棒棉槌浸透醋椒液后拧干，再喷上白酒或酒精后点燃。术者摆动火棒，使火苗呈直线甩于患部及其周围。开始摆动宜慢、火苗宜小（文火）；待患部皮肤温度逐渐升高后，摆动宜快、火苗加大（武火）。在燎烤中，应随时在患部涂刷醋椒液，保持被毛湿润；并及时在棉槌上喷洒白酒，使火焰不断。每次烧灼持续30～40min（图10－44）。

（3）注意事项：烧灼时，火力宜先轻后重，勿使软烧棒槌头直接打到患部，以免造成烧伤。术后动物应注意保暖，停止使役，每日适当牵遛运动。术后1～2d患畜跛行有所加重，待7～15d后会逐渐减轻或消失。若未痊愈，1个月后可再施术一次。

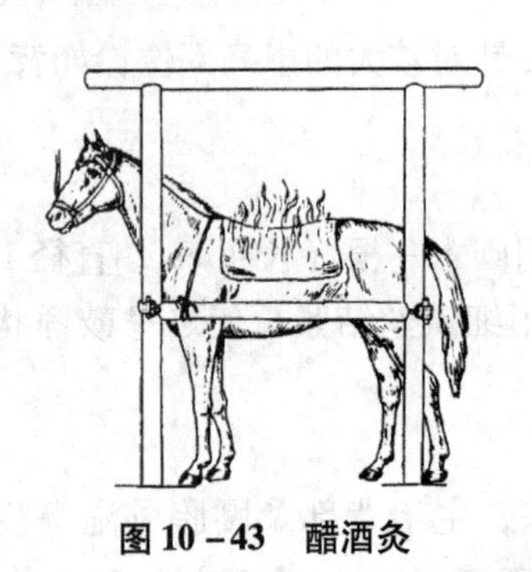

图 10－43　醋酒灸

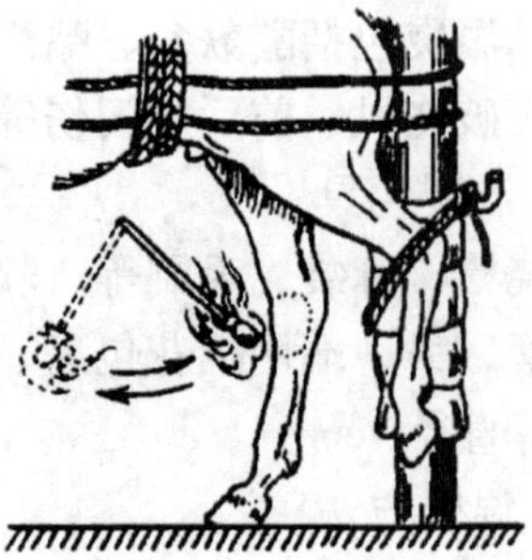

图 10－44　软烧法

三、烧　烙

使用烧红的烙铁在患部或穴位上进行熨烙或画烙的治疗方法，称为烧烙疗法。烧烙具有强烈的烧灼作用，所产生的热刺激能透入皮肤肌肉组织，深达筋骨，对一些针药久治不愈的慢性顽固性筋骨、肌肉、关节疾患以及破伤风、脑黄、神经麻痹等具有较好的疗效。常用的烧烙疗法有直接烧烙（画烙）和间接烧烙（熨烙）两种。

（一）烧烙用具

烙铁　用铁制成。头部形状有刀形、方块形、圆柱形、锥形、球形等多种。刀形又有尖头、方头之分，长约 10cm。柄长约 40cm，有木质把手（图 10－45）。

（二）烧烙方法

1. 直接烧烙　又称画烙术，即用烧红的烙铁按一定图形直接在患部烧烙的方法。常用的画烙图形如图 10－46 所示。适用于慢性屈腱炎、慢性关节炎、慢性骨化性关节炎、骨瘤、外周神经麻痹、肌肉萎缩等。

（1）术前准备：尖头刀状烙铁和方头烙铁各数把，小火炉 1 个，木炭、木柴或煤炭数斤，陈醋 1 斤（0.5kg），消炎软膏 1 瓶。患病动物术前绝食 8h，根据烧烙部位不同，可选用二柱栏站立保定，或者用缠缚式倒马保定法横卧保定。

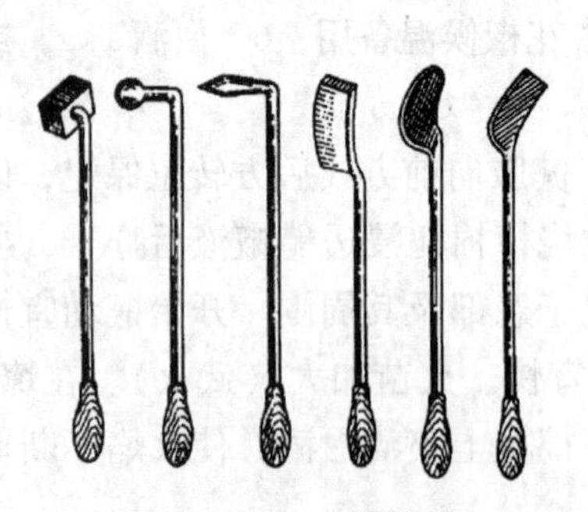

图 10－45　各种烙铁

图 10－46　画烙图

（2）操作方法：将烙铁在火炉内烧红，先取尖头烙铁画出图形，再用方头烙铁加大火力继续烧烙。开始宜轻烙，逐渐加重，且边烙边喷洒醋。烙铁必须均匀平稳地单方向拉动，严禁拉锯式来回运动。烧烙的顺序一般是先内侧、后外侧，先上部、后下部。如保定绳妨碍操作，也可先烙下部，再烙上部，以施术方便为宜。烧烙程度分轻度、中度、重度三种。烙线皮肤呈浅黄色，无渗出液为轻度；烙线呈金黄色，并有渗出液渗出为中度；达中度再将渗出液烙干为重度。一般烙至中度即可，对慢性骨化性关节炎可烙至重度。烙至所需程度后，再喷洒一遍醋，轻轻画烙一遍，涂擦薄薄一层消炎软膏，动物解除保定。

(3) 注意事项

①幼龄、衰老、妊娠后期不宜施术。严冬、酷暑、大风、阴雨气候不宜烧烙。

②烧烙部位要避开重要器官和较大的神经及血管。患部皮肤敏感，或者有外伤、软肿、疹块及脓疡者，不宜烧烙。

③同一形状的烙铁要同时烧2～3把，以便交替使用。烙铁烧至杏黄色为宜，过热呈黄白色则易烙伤皮肤；火力小呈黑红色，不仅达不到烧烙要求，且极易粘带皮肤发生烙伤。

④烧烙时严禁重力按压皮肤或来回拉动烙铁，以免烙伤患部。

⑤烧烙后应擦拭患畜身上的汗液，以防感冒。有条件的可注射破伤风抗毒素，以防发生破伤风。术后不能立即饮喂，注意防寒保暖，保持术部的清洁卫生，防止患畜啃咬或磨蹭，并适当牵遛运动。

⑥同一患病动物需多处画烙治疗时，可先烙一处，待烙面愈合后，再烙他处。同一部位若需再次烧烙，也须在烙面愈合后进行，且尽可能避开上次烙线。

2. 间接烧烙　是用大方形烙铁在覆盖有用醋浸透的棉花纱布垫的穴位或患部上进行熨烙的一种治疗方法，又称熨烙法（图10－47）。适用于破伤风、歪嘴风、脑黄、癫痫、脾虚湿邪、寒伤腰胯、颈部风湿、筋腱硬肿和关节僵硬等病患的治疗。

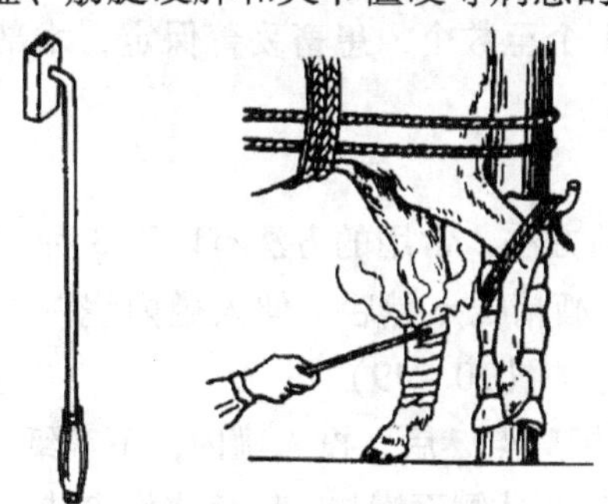

图10－47　间接烧烙

(1) 术前准备：方形烙铁数把，方形棉花纱布垫数个，陈醋、木炭、火炉等。患畜妥善保定在二柱栏或四柱栏内，必要时可横卧保定。

(2) 操作方法：将浸透醋液的方形棉纱垫固定在穴位或患部。若患部较大，可将棉纱垫缠于该部并固定。术者手持烧红的方形铬铁，在棉纱垫上熨烙，手法由轻到重，烙铁不热及时更换，并不断向棉垫上加醋，勿让棉垫烧焦。熨烙至术部皮肤温热，或者其周围微汗时（大约需10min）即可。施术完毕，撤去棉纱垫，擦干皮肤，解除保定。若病未愈，可隔一周后，再次施术。

(3) 注意事项

①烙铁以烧至红褐色为宜，过热易烫伤术部皮肤。

②熨烙时，烙铁宜不断离开术部棉垫，不应长时间用力强压熨烙，以免发生烫伤。

③术后应加强护理，防止风寒侵袭，并经常牵遛运动。

四、拔火罐

借助火焰排除罐内部分空气，造成负压吸附在动物穴位皮肤上来治疗疾病的一种方法。负压可造成局部淤血，具有温经通络、活血逐痹的作用。适用于各种疼痛性病患，如肌肉、关节风湿，胃肠冷痛，脾虚泄泻，风寒感冒，寒性喘证，阴寒疡疽，跌打损伤以及疮疡的吸毒、排脓等。

（一）拔火罐用具

火罐用竹、陶瓷、玻璃等制成，呈圆筒形或半球形，也可以用大口罐头瓶代替（图 10－48）。

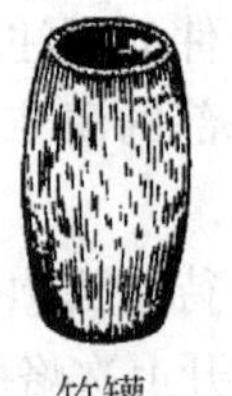
竹罐

陶瓷罐

玻璃罐

图 10－48　拔火罐

（二）拔火罐方法

1. 术前准备　准备火罐 1 个至数个，患畜妥善保定，术部剪毛，或者在火罐吸着点上涂以不易燃烧的黏浆剂。

2. 操作方法

（1）*拔罐法*：根据排气的方法，常用的方法有以下 3 种。

①闪火法：用镊子夹一块酒精棉点燃后，伸入罐内烧一下再迅速抽出，立即将罐扣在术部，火罐即可吸附在皮肤上（图 10－49）。

②投火法：将纸片或酒精棉球点燃后，投入罐内，不等纸片烧完或火势正旺时，迅速将罐扣在术部（图 10－50）。此法宜从侧面横扣，以免烧伤皮肤。

③架火法：用一块不易燃烧而导热性很差的片状物（如姜片、木塞等），放在术部，上面放一小块酒精棉，点燃后，将罐口烧一下，迅速连火扣住（图 10－51）。

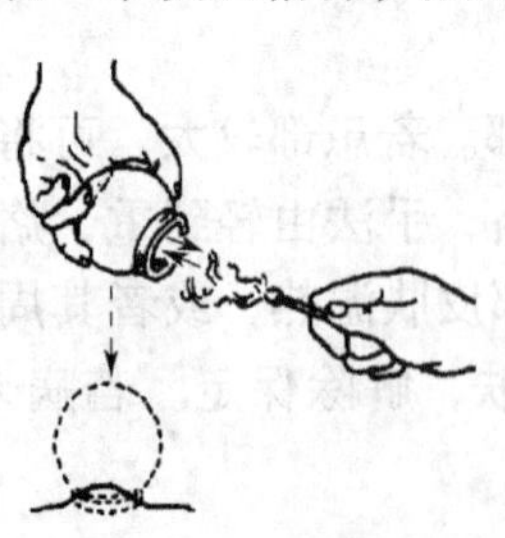
图 10－49　闪火法

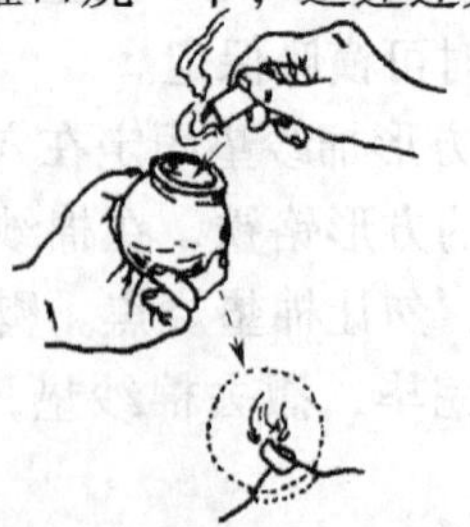
图 10－50　投火法

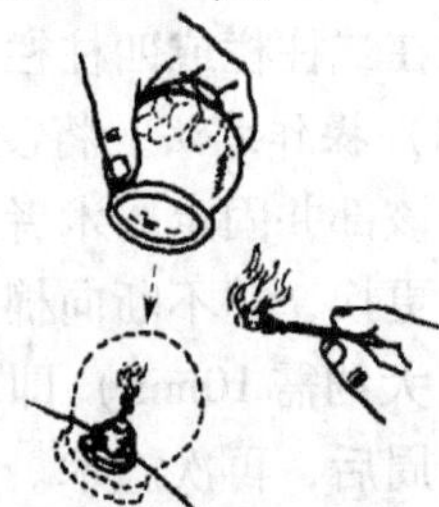
图 10－51　架火法

（2）*复合拔罐法*：拔罐疗法可单独应用，也可与针刺等疗法配合应用。常用的有以下两种。

①针罐法：即白针疗法与拔罐法的结合。先在穴位上施白针，留针期间，以针为中心，再拔上火罐，可提高疗效（图 10－52）。

②刺血拔罐法：即血针疗法与拔罐法的结合。先用三棱针在穴位局部浅刺出血，再行拔罐，以加强刺血疗法的作用。可使局部的淤血消散，或者将积脓、毒液吸出，常用于疮疡初期吸除瘘管脓液、毒蛇咬伤排毒。

（3）*留罐和起罐法*：留罐时间的长短依病情和部位而定，一般为10～20min，病情较重、患部肌肤丰厚者可长，病情较轻、局部肌肤瘦薄者可短。起罐时，术者一手扶住罐体，使罐底稍倾斜，另一手下按罐口边缘的皮肤，使空气缓缓进入罐内，即可将罐起下（图10－53）。起罐后，若该部皮肤破损，可涂布消炎软膏，以防止感染。

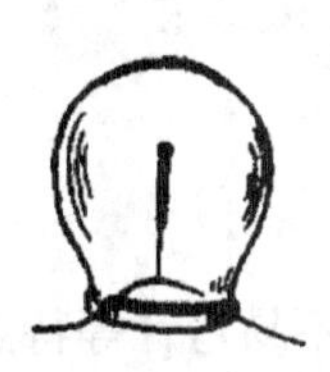

图10－52　针罐法

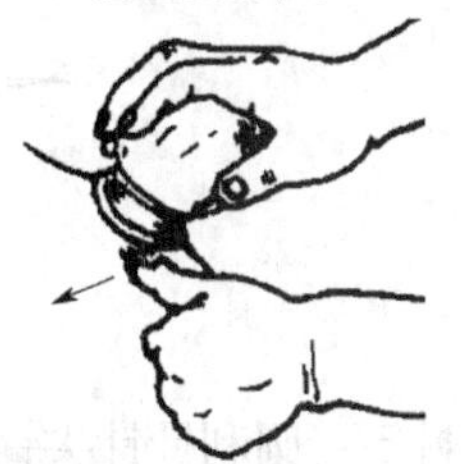

图10－53　起罐法

3. 注意事项

①局部有溃疡、水肿及大血管均不宜施术。患病动物敏感，肌肤震颤不安，火罐不能吸牢者，应改用其他疗法。

②根据不同部位选用大小合适的火罐，并检查罐口是否平整、罐壁是否牢固无损。凡罐口不平、罐壁有裂隙者皆不能使用。

③拔罐动作要做到稳、准、轻、快。使用贴棉法，起罐时，切不可硬拉或旋动，以免损伤皮肤。

④术中若患病动物感到灼痛而不安时，应提早起罐。拔罐后局部出现紫绀色为正常现象，可自行消退。如留罐时间过长，皮肤会起水泡，泡小不需处理，大的可用针刺破，流出泡内液体，并涂以龙胆紫，以防感染。

第三节　常用针刺疗法

一、白针疗法

白针疗法是使用圆利针、毫针等，在白针穴位上施针，借以调整机体功能活动，治疗动物各种病症的一种方法。

（一）术前准备

先将动物妥善保定，根据病情选好施针穴位，剪毛消毒。然后根据针刺穴位选取适当长度的针具，检查并消毒针具。

（二）操作方法

1. 圆利针术

（1）*缓刺法*：术者的刺手以拇指、食指夹持针柄，中指、无名指抵住针体。押手，根据穴位的不同，采取不同的方法。一般先将针尖刺至皮下，然后调整好针刺角度，捻转进针达所需深度，并施以补泻方法使之出现针感（图10－54）。一般需留针10～20min，在留针过程中，每隔3～5min可行针1次，以加强刺激强度。

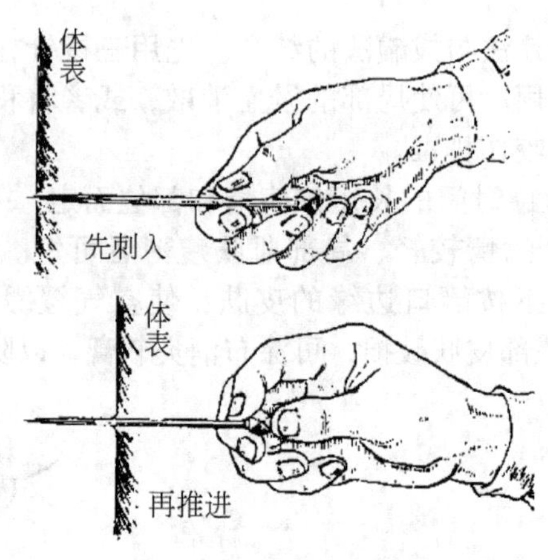

图 10－54　圆利针缓刺法

（2）急刺法：圆利针针尖锋利，针体较粗，具有进针快、不易弯针等特点，对于不温驯的动物或针刺肌肉丰满部的穴位，尤其宜用此法。操作时根据不同穴位，采用执笔式或全握式持针，切穴或不用押手，按穴位要求的进针角度，依照速刺进针法的操作要领刺至所需深度。进针后留针、运针同缓刺法。

退针时，可用左手拇指、食指夹持针体，同时按压穴位皮肤，右手捻转或抽拔针柄出针。

2. 毫针术　毫针术的具体操作与圆利针缓刺法相似，但由于毫针针体细、对组织损伤小、不易感染，故同一穴位可反复多次施针；进针较深，同一穴位，入针均深于圆利针、火针等，且可一针透数穴；针刺得气后，根据治疗的需要，可运用提、插、捻、捣等手法，以达到一定的有效刺激量。

（三）注意事项

施针前严格检查针具，防止发生事故；出针后严格消毒针孔，防止感染。

二、血针疗法

使用宽针和三棱针等针具在动物的血针穴位上施针，刺破穴部浅表静脉（丛），使之出血，从而达到泻热排毒、活血消肿、防治疾病的目的，称为血针疗法。

（一）术前准备

为了快速准确地刺破穴部血管并达到适宜的出血量，动物的保定非常关键。应根据施针穴位采取不同保定体位，以使血管怒张。如针三江、太阳等穴宜用低头保定法，针刺颈脉穴宜在穴位后方按压或系上颈绳使颈静脉显露（图 10－55）。血针因针孔较大，且在血管上施术，容易感染，因此术前应严格消毒，穴位剪毛、涂以碘酊，针具和术者手指，也应严格消毒。此外，还应备有止血器具和药品。

（二）操作方法

1. 宽针术　首先应根据不同穴位，选取规格不同的针具，血管较粗、需出血量大，可用大、中宽针；血管细，需出血量小，可用小宽针。宽针持针法多用全握式、手代针锤式或用针锤持针法。一般多垂直刺入约 1cm，以出血为准。

2. 三棱针术　多用于体表浅刺，如三江穴；或口腔内穴位，如通关穴。根据不同穴位的针刺要求和持针方法，确定针刺深度，一般以刺破穴位血管出血为度（图 10－56）。

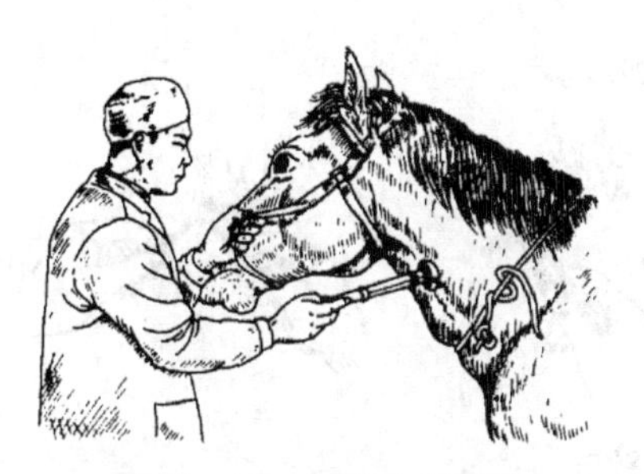

图 10－55　颈脉穴针刺法

图 10－56　通关穴针刺法

（三）注意事项

①三棱针的针尖较细，容易折断，使用时应谨防折针。

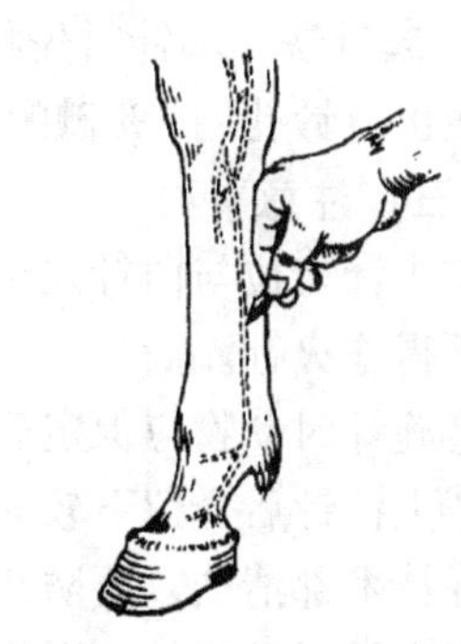

图 10－57　针刃须与血管平行

②宽针施术时，针刃必须与血管平行，以防切断血管（图 10－57）。针刺出血，一般可自行止血；或者在达到适当的出血量时，令动物活动或轻压穴位，即可止血。如出血不止时可压迫止血，必要时可用止血钳、止血药或烧烙法止血。

③血针穴位以刺破血管出血为度，不宜过深，以免刺穿血管，造成血肿。

④掌握泻血量。泻血量直接影响针治效果，泻血量的掌握应根据动物机体质的强弱、病症的虚实、季节气候及针刺穴位来决定。一般膘肥体壮的动物放血量可大些，瘦弱体小的放血量宜小些；热证、实证放血量应大，寒证、虚证应少放或不放；春、夏季天气炎热时可多放，秋、冬季天气寒冷时宜少放或不放；有些穴位如分水穴，破皮见血即可。体质衰弱、妊娠、久泻、大失血的动物，禁施血针。

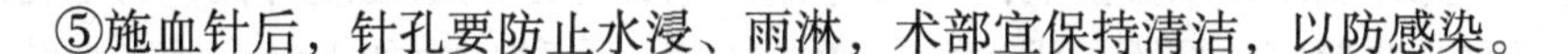

⑤施血针后，针孔要防止水浸、雨淋，术部宜保持清洁，以防感染。

三、火针疗法

火针疗法是用特制的针具烧热后刺入穴位，以治疗疾病的一种方法。它包括针和灸两方面的治疗作用。由于火针使穴位的局部组织发生较深的灼伤灶，所以能在一定的时间内保持对穴位的刺激作用。火针具有温经通络、祛风散寒、壮阳止泻等作用。主要用于各种风寒湿痹、慢性跛行、阳虚泄泻等症。

（一）术前准备

准备烧针器材，封闭针孔用橡皮膏。其他同白针术。

（二）操作方法

1. 烧针法　有油火烧针法和直接烧针法两种。

（1）油火烧针法：先检查针体并擦拭干净，用棉花将针尖及针身的一部分缠成枣核形，长度依针刺深度而定，一般稍长于入针的深度，粗 1～1.5cm，外紧内松；然后浸入植物油或石蜡油中，油浸透后取出，将尖部的油略挤掉一些，便于点燃，点燃后针尖先向下、后向上倾斜，始终保持针尖在火焰中，并不断转动，使针体受热均匀。待油尽棉花收缩变黑将要燃尽时，去掉棉花，即可进针（图 10－58）。

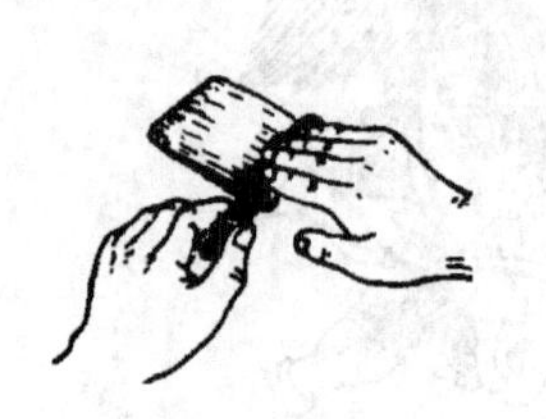

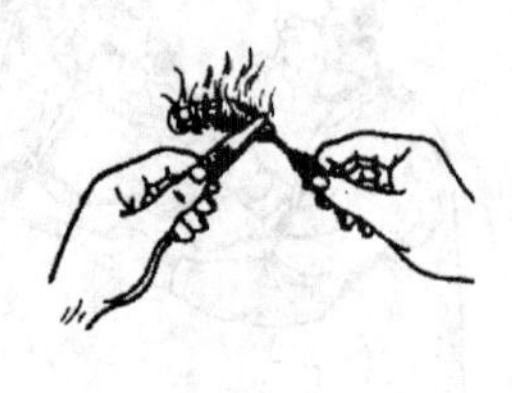

图 10－58　油火烧针法

（2）*直接烧针法*：常用酒精灯直接烧红针尖及部分针体，立即刺入穴位。

2. 进针法　烧针前先选定穴位，剪毛，消毒，待针烧透时，术者以左手按压穴旁，右手持针迅速刺入穴位中，刺入后可留针（5min 左右）或不留针。留针期间轻微捻转运针。

3. 起针法　起针时先将针体轻轻地左右捻转一下，然后用一手按压穴部皮肤，另一手将针拔出。针孔用 5% 碘酊消毒，并用橡皮膏封闭针孔，以防止感染。

（三）注意事项

①火针穴位与白针穴位基本相同，但穴下有大的血管、神经干或位于关节囊处的穴位一般不得施火针。

②施针时动物应保定确实，针具应烧透，刺穴要准确。

③火针针后会留下较大的针孔，容易发生感染。因此，针后必须严格消毒，并封闭针孔，保持术部清洁，要防止雨淋、水浸和患畜啃咬。

④火针对动物的刺激性较强，一般能持续 1 周以上，10 日之后方可在同一穴位重复施针，故针刺前应有全面的计划，每次可选 3～5 个穴位，轮换交替进行。

四、电针疗法

电针疗法是将毫针、圆利针刺入穴位产生针感后，通过针体导入适量的电流，利用电刺激来加强或代替手捻针刺激以治疗疾病的一种疗法。电针疗法刺激强度可控，可通过调整电流、电压、频率、波形等选择不同强度的刺激。适用于多种病症如神经麻痹、肌肉萎缩、急性跛行、风湿症、马骡结症、宿草不转、胃肠臌胀、寒虚泄泻、风寒感冒、垂脱症、不孕症、胎衣不下等的治疗。

（一）术前准备

圆利针或毫针，电针机及其附属用具（导线、金属夹子），剪毛剪，消毒药品等。

（二）操作方法

1. 选穴扎针　根据病情，选定穴位（每组 2 穴），常规剪毛消毒，将圆利针或毫针刺入穴位，行针使之出现针感。

2. 接通电针机　先将电针机调至治疗挡，各种旋钮调至“0”位，将正负极导线分别夹在针柄上；然后打开电源开关，根据病情和治疗需要，以及患病动物对电流的耐受程度来调节电针机的各项参数。

（1）*波形*：脉冲电流的波形较多，常见的有矩形波（方波）、尖形波、锯齿波等。临证多用方波，它既能降低神经的感受性，具有消炎、止痛的作用；还能增强神经肌肉的紧张度，从而提高肌腱张力，治疗神经麻痹、肌肉萎缩。复合波形有疏波、密波、疏密波、间断波等。密波、疏密波可使神经肌肉兴奋性降低，缓解痉挛、止痛作用明显；间断波可使肌肉强力收缩，提高肌肉紧张度，对神经麻痹、肌肉萎缩有效。

（2）频率：电针机的频率范围在10～550Hz。一般治疗时频率不必太高，只在针麻时才应用较高的频率。治疗软组织损伤，频率可稍高；治疗结症则频率要低。

（3）输出强度：电流输出强度的调节一般应由弱到强，逐渐进行，以患病动物能够安静接受治疗的最大耐受量为度。

各种参数调整妥当后，继续通电治疗。通电时间，一般为15～30min。也可根据病情和动物机体质适当调整，对体弱而敏感的动物，治疗时间宜短些；对某些慢性且不易收效的疾病，时间可长些。在治疗过程中，为避免动物对刺激的适应，应经常变换波形、频率和电流。治疗结束前，频率调节应该由高到低，输出电流由强到弱。治疗完毕，应先将各挡旋钮调回“0”位，再关闭电源开关，除去导线夹，起针消毒。

电针治疗一般每日或隔日一次，5～7日为一疗程，每个疗程间隔3～5日。

（三）注意事项

①针刺靠近心脏或延脑的穴位时，必须掌握好深度和刺激强度，防止伤及心、脑导致猝死。动物也必须保定确实，防止因动物骚动而将针体刺入深部。

②通电期间，注意金属夹与导线是否固定妥当，若因骚动而金属夹脱落，必须先将电流及频率调至零位或低挡，再连接导线。

③在通电过程中，有时针体会随着肌肉的震颤渐渐向外退出，需注意及时将针体复位。

④有些穴位，在电针过程中，呈现渐进性出血或形成皮下血肿，不需处理，几日后即可自行消散。

五、水针疗法

水针疗法也称穴位注射疗法，它是将某些中西药液注入穴位来防治疾病的方法。这种疗法将针刺与药物疗法相结合，具有方法简便、提高疗效并节省药量的特点。适用于眼病、脾胃病、风湿症、损伤性跛行、神经麻痹、瘫痪等多种疾病，是兽医临诊应用广泛的一种针刺疗法。若注射麻醉性药液，称穴位封闭疗法；注射抗原性物质，称穴位免疫。

（一）术前准备

除准备注射器外，还要根据病情选取穴位，对穴位部剪毛消毒，并准备适当的药液。

1. 穴位选择 根据病情可选择白针穴位，或者选择疼痛明显处的穴位。对一些痛点不明显的病例，可选择患部肌肉的起止点作为注射点。

2. 药物选择 可供肌肉注射的中、西药液均能用于穴位注射。临诊可根据病情，酌情选用。例如，治疗肌肉萎缩、功能减退的病症，可选用具有兴奋营养作用的药物，如林格氏液、各种维生素、5%～10%葡萄糖注射液、血清、自家血等；治疗各种炎性疾病、风湿症等，可选用各种抗菌素、镇静止痛剂、抗风湿药以及中药注射剂黄连素、穿心莲等；治疗各种跛行、外伤性淤血肿痛等，可选用红花注射液、复方当归注射液、川芎元胡注射液、镇跛痛注射液等；穴位封闭，可选用0.5%～2%盐酸普鲁卡因注射液；穴位免疫，可选用各种特异性抗原、疫苗等。

（二）操作方法

按毫针进针的方法（包括深度、角度等）将注射针头刺入穴位，待出现针感后再注射药物。

（三）注射剂量

穴位注射的剂量通常依药物的性质、注射的部位、注射点的多少、动物的种类、体型的大小、体质的强弱以及病情而定，一般来说，每次注射的总量均小于该药的普通临诊治疗用量。每日或隔日一次，5~7次为一疗程；必要时隔3日后施行第二疗程。

（四）注意事项

①严格消毒，防止感染。

②关节腔及颅腔内不宜注射，妊娠动物一般慎用，脊背两侧的穴点不宜深刺，防止压迫神经。

③有毒副作用的药物不宜选用；刺激性强的药物，药量不宜过大；两种以上药物混合注射，要注意配伍禁忌。

④推药前一定要回抽注射器，见无回血时再推注药液。葡萄糖（尤其是高渗葡萄糖）一定要注入深部，不要注入皮下。

⑤注射后若局部出现轻度肿胀、疼痛，或者伴有发热，一般无须处理，可自行恢复。

六、埋植疗法

将羊肠线或某些药物埋植在穴位或患部以防治疾病的方法，称为埋植疗法。由于埋植物在体内有其一定的吸收过程，因此对机体的刺激持续时间长，刺激强烈，从而产生明显的治疗效果。临诊可分为埋线疗法和埋药疗法两种。

（一）埋线疗法

在穴位上埋植医用羊肠线，适用于动物的闪伤跛行、神经麻痹、肌肉萎缩、肝火上炎、角膜翳、脾虚泄泻、咳嗽和气喘等。

1. 术前准备

（1）器材：埋线针，可用16号注射针头或皮肤缝合针等；肠线，可用铬制1~3号医用羊肠线等；持针钳、外科剪及常规消毒用品等。

（2）穴位：依据病症的不同，选用不同的穴位。猪病常用后海、脾俞、关元俞、后三里、三脘等穴。一般每穴只埋植一次，如需第二次治疗，应间隔一周后，另选穴位埋植。

施术前，先将羊肠线剪成1cm长的小段，或者10~15cm长的大段，置灭菌生理盐水中浸泡；动物保定后，穴位剪毛消毒。

2. 操作方法

（1）注射针埋线法：将肠线大段穿入16号针头的管腔内，针外留出多余的肠线；将注射针头垂直刺入穴位，随即将针头急速退出，使部分肠线留于穴内；用剪刀贴皮肤剪断外露肠线，然后提起皮肤，使肠线埋于穴内，最后消毒针孔。

（2）缝合针埋线法：用持针钳夹住带肠线的缝合针，从穴旁1cm处进针，穿透皮肤和肌肉，从穴位另一侧穿出；剪断穴位两边露出的肠线，轻提皮肤，使肠线完全埋进穴位内，最后消毒针孔（图10-59）。

3. 注意事项

①操作时应严格消毒，术后加强护理，防止术部感染。

②注意掌握埋植深度，不得损伤内脏、大血管和神经干。

③埋线后局部有轻微炎症反应，或者有低热，在1~2天后即可消退，无须处理。如穴

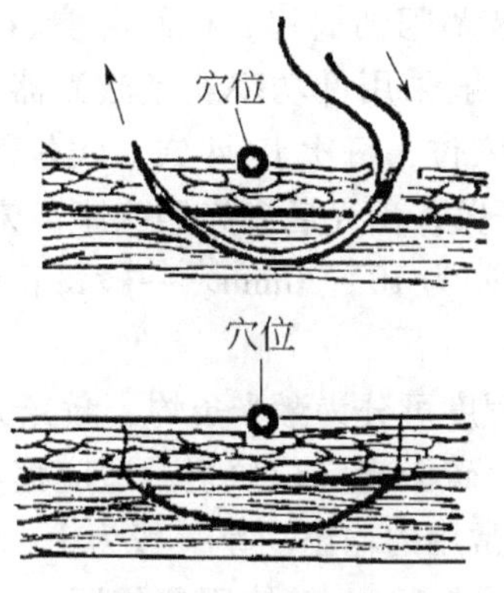

图 10－59　埋线法

位感染，应作消炎治疗。

④患热性病者，忌用本法。

（二）埋药疗法

1. 术前准备

（1）器材：手术刀或大宽针，止血钳，镊子，灭菌棉花，纱布，火棉胶等。

（2）药品：消毒用酒精、碘酊；埋植用药物主要有蟾酥、明矾、松香等。

（3）穴位：卡耳（耳廓中、下部，内外侧均可，以外侧多用）、天门、百会等穴。

2. 操作方法

（1）埋蟾酥法（卡耳疗法）：常用于猪的卡耳穴，主治猪支气管炎、猪气喘病、猪肺疫、猪丹毒等。患猪耳廓消毒，以大宽针在卡耳穴切开做一皮肤囊，在囊内埋入绿豆大蟾酥 1 粒，切口用胶布封闭。

（2）埋明矾、松香法：常埋在疮黄患部，主治疮黄肿毒。取明矾、松香各等份，放锅内加热炼成膏，制成小圆粒状，桐子大，备用。患病动物站立保定，以宽针刺破患部皮肤，纳入药丸一粒，用胶布或火棉胶封闭。

3. 注意事项

①实施埋药疗法时，应注意对所用器材、药品及术部的消毒，严防感染。

②埋植蟾酥时，因药物的刺激作用，可引起局部发炎、坏死，愈合后可能会造成疤痕或缺损。治体表黄肿时，应尽量在肿胀下方刺孔埋药，以便于炎性渗出物的排出。

七、激光针灸疗法

应用医用激光器发射的激光束照射穴位或灸烙患部以防治疾病的方法，称为激光针灸疗法。前者称为激光针术，后者称为激光灸术。由于激光具有亮度高、方向性精、相干性强和单色性好等特点，因此对机体组织的刺激性能良好，穿透力强，并具有优越的温热效应和电磁效应，以光代针，强度可调，疗效显著，是安全可靠的新型治疗方法。

（一）术前准备

医用激光器，动物妥善保定，暴露针灸部位。

（二）操作方法

1. 激光针术　应用激光束直接照射穴位，简称光针疗法，或者激光穴位照射。适用于各种动物多种疾病的治疗，如肢蹄闪伤捻挫、神经麻痹、便秘、结症、腹泻、消化不良、前胃病、不孕症和乳房炎等。一般采用低功率氦氖激光器，波长632.8nm，输出功率2～30mW。施针时，根据病情选配穴位，每次1～4穴。穴位部剪毛消毒，用龙胆紫或碘酊标记穴位，然后打开激光器电源开关，出光后激光照头距离穴位5～30cm进行照射，每穴照射2～5min，一次治疗照射总时间为10～20min。一般每日或隔日照射一次，5～10次为一疗程。

2. 激光灸术 根据灸烙的程度可分为激光灸灼、激光灸熨和激光烧烙3种。

（1）激光灸灼：也称二氧化碳激光穴位照射，适应症与氦氖激光穴位照射相同。CO_2激光的波长10.6μm，兽医临诊常用的输出功率一般为1～5W，也有的高达30W以上。施术时，选定穴位，打开激光器预热10min，使用聚焦照头，距离穴位5～15cm，用聚焦原光束直接灸灼穴位，每穴灸灼3～5s，以穴位皮肤烧灼至黄褐色为度。一般每隔3～5日灸灼一次，总计1～3次即可。

（2）激光灸熨：使用输出功率30mW的氦氖激光器，或者5W以上的二氧化碳激光器，以激光散焦照射穴区或患部。适用于大面积烧伤、创伤、肌肉风湿、肌肉萎缩、神经麻痹、肾虚腰胯痛、阴道脱、子宫脱和虚寒泄泻等病症。治疗时，装上散焦镜头，打开激光器，照头距离穴区20～30cm，照射至穴区皮肤温度升高，动物能够耐受为度。如用计时照射，每区辐照5～10min，每次治疗总时间为20～30min，每日或隔日一次，5～7次为一疗程。由于二氧化碳激光器功率大，辐照面积大，照射面中央温度高，必须注意调整照头与穴区的距离，确保给患部以最适宜的灸熨刺激。当病变组织面积较大时，可分区轮流照射，勿需每次都灸熨整个患部。若为开放性损伤，宜先清创后再照射。

（3）激光烧烙：应用输出功率30W以上的二氧化碳激光器发出的聚焦光束代替传统烙铁进行烧烙。适用于慢性肌肉萎缩、外周神经麻痹、慢性骨关节炎、慢性屈腱炎、骨瘤、肿瘤等。施术时，打开激光器，手持激光烧烙头，直接渐次烧烙术部，随时小心地用毛刷清除烧烙线上的碳化物，边烧烙边喷洒醋液，烧烙至皮肤呈黄褐色为度。烧烙完毕，关闭电源，烧烙部再喷洒醋液一遍，涂以消炎油膏，最后解除动物保定。一般每次烧烙时间为40～50min。

（三）注意事项

①所有参加治疗的人员应佩戴激光防护眼镜，防止激光及其强反射光伤害眼睛。

②开机严格按照操作规程，防止漏电、短路和意外事故的发生。

③随时注意患病动物的反应，及时调节激光刺激强度。灸熨范围一般要大于病变组织的面积。若照射腔、道和瘘管等深部组织时，要均匀而充分。

④激光照射具有累积效应，应掌握好疗程和间隔时间。

⑤做好术后护理，防止动物摩擦或啃咬灸烙部位，预防水浸或冻伤的发生。

八、穴位磁疗法

利用外加磁场或磁性物，作用于畜体经穴来治疗疾病的一种方法。

（一）磁疗的种类和适应症

1. 磁片贴埋法 用橡皮膏将直径8～10mm的永久磁铁（表面磁强300～1 200Gs）固定在体表穴位上，或者直接将磁片埋植于穴位皮下，用于治疗某些慢性疾病。

2. 磁按摩疗法 将电动磁按摩器的橡胶触头按在选定的穴位或患部上连续按摩，每次15～30min。用于治疗关节风湿症、肌肉风湿症、跌打损伤等。

3. 磁针疗法 利用针和磁场同时作用于穴位治疗疾病的一种方法。将毫针刺入穴位后，露在体外的针柄上放一磁片，每日治疗20～30min，用于治疗疼痛性疾病。

4. 电磁针疗法 毫针刺入穴位后，将电磁疗机上的磁片贴在针上，接通电源，可同时产生针、磁、电脉冲三种综合效应，每次通电30min，每日治疗1次，用于治疗颜面神经麻痹、肌肉风湿症等。

5. 旋磁疗法 将旋转的磁疗机的机头对准穴位或患部，靠近或轻轻触压皮肤，每次20～30min，每日1～2次，用于治疗血肿、冻伤、急慢性肠炎、角膜炎、周期性眼炎及肌肉风湿症等。

（二）注意事项

①贴磁要牢固，治疗用针应能对磁产生吸引力。

②放在针柄上的磁片，应用单片，不能用两块南北极对称的磁片将针夹住。

③临诊应用时，磁场剂量（包括磁场作用面积的大小、磁块数量的多少、治疗时间的长短等）应逐渐增加。

④皮肤有出血破溃、体质极度衰弱及高热者慎用。

第四节 针灸的作用原理

经络学说是针灸治疗疾病的理论基础。经络内属于脏腑，外络于肢节，通达表里，运行气血，使动物机体各脏腑之间以及动物机体与外界环境之间构成一个有机整体，以维持动物机体正常生理功能。在经络的路径上分布有许多经气输注、出入、聚集的穴位，与相应的脏腑有着密切的联系。

传统学说认为，疾病的本质是体内邪正交争，阴阳失调，伴随经络阻塞，气血淤滞，清浊不分，营卫不和等一系列病理变化。针刺疗法就是通过刺激穴位，激发经络功能，产生扶正祛邪，调和阴阳，疏通经络，调和营卫，活血散瘀，宣通理气，升清降浊等治疗作用。

一、针灸作用途径

随着一些生物学新技术新方法的涌现，对针灸原理的研究也逐渐深入到细胞、分子甚至基因水平。通过研究，人们发现，针灸的作用原理主要是通过以下两个途径发挥作用。

1. 神经系统 针灸通过神经系统发挥调整作用，这种效应通常是快速的、即时的。机体内存在多种躯体交感反射形式，而反射过程是通过反射弧来完成的。针灸作用的反射弧是由穴区内的感受器、传入神经、脊髓（脊髓上结构）、传出神经及靶器官共五部分组成。最新的研究证实，有些反射可不经过脊髓及脊髓上中枢，在外周脊神经节水平即可完成。

2. 体液机制 针灸通过体液机制发挥调整作用，这种效应通常是缓慢的、持久的。针刺穴位可引起机体一系列的生物化学变化，表现为神经核团、脑脊液以及血液中一些生物活性物质（如内啡肽、P物质、儿茶酚胺等）含量的变化，这是针灸具有调整作用的物质基础。

针灸的调整作用是由多系统参与的。近来，有人提出“神经－内分泌－免疫”网络这一概念，并从细胞膜受体及胞内递质共存等方面获得有力的证据。就神经系统而言，从外周神经到中枢神经，从低级中枢到高级中枢都参与针灸的调整作用。这种作用在器官组织水平上可以观察到，在细胞以及分子水平上也不例外。

关于针灸的作用，概括起来主要有以下几个方面。

二、针灸的作用

1. 针刺止痛作用　针刺具有良好的止痛效果，已被大量的临床资料和实验结果所证实。如针刺家兔两侧的“内庭穴”、“合谷穴”，以电极击烧兔的鼻中隔前部，以头部的躲避性移动为指标，结果30只家兔中有15只的痛阈较针前提高。据此，有人提出这是由于针刺穴位的传入信号传入中枢后，可在中枢段水平抑制或干扰痛觉传入信号。这种抑制或干扰的物质，能降低或阻止缓激肽和5-羟色胺对神经感受器的刺激，这是外周反应。

又有研究证明，针刺或电针后能使脑内释放出一种内啡肽的物质，由于这种物质的存在，抑制了丘脑和大脑痛觉中枢的兴奋性，从而产生镇痛作用，这是中枢反应。并证实这种内啡肽物质存在于脑脊液中，并可进入血液，通过甲、乙、丙动物的交叉循环试验，不仅受针刺的甲动物可呈现镇痛作用，接受甲血的未受针刺的乙动物也可产生镇痛作用。内啡肽物质通过针刺产生后，要经过1～2h才能完全在血液中消失，故起针后1～2h内仍有镇痛作用。有人把这种现象称作“后效应”。

由于针灸具有良好的止痛效果，所以被广泛应用于治疗风湿性关节炎、肌肉疼痛、胃肠痉挛性疼痛、气胀性疼痛和食滞性疼痛、肠道梗阻性疼痛、膀胱尿路炎性疼痛、产后宫缩性疼痛，以及手术后疼痛等，针刺麻醉就是在针刺止痛的基础之上发展起来的。

2. 针灸的防卫作用　针灸不仅有效地治疗许多疾病，而且还有增强体质、预防疾病的作用。

实验表明，针刺家兔一侧足三里，针后2～3h白细胞总数增加，中性白细胞增加，淋巴细胞减少，24h后恢复正常。针对某些慢性疾病，针刺足三里出现杆状核比例增多的白细胞左移现象。针刺足三里和合谷穴，观察到血液白细胞吞噬能力显著加强。

有报道，激光照射家兔交巢穴对白细胞总数有显著影响，照射后白细胞总数增多，照射前后对比差异非常显著。电针可提高和调整淋巴细胞转化率、活性E-玫瑰花和辅助性T淋巴细胞的绝对值和百分率。说明针刺能调动机体免疫生理功能，防御外界致病因素的侵袭。

3. 针灸的双向调节作用　同一穴位，对处于不同病理状态的脏腑和不同性质的疾病有不同的治疗作用。如针灸后海穴，对腹泻的动物可以止泻，对便秘的动物则可通便；针刺马三江、蹄头等穴，既可治疗脾胃虚寒的冷痛，也可治疗肠腑结实的便秘结症。

针刺对呼吸也有调整作用。针刺治疗支气管哮喘有较好效果，针刺可使迷走神经的紧张度降低，交感神经兴奋性增高，解除支气管痉挛，收缩支气管黏膜血管，减少渗出，使气管通气功能改善。

同样，针灸既能使各类炎症的白细胞过多症减少，又能使各类白细胞减少性疾患的白细胞增多；对各类贫血可使红细胞增多，血红蛋白也上升；而对红细胞过多症又可使之下降等。这种良性的双向性调整作用，使失衡的阴阳趋于平衡，从而达到治疗的目的。

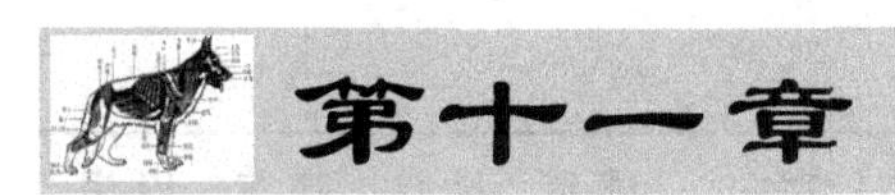

第十一章

常用穴位及针治

一、猪的常用穴位及针治（图11－1～图11－2）

（一）头部穴位

穴名	定位	针法	主治
山根	拱嘴上缘弯曲部向后第一条皱纹上，正中为主穴；两侧旁开1.5cm处为副穴，共三穴	小宽针或三棱针直刺0.5～1cm，出血	中暑，感冒，消化不良，休克，热性病
鼻中	两鼻孔之间，鼻中隔正中处，一穴	小宽针或三棱针直刺0.5cm，出血	感冒，肺热等热性病
顺气	口内硬腭前部，第一腭褶前的鼻腭管开口处，左右侧各一穴	用去皮、节的细软树条，徐徐插入9～12cm，剪去外露部分，留于穴内	少食，咳喘，发热，云翳遮睛
玉堂	口腔内，上腭第三棱正中线旁开0.5cm处，左右侧各一穴	用木棒或开口器开口，以小宽针或三棱针从口角斜刺0.5～1cm，出血	胃火，食欲不振，舌疮，心肺积热
承浆	下唇正中，有毛与无毛交界处，一穴	小宽针或三棱针直刺0.5～1cm，出血；白针向上斜刺1～2cm	下唇肿，口疮，食欲不振，歪嘴风
锁口	口角后方约2cm的口轮匝肌外缘处，左右侧各一穴	毫针或圆利针向内下方刺入1～3cm，或者向后平刺3～4cm	破伤风，歪嘴风，中暑，感冒，热性病
开关	口角后方咬肌前缘，即从外眼角向下引一垂线与口角延长线的相交处，左右侧各一穴	毫针或圆利针向后上方刺入1.5～3cm，或者灸烙	歪嘴风，破伤风，牙关紧闭，颊肿
太阳	外眼角后上方、下颌关节前缘的凹陷处，左右侧各一穴	低头保定，使血管怒张，用小宽针刺入血管，出血；或避开血管，用毫针直刺2～3cm	肝热传眼，脑黄，感冒，中暑，癫痫
耳根	耳根正后方、寰椎翼前缘的凹陷处，左右侧各一穴	毫针或圆利针向内下方刺入2～3cm	中暑，感冒，热性病，歪嘴风
卡耳	耳廓中下部避开血管处（内外侧均可），左右耳各一穴	用宽针刺入皮下成一皮囊，嵌入适量白砒或蟾酥，再滴入适量白酒，轻揉即可	感冒，热性病，猪丹毒，风湿症
耳尖	耳背侧，距耳尖约2cm处的三条血管上，每耳任取一穴	小宽针刺破血管，出血，或者在耳尖部剪口放血	中暑，感冒，中毒，热性病，消化不良
天门	两耳根后缘连线中点，即枕寰关节背侧正中点的凹陷中，一穴	毫针、圆利针或火针向后下方斜刺3～6cm	中暑，感冒，癫痫，脑黄，破伤风

（二）躯干部穴位

大椎	第七颈椎与第一胸椎棘突间的凹陷中，一穴	毫针、圆利针或小宽针稍向前下方刺入3～5cm，或者灸烙	感冒，肺热，脑黄，癫痫，血尿
身柱	第三、第四胸椎棘突间的凹陷中，一穴	毫针、圆利针或小宽针向前下方刺入3～5cm	脑黄，癫痫，感冒，肺热
断血	最后胸椎与第一腰椎棘突间的凹陷中，为主穴；向前、后移一脊椎为副穴，共三穴	毫针或圆利针直刺2～3cm	尿血，便血，衄血，阉割后出血
关元俞	最后肋骨后缘与第一腰椎横突之间的肌沟中，左右侧各一穴	毫针或圆利针向内下方刺入2～4cm	便秘，泄泻，积食，食欲不振，腰风湿
六脉	倒数第一、第二、第三肋间、距背中线约6cm的肌沟中，左右侧各三穴	毫针、圆利针或小宽针向内下方刺入2～3cm	脾胃虚弱，便秘，泄泻，感冒，风湿症，腰麻痹，膈肌痉挛
脾俞	倒数第二肋间、距背中线6cm的肌沟中，左右侧各一穴	毫针、圆利针或小宽针向内下方刺入2～3cm	脾胃虚弱，便秘，泄泻，膈肌痉挛，腹痛，腹胀
肺俞	倒数第六肋间、距背中线约10cm的肌沟中，左右侧各一穴	毫针、圆利针或小宽针向内下方刺入2～3cm，或者刮灸、拔火罐、艾灸	肺热，咳喘，感冒
百会	腰荐十字部，即最后腰椎与第一荐椎棘突间的凹陷中，一穴	毫针、圆利针或小宽针直刺3～5cm，或者灸烙	腰胯风湿，后肢麻木，二便闭结，脱肛，痉挛抽搐
三脘	胸骨后缘与脐的连线四等分，分点依次为上、中、下脘，共三穴	毫针或圆利针直刺2～3cm，或者艾灸3～5min	胃寒，腹痛，泄泻，咳喘
阳明	最后两对乳头基部外侧旁开1.5cm处，左右侧各二穴	毫针或圆利针向内上方斜刺2～3cm，或者激光灸	乳房炎，不孕症，乏情，乳闭
阴俞	肛门与阴门（♀）或阴囊（♂）中间的中心缝上，一穴	毫针、圆利针或火针直刺1～2cm	阴道脱，子宫脱（♀）；阴囊肿胀，垂缕不收（♂）
阴脱	母猪阴唇两侧，阴唇上下联合中点旁开2cm，左右侧各一穴	毫针或圆利针向前下方刺入2～5cm，或者电针、水针	阴道脱，子宫脱
肛脱	肛门两侧旁开1cm，左右侧各一穴	毫针或圆利针向前下方刺入2～6cm，或者电针、水针	直肠脱
莲花	脱出的直肠黏膜上	温水洗净，去除坏死皮膜，用2%明矾水、生理盐水冲洗，涂上植物油，缓缓整复	脱肛
后海	尾根与肛门间的凹陷中，一穴	毫针、圆利针或小宽针稍向前上方刺入3～9cm	泄泻，便秘，少食，脱肛
尾尖	尾巴尖部，一穴	小宽针将尾尖部穿通，或者十字切开放血	中暑，感冒，风湿症，肺热，少食，饲料中毒

（三）前肢部穴位

膊尖	肩胛骨前角与肩胛软骨结合部的凹陷中，左右侧各一穴	毫针向后下方、肩胛骨内侧斜刺 6～7cm，小宽针刺入2～3cm	前肢风湿，膊尖肿痛，闪伤
膊栏	肩胛骨后角与肩胛软骨结合部的凹陷中，左右侧各一穴	毫针、圆利针向前下方、肩胛骨内侧刺入6～7cm；小宽针斜刺2～4cm	肩膊麻木，闪伤跛行
抢风	肩关节与肘突连线近中点的凹陷中，左右侧各一穴	毫针、圆利针或小宽针直刺2～4cm	肩臂部及前肢风湿，前肢扭伤、麻木
前缠腕	前肢内外侧悬蹄稍上方的凹陷处，每肢内外侧各一穴	将术肢后曲，固定穴位，用小宽针直刺1～2cm	寸腕扭伤，风湿症，蹄黄，中暑
涌泉	前蹄叉正中上方约2cm的凹陷中，每肢各一穴	小宽针向后上方刺入1～1.5cm，出血	蹄黄，前肢风湿，扭伤，中毒，中暑，感冒
前蹄叉	前蹄叉正上方顶端处，每肢各一穴	小宽针向后上方刺入3cm，圆利针或毫针向后上方刺入9cm，以针尖接近系关节为度	感冒，少食，肠黄，扭伤，瘫痪，跛行，热性病
前蹄头	前蹄甲背侧，蹄冠正中有毛与无毛交界处，每蹄内外各一穴	小宽针直刺0.5～1cm，出血	前肢风湿，扭伤，腹痛，感冒，中暑，中毒

（四）后肢部穴位

大胯	髋关节前缘，股骨大转子稍前下方3cm处的凹陷中，左右侧各一穴	毫针或圆利针直刺2～3cm	后肢风湿，闪伤，瘫痪
小胯	大胯穴后下方，臀端到膝盖骨上缘连线的中点处，左右侧各一穴	毫针或圆利针直刺2～3cm	后肢风湿，闪伤，瘫痪
汗沟	股二头肌沟中，与坐骨弓水平线相交处，左右侧各一穴	毫针或圆利针直刺3cm	后肢风湿，麻木
后三里	髌骨外侧后下方约6cm的肌沟内，左右肢各一穴	毫针、圆利针或小宽针向腓骨间隙刺入3～4.5cm，或者艾灸 3～5min	少食，肠黄，腹痛，仔猪泄泻，后肢瘫痪
后缠腕	后肢内外侧悬蹄稍上方的凹陷处，每肢内外侧各一穴	将术肢后曲，固定穴位，用小宽针直刺1～2cm	球节扭伤，风湿症，蹄黄，中暑
滴水	后蹄叉正中上方约2cm的凹陷中，每肢各一穴	小宽针向后上方刺入1～1.5cm，出血	后肢风湿，扭伤，蹄黄，中毒，中暑，感冒
后蹄叉	后蹄叉正上方顶端处，每肢各一穴	同前蹄叉穴	同前蹄叉穴
后蹄头	后蹄甲背侧，蹄冠正中稍偏外有毛与无毛交界处，每蹄内外各一穴	小宽针直刺0.5～1cm，出血	后肢风湿，扭伤，腹痛，感冒，中暑，中毒

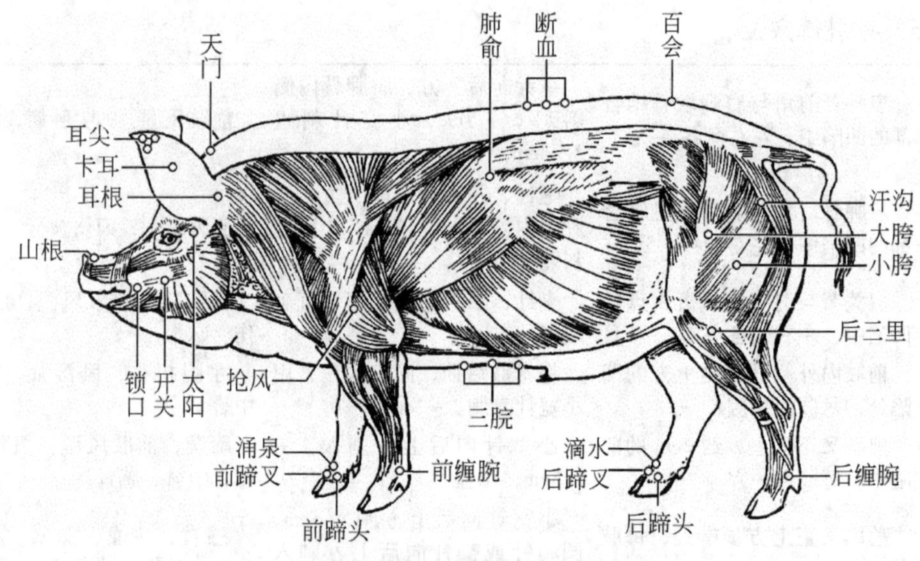

图 11－1　猪的肌肉及穴位

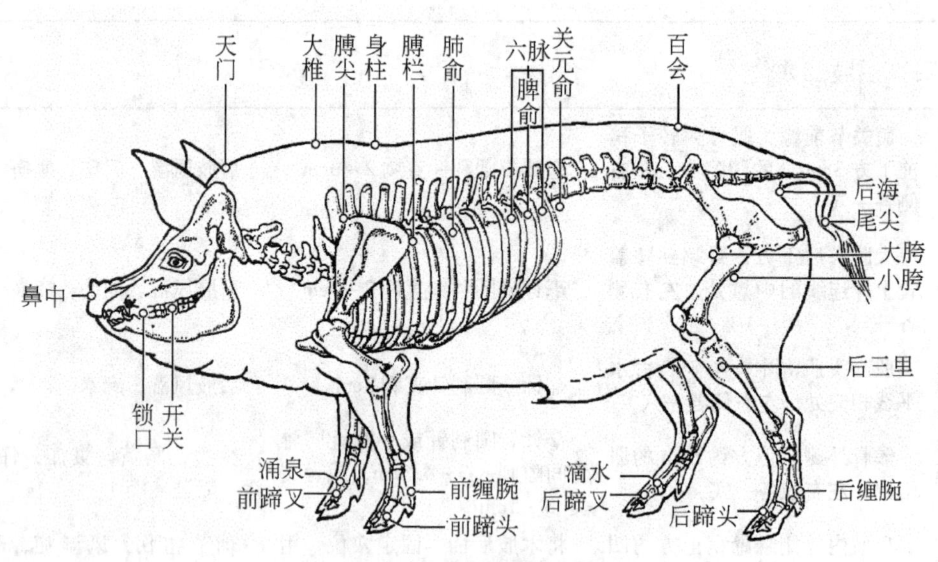

图 11－2　猪的骨骼及穴位

二、牛的常用穴位及针治（图11－3～图11－4）

（一）头部穴位

穴名	定位	针法	主治
山根	主穴在鼻唇镜上缘正中有毛与无毛交界处，两副穴在左右两鼻孔背角处，共三穴	小宽针向后下方斜刺1cm，出血	中暑，感冒，腹痛，癫痫
鼻中	两鼻孔下缘连线中点，一穴	小宽针或三棱针直刺1cm，出血	慢草，热证，唇肿，衄血，黄疸
顺气	口内硬腭前端，齿板后切齿乳头上的两个鼻腭管开口处，左右侧各一穴	将去皮、节的鲜细柳、榆树条，端部削成钝圆形，徐徐插入20～30cm，剪去外露部分，留置2～3h或不取出	肚胀，感冒，睛生翳膜
通关	舌体腹侧面，舌系带两旁的血管上，左右侧各一穴	将舌拉出，向上翻转，小宽针或三棱针刺入1cm，出血	慢草，木舌，中暑，春秋季开针洗口有防病作用
承浆	下唇下缘正中、有毛与无毛交界处，一穴	中、小宽针向后下方刺入1cm，出血	下颌肿痛，五脏积热，慢草
锁口	口角后上方约3cm凹陷处，左右侧各一穴	小宽针或火针向后上方平刺3cm，毫针刺入4～6cm，或者透刺开关穴	牙关紧闭，歪嘴风
开关	口角向后的延长线与咬肌前缘相交处，左右侧各一穴	中宽针、圆利针或火针向后上方刺入2～3cm，毫针刺入4～6cm，或者向前下方透刺锁口穴	破伤风，歪嘴风，腮黄
鼻俞	鼻孔上方4.5cm处（鼻颌切迹内），左右侧各一穴	三棱针或小宽针直刺1.5cm，或者透刺到对侧，出血	肺热，感冒，中暑，鼻肿
三江	内眼角下方约4.5cm处的血管分叉处，左右侧各一穴	低拴牛头，使血管怒张，用三棱针或小宽针顺血管刺入1cm，出血	疝痛，肚胀，肝热传眼
睛明	下眼眶上缘，两眼角内、中1/3交界处，左右眼各一穴	上推眼球，毫针沿眼球与泪骨之间向内下方刺入3cm，或者三棱针在下眼睑黏膜上散刺，出血	肝热传眼，睛生翳膜
睛俞	上眼眶下缘正中的凹陷中，左右眼各一穴	下压眼球，毫针沿眶上突下缘向内上方刺入2～3cm，或者三棱针在上眼睑黏膜上散刺，出血	肝经风热，肝热传眼，眩晕
太阳	外眼角后方约3cm处的颞窝中，左右侧各一穴	毫针直刺3～6cm；或小宽针刺入1～2cm，出血；或施水针	中暑，感冒，癫痫，肝热传眼，睛生翳膜
耳尖	耳背侧距尖端3cm的血管上，左右耳各三穴	捏紧耳根，使血管怒张，中宽针或大三棱针速刺血管，出血	中暑，感冒，中毒，腹痛，热性病
天门	两耳根连线正中点后方，枕寰关节背侧的凹陷中，一穴	火针、小宽针或圆利针向后下方斜刺3cm，毫针刺入3～6cm，或者火烙	感冒，脑黄，癫痫，眩晕，破伤风

（二）躯干部穴位

颈脉	颈静脉沟上、中1/3交界处的血管上，左右侧各一穴	高拴牛头，徒手按压或扣颈绳，大宽针刺入1cm，出血	中暑，中毒，脑黄，肺风毛躁
苏气	第八、第九胸椎棘突间的凹陷中，一穴	小宽针、圆利针或火针向前下方刺入1.5～2.5cm，毫针刺入3～4.5cm	肺热，咳嗽，气喘
天平	最后胸椎与第一腰椎棘突间的凹陷中，一穴	小宽针、圆利针或火针直刺2cm，毫针刺入3～4cm	尿闭，肠黄，尿血，便血，阉割后出血
关元俞	最后肋骨与第一腰椎横突顶端之间的髂肋肌沟中，左右侧各一穴	小宽针、圆利针或火针向内下方刺入3cm，毫针刺入4.5cm；亦可向脊椎方向刺入6～9cm	慢草，便结，肚胀，积食，泄泻
六脉	倒数第一、第二、第三肋间，髂骨翼上角水平线上的髂肋肌沟中，左右侧各三穴	小宽针、圆利针或火针向内下方刺入3cm，毫针刺入6cm	便秘，肚胀，积食，泄泻，慢草
脾俞	倒数第三肋间，髂骨翼上角水平线上的髂肋肌沟中，左右侧各一穴	小宽针、圆利针或火针向内下方刺入3cm，毫针刺入6cm	同六脉穴
肺俞	倒数六肋间，髂骨翼上角水平线上的髂肋肌沟中，左右侧各一穴	小宽针、圆利针或火针向内下方刺入3cm，毫针刺入6cm	肺热咳喘，感冒，宿草不转
百会	腰荐十字部，即最后腰椎与第一荐椎棘突间的凹陷中，一穴	小宽针、圆利针或火针直刺3～4.5cm，毫针刺入6～9cm	腰胯风湿、闪伤，二便不利，后躯瘫痪
肷俞	左侧肷窝部，即肋骨后、腰椎下与髂骨翼前形成的三角区内	套管针或大号采血针向内下方刺入6～9cm，徐徐放出气体	急性瘤胃臌气
带脉	肘后10cm的血管上，左右侧各一穴	中宽针顺血管刺入1cm，出血	肠黄，腹痛，中暑，感冒
云门	脐旁开3cm，左右侧各一穴	治肚底黄，用大宽针在肿胀处散刺；治腹水，先用大宽针破皮，再插入宿水管	肚底黄，腹水
阳明	乳头基部外侧，每个乳头一穴	小宽针向内上方刺入1～2cm，或者激光照射	奶黄，尿闭
阴脱	阴唇两侧，阴唇上下联合中点旁开2cm，左右侧各一穴	毫针向前下方刺入4～8cm，或者电针、水针	阴道脱，子宫脱
肛脱	肛门两侧旁开2cm，左右侧各一穴	毫针向前下方刺入3～5cm，或者电针、水针	直肠脱
后海	肛门上、尾根下的凹陷中，一穴	小宽针、圆利针或火针沿脊椎方向刺入3～4.5cm，毫针刺入6～10cm	久痢泄泻，胃肠热结，脱肛，不孕症
尾根	荐椎与尾椎棘突间的凹陷中，即上下摇动尾巴，在动与不动交界处，一穴	小宽针、圆利针或火针直刺1～2cm，毫针刺入3cm	便秘，热泻，脱肛，热性病
尾本	尾腹面正中，距尾基部6cm处的血管上，一穴	中宽针直刺1cm，出血	腰风湿，尾神经麻痹，便秘
尾尖	尾末端，一穴	中宽针直刺1cm或将尾尖十字劈开，出血	中暑，中毒，感冒，过劳，热性病

（三）前肢部穴位

膊尖	肩胛骨前角与肩胛软骨结合处，左右侧各一穴	小宽针、圆利针或火针沿肩胛骨内侧向后下方斜刺3~6cm，毫针刺入9cm	失膊，前肢风湿
膊栏	肩胛骨后角与肩胛软骨结合处，左右侧各一穴	小宽针、圆利针或火针沿肩胛骨内侧向前下方斜刺3cm，毫针斜刺6~9cm	失膊，前肢风湿
肩井	肩关节前上缘，臂骨大结节外上缘的凹陷中，左右肢各一穴	小宽针、圆利针或火针向内下方斜刺3~4.5cm，毫针斜刺6~9cm	失膊，前肢风湿，肩胛上神经麻痹
抢风	肩关节后下方，三角肌后缘与臂三头肌长头、外头形成的凹陷中，左右肢各一穴	小宽针、圆利针或火针直刺3~4.5cm，毫针直刺6cm	失膊，前肢风湿、肿痛、神经麻痹
膝眼	腕关节背外侧下缘的陷沟中，左右肢各一穴	中、小宽针向后上方刺入1cm，放出黄水	腕部肿痛，膝黄
前缠腕	前肢球节上方两侧，掌内、外侧沟末端内的指内、外侧静脉上，每肢内外侧各一穴	中、小宽针沿血管刺入1.5cm，出血	蹄黄，球节肿痛，扭伤
涌泉	前蹄叉前缘正中稍上方的凹陷中，每肢一穴	中、小宽针沿血管刺入1~1.5cm，出血	蹄肿，扭伤，中暑，感冒
前蹄头	第三、第四指的蹄匣上缘正中，有毛与无毛交界处，每蹄内外侧各一穴	中宽针直刺1cm，出血	蹄黄，扭伤，便结，腹痛，感冒

（四）后肢部穴位

大转	髋关节前缘，股骨大转子前下方约6cm处的凹陷中，左右侧各一穴	小宽针、圆利针或火针直刺3~4.5cm，毫针直刺6cm	后肢风湿、麻木，腰胯闪伤
大胯	髋关节上缘，股骨大转子正上方9~12cm处的凹陷中，左右侧各一穴	小宽针、圆利针或火针直刺3~4.5cm，毫针直刺6cm	后肢风湿、麻木，腰胯闪伤
小胯	髋关节下缘，股骨大转子正下方约6cm处的凹陷中，左右侧各一穴	小宽针、圆利针或火针直刺3~4.5cm，毫针直刺6cm	后肢风湿、麻木，腰胯闪伤
邪气	股骨大转子和坐骨结节连线与股二头肌沟相交处，左右侧各一穴	小宽针、圆利针或火针直刺3~4.5cm，毫针直刺6cm	后肢风湿、闪伤、麻痹，胯部肿痛
肾堂	股内侧，大腿褶下方约9cm的血管上，左右肢各一穴	吊起对侧后肢，以中宽针顺血管刺入1cm，出血	外肾黄，五攒痛，后肢风湿
掠草	膝关节前外侧的凹陷中，左右肢各一穴	圆利针或火针向后上方斜刺3~4.5cm	掠草痛，后肢风湿
后三里	小腿外侧上部，腓骨小头下部的肌沟中，左右肢各一穴	毫针向内后下方刺入6~7.5cm	脾胃虚弱，后肢风湿、麻木

（续表）

后缠腕	后肢球节上方两侧，跖内、外侧沟末端内的血管上，每肢内外侧各一穴	中、小宽针沿血管刺入1.5cm，出血	蹄黄，球节肿痛，扭伤
滴水	后蹄叉前缘正中稍上方的凹陷中，每肢各一穴	中、小宽针沿血管刺入1～1.5cm，出血	蹄肿，扭伤，中暑，感冒
后蹄头	第三、第四趾的蹄匣上缘正中，有毛与无毛交界处，每蹄内外侧各一穴	中宽针直刺1cm，出血	蹄黄，扭伤，便结，腹痛，中暑，感冒

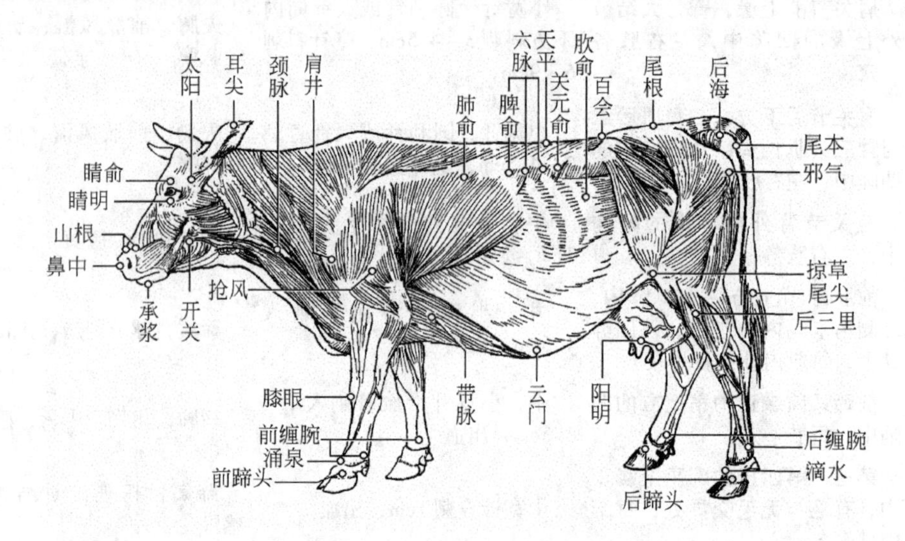

图11－3　牛的肌肉及穴位

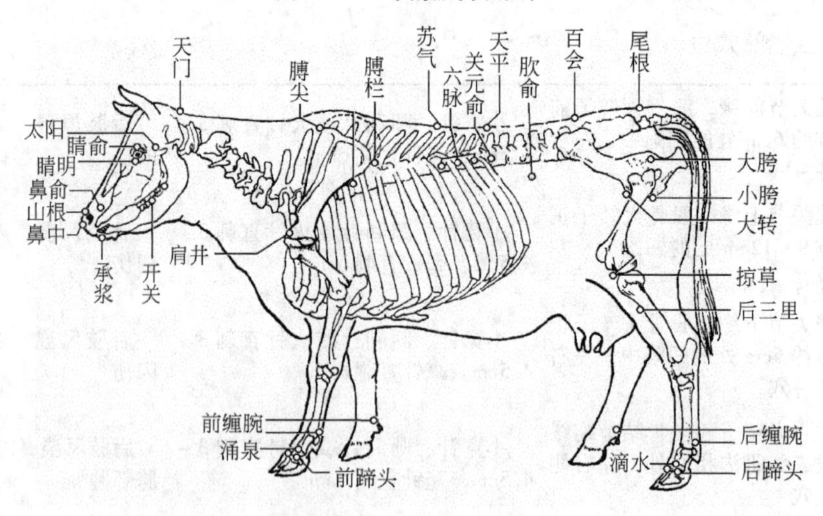

图11－4　牛的骨骼及穴位

三、马的常用穴位及针治（图11－5～图11－6）

（一）头部穴位

穴名	定位	针法	主治
分水	上唇外面旋毛正中点，一穴	小宽针或三棱针直刺1～2cm，出血	中暑，冷痛，歪嘴风
玉堂	口内上腭第三棱上，正中线旁开1.5cm处，左右侧各一穴	开口拉舌，以拇指顶住上腭，用玉堂钩钩破穴点，或者用三棱针或小宽针向前上方斜刺0.5～1cm，出血，然后用盐擦之	胃热，舌疮，上腭肿胀
通关	舌体腹侧面，舌系带两旁的血管上，左右侧各一穴	将舌拉出，向上翻转，以三棱针或小宽针刺入0.5～1cm，出血	木舌，舌疮，胃热、慢草、黑汗风
承浆	下唇正中，距下唇边缘3cm的凹陷中，一穴	小宽针或圆利针向上刺入1cm	歪嘴风，唇龈肿痛
锁口	口角后上方约2cm处，左右侧各一穴	毫针向后上方透刺开关穴，火针斜刺3cm，或者间接烧烙3cm长	破伤风，歪嘴风，锁口黄
开关	口角向后的延长线与咬肌前缘相交处，左右侧各一穴	圆利针或火针向后上方斜刺2～3cm，毫针刺入9cm，或者向前下方透刺锁口穴，或者灸烙	破伤风，歪嘴风，面颊肿胀
鼻管	鼻孔内，距鼻孔外侧缘约3cm的鼻泪管开口处，左右鼻孔各一穴	巧治，用细胶管或泪管针（磨钝针尖的注射针头）插入，接上注射器，注入胡黄连水等洗眼液，药水从内眼角流出	异物入睛，肝经风热，睛生翳膜
姜牙	鼻孔外侧缘下方，鼻翼软骨（姜牙骨）顶端处，左右侧各一穴	将上唇向另一侧拉紧，使姜牙骨充分显露，用大宽针挑破软骨端，或者切开皮肤，用姜牙钩钩拉或割去软骨尖	冷痛及其他腹痛
抽筋	两鼻孔内侧之间，外唇阴上方3cm处，一穴	拉紧上唇，以大宽针切开皮肤，用抽筋钩钩出上唇提肌腱，用力牵引数次	肺把低头难（颈肌风湿）
鼻俞	鼻梁两侧，距鼻孔上缘3cm的鼻颌切迹内，左右侧各一穴	小宽针横穿鼻中隔，出血（如出血不止可高吊马头，用冷水、冰块冷敷或采取其他止血措施）	肺热，感冒，中暑，鼻肿痛
三江	内眼角下方约3cm处的血管分叉处，左右侧各一穴	低拴马头，使血管怒张，用三棱针或小宽针顺血管刺入1cm，出血	冷痛，肚胀，月盲，肝热传眼
睛明	下眼眶上缘，两眼角连线的内、中1/3交界处，左右眼各一穴	上推眼球，毫针沿眼球与泪骨之间向内下方刺入3cm，或者在下眼睑黏膜上点刺出血	肝经风热，肝热传眼，睛生翳膜
睛俞	上眼眶下缘正中，左右眼各一穴	下压眼球，毫针沿眼球与额骨之间向内后上方刺入3cm，或者在上眼睑黏膜上点刺出血	肝经风热，肝热传眼，睛生翳膜
骨眼	内眼角，瞬膜外缘，左右眼各一穴	用骨眼钩钩破或割去瞬膜一角	骨眼症

（续表）

穴名	定位	针法	主治
开天	眼球角膜与巩膜交界处，一穴	将头牢固保定，冷水冲眼或滴表面麻醉剂使眼球不动，待虫体游至眼前房时，用三弯针轻手急刺0.3cm，虫随眼房水流出；也可用注射器吸取虫体或注入3%精制敌百虫杀死虫体	混睛虫病
太阳	外眼角后方约3cm处的血管上，左右侧各一穴	低拴马头，使血管怒张，用小宽针或三棱针顺血管刺入1cm，出血；或用毫针避开血管直刺5～7cm	肝热传眼，肝经风热，中暑，脑黄
耳尖	耳背侧尖端的血管上，左右耳各一穴	握紧耳根，使血管怒张，小宽针或三棱针刺入1cm，出血	冷痛，感冒，中暑
天门	两耳根连线正中，即枕寰关节背侧的凹陷中，一穴	圆利针或火针向后下方刺入3cm，毫针刺入3～4.5cm	脑黄，黑汗风，破伤风，感冒

（二）躯干部穴位

穴名	定位	针法	主治
风门	耳后3cm、寰椎翼前缘的凹陷处，左右侧各一穴	毫针向内下方刺入6cm，火针刺入2～3cm，或者灸烙	破伤风，颈风湿，风邪症
伏兔	耳后6cm、寰椎翼后缘的凹陷处，左右侧各一穴	毫针向内下方刺入6cm，火针刺入2～3cm，或者灸烙	破伤风，颈风湿，风邪症
九委	颈两侧弧形肌沟内，左右侧各九穴。伏兔穴后下方3cm、鬃下缘约3.5cm为上上委，膊尖穴前方4.5cm、鬃下缘约5cm为下下委，两穴之间八等分，分点处为其余七穴	毫针直刺4.5～6cm，火针刺入2～3cm	颈风湿，破伤风
颈脉	颈静脉沟上、中1/3交界处的颈静脉上，左右侧各一穴	高拴马头，颈基部拴一细绳，打活结，用装有大宽针的针锤，对准穴位急刺1cm，出血。术后松开绳扣，血流停止	脑黄，中暑，中毒，遍身黄，破伤风
大椎	第七颈椎与第一胸椎棘突间的凹陷中，一穴	毫针或圆利针稍向前下方刺入6～9cm	感冒，咳嗽，发热，癫痫，腰背风湿
断血	最后胸椎与第一腰椎棘突间的凹陷中，为主穴；向前、后移一脊椎为副穴	毫针、圆利针或火针直刺2.5～3cm	阉割后出血，便血，尿血等各种出血症
关元俞	最后肋骨后缘，距背中线12cm的髂肋肌沟中，左右侧各一穴	圆利针或火针直刺2～3cm，毫针直刺6～8cm，可达肾脂肪囊内，常用作电针治疗，亦可上下透刺	结症，肚胀，泄泻，冷痛，腰脊疼痛
大肠俞	倒数第一肋间，距背中线12cm的髂肋肌沟中，左右侧各一穴	圆利针或火针直刺2～3cm，毫针向上或向下斜刺3～5cm	结症，肚胀，肠黄，冷肠泄泻，腰脊疼痛
气海俞	倒数第二肋间，距背中线12cm的髂肋肌沟中，左右侧各一穴	圆利针或火针直刺2～3cm，毫针向上或向下斜刺3～5cm	大肚结，气胀，便秘

（续表）

脾俞	倒数第三肋间，距背中线 12cm 的髂肋肌沟中，左右侧各一穴	圆利针或火针直刺 2～3cm，毫针向上或向下斜刺 3～5cm	胃冷吐涎，肚胀，结症，泄泻，冷痛
三焦俞	倒数第四肋间，距背中线 12cm 的髂肋肌沟中，左右侧各一穴	圆利针或火针直刺 2～3cm，毫针向上或向下斜刺 3～5cm	脾胃不和，水草迟细，过劳，腰脊疼痛
肝俞	倒数第五肋间，距背中线 12cm 的髂肋肌沟中，左右侧各一穴	圆利针或火针直刺 2～3cm，毫针向上或向下斜刺 3～5cm	黄疸，肝经风热，肝热传眼
胃俞	倒数第六肋间，距背中线 12cm 的髂肋肌沟中，左右侧各一穴	圆利针或火针直刺 2～3cm，毫针向上或向下斜刺 3～4cm	胃寒，胃热，消化不良，肠臌气，大肚结
胆俞	倒数第七肋间，距背中线 12cm 的髂肋肌沟中，左右侧各一穴	圆利针或火针直刺 2～3cm，毫针向上或向下斜刺 3～4cm	黄疸，脾胃虚弱
膈俞	倒数第八肋间，距背中线 12cm 的髂肋肌沟中，左右侧各一穴	圆利针或火针直刺 2～3cm，毫针向上或向下斜刺 3～4cm	胸膈痛，跳肷，气喘
肺俞	倒数第九肋间，距背中线 12cm 的髂肋肌沟中，左右侧各一穴	圆利针或火针直刺 2～3cm，毫针向上或向下斜刺 3～5cm	肺热咳嗽，肺把胸膊痛，劳伤气喘
督俞	倒数第十肋间，距背中线 12cm 的髂肋肌沟中，左右侧各一穴	圆利针或火针直刺 2～3cm，毫针向上或向下斜刺 3～5cm	过劳，跳肷，伤水起卧
厥阴俞	倒数第十一肋间，距背中线 12cm 的髂肋肌沟中，左右侧各一穴	圆利针或火针直刺 2～3cm，毫针向上或向下斜刺 3～5cm	冷痛，多汗，中暑
命门	第二、第三腰椎棘突间的凹陷中，一穴	毫针、圆利针或火针直刺 3cm	闪伤腰胯，寒伤腰胯，破伤风
小肠俞	第一、第二腰椎横突间，距背中线 12cm 的髂肋肌沟中，左右侧各一穴	圆利针或火针直刺 2～3cm，毫针刺入 3～6cm	结症，肚胀，肠黄，腰痛
膀胱俞	第二、第三腰椎横突间，距背中线 12cm 的髂肋肌沟中，左右侧各一穴	圆利针或火针直刺 2～3cm，毫针刺入 3～6cm	泌尿系统疾病，结症，肚胀，肠黄，泄泻
肷俞	肷窝中点处，左右侧各一穴	巧治，剖腹术（左侧），或者穿肠放气（右侧）、用套管针穿入盲肠放气	盲肠臌气，急腹症手术
百会	腰荐十字部，即最后腰椎与第一荐椎棘突间的凹陷中，一穴	火针或圆利针直刺 3～4.5cm，毫针刺入 6～7.5cm	腰胯闪伤、风湿，破伤风，便秘，肚胀，泄泻，疝痛
肾俞	百会穴旁开 6cm 处，左右侧各一穴	火针或圆利针直刺 3～4.5cm，毫针刺入 6cm，亦可透刺肾棚、肾角穴	腰痿，腰胯风湿、闪伤
雁翅	髋结节到背中线所作垂线的中、外 1/3 交界处，左右侧各一穴	圆利针或火针直刺 3～4.5cm，毫针刺入 4～8cm	腰胯痛，腰胯风湿，不孕症
尾根	尾背侧，第一、第二尾椎棘突间，一穴	火针或圆利针直刺 1～2cm，毫针刺入 3cm	腰胯闪伤、风湿，破伤风
巴山	百会穴与股骨大转子连线的中点处，左右侧各一穴	圆利针或火针直刺 3～4.5cm，毫针刺入 10～12cm	腰胯风湿、闪伤，后肢风湿、麻木
胸堂	胸骨两旁，胸外侧沟下部的血管上，左右侧各一穴	拴高马头，用中宽针沿血管急刺 1cm，出血（泻血量 500～1 000ml）	心肺积热，胸膊痛，五攒痛，前肢闪伤

（续表）

带脉	肘后6cm的血管上，左右侧各一穴	大、中宽针顺血管刺入1cm，出血	肠黄，中暑，冷痛
云门	脐前9cm，腹中线旁开2cm，任取一穴	以大宽针刺破皮肤及腹黄筋膜，插入宿水管放出腹水	宿水停脐（腹水）
阴俞	肛门与阴门（♀）或阴囊（♂）中点的中心缝上，一穴	火针或圆利针直刺2～3cm，毫针直刺4～6cm；或者艾卷灸	阴道脱，子宫脱，带下（♀）；阴肾黄，垂缕不收（♂）
阴脱	阴唇两侧，阴唇上下联合中点旁开2cm，左右侧各一穴	毫针向前下方斜刺6～9cm，或者电针、水针	阴道脱，子宫脱
肛脱	肛门两侧旁开2cm，左右侧各一穴	毫针向前下方刺入4～6cm，或者电针、水针	直肠脱
莲花	脱出的直肠黏膜，脱肛时用此穴	巧治，用温水洗净，除去坏死风膜，以2%明矾水和硼酸水冲洗，再涂以植物油，缓缓纳入	脱肛
后海	肛门上、尾根下的凹陷中，一穴	火针或圆利针沿脊椎方向刺入6～10cm，毫针刺入12～18cm	结症，泄泻，直肠麻痹，不孕症
尾本	尾腹面正中，距尾基部6cm处血管上，一穴	中宽针向上顺血管刺入1cm，出血	腰胯闪伤、风湿，肠黄，尿闭
尾尖	尾末端，一穴	中宽针直刺1～2cm，或者将尾尖十字劈开，出血	冷痛，感冒，中暑，过劳

（三）前肢部穴位

膊尖	肩胛骨前角与肩胛软骨结合处，左右侧各一穴	圆利针或火针沿肩胛骨内侧向后下方刺入3～6cm，毫针刺入12cm	前肢风湿，肩膊闪伤、肿痛
膊栏	肩胛骨后角与肩胛软骨结合处，左右侧各一穴	圆利针或火针沿肩胛骨内侧向前下方刺入3～5cm，毫针刺入10～12cm	前肢风湿，肩膊闪伤、肿痛
弓子	肩胛岗后方，肩胛软骨（弓子骨）上缘中点直下方约10cm处，左右侧各一穴	用大宽针刺破皮肤，再用两手提拉切口周围皮肤，让空气进入；或以16号注射针头刺入穴位皮下，用注射器注入滤过的空气，然后用手向周围推压，使空气扩散到所需范围	肩膊麻木，肩膊部肌肉萎缩

（续表）

肩井	肩端，臂骨大结节外上缘的凹陷中，左右侧各一穴	火针或圆利针向后下方刺入3～4.5cm，毫针刺入6～8cm	抢风痛，前肢风湿，肩臂麻木
抢风	肩关节后下方，三角肌后缘与臂三头肌长头、外侧头形成的凹陷中，左右侧各一穴	圆利针或火针直刺3～4cm，毫针刺入8～10cm	闪伤夹气，前肢风湿，前肢麻木
膝眼	腕关节背侧面正中，腕前黏液囊肿胀处最低位，左右肢各一穴	提起患肢，中宽针直刺1cm，放出水肿液	腕前黏液囊肿
前缠腕	前肢球节上方两侧，掌内、外侧沟末端内的血管上，每肢内外侧各一穴	小宽针沿血管刺入1cm，出血	球节肿痛，屈腱炎
前蹄头	前蹄背面，正中线外侧旁开2cm、蹄缘（毛边）上1cm处，每蹄各一穴	中宽针向蹄内刺入1cm，出血	五攒痛，球节痛，蹄头痛，冷痛，结症

（四）后肢部穴位

大胯	髋关节前下缘，股骨大转子前下方约6cm的凹陷中，左右侧各一穴	圆利针或火针沿股骨前缘向后下方斜刺3～4.5cm，毫针刺入6～8cm	后肢风湿，闪伤腰胯
小胯	股骨第三转子后下方的凹陷中，左右侧各一穴	圆利针或火针直刺3～4.5cm，毫针刺入6～8cm	后肢风湿，闪伤腰胯
邪气	与肛门水平线相交处的股二头肌沟中，左右侧各一穴	圆利针或火针直刺4.5cm，毫针刺入6～8cm	后肢风湿、麻木，股胯闪伤
汗沟	邪气穴下6cm处的同一肌沟中，左右侧各一穴	圆利针或火针直刺4.5cm，毫针刺入6～8cm	后肢风湿、麻木，股胯闪伤
仰瓦	汗沟穴下6cm处的同一肌沟中，左右侧各一穴	圆利针或火针直刺4.5cm，毫针刺入6～8cm	后肢风湿、麻木，股胯闪伤
牵肾	仰瓦穴下6cm处的同一肌沟中，约在膝盖骨上方水平线上，左右侧各一穴	圆利针或火针直刺4.5cm，毫针刺入6～8cm	后肢风湿、麻木，股胯闪伤
肾堂	股内侧，大腿褶下12cm处的血管上，左右肢各一穴	吊起对侧后肢，以中宽针沿血管刺入1cm，出血	外肾黄，五攒痛，闪伤腰胯，后肢风湿
掠草	膝关节前外侧的凹陷中，左右肢各一穴	圆利针或火针向后上方斜刺3～4.5cm，毫针刺入6cm	掠草痛，后肢风湿

（续表）

后三里	小腿外侧，腓骨小头下方的肌沟中，左右肢各一穴	圆利针或火针直刺2～4cm，毫针直刺4～6cm	脾胃虚弱，后肢风湿，体质虚弱
曲池	跗关节背侧稍偏内的血管上，左右肢各一穴	小宽针直刺1cm，出血	胃热不食，跗关节肿痛
后缠腕	后肢球节上方两侧，跖内、外侧沟末端内的血管上，每肢内外侧各一穴	小宽针沿血管刺入1cm，出血	球节肿痛，屈腱炎
后蹄头	后蹄背面正中，蹄缘（毛边）上1cm处，每蹄各一穴	中宽针向蹄内刺入1cm，出血	同前蹄头穴
滚蹄	前、后肢系部，掌/跖侧正中凹陷中，出现滚蹄时用此穴	横卧保定，患蹄推磨式固定于木桩，局部剪毛消毒，大宽针针刃平行于系骨刺入，轻症劈开屈肌腱，重症横转针刃，推动“磨杆”至蹄伸直，被动切断部分屈肌腱	滚蹄（屈肌腱挛缩）

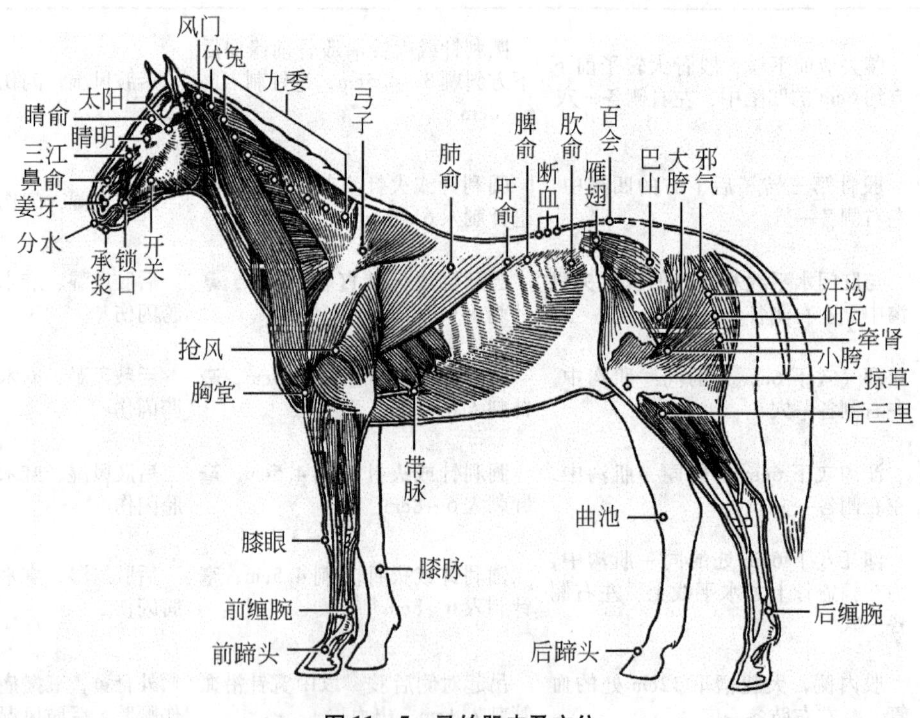

图11－5　马的肌肉及穴位

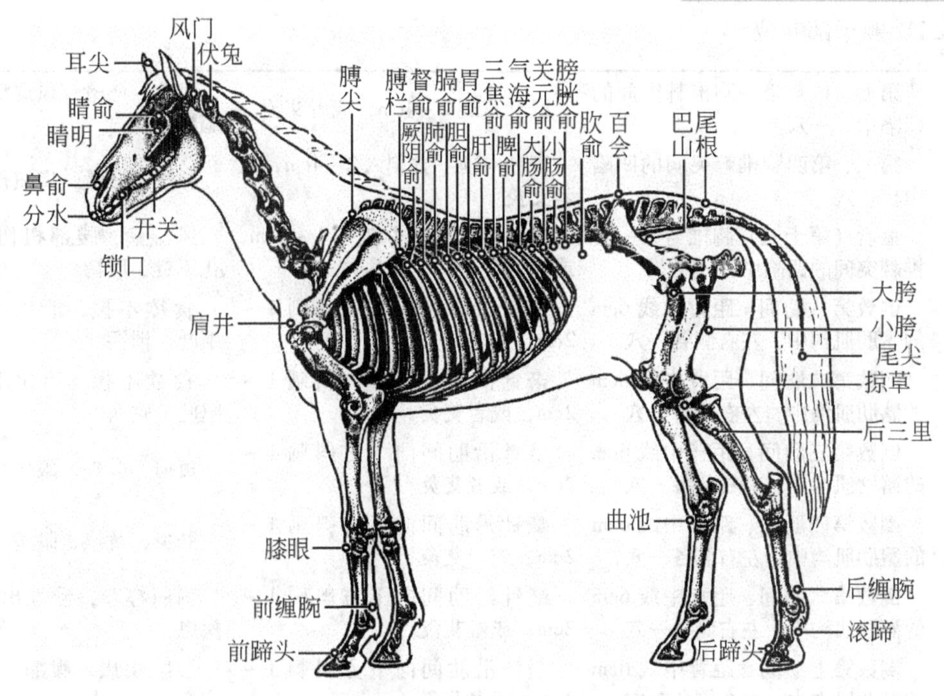

图 11－6　马的骨骼及穴位

四、犬的常用穴位及针治（图 11－7～图 11－8）

（一）头部穴位

穴名	定位	针法	主治
水沟	上唇唇沟上、中 1/3 交界处，一穴	毫针或三棱针直刺 0.5cm	中风，中暑，支气管炎
山根	鼻背正中有毛与无毛交界处，一穴	三棱针点刺 0.2～0.5cm，出血	中风，中暑，感冒，发热
三江	内眼角下的血管上，左右侧各一穴	三棱针点刺 0.2～0.5cm，出血	便秘，腹痛，目赤肿痛
承泣	下眼眶上缘中部，左右侧各一穴	上推眼球，毫针沿眼球与眼眶之间刺入 2～3cm	目赤肿痛，睛生云翳，白内障
睛明	内眼角上下眼睑交界处，左右眼各一穴	外推眼球，毫针直刺 0.2～0.3cm	目赤肿痛，眵泪，云翳
上关	下颌关节后上方，下颌骨关节突与颧弓之间，张口时出现的凹陷中，左右侧各一穴	毫针直刺 3cm	歪嘴风，耳聋
下关	下颌关节前下方，颧弓与下颌骨角之间的凹陷中，左右侧各一穴	毫针直刺 3cm	歪嘴风，耳聋
翳风	耳基部，下颌关节后下方的凹陷中，左右侧各一穴	毫针直刺 3cm	歪嘴风，耳聋
耳尖	耳廓尖端背面的血管上，左右耳各一穴	三棱针或小宽针点刺，出血	中暑，感冒，腹痛
天门	枕寰关节背侧正中点的凹陷中，一穴	毫针直刺 1～3cm，或者艾灸	发热，脑炎，抽风，惊厥

（二）躯干部穴位

大椎	第七颈椎与第一胸椎棘突间的凹陷中，一穴	毫针直刺2～4cm，或者艾灸	发热，咳嗽，风湿症，癫痫
身柱	第三、第四胸椎棘突间的凹陷中，一穴	毫针向前下方刺入2～4cm，或者艾灸	肺热，咳嗽，肩扭伤
悬枢	最后（第十三）胸椎与第一腰椎棘突间的凹陷中，一穴	毫针斜向后下方刺入1～2cm，或者艾灸	风湿病，腰部扭伤，消化不良，腹泻
胃俞	倒数第一肋间、距背中线6cm的髂肋肌沟中，左右侧各一穴	毫针沿肋间向下方斜刺1～2cm，或者艾灸	食欲不振，消化不良，呕吐，泄泻
脾俞	倒数第二肋间、距背中线6cm的髂肋肌沟中，左右侧各一穴	毫针沿肋间向下方斜刺1～2cm，或者艾灸	食欲不振，消化不良，呕吐，贫血
胆俞	倒数第三肋间、距背中线6cm的髂肋肌沟中，左右侧各一穴	毫针沿肋间向下方斜刺1～2cm，或者艾灸	黄疸，肝炎，眼病
肝俞	倒数第四肋间、距背中线6cm的髂肋肌沟中，左右侧各一穴	毫针沿肋间向下方斜刺1～2cm，或者艾灸	肝炎，黄疸，眼病
膈俞	倒数第六肋间、距背中线6cm的髂肋肌沟中，左右侧各一穴	毫针沿肋间向下方斜刺1～2cm，或者艾灸	膈肌痉挛，慢性出血性疾患
督俞	倒数第七肋间、距背中线6cm的髂肋肌沟中，左右侧各一穴	毫针沿肋间向下方斜刺1～2cm，或者艾灸	心脏疾患，腹痛，膈肌痉挛
心俞	倒数第八肋间、距背中线约6cm的肌沟中，左右侧各一穴	毫针沿肋间向下方斜刺1～2cm，或者艾灸	心脏疾患，癫痫
厥阴俞	倒数第九肋间、距背中线约6cm的肌沟中，左右侧各一穴	毫针沿肋间向下方斜刺1～2cm，或者艾灸	心脏病，呕吐，咳嗽
肺俞	倒数第十肋间、距背中线约6cm的肌沟中，左右侧各一穴	毫针沿肋间向下方斜刺1～2cm，或者艾灸	咳嗽，气喘，支气管炎
百会	腰荐十字部，即最后（第七）腰椎与第一荐椎棘突间的凹陷中，一穴	毫针直刺1～2cm，或者艾灸	腰胯疼痛，瘫痪，泄泻，脱肛
三焦俞	第一腰椎横突末端相对的肌沟中，左右侧各一穴	毫针直刺1～3cm，或者艾灸	食欲不振，消化不良，呕吐，贫血
肾俞	第二腰椎横突末端相对的肌沟中，左右侧各一穴	毫针直刺1～3cm，或者艾灸	肾炎，多尿症，不孕症，腰部风湿、扭伤
大肠俞	第四腰椎横突末端相对的肌沟中，左右侧各一穴	毫针直刺1～3cm，或者艾灸	消化不良，肠炎，便秘
关元俞	第五腰椎横突末端相对的肌沟中，左右侧各一穴	毫针直刺1～3cm，或者艾灸	消化不良，便秘，泄泻
小肠俞	第六腰椎横突末端相对的肌沟中，左右侧各一穴	毫针直刺1～2cm，或者艾灸	肠炎，肠痉挛，腰痛
膀胱俞	第七腰椎横突末端相对的肌沟中，左右侧各一穴	毫针直刺1～2cm，或者艾灸	膀胱炎，尿血，膀胱痉挛，尿潴留，腰痛
二眼	荐椎两旁，第一、第二背荐孔处，每侧各二穴	毫针直刺1～1.5cm，或者艾灸	腰胯疼痛，瘫痪，子宫疾病

（续表）

中脘	胸骨后缘与脐的连线中点，一穴	毫针向前斜刺0.5~1cm，或者艾灸	消化不良，呕吐，泄泻，胃痛
后海	尾根与肛门间的凹陷中，一穴	毫针稍沿脊椎方向刺入3~5cm	泄泻，便秘，脱肛，阳痿
尾根	最后荐椎与第一尾椎棘突间的凹陷中，一穴	毫针直刺0.5~1cm	瘫痪，尾麻痹，脱肛，便秘，腹泻
尾本	尾部腹侧正中，距尾根部1cm处的血管上，一穴	三棱针直刺0.5~1cm，出血	腹痛，尾麻痹，腰风湿
尾尖	尾末端，一穴	毫针或三棱针从末端刺入0.5~0.8cm	中风，中暑，泄泻

（三）前肢部穴位

肩井	肩峰前下方、臂骨大结节上缘的凹陷中，左右肢各一穴	毫针直刺1~3cm	肩部神经麻痹，扭伤
抢风	肩关节后方，三角肌后缘、臂三头肌长头和外头形成的凹陷中，左右肢各一穴	毫针直刺2~4cm，或者艾灸	前肢神经麻痹，扭伤，风湿症
肘俞	臂骨外上髁与肘突之间的凹陷中，左右肢各一穴	毫针直刺2~4cm，或者艾灸	前肢及肘部疼痛，神经麻痹
曲池	肘关节前外侧，肘横纹外端凹陷中，左右肢各一穴	毫针直刺3cm，或者艾灸	前肢及肘部疼痛，神经麻痹
外关	前臂外侧下1/4处的桡、尺骨间隙中，左右肢各一穴	毫针直刺1~3cm，或者艾灸	桡、尺神经麻痹，前肢风湿，便秘，缺乳
内关	前臂内侧下1/4处的桡、尺骨间隙处，左右肢各一穴	毫针直刺1~2cm，或者艾灸	桡、尺神经麻痹，肚痛，中风
膝脉	腕关节内侧下方，第一、第二掌骨间的血管上，左右肢各一穴	三棱针或小宽针顺血管刺入0.5~1cm，出血	腕关节肿痛，屈腱炎，指扭伤，风湿症，中暑，感冒，腹痛
涌泉	第三、第四掌骨间的血管上，每肢各一穴	三棱针直刺1cm，出血	风湿症，感冒
指间	前足背指间，掌指关节水平线上，每足三穴	毫针斜刺1~2cm，或者三棱针点刺	指扭伤或麻痹

（四）后肢部穴位

环跳	股骨大转子前方，髋关节前缘的凹陷中，左右侧各一穴	毫针直刺2~4cm，或者艾灸	后肢风湿，腰胯疼痛
肾堂	股内侧上部的血管上，左右肢各一穴	三棱针或小宽针顺血管刺入0.5~1cm，出血	腰胯闪伤、疼痛
膝上	髌骨上缘外侧0.5cm处，左右肢各一穴	毫针直刺0.5~1cm	膝关节炎

（续表）

膝下	膝关节前外侧的凹陷中，左右肢各一穴	毫针直刺1~2cm，或者艾灸	膝关节炎，扭伤，神经痛
后三里	小腿外侧上1/4处的胫、腓骨间隙内，左右肢各一穴	毫针直刺1~2cm，或者艾灸	消化不良，腹痛，泄泻，胃肠炎，后肢疼痛、麻痹
滴水	第三、第四跖骨间的血管上，每肢各一穴	三棱针直刺1cm，出血	风湿症，感冒
趾间	后足背趾间，跖趾关节水平线上，每足三穴	毫针斜刺1~2cm，或者三棱针点刺	趾扭伤或麻痹

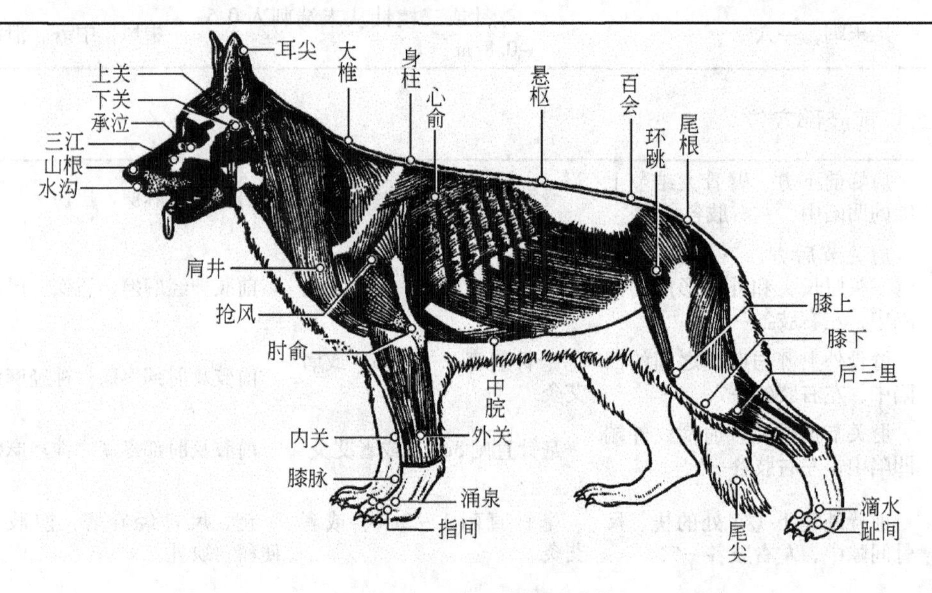

图11-7 犬的肌肉及穴位

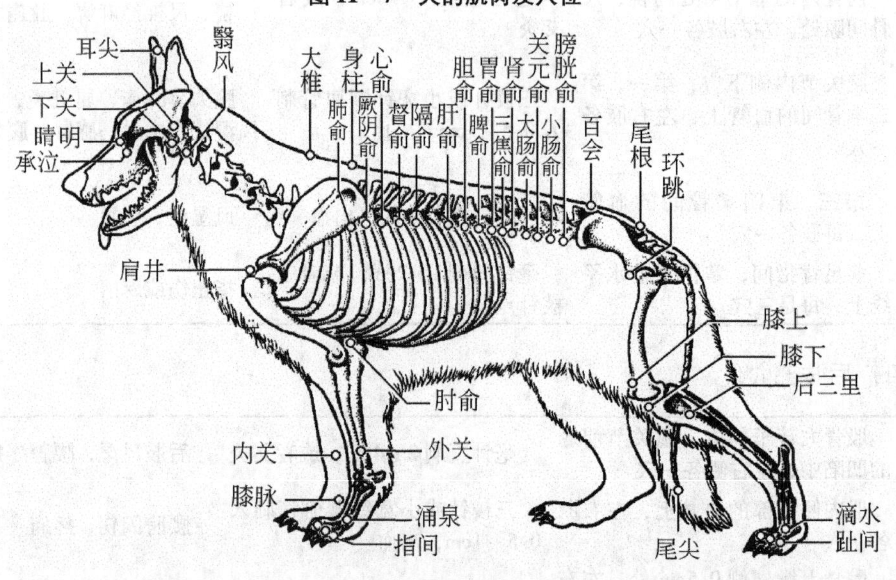

图11-8 犬的骨骼及穴位

附

实验实习

一、原色药用植物标本制作

（一）目的

了解原色药用植物标本的制作原理，并掌握其制作方法。

（二）准备

1. 药物 硫酸铜，醋酸铜，亚硫酸，氯化铜，甘油，冰醋酸，福尔马林，硼酸等。

2. 器材 标本缸，陶瓷盆，塑料桶（盆），量杯或量筒（500ml 或 1 000ml）等。

（三）方法和步骤

1. 颜色固定

（1）绿色的固定：方法较多，常用下列 3 种方法。

① 5% 硫酸铜溶液浸渍 将新鲜标本放在 5% 硫酸铜溶液中浸渍 1 ~ 2 周，待标本变为深绿色或褐色时，取出用水漂洗，然后放在 2% ~ 3% 亚硫酸溶液中进行漂白净化，如果标本在硫酸铜浸渍过久，颜色变褐时，可在亚硫酸液中加少量 1% ~ 2% 硫酸或盐酸，待标本返绿后取出用水洗净。

② 温热醋酸铜处理（快速着绿法） 标本质地较硬或表面蜡质多或茸毛多者，常用此法。

处理液：先将醋酸铜 18g，冰醋酸 50ml，加水 50ml 搅拌成饱和溶液，再将此饱和液加水 3 ~ 4 倍稀释即成处理液。

处理法：将处理液加热至 85℃时，放入标本，液温控制在 82 ~ 83℃，10min 左右，待标本变黄褐色再转绿时取出用清水漂洗。

标本加热时间不宜过长，以防破烂；处理过程中应经常翻动标本，以利均匀着绿。在处理过程中应避免与铁器接触，否则影响标本的色彩。

③氯化铜固定液处理 淡绿色嫩薄的中药标本，适用此法。

固定液：氯化铜 10g，冰醋酸 2. 5ml，甘油 2. 5ml，福尔马林 5ml，5% 乙醇 90ml。

处理：将标本加入氯化铜固定液中浸渍 3 ~ 7d，取出用水漂洗。如浸渍过的标本过于透明，可能是酒精用量较多所致，应适当减少酒精用量。

（2）红色的固定

① 福尔马林 · 硼酸固定 红色果实标本如枸杞子、颠茄等常用此法。

固定液：福尔马林 10ml、硼酸 0. 8g，加水 1 000ml。

处理：将标本置于固定液内浸渍 1 ~ 3d，一般皮厚标本浸渍时间长些，皮薄的则短些。果实由红变褐色时，取出洗净，再用 2% ~ 3% 亚硫酸漂白净化，清水洗净。

② 5%硫酸铜固定　绿色标本带有红色果实或花的植株，常用此法。

固定液：硫酸铜50g，加水1 000ml。

处理：将标本放入固定液内浸渍1～2周，待果实由红变淡褐色时取出洗净，用3%亚硫酸漂白净化，清水洗净。

(3) 黄色的固定　黄绿色或黄色的橘类果实和黄色的根茎，常用此法。

固定液：5%硫酸铜溶液。

处理：将标本放入固定液内浸渍1～5d，取出洗净，再用3%亚硫酸液漂白净化，清水洗净。

(4) 紫色的固定　紫色素活动性强，不易固定，可试用以下方法。

固定液：1%～3%甲醛溶液，加3%食盐溶液（或2%硼酸溶液）。

处理：将标本放入固定液，浸渍2～3周后取出清水洗净。

2. 标本上台纸保存　将经颜色固定的标本，取出洗净后置于标本夹内，进行压制。压制后，消毒、上台纸、鉴定等与蜡叶标本的制作程序和方法相同。

3. 标本浸渍保存

① 淀粉、糖含量较高的标本，在固定后放入亚硫酸保存液前，可先用清水浸泡1～3d，每天换水1～2次，可洗去部分淀粉、糖分，有利于保存，并节约药液。

② 经颜色固定的标本，取出后洗净，视体积大小，分别放入不同规格的标本瓶或标本缸中，加入保存液。

③ 标本应完全浸没在保存液中，露出液面部分容易发霉变质。标本不宜放得过多，以免受损。

④ 为便于观看，可将标本用白色尼龙线缚在玻片或棒上。

⑤ 及时更换保存液。标本色彩固定后，颜色较深，最初保存时有一个退色复原返绿的过程，待标本原色复原后，及时更换浓度较低的亚硫酸保存液。长期保存时，宜用低浓度的保存液，因低浓度保存液对标本组织和色素的影响较小。但容易发霉，可加0.1%～0.2%山梨醇或苯甲酸钠，以作防腐剂。

⑥ 标本在保存过程中色素、淀粉、糖等内含物会逐渐渗出，使保存液混浊发黄，对色泽有不良影响，应及时更换保存液。

⑦ 标本保存一段时间后，亚硫酸将会挥发，使其浓度降低，影响保存效果，故密封前最好更换一次保存液。

⑧ 浸渍标本，应密封置于阴凉处保存，避免阳光照射，以防颜色消退。

4. 封口　取聚乙烯醇缩丁醛1份，加95%酒精10份，隔水加温至75℃搅拌成液体，装瓶密封备用。用干抹布擦干标本缸及其盖边的水分，用毛笔蘸聚乙烯醇缩丁醛黏合剂涂在瓶盖边，连涂2次，速将盖子盖上，再在瓶口与盖之间涂上一层黏合剂即可。

（四）观察结果

①观察颜色固定的效果，比较各种固定法的优缺点。

②观察台纸保存和浸渍保存的效果，比较其优缺点。

（五）分析讨论

原色植物标本是指制成的标本，保持植物原有的色彩。植物的叶、花、果的色彩主要是由其细胞液中的花色素苷和内含物所决定的。叶的绿色是由于叶绿素分子中央有镁原子占据，镁原子活泼，容易被分离出来，成为植物黑色素，使绿色变为褐色。假如将另一种金属原子如铜原子引入植物黑色核心，使其恢复有机金属化合状态，则可获得与叶绿素一样的绿色物质，这种物质不易分解破坏，难溶于水。经过70%酒精及福尔马林溶液处理的植物标本，可长久保持绿色。

根据以上原理，分析讨论各固定液和保存液的道理所在，并研究设计一个固定液处方。

二、常用中药炮制方法

（一）目的

①了解炮制的意义。

②掌握炒、炙、煨、煅、制霜和水飞等常用炮制方法。

（二）准备

1. 药物　决明子、薏苡仁、王不留行、山楂、干姜、白术、地榆、鸡内金、大黄、威灵仙、延胡索、磁石、牡蛎、甘草、生姜、泽泻、食盐、诃子、千金子、甘遂、滑石、棕榈、蜂蜜、黄酒、面粉、醋等。

2. 器材　铁锅、铲、铁丝筛、炉、燃料、笼屉、乳钵等。

（三）方法与步骤

1. 炒　分清炒和辅料炒两类。

（1）清炒　依炒的程度分：

① 炒黄　炒决明子：取决明子，用文火炒至微有爆裂声并有香气时，取出放凉；炒薏苡仁：取净薏苡仁，用文火炒至微黄色、微有香气时取出放凉；炒王不留行：取王不留行，文火炒至爆花。

②炒焦　焦山楂：取净山楂，用强火炒至外表焦褐色，内部焦黄色，取出放凉；焦大黄：取大黄片入锅炒，初冒黄烟，后冒绿烟，最后见冒灰蓝烟时急取放凉。

③炒炭　炮姜：取干姜片或丁块，置锅内，炒至发泡，外表焦黑色取出放凉；地榆炭：取地榆片入锅，炒成焦黑为止。

（2）辅料炒

①麸炒　称取白术500g，麸皮50g，先将锅烧热，撒入麦麸，待冒烟时投入白术片，不断翻动，炒至白术呈黄褐色取出，筛去麦麸。

②沙炒　炮内金：取筛去粗粒和细粉的中粗河沙，用清水洗净泥土，干燥置锅内加热，加入适量的植物油（约为沙量的1%～2%）。取洁净干燥的鸡内金，分散投入炒至滑利容易翻动的沙中，不断翻动，至发泡卷曲，取出筛去沙放凉。

2. 炙　与炒相似，但常加药物炮炙。

（1）酒炙：称取大黄片500g，以黄酒50ml喷淋拌匀，稍闷，用文火微炒，至色泽变深时，取出放凉。

（2）醋炙：取净延胡索500g，加醋150ml和适量水，以平药面为宜，用文火共煮至透心、水干时取出，切片晒干，或者晒干粉碎。

（3）盐炙：取泽泻片500g，食盐25g化成盐水，喷洒拌匀，闷润，待盐水被吸尽后，用文火炒至微黄色，取出放凉。

（4）姜炙：称取竹茹250g，生姜50g加水捣成汁，拌匀喷洒在竹茹上，用文火微炒至黄色，取出阴干。

（5）蜜炙：首先炼蜜，将蜂蜜置锅内，加热徐徐沸腾后，改用文火，保持微沸，并除去泡沫及上浮蜡质。然后用罗筛或纱布滤去死蜂和杂质，再倾入锅内，炼至沸腾，起鱼眼泡。用手捻之较生蜜黏性略强，即迅速出锅。然后蜜炙甘草。取甘草片500g，炼蜜150g，加少许开水稀释，拌匀，稍闷，用文火烧炒至老黄色，不粘手时，取出放凉，及时收贮。

3. 煨 常用面裹煨和湿纸裹煨。

（1）面裹煨：取净诃子，用湿面逐个包裹，晒至半干，投入锅内已炒热的细沙中。不断翻动，至面皮焦黑为度，取出。筛去沙子，剥去面皮，轧裂去核。

（2）湿纸裹煨：在煤炉上置一铁丝网，在网上放稻壳，点燃，待无烟、无火焰后，将湿纸包裹的甘遂块，埋于稻壳火灰中，煨至纸呈黑色，药材微黄色为度，取出去纸，放凉。

4. 煅 常用明煅和扣锅煅。

（1）明煅：取净牡蛎，置炉火上，煅至红透，冷后呈灰白色，碾碎或碾粉。

（2）扣锅煅：取净棕榈，置锅内。其上扣一较小的锅，两锅结合处垫数层纸，并用黄泥封固，锅上压以重物。用武火加热煅透，冷后取出，即为棕榈炭。

5. 煅淬 取净自然铜，置耐火容器内，于炉中用武火煅至红透，立即倒入醋内，淬酥，反复煅淬至酥脆为度。

6. 制霜 取净千金子，搓去种皮，碾为泥状，用布包严，置笼屉内蒸热，压榨去油，如此反复操作，至药物不再黏结成饼为度，再碾成粉末即得。少量者，将药碾碎，用粗纸包裹，反复压榨去油。

7. 水飞 取整滑石，洗净，浸泡后，置乳钵内，加适量清水研磨成糊状，然后加多量清水搅拌，倾出混悬液。下沉的粗粉继续研磨。如此反复多次，直至手捻细腻为止。弃去杂质，将前后倾出的混悬液静置后，倾去上清液，干燥，再研细即得。

三、膜剂、栓剂、颗粒剂与片剂的制作

（一）目的

掌握膜剂、栓剂、颗粒、片剂的制备工艺。

膜剂是一种新剂型，它是将药物溶解或均匀分散在成膜材料配成的溶液中，制成薄膜状的药物制剂。

栓剂是将药物与基质混合制成供塞入机体不同腔道的一种固体剂型。

颗粒剂是一种新剂型，它是将药物的细粉或提取物制成干燥的颗粒状制剂。

片剂是将药物的细粉或提取物与赋形剂混合制成干燥的片状剂型。

（二）准备

1. 药物 膜剂：金银花100g、黄芩100g、连翘200g，聚乙烯醇（PVA）15g，甘油2g，乙醇适量。

栓剂：金银花、黄芩、连翘（与膜剂用量相同），吐温－80 5ml，聚乙二醇（分子量600）70ml，聚乙二醇（分子量60 000）25g，乙醇适量。

颗粒剂：制马钱子、延胡索干浸膏、红花、丹参、当归、川芎、煅自然铜、血竭、三七各适量。

片剂：盐酸小檗硷500g，淀粉450g，蔗糖450g，乙醇（45%）250～300ml，硬脂酸

镁 14g。

2. 器材　膜剂：蒸锅，玻璃板 1 块，玻璃棒 1 个，胶皮圈（0.1mm 厚）2 个。

栓剂：水浴锅，栓剂模型。

颗粒剂：电炉，粉碎机，真空泵，粉碎机，药筛，三角烧瓶，冷凝管，抽滤瓶，比重瓶，温度计。

片剂：药筛，压片机。

（三）方法和步骤

1. 膜剂

①先将金银花、黄芩、连翘加水适量制成溶液 130ml。

②取聚乙烯醇 15g 事先用 80% 乙醇浸泡 24 ~ 48h，用前用蒸馏水将乙醇洗净，置于容器内，加上述溶液 100ml，在水浴上加热至完全膨胀溶解，最后加甘油 1g，待冷至适当稠度，分次放于玻璃板上，继用两端套有胶圈的玻璃棒向前推进溶液，制成薄膜，放于烘箱内烘干（60℃以下），然后于紫外灯下照射 30min 灭菌，封装备用。注意制膜温度不宜低于 35℃，温度低易凝结。

2. 栓剂

①按上述量分别称取金银花、黄芩、连翘，吐温 - 80，水适量，制成溶液 130ml。

②取一容器将聚乙二醇在水浴上溶化，继将上述溶液加入聚乙二醇液中，搅拌均匀，适当降温，倒入栓剂模型中，冷却即得。

3. 颗粒剂：

（1）配料：按处方将上药炮制合格，称量配齐。将制马钱子、延胡索干浸膏、血竭、三七 4 味单放。

（2）混合：将延胡索干浸膏、血竭、三七 3 味混合在一起，共轧为细粉，过 100 目筛。再将制马钱子单独轧为细粉，过 100 目筛。然后将制马钱子粉用递加混合法与其他 3 味药粉混合均匀。

（3）粉碎：取红花、当归、川芎、丹参、自然铜共同粉碎成粗粉。采用闭路式水循环提取法煎煮 2 次。第 1 次加水 8 倍量，冷浸 30min 后煮沸 2h，滤取药液；第 2 次加水 6 倍量，煎煮 1.5h，滤取药液，把 2 次药液合并，再用高速离心机 4 500r/min，离心 10min，取上清液，经减压低温（70℃左右）浓缩呈稠膏状（50℃测比重为 1.20）。

（4）真空干燥：混合，取马钱子等 4 味混合与浓缩稠膏搅匀，分成小块，采用真空干燥。

（5）制粒：取上项干燥小块，用打粒机制成均匀颗粒，分装备用。

4. 片剂　取盐酸小檗碱、淀粉及蔗糖以 60 目筛混合过筛 2 次，加 45% 乙醇湿润混拌，制成软材，先通过 12 目筛 2 次，再通过 16 目筛制粒，在 60 ~ 70℃干燥。干粒再通过 16 目筛，继之加入干淀粉 5%（崩解剂）与硬脂酸镁充分混合后压片即得盐酸黄连素片。

（四）观察结果

1. 膜剂　掌握制膜厚度，制成的膜剂厚约 0.1mm。

2. 栓剂　制成的栓剂应有一定的硬度和韧性，引入体腔后经一定时间能液化，且液化时间愈快愈好，以聚乙二醇为基质的栓剂液化时间约为 30 ~ 40min。

3. 颗粒剂　制成的颗粒色泽一致，均匀，全部能通过 10 目筛，通过 20 目筛小颗粒不得超过20%。

4. 片剂　片剂应具有一定硬度。

（五）分析讨论

讨论总结中药膜剂、栓剂、颗粒剂、片剂的制作技术要点。

四、中药蜜丸剂的制备

（一）目的

①了解蜜丸对原料和辅料的处理要求。

②掌握蜜丸的制备方法与操作要领。

（二）准备

1. 药物　熟地黄，山萸肉，丹皮，山药，茯苓，泽泻，蜂蜜。

2. 器械　粉碎机，7号药筛，加热锅。

（三）方法和步骤

蜜丸的制备，重点介绍六味地黄丸的制备过程。

1. 原料的准备　取熟地黄160g，山萸肉80g，山药80g，丹皮60g，茯苓60g，泽泻60g，以上中药用粉碎机粉碎成细粉，过7号筛，混匀，备用。

2. 辅料的制备　取蜂蜜置锅中加热煮沸，蒸发除去部分水分，待温度达到105～115℃时，过滤除去死蜂及沫，即得嫩蜜，嫩蜜含水量在17%～20%，密度为1.35左右，色泽无明显变化。

3. 蜜丸的制作　每100g药粉用嫩蜜约80～110g，混匀，制丸块，搓丸条，制丸粒，每丸重9g，即得。

（四）分析讨论

①制备蜜丸时，一般性药粉、燥性药粉、黏性药粉其用蜜量、炼蜜程度和药用蜜温度应怎样掌握？

②丸剂的常规质量检查都有哪些？

五、双黄连注射液的制备

（一）目的

① 通过双黄连注射液的配制，掌握中药注射剂的制备过程及其操作注意事项。

② 熟悉中药注射液的常规质量要求及其检查方法。

（二）准备

1. 药物　金银花，黄芩，连翘，吐温－80，注射用水。

2. 器械　中药提取分离装置。

（三）方法和步骤

以双黄连为例说明中药注射剂的制备过程。其中双黄连处方的组成为：金银花1 000g，黄芩1 000g，连翘2 000g，吐温－80 10ml，注射用水加至4 000ml。

1. 取连翘、黄芩　加入8倍量注射用水，加热煮30min，再将双花加入煮30min，过滤，药渣加6倍量注射用水煮40～50min，过滤，两次滤液合并浓缩至1 000ml。

2. 浓缩液　加乙醇处理两次，第1次醇含量70%，第2次醇含量80%，双层滤纸抽滤，滤液回收乙醇。

3. 调 pH 值 用1%氢氧化钠调 pH 值为 7～7.5。加活性炭煮沸过滤，分装于盐水瓶中，放消毒锅内热处理一次，冷却后备用。

4. 分装 分装时加注射用水至1g/ml，调 pH 值为 6.5～7，加吐温－80，灌封于 20ml 安瓿中，于115℃灭菌 30min。

5. 双黄连注射剂的质量标准

（1）鉴别：

a. 取本品 1ml，加三氯化铁试剂 2 滴，产生蓝绿色沉淀。

b. 取本品 2ml，加裴林试液 2ml，置水浴上加热，产生红棕色沉淀。

（2）检查：pH 值为 6.5～7，溶血试验、热原检查及过敏试验应符合药典标准。

（四）分析讨论

①水醇法制备中药注射剂的依据是什么？还有哪些制备方法，各适用范围如何？

②中药注射剂制备中每步操作的目的是什么？有哪些注意事项？

六、黄芩苷的提取

（一）目的

1. 通过黄芩苷的提取，了解常用的中药提取方法。

2. 掌握黄芩中提取黄芩苷的工艺。

（二）准备

1. 药物 黄芩，乙醇，氢氧化钠，浓盐酸。

2. 器械 中药提取分离装置。

（三）方法和步骤

1. 介绍常用的提取方法

（1）煎煮法：用水作溶剂，将药材加热煮沸一定的时间，以提取其所含成分的一种方法。

（2）浸渍法：用定量的溶剂，在一定的温度下，将药材浸泡一定的时间，以提取药材成分的一种方法。

（3）渗漉法：将药材粗粉置浸漉器内，溶剂连续地从浸漉器的上部加入，浸漉液不断从下部流出，从而浸出药材中有效成分的一种方法。

（4）回流法：用乙醇等易挥发的有机溶剂提取药材成分，将浸出液加热蒸馏，其中挥发性溶剂溜出后又被冷凝，重复流回浸出器中浸提药材，这样周而复始，直至有效成分回流提取完全的方法。

（5）水蒸气蒸馏法：根据道尔顿定律，相互不溶也不起化学作用的液体混合物的蒸汽总压，等于该温度下各组分饱和蒸汽压（即分压）之和。因此，尽管各组分本身的沸点高于混合液的沸点，但当分压总和等于大气压时，液体混合物即开始沸腾并被蒸馏出来。

2. 黄芩中提取黄芩苷的工艺

①取黄芩生饮片 200g，加水 1 600ml，煎煮 1h，两层纱布滤过，药渣再加水 1 200ml，煎煮 0.5h，同法滤过。

②合并滤液，滴加浓盐酸，酸化至 pH 值为 1～2，80℃保温 0.5h，使黄芩苷沉淀析出。

③弃去上清液，沉淀物抽滤，取滤饼加入10倍量水，使之呈混悬液，用40%氢氧化钠溶液调至pH值为7，混悬物溶解，加入等量乙醇，滤去杂质，滤液加浓盐酸调至pH值为1~2，加热至80℃，保温0.5h。

④黄芩苷析出后，滤过，沉淀物以少量50%乙醇洗涤后，再以5倍量乙醇洗涤，干燥，即为黄芩苷粗品。

（四）分析讨论

①各种提取方法中都有哪些优缺点？

②黄芩苷提取中应该注意哪些问题？

七、中药粉末的显微鉴别

（一）目的

了解中药粉末显微鉴别的技术，掌握淀粉粒、草酸钙结晶、花粉粒等显微特征，熟悉粉末装片的方法。

（二）准备

1. 药品 半夏、大黄、金银花、密蒙花（过40目或60目筛），马铃薯，水合氯醛液，稀碘液，苯三酚，蒸馏水。

2. 器械 显微镜，酒精灯，牙签，镊子。

（三）方法和步骤

1. 观察半夏块茎的淀粉粒和草酸钙结晶

（1）淀粉粒

① 制片 用牙签挑取少许半夏粉末，置于载玻片的蒸馏水中，加盖玻片。

② 观察 将标本片置显微镜下观察，可见众多淀粉粒，其中单粒呈圆球形，半圆形，直多角形，通常较小，脐点呈点状、裂隙状，常由2~8个单粒组成。

（2）草酸钙针晶

① 制片 在载玻片中央加水合氯醛试液1~2滴，用牙签挑取半夏粉末适量，置于水和氯醛液滴中，拌匀，置酒精灯上微热，并用牙签不断搅拌，稍干（切勿烧焦），离火微冷，加蒸馏水1~2滴拌匀，微微倾斜玻片，用吸水纸吸去蒸馏水，在剩余物上滴加水合氯醛试液，如上法再处理一次，最后滴加甘油，盖上盖玻片。

②观察 将标本置于显微镜下观察，可见草酸钙针晶存在于圆形或椭圆形的薄壁细胞中，成束或散在，有的已从破碎的细胞中散出，有的已经折断。半夏的针晶束常呈浅黄色或深灰色，散在的针晶则无色透明，有较强的折光性。

2. 观察大黄的草酸钙簇晶

（1）制片：在载玻片中央加水合氯醛试液1~2滴，用牙签挑取大黄粉末适量，置于水和氯醛液滴中，拌匀，微微倾斜玻片，用吸水纸吸去蒸馏水，在剩余物上又滴加水合氯醛试液，最后滴加甘油，盖上盖玻片。

（2）观察：镜下观察，见草酸钙簇晶大小不等，直径21~135μm，棱角大多短钝，簇晶形状呈不规则矩圆形或类长方形。

3. 观察金银花的花粉粒

（1）制片：在载玻片中央加水合氯醛试液1~2滴，用牙签挑取金银花粉末适量，置于水和氯醛液滴中，拌匀，微微倾斜玻片，用吸水纸吸去蒸馏水，在剩余物上又滴加水合氯醛试液，最后滴加甘油，盖上盖玻片。

（2）观察：金银花花粉粒黄色，类圆形或圆三角形，直径60~92μm，外壁表面有细密短刺及圆形细颗粒状雕纹，具有3个萌发孔。

4. 观察密蒙花的星状毛

（1）制片：同金银花。

（2）观察：星状毛多断碎。完整者体部2细胞，每细胞2分叉，分叉几等长或长短不一，尖端稍呈钩状。毛直径12~31μm，长50~424μm，形如星光放射，故名。

5. 观察马铃薯块茎的淀粉粒

（1）制片：切取马铃薯一小块，用刀片刮取少许混浊液，置于载玻片上，或者用马铃薯直接涂片，加蒸馏水一滴，盖上载玻片。

（2）观察：将标本片置于显微镜下观察，可见马铃薯淀粉粒多数为单粒，少数微复粒。个别微半复粒。单粒多呈大小不等的卵圆形颗粒，较小的单粒则呈圆形。单粒有一个明亮的脐点，脐点常偏离较小的一段，并有明暗交替的层纹所环绕。复粒由两个或几个单粒组成，即有两个或多个脐点，脐点周围只有自己的层纹而无共同的层纹。单粒与复粒的区别是每个脐点，除有自己的层次外，还有共同的层次。

淀粉粒观察清楚后，加稀碘液一滴，可见淀粉粒被染成蓝色。

（四）结果

绘出马铃薯的单淀粉粒和复淀粉粒、半夏的草酸钙针晶、大黄的簇晶、金银花的花粉粒以及密蒙花星状毛。

（五）分析讨论

中药粉末的显微鉴别过程中，应注意哪些问题？

八、川贝母的止咳作用

（一）目的

观察川贝煎液对豚鼠用枸橼酸引咳后的止咳作用。

（二）准备

1. 动物　豚鼠（体重相近，每只不超过200g）。

2. 药物　1∶1川贝液、17.5%枸橼酸、生理盐水。

3. 器材　磅秤，喉头喷雾器，带盖玻璃缸，1ml注射器（消毒），酒精棉球，秒表。

（三）方法和步骤

①豚鼠称重后，观察正常状态下的呼吸数。

②试验豚鼠每100g体重0.5ml 1∶1川贝母煎液，口服；对照豚鼠100g体重0.5ml生理盐水，口服。

③口服30min后，试验组和对照组豚鼠同时放入玻璃缸内，用喉头喷雾器将17.5%枸橼酸向缸内喷雾2min。

（四）观察结果

观察两组5min内的咳嗽次数，记入下表中。

组别	体重	实验前咳嗽次数	喷雾后咳嗽次数
实验组			
对照组			

（五）分析讨论

从实验结果分析1∶1川贝液对豚鼠用枸橼酸引咳后的止咳作用，并进行评价。

九、五苓散的利尿作用

（一）目的

通过本实验，主要观察五苓散的利尿作用，以加深对利湿方药功效的理解。

（二）准备

1. 动物 选同一品种健康家兔，体重相近，约2kg。雌雄各2只。

2. 药物 3%异戊巴比妥钠注射液或25%氨基甲酸乙酯，生理盐水，将五苓散（猪苓3份、茯苓3份、泽泻4份、白术2份、桂枝2份）制成1∶1煎剂。

3. 器材 磅秤，兔手术台，常规手术器械（套），塑料导尿管（用市售18号无毒聚氯乙烯医用塑料管代替），10ml玻璃注射器及针头，剪毛剪，烧杯，缝合丝线，记滴器或秒表。

（三）方法和步骤

1. 麻醉 3%异戊巴比妥钠注射液做耳静脉麻醉家兔（0.8ml/kg），或者25%氨基甲酸乙酯（1g/kg）做耳静脉注射麻醉。将兔仰卧保定于手术台上。

2. 手术 在下腹部剪毛（约一手掌大的面积），于近耻骨联合上缘，沿腹中线旁开约0.5cm处，做7cm的腹壁切口，开腹找出膀胱（若充满尿液，可用手轻轻压迫使之排空）。在膀胱底部前3～4cm处，用小止血钳剥离出两侧输尿管，右手持眼科剪在输尿管上剪开一斜向创口（剪口为输尿管的1/2，再将一根充满生理盐水的细塑料导尿管向肾脏方向插入2cm，然后用缝合线结扎固定。再以同样方法将对侧输尿管也插入塑料导管。最后将两支塑料导管的游离端合并在一起，使其开口向下，固定于手术台的一侧，尿液即由导管慢慢滴出。下面放烧杯，收集尿液。腹部手术创口用浸有温生理盐水的纱布覆盖。其余3只家兔也进行同样的手术。

3. 记录 尿液记滴有两种方法：其一，将塑料导管开口连接于记滴器上，自动记滴；其二，人工记滴，即从导尿管排出第一滴尿液的时间算起，计数5min内排出的滴数（或排出3滴尿液所用的时间，也可作为一种记数方法），作为实验用药前泌尿指标的自身对照。

4. 分组 2只为实验组（雌雄各1只），实验前对尿液记滴，然后用注射器向小肠内注射五苓散煎剂（5ml/kg），给药后每隔15min观察1次，连续观察60min。另外两只兔为对照组，用生理盐水（5ml/kg）注于小肠，作对照，观察记数方法同试验组。

（四）观察结果

组别＼项目		给药前尿量		给药后尿量	
		各兔尿量	平均值	各兔尿量	平均值
实验组	1号 2号				
对照组	3号 4号				

观察实验组与对照组，给药前后的尿量变化，并记录填入上表内。

（五）分析讨论

根据实验结果，分析并讨论五苓散的利尿作用。

十、理气药对在体肠管运动的影响

（一）目的

了解厚朴、枳实等健脾理气药对动物肠管运动的影响，以验证健脾理气药的药理作用。

（二）准备

1. 动物　豚鼠（体重0.5～1kg）。

2. 药物　5%厚朴煎剂，50%枳实煎剂，厚枳合剂（是以上2药液的等份混合液），1%戊巴比妥钠液，台氏液。

3. 器材　万能支柱，漏头架，石棉网，双凹夹，烧瓶夹，豚鼠固定板，线绳，剪刀，镊子，酒精灯，温度计，500ml烧杯，1ml注射器，天平，台秤，秒表。

（三）方法和步骤

1. 称重　取豚鼠，称量体重后，按0.3～0.4ml/100g体重腹腔注射1%戊巴比妥钠液，并仰卧固定于固定板上。

2. 手术　待麻醉后，切开腹壁，使肠管外露；翻转木板，并固定于支柱上，使肠悬垂于37～38℃恒温台氏液中。

3. 观察　观察肠管正常蠕动情况，做记录；先向小肠内注入台氏液0.5～1ml，观察肠蠕动有无变化，作为对照；再向小肠注入50%厚朴煎剂（或枳实煎剂、厚枳合剂）0.5～1ml，观察肠管蠕动有何变化，分别做好记录（记录时按肠管每1min平均蠕动次数统计）。

（四）观察结果

实验结果记录于下表中。

项目	正常情况	台氏液	厚朴煎剂	枳实煎剂	厚枳合剂
蠕动次数					
持续时间					

（五）分析讨论

①健脾理气药厚朴、枳实的药理作用如何？

②厚朴、枳实煎剂对肠管运动的影响如何？

③厚枳合剂对肠管运动的影响如何？并与各单味药剂对比观察，作出判断。

十一、川芎煎液对蛙肠系膜血管的影响

（一）目的

通过观察川芎煎液对蛙或蟾蜍肠系膜血管状态的影响，帮助理解理血药的活血化淤作用。

（二）准备

1. 动物 蛙或蟾蜍2只。

2. 药物 1∶1川芎煎液，生理盐水，任氏液。

3. 器材 药物天平，有孔蛙板，探针，大头针，眼科镊，眼科剪，普通生物显微镜，接目测微器，玻璃注射器（2～5ml）。

（三）方法和步骤

1. 称重与保定 将2只蛙或蟾蜍称重后，用探针破坏脊髓，分别仰卧固定于蛙板上。使右侧腹壁靠近蛙板孔。于右腹部打开腹壁，轻轻拉出小肠袢。将肠系膜展开，小心地铺在蛙板的孔上。注意不要牵拉太紧，以防撕破肠系膜血管或阻断血流。然后用大头针固定蛙的四肢，以及肠系膜。

2. 观察 将蛙板固定于显微镜的载物台上，物镜对准肠系膜，在低倍镜下寻找一条血流通畅且明显的血管，观察并用接目测微器测定血管的直径（外径），注意血流速度。将数据记录于表内。实验观察过程中，不时用任氏液湿润肠系膜，以防干燥，影响血流。

3. 记录 取1只蛙（或蟾蜍）在皮下淋巴囊内注射川芎液（0.5ml/10g体重），另1只蛙注射生理盐水。注射后每隔5min观察血管直径和血流速度，将结果记录于表内。

（四）观察结果

观察注射药液前后，血管口径及血流速度变化，记录下表内，并绘制血管口径变化曲线图。

（五）分析讨论

根据实验结果，分析讨论川芎的活血化淤作用。

组别	注药前血管口径	注药后不同时间血管口径									
		5′	10′	15′	20′	25′	30′	35′	40′	45′	50′
注药蛙（或蟾蜍）											
注生理盐水蛙（或蟾蜍）											

十二、马属动物常用穴位取穴法

（一）目的

掌握马属动物常用穴位取穴的方法，以便准确定位，为临床应用奠定基础。

（二）准备

1. 动物 马（驴或骡）。

2. 主要器械 针具，保定用具，马针灸穴位挂图。

（三）方法和步骤

现将常用穴位列举如下，并按照所述部位分别取穴。

1. 头颈部穴位

（1）分水：上唇外面，正中旋毛处，一穴。

（2）姜芽：鼻外翼的鼻翼软骨角顶端是穴，可先向对侧拉紧鼻唇部，鼻翼软骨角即可显露，左右侧各一穴。

（3）玉堂：门齿后方上腭第三棱中央两旁，即口内上腭第三腭褶正中旁开 1.5cm 处是穴，左右侧各一穴。

（4）通关：将舌拉出口外，向上翻转，紧握舌体，舌系带两侧的舌下静脉是穴，左右侧各一穴。

（5）锁口：口角后上方约 2cm 的口轮匝肌外缘处，左右侧各一穴。

（6）开关：口角后上方延长线与咬肌前缘交界处的凹陷是穴，左右侧各一穴。

（7）三江：内眼角下方 3cm 处的眼角静脉上是穴，左右侧各一穴。

（8）太阳：外眼角后方 3cm 处的面横静脉上，左右各一穴。

（9）睛明：下眼睑眼眶上缘，内外眼角间内、中 1/3 交界的凹陷处是穴，左右眼各一穴。

（10）睛俞：上眼睑正中，眼眶下缘，左右眼各一穴。

（11）开天：眼球角膜与巩膜交界处下缘中点是穴，左右眼各一穴。

（12）耳尖：耳背侧距耳尖端约 3cm，耳大静脉内、中、外三支汇合处是穴，左右耳各一穴。

（13）大风门：头顶部，门鬃根部前方正中央骨棱上为主穴，主穴斜下方两侧 3cm 处为副穴，共三穴，呈三角形排列。

（14）天门：两耳根后方连线正中央枕骨嵴后的凹窝中，一穴。

（15）上关：颧弓下方，下颌关节后上方凹陷中是穴，马咀嚼时该关节凹陷显著，左右侧各一穴。

（16）下关：下颌关节下方凹陷中是穴，左右侧各一穴。

2. 前肢部穴位

（1）膊尖：肩胛骨前缘，肩胛骨前角与肩胛软骨结合部的凹陷中是穴，左右侧各一穴。

（2）膊栏：肩胛骨后缘，肩胛骨后角与肩胛软骨结合部的凹陷中是穴，左右侧各一穴。

（3）肺门：膊尖穴前下方，肩胛骨前缘上、中 1/3 交界处是穴，左右侧各一穴。

（4）肺攀：膊栏穴前下方，肩胛骨后缘上、中 1/3 交界处是穴，左右侧各一穴。

（5）弓子：肩胛岗后方，肩胛软骨上缘正中点直下方 10cm 处是穴，左右各一穴。

（6）抢风：以中指按压肩端，拇指伸展向后按取，臂三头肌长头与外头之间的凹陷处是穴，左右侧各一穴。

（7）肩井：肩端臂骨大结节上部之凹陷，从肩端上按取，其近端凹陷中是穴，左右侧各一穴。

（8）肘俞：肘头直前方凹陷中是穴，左右侧各一穴。

（9）胸堂：胸骨两旁，胸外侧沟下部的臂皮下静脉上是穴，左右侧各一穴。

（10）夹气：腋窝正中是穴，左右肢各一穴。

（11）乘重：桡骨上端外侧韧带结节直下方肌沟中是穴，左右各一穴。

（12）前三里：前臂外侧上部，桡骨上、中 1/3 交界处的肌沟中是穴，左右各一穴。

（13）三阳络：在前肢桡骨外侧韧带结节下方约 6cm 处的肌沟中。进针角度为 15°～20°，沿着桡骨后缘向内下方刺入 10～13cm，使针尖抵达夜眼皮下，以不穿透为度，左右各一穴。

（14）缠腕：球节上方外侧，筋前骨后的指（趾）外侧静脉上是穴，前肢者名前缠腕，后肢者名后缠腕，左右侧各一穴，共 4 穴。

（15）蹄头：蹄冠上缘前方稍偏外侧 2cm（前蹄头），或者正中（后蹄头），有毛无毛交界处，左右侧各一穴，共四穴。

3. 躯干部穴位

（1）风门：耳后二指，寰椎翼前缘正中凹陷处是穴，左右侧各一穴。

（2）伏兔：耳后四指，寰椎翼后缘凹陷中是穴，左右侧各一穴。

（3）颈脉：下颌骨角后下方四指处，颈静脉沟上、中 1/3 交界处的颈静脉上是穴，左右侧各一穴。

（4）九委：伏兔穴后方二指，鬣毛根部下方二指半处取一委（上上委）；膊尖穴前方三指，鬣毛根部下方四指处取九委（下下委）；在此两穴之间，沿菱形肌下缘分为 8 等份，由前向后为二至八委（上中委、上下委、中上委、中中委、中下委、下上委、下中委），呈弧形排列。

（5）大椎：第七颈椎与第一胸椎棘突间的凹陷中，左右各一穴。

（6）鬐甲：鬐甲最高点前方四指，颈础线上方顶点处，一穴。

（7）百会：腰荐十字部中央凹陷处，一穴。

（8）肾俞：百会穴旁开四指处（约 6cm）是穴，左右侧各一穴。

（9）肾棚：肾俞穴前方四指处是穴，左右各一穴。

（10）肾角：肾俞穴后方四指，距背中线四指处是穴，左右侧各一穴。

（11）八窖：荐椎各棘突间，背中线旁开四指处是穴，左右侧各 4 穴，由前向后分别称为上窖、次窖、中窖、下窖。

（12）关元俞：最后肋骨后缘上端的髂肋肌沟中是穴，左右侧各一穴。

（13）脾俞：倒数第三肋间上端的髂肋肌沟中是穴，左右侧各一穴。

（14）肝俞：倒数第五肋间与肩端至臀端连线的交点上是穴，左右侧各一穴。

（15）肺俞：倒数第九肋间与肩端至臀端连线的交点是穴，左右侧各一穴。

（16）带脉：胸侧壁，肘头后方四指的胸外静脉上是穴，左右侧各一穴。

（17）穿黄：胸前中沟两侧一指处的皮肤褶上是穴，左右侧各一穴。

4. 后肢及尾部穴位

（1）巴山：百会穴与股骨中转子连线的中点处是穴，左右侧各一穴。

（2）路股：百会穴与股骨中转子连线的中、下 1/3 交界处是穴，左右侧各一穴。

（3）环中：髋结节上端与臀端连线中点的肌沟中是穴，左右侧各一穴。

（4）大胯：股骨中转子前下方凹陷处是穴，左右侧各一穴。

（5）小胯：股骨第三转子后下方凹陷处是穴，左右侧各一穴。

（6）邪气：尾根切迹旁开线与股二头肌沟相交处是穴，左右侧各一穴。

（7）汗沟：邪气穴下方四指的股二头肌沟中是穴，左右侧各一穴。

（8）仰瓦：汗沟穴下方四指的股二头肌沟中是穴，左右侧各一穴。

（9）掠草：膝盖骨外下方，膝外、中直韧带之间凹陷处是穴，左右侧各一穴。

（10）阳陵：膝关节外后方，胫骨外髁后上缘凹陷处是穴，左右侧各一穴。

（11）后三里：掠草穴后下方，小腿上部外侧，腓骨小头直下方肌沟中是穴，左右侧各一穴。

（12）肾堂：股部内侧，膝关节水平线的隐静脉上是穴，左右侧各一穴。

（13）后海：肛门与尾根之间的凹陷处，一穴。

（14）尾根：尾根背侧，第一、第二尾椎棘突之间，在活动尾根时出现的凹陷处，一穴。

（15）尾本：尾根腹侧正中，距尾根四指的尾静脉上，一穴。

（16）尾尖：尾尖顶端，一穴。

（四）分析讨论

①马常用穴位的取穴方法有几种？

②马常用穴位的主治是什么？

十三、牛常用穴位的取穴法

（一）目的

掌握牛常用穴位的准确位置及取穴方法，以便准确定位，为临床应用奠定基础。

（二）准备

1. 动物　牛。

2. 主要器材　针具，保定架，牛针灸穴位挂图及模型。

（三）方法和步骤

1. 头颈部穴位

（1）天门：位于两角根连线正中后方的凹陷中，即枕骨外结节与寰椎之间凹陷处，正中一穴。

（2）顺气：位于口内上腭嚼眼处，即硬腭前部切齿乳头两旁的鼻腭管开口处，左右各一穴。

（3）舌底：口内舌底腹面两侧血管上，舌系带前端两侧的舌下静脉上，左右各一穴。

（4）睛俞：位上眼眶的正中，即眶上突下缘正中，针刺眼睑与眶上突之间，左右各一穴。

（5）睛明：内眼角外侧，两眼角内、中1/3交界处的下眼睑上，左右各一穴。

（6）太阳：外眼角后方的颞窝中，左右各一穴。

（7）耳尖：耳背侧，距耳尖3cm处的耳静脉上，左右各一穴。

2. 前肢穴位

（1）膊尖：位肩前部，肩胛骨前角与肩胛软骨连接处的凹陷中，左右各一穴。

（2）膊栏：肩胛骨后角与肩胛软骨连接处的凹陷中，左右各一穴。

（3）肩井：位肩关节部，臂骨大结节直上的凹陷处，左右各一穴。

（4）抢风：位臂骨三角肌隆起背侧的凹陷中，左右各一穴。

（5）胸堂：胸外侧沟下部的臂头静脉上，左右各一穴。

（6）夹气：位于腋窝内，刺入肩胛下肌与下锯肌间的疏松结缔组织内，左右各一穴。

（7）前缠腕：位掌部，球节上方，指深屈肌腱与骨间中肌肉，每肢左右各一穴。

（8）涌泉：前肢蹄叉正中，第三、第四指的第一指节骨中部背侧面，左右各一穴。

（9）前蹄头：前肢蹄叉上缘两侧，有毛与无毛交界处，每肢内外侧各一穴。

3. 躯干及尾部穴位

（1）三台：背中线上，第三、第四胸椎棘突间，一穴。

（2）苏气：背中线上，第八、第九胸椎棘突间，一穴。

（3）百会：腰部背侧正中线上，腰荐十字部，即最后腰椎与荐椎之间结合部，一穴。

（4）关元俞：最后肋骨后缘与第一腰椎横突顶端间，在背最长肌与髂肋肌之间的肌沟中，左右各一穴。

（5）脾俞：倒数第三肋间，背最长肌与髂肋肌之间的肌沟中，左右各一穴，即六脉的第一穴。

（6）后海：肛门与尾根之间的凹陷中，一穴。

（7）尾本：位尾的腹侧，尾根后约6cm处的尾静脉上，一穴。

（8）尾尖：尾尖腹侧，下有尾静脉，一穴。

4. 后肢穴位

（1）后通膊：膝关节后方的凹陷中，左右肢各一穴。

（2）肾堂：后肢股内侧的皮下隐静脉上，左右肢各一穴。

（3）掠草：膝关节下缘稍外方，膝外、中直韧带之间的凹陷中，左右肢各一穴。

（4）后三里：胫骨外髁下方凹陷处，即趾外侧伸肌和第三腓骨肌的肌沟中，左右肢各一穴。

（5）后缠腕：球节上方的趾屈肌腱与骨间中肌之间的凹陷处，每肢内外各一穴。

（6）滴水：后肢蹄叉正中，第三、第四指的第一指节骨中部背侧面，左右各一穴。

（四）分析讨论

①牛常用穴位的取穴方法有几种？

②牛常用穴位的主治是什么？

十四、猪常用穴位的取穴法

（一）目的

掌握猪常用穴位的准确位置及取穴方法，以便准确定位，为临床应用奠定基础。

（二）准备

1. 动物 猪。

2. 主要器材 针具，保定架，猪针灸穴位挂图及模型。

（三）方法和步骤

1. 头颈部穴位

（1）天门：后脑窝正中，两耳根后缘连线的中点处，一穴。

（2）耳尖：耳廓背面，距耳尖约一指处的三条耳大静脉支上，每耳任取一穴。

（3）山根：吻突上缘弯曲部第一条皱纹上，正中及两侧旁开1.5cm处各一穴，共三穴。

(4) 开关：口角后方，从外眼角向下引一垂线与口角延长线相交处，左右侧各一穴。

(5) 玉堂：口内，上腭第三棱正中旁开0.5cm处，左右侧各一穴。

2. 躯干部穴位

(1) 大椎：第一胸椎与最后颈椎棘突之间，肩胛骨前缘的延长线与背中线相交处的凹陷中，一穴。

(2) 苏气：第四、第五胸椎棘突间，肘突向背中线作垂线，其交点是穴，一穴。

(3) 断血：在背腰正中线上，最后肋骨与第一腰椎棘突间是其中穴，在其前后各一个凹陷中再取其余两穴，共3穴。

(4) 百会：由荐椎向前触按，在腰荐结合部的凹陷中取之，一穴。

(5) 肾门：第三、第四腰椎棘突间凹陷中，即由百会穴向前数的第三个凹陷中是穴，一穴。

(6) 脾俞：六脉的第二穴，即倒数第二肋间，髂骨翼上角水平线上，左右侧各一穴。

(7) 关元俞：最后肋骨后缘，与六脉穴同高位处是穴，左右侧各一穴。

(8) 肺俞：倒数第六肋间，与肩端至臀端连线相交处是穴，左右侧各一穴。

(9) 阳明：最后两对乳头基部外侧旁开约1.5cm处是穴，左右侧各两穴。

(10) 尾尖：在尾梢尖部取之，一穴。

(11) 后海：在尾根下，肛门上的隐窝中，一穴。

(12) 肛脱：肛门两侧旁开1cm处，左右侧各一穴。

3. 前肢部穴位

(1) 抢风：肩端与肘骨头连线的中点凹陷中是穴，左右侧各一穴。

(2) 前缠腕：前肢内外悬蹄侧面稍上方的凹陷中，左右前肢各两穴，共4穴。

(3) 涌泉：在蹄叉正上方约1.5cm的凹陷中是穴，左右前肢各一穴。

(4) 前蹄叉：前蹄叉正上方顶端处，左右前蹄各一穴。

4. 后肢部穴位

(1) 后三里：膝盖骨外侧后下方约6cm处的凹陷中是穴，左右后肢各一穴。

(2) 后缠腕：后肢内外悬蹄侧面稍上方的凹陷中，左右后肢各两穴，共4穴。

(3) 滴水：在蹄叉正上方约1.5cm的凹陷中是穴，左右后肢各一穴。

(4) 后蹄叉：后蹄叉正上方顶端处是穴，左右后蹄各一穴。

(四) 分析讨论

①猪常用穴位的取穴方法有几种？

②猪常用穴位的主治是什么？

十五、犬常用穴位的取穴法

(一) 目的

掌握犬常用穴位的位置和取穴方法，以便准确定位，为临床应用奠定基础。

(二) 准备

1. 动物 犬。

2. 主要器材 针具，保定用具，犬针灸穴位挂图及模型。

（三）方法和步骤

1. 头部穴位

（1）分水：上唇唇沟上1/3与中1/3交界处，一穴。

（2）山根：鼻背正中，有毛与无毛交界处，一穴。

（3）三江：内眼角下的眼角静脉处，左右侧各一穴。

（4）睛明：内眼角上下眼睑交界处，左右眼各一穴。

（5）耳尖：耳廓尖端背面脉管上，左右耳各一穴。

（6）天门：头顶部枕骨后缘正中，一穴。

2. 前肢穴位

（1）肩井：肩峰前下方的凹陷中，左右侧各一穴。

（2）肩外俞：肩峰后下方的凹陷中，左右侧各一穴。

（3）抢风：肩外俞与肘俞间连线的上1/3与中1/3交界处，左右侧各一穴。

（4）郗上：肩外俞与肘俞间连线的下1/4处，肘俞穴前上方，左右侧各一穴。

（5）肘俞：臂骨外上髁与肘突间的凹陷中，左右侧各一穴。

（6）四渎：臂骨外上髁与桡骨外髁间前方的凹陷中，左右侧各一穴。

（7）前三里：前臂外侧上1/4处，腕外屈肌与第五指伸肌间，左右侧各一穴。

（8）外关：前臂外侧下1/4处，桡骨与尺骨的间隙中，左右侧各一穴。

（9）内关：前臂内侧，与外关相对的前臂骨间隙中，左右侧各一穴。

（10）阳辅：前臂远端正中，阳池穴上方2cm处，左右侧各一穴。

（11）阳池：腕关节背侧，腕骨与尺骨远端连接处的凹陷中，左右侧各一穴。

（12）膝脉：第一腕掌关节内侧下方，第一、第二掌骨间的掌心浅静脉上，左右侧各一穴。

（13）涌泉：第三、第四掌（跖）骨间的掌（跖）背侧静脉上，每肢各一穴。

（14）指（趾）间：掌（趾）、指（趾）关节缝中皮肤皱褶处，每肢3穴，共12穴。

3. 躯干及尾部穴位

（1）大椎：第七颈椎与第一胸椎棘突之间，一穴。

（2）陶道：第一、第二胸椎棘突之间，一穴。

（3）身柱：第三、第四胸椎棘突之间，一穴。

（4）灵台：第六、第七胸椎棘突之间，一穴。

（5）命门：第二、第三腰椎棘突之间，一穴。

（6）百会：第七腰椎棘突与荐骨间，一穴。

（7）二眼：第一、第二背荐孔处，每侧各两穴。

（8）尾根：最后荐椎与第一尾椎棘突间，一穴。

（9）尾本：尾根部腹侧正中血管上，一穴。

（10）尾尖：尾末端，一穴。

（11）后海：尾根与肛门间的凹陷中，一穴。

（12）肺俞：倒数第十肋间，距背中线6cm处凹陷中，左右侧各一穴。

（13）肝俞：倒数第四肋间，距背中线6cm，左右侧各一穴。

（14）脾俞：倒数第二肋间，距背中线6cm，左右侧各一穴。

（15）肾俞：第二腰椎横突末端相对的髂肋肌肌沟中，左右侧各一穴。

（16）关元俞：第五腰椎横突末端相对的髂肋肌肌沟中，左右侧各一穴。

（17）天枢：脐眼旁开3cm，左右侧各一穴。

（18）中脘：剑状软骨与脐眼之间正中处，一穴。

4. 后肢穴位

（1）环跳：股骨大转子前方，左右侧各一穴。

（2）后三里：小腿外侧上1/4处，胫腓骨间隙中，距腓骨头腹侧约5cm处，左右侧各一穴。

（3）解溪：胫骨内侧与胫跗骨间的凹陷中，左右侧各一穴。

（4）肾堂：股内侧隐静脉上，左右侧各一穴。

（四）分析讨论

①犬常用穴位的取穴方法有几种？

②犬常用穴位的主治是什么？

十六、常用针灸法练习与示教

（一）白针疗法

1. 目的

①掌握白针（毫针、圆利针、小宽针）的操作方法。

②体验与观察针感反应。

2. 准备

（1）动物：马，牛。

（2）主要器材：毫针，圆利针，小宽针。

3. 方法与步骤

（1）针具检查：按不同穴位选择适当针具，并检查有无生锈、弯裂、卷刃、针锋不利、针尾松动等，发现问题，及时修理或废弃。

（2）消毒：穴位剪毛后用碘酊消毒，针具和刺手用酒精消毒。

（3）保定患畜：切穴进针等操作要领参照教材介绍。

（4）针穴举例：选择抢风、巴山、路股等肌肉丰满部位的穴位，在教师指导下，学生操作练习。

（二）血针疗法

1. 目的

① 掌握宽针和三棱针的使用方法。

② 掌握血针不同穴位的术式。

2. 准备

（1）动物：马，牛。

（2）主要器材：大宽针、中宽针、小宽针、三棱针、玉堂钩、针槌、针杖。

3. 方法与步骤

（1）术前准备：患畜根据施针要求进行保定，施针穴位剪毛、消毒。

（2）三棱针刺血法：多用于体表浅刺，如三江、大脉穴；口腔内穴位，如通关、玉堂穴等。针刺时右手拇指、食指、中指持针，使针尖露出适当长度，呈垂直或水平方向，用针尖刺破血管，起针后不要按闭针孔，让血液流出，待达到适当的出血量后，用酒精棉球轻压穴位，即可止血。

（3）宽针刺血法

①手持针法：以右手拇、食、中指持针体，根据所需的进针深度，留出针尖一定长度，针柄抵于掌心内，进针时动作要迅速，准确。使针刃一次穿破皮肤及血管，针退出后，血即流出。针刺缠腕、曲池等穴位时常用此法。

②针锤持针法：先将宽针夹在锤头锯缝内，针尖露出适当长度，推上锤箍，固定针体。施针时，术者手持锤柄，挥动针锤使针刃顺血管刺入，随即出血。针胸堂、肾堂、蹄头等穴位常用此法。

③手代针锤持针法：以持针手的食、中、无名指握紧针体，用小指的中节放在针尖的内侧，抵紧针尖部，拇指抵押在针体的上端，使针尖露出所需刺入的长度。挥动手臂，使针尖顺血管刺入，血随即流出。

（4）泻血量的掌握：血针的泻血量直接影响治疗效果。泻血量的多少应根据患畜的体质强弱、疾病的性质、季节气候及针刺穴位来决定。一般膘肥体壮的病畜放血量可大些，瘦弱体小病畜放血量宜小些；热证、实证放血量应大；寒证、虚证可不放或少放；春、夏季天气炎热时可多放；秋、冬季天气寒冷时宜不放或少放；体质衰弱、孕畜、久泻、大失血的病畜，禁忌施血针。施血针后，针孔要防止水浸、雨淋，术部宜保持清洁，以防感染。

（5）常用穴位举例

①三江。术者面向马头站于病马左前方，左手拇指按压脉管，或者轻弹脉管使之怒张，右手持三棱针，于血管汇集处下方沿血管平刺，入针0.5～1cm，出血。低头保定可增加出血量。

②玉堂。保定马头，术者以弓箭步站于马头左侧，左手拇指顺口角伸入，顶住上腭，另四指紧压鼻梁，则马口张开；右手持三棱针或小宽针，或者用玉堂钩，平刺0.5cm，出血。刺后可以左手拇指向切齿方向捋压数次，以保证出血。

③通关。保定畜头，术者站于病畜头部左侧，左手食、中、无名指并拢，顺口角伸入口内，将舌拉出并翻转舌体，食指屈曲顶住舌面，其他四指紧握舌体两侧，使静脉管显露，右手持三棱针，平刺0.5cm，出血。

④颈脉。高系马头，以细绳活扣紧扎于穴下颈部，使脉管怒张；将大宽针装于针槌上，术者站于病畜头侧左前方，左手抓笼头，令头稍偏右侧，右手持针槌，摆动槌柄数次，使针刃对准穴位，急刺0.5cm，出血。放够血量，左手执绳端急拉，松脱颈绳，右手猛拍畜背，并叫醒病畜，血立即止住。

⑤胸堂。高系马头，使穴位皮肤舒展，脉管显露；术者将大宽针装于针槌上，半蹲式站于病畜患肢肩侧，一手握鬐甲部鬣毛，一手持针槌，使持槌的臂肘紧贴自己胸侧，靠腕力摆槌急刺0.5cm，出血。放血后，松系马头，即可止血。

⑥缠腕。助手提举健肢，术者左手按穴，右手持三棱针或小宽针，沿血管平刺0.5cm，出血。如该部有软肿（滑膜炎），可直刺软肿，放出积液。本穴可一针刺透内、外缠腕2次，即令助手提举患肢，术者左手拇、食指紧按内、外两侧穴位，右手持小宽针于筋前骨

后静脉管处直刺，一针急透两穴，出血。

⑦蹄头。病畜站立保定，术者将大宽针装于针槌上，手持针槌站于病畜前肢右侧，以弓箭步弓身向下，左手按定马体，右手运槌轻手急针，先刺左肢前蹄头，再刺右肢前蹄头。针后蹄头时，术者站于病畜后肢右侧，左手推按雁翅骨尖，弓身向下，右手运槌轻针急刺，先针左肢后蹄头，再针右肢后蹄头。若用针仗针刺蹄头穴则更为方便安全。

⑧带脉。病马保定，术者以侧身步站于病马肩侧左方，面向畜体后方，左手按鬐甲，右手持大宽针或中宽针，食指中节横压穴位前方，使血脉怒张，然后急刺进针，出血。也可用针槌急刺。

⑨肾堂。提举健后肢保定，术者以弓箭步站于病马健肢股部，一手握尾根，另一手持大宽针，向上斜刺脉管，出血；或者站于马体后方，一手拉马尾，另一手以装有中宽针的针槌急刺脉管，出血。

⑩尾本。固定两后肢保定，术者站于病畜左侧后方，左肘抵压髋结节，左手提举尾根，右手持中宽针或小宽针，向上沿血管急刺，撒尾血即出，举尾血不流。

4. 分析讨论

①血针疗法的作用原理有哪些？

②各个常用的血针穴位主治是什么？

③血针操作中的个人体会如何？

（三）火针疗法

1. 目的　掌握火针疗法的缠针、烧针和针刺方法，为临床应用打下基础。

2. 准备

（1）动物：马，牛。

（2）主要器材：各种型号火针。

3. 方法与步骤

（1）烧针法

①缠裹烧针法。用棉花将针尖及针体一部分缠裹成梭形，内松外紧，或者用一些小布块叠穿于针尖及部分针体上，然后浸透植物油（一般用普通食油），点燃烧针体，针尖向上并不断转动，使其受热均匀。待油尽火将熄时，用镊子夹去棉花（或小布片）残余灰烬，即可进针。

②直接烧针法。用植物油灯或酒精灯的火焰，直接烧热针尖及部分针体，而后立即刺入穴位。

（2）针刺法：烧针前预先选好穴位，一般选定 3～4 穴，经剪毛消毒，用碘酊或龙胆紫标记穴位，待火针烧透后，左手按穴，右手拇、食、中三指执针身尾端，速取掉棉灰，急刺穴中，进针深度根据穴位而定。一般可留针 5～10min，也可不留针。

（3）起针法：起针时，轻轻捻转针身，即可将针拔出。针孔需用碘酊棉球消毒，外敷消炎膏、胶布或贴膏药均可，敷以薄棉以火棉胶封闭则更好。术后应加强护理，防止摩擦啃咬及雨水淋湿烧针孔，以防感染（若发生针孔化脓，应及时行外科处理）。火针经 7～10d 后，才可行第二次扎针，第二次选穴不宜重复上次已用过的穴位。

（4）火针穴位：火针穴位基本与白针穴位相同，但应注意避开血管，常用的有颈上九委、膊上八穴、胯上八穴、腰间七穴等。

4. 临床应用 火针治疗马后肢风湿症。

(1) 穴位选择

邪气：尾根切迹旁开线与股二头肌沟相交处是穴。

掠草：膝盖骨外下方，膝外、中直韧带之间凹陷处是穴。

阳陵：膝关节外后方，胫骨外髁后上缘凹陷处是穴。

后三里：掠草穴后下方，小腿上部外侧，腓骨小头直下方肌沟中是穴。

(2) 操作方法：按照上面介绍的烧针法、针刺法、起针法进行操作，在针刺中火针直刺邪气穴 4.5cm，斜向后上方刺入掠草穴 3～4.5cm，直刺阳陵穴 3cm，斜向下方刺入后三里穴 2～4cm。

(3) 观察结果：将治疗后的结果并逐一记录。

(四) 巧治法

1. 目的 掌握抽筋、气海、姜牙、弓子、夹气、垂泉、肷俞、前槽、莲花、滚蹄等穴位的巧治方法。

2. 准备

(1) 动物：牛，马。

(2) 主要器材：三角刀，月牙刀，三弯针，三棱针，抽筋钩，姜牙钩，导气管，注射器，针头。

3. 方法和步骤

(1) 抽筋穴针术（用以治疗马低头难的一种方法）：站立保定，夹住下唇，头部妥善保定。术部消毒。一手拉紧上唇，另一手持三角刀顺穴位切开皮肤约 1.2～1.5cm，或者以大宽针刺破穴位皮肤，然后将抽筋钩插进切口内，勾出上唇蹄肌腱，反复牵引数次，拿去钩针，前拉上唇，上唇提肌腱自然缩回。必要时，消毒缝合。

(2) 气海穴针术（用以治疗马鼻孔狭窄、呼吸不畅的方法）：站立保定，头与顶平。左手握好鼻孔，用一木棒塞入鼻孔 6cm，并与鼻上缘紧贴，右手持月牙刀，自下而上割开 3～4.5cm 的切口（驴弯、马直），或者以术者的食、中指插入鼻腔，并伸直叉开，即将穴位皮肤撑展，以手术剪由下而上剪开。手术时切勿伤骨，否则流血不止。割鼻后每天用新鲜洁净水冲洗刀口一次，以防愈合，待两侧伤口长好为止。

(3) 姜牙穴针术（用以治疗马冷痛）：站立保定，夹住上唇。针左侧穴时，鼻捻子向右侧歪。针右侧时鼻捻子向左侧歪，姜牙骨尖则突起。固定姜牙基部，用大宽针割开皮肤。再用姜牙钩勾出鼻翼软骨割去尖部，或者以大宽针刺入姜牙骨中挑拨数次即可。

(4) 弓子穴针术（用以治疗牛、马肩膊肌肉萎缩、肩膊麻木、脱膊等疾患）：站立保定。穴位剪毛消毒。提起穴部皮肤，用大宽针刺破之，以消毒纱布盖住针孔，术者连同纱布捏起周围皮肤，向外牵拽数次后再捏紧针孔，由针孔向肘头方向推挤气体。如此反复四五次，则肩部皮下组织，充满气体。最后封闭针孔。进气方式还可选用注射器注入，为净化空气在注射针头裹一酒精棉球，抽动针芯，空气通过针头酒精棉而充满注射器，然后通过针孔，将净化的空气注入穴内，直至肩部充满气体为止。

(5) 夹气穴针术（用以治疗牛、马里夹气）：动物站立或横卧保定。术部消毒。先用大宽针刺透术部皮肤。然后用夹气针（光滑面朝里侧）沿针孔向外上方刺入（决不可向内上方刺入，以免刺入胸膛），深达肩臂内部的疏松结缔组织内，也可将大宽针与夹气针尖合并一起穿过穴位皮肤，退出大宽针，再缓缓推进夹气针。在推进夹气针时遇有障碍，切勿强刺，可换一个地方再刺，感到轻松，则继续向前推进，达到一定的深度（一般24～30cm）后，可以前后摇动患肢数次，也可在退针后再摇动患肢。术后消毒，注意护理。

（6）垂泉穴针术（用以治疗牛、马漏蹄）：前蹄漏，可由助手提举固定患肢；后蹄漏，可用二柱栏保定，患肢后方转位固定。以利刀割剜患部，排除脓血异物，用酒洗净，再以头发油炸炭或血竭粉或烟丝填塞其孔，黄蜡封口，垫薄铁片钉掌护之。厩舍保持清洁干燥，勿涉水或驻立泥中。

（7）臁俞穴针术（用以治疗牛、马肚胀）：站立保定。术部剪毛消毒，用大宽针将皮肤切一小口，略上移皮肤，插入套管针，并固定之，拔出针芯，即有气体排出，为防止虚脱，应控制针口，使气体缓缓排出，待气体排完后，插针芯于套管内，一手压住术部，另一手缓缓拔出套管针，消毒，火棉胶封口。

（8）前槽穴针术（用以治疗胸水和脓胸）：站立鼻捻保定。术部剪毛消毒。提起穴部皮肤，用大宽针刺入皮肤，将套管针顺针孔刺入胸内，抽出针芯，使胸水或脓缓缓流出，胸水流出一定量时，则将针芯插入套管内，一并拔出。若是脓胸，还可做适当冲洗。

（9）莲花穴针术（用以治疗脱肛症）：两后肢“8”字形保定。排除直肠积粪。用2%明矾水冲洗脱出的直肠（莲花），然后以三棱针或小宽针散刺莲花，或者用剪刀除去坏死黏膜，并用适量明矾水揉擦，挤出水肿液，缓缓送回肛门内。如整复后继续脱出时，可在肛门周围作一荷包缝合，必要时内服缓泻药或补中益气汤。

（10）滚蹄穴针术（用以治疗滚蹄）：横卧保定，患肢靠近地面，系部前面贴近木桩，用绳套在蹄枕上部，插以木棍，将木棍一端扎于木桩上，术者用小腿顶紧另一端；以大宽针顺屈腱侧方切一小口，将针平行深入至屈腱下方，达腱的1/3处，由内向外划动切割，切断约1/3，此时术者小腿用劲顶紧木棍，尽量使球节伸直，同时可听到“咯嘣”一声，即可使滚蹄矫正。最后消毒，扎上绷带，装上矫形的蹬状蹄铁。

（五）电针疗法

1. 目的　通过实验掌握电针的操作方法，为临床应用打下基础。

2. 准备

（1）动物：马、牛、猪。

（2）主要器材：兽用电疗机，圆利针，毫针。

3. 方法和步骤

①将患畜保定，根据病症选定2～4个穴位，剪毛消毒，先按毫针针法刺入穴位，使出现针刺反应。

②将电疗机的正负极导线分别夹在针柄上，当确认输出调节在刻度“0”时，再接通电源。

③频率调节由低到高，输出挡由弱到强，逐渐调到所需的强度，以患畜能接受治疗为准。通电时间一般为15～30min，也可根据需要适当延长。

④在治疗过程中，为避免患畜对电刺激的适应，可适当加大输出；也可随时调整电疗机使输出和频率不断变化；也可每数分钟停电一次，然后继续通电。最后结束时，频率调

节应该由高到低，输出由强到弱。

⑤完成一次治疗时，应先将输出频率旋钮调至刻度“0”后，再关闭电源，接着除去金属夹，退出针具，消毒针孔。

⑥一般每日或隔日施针 1 次，5 ~7 日为一疗程，每个疗程隔 3 ~5 日。

（六）水针疗法

1. 目的 通过实验学会水针疗法的操作技术。

2. 准备

（1）动物：马，牛，猪，羊。

（2）药物：5% ~10% 葡萄糖溶液，0.5% ~2% 盐酸普鲁卡因，中药注射液，抗生素类药物。

（3）主要器材：注射器，封闭针头，毛剪等。

3. 方法和步骤

（1）注射部位的选择

①穴位注射。除血针穴位外，一般毫针穴位均可使用。可根据不同的病症，选用不同的主治穴位。例如前肢上部疾病，常在抢风穴注射；腰背部疾病，可选腰背两侧的穴位注射。

②痛点或敏感点注射。选用循经络分布所触到的敏感点，或者根据触压诊断找出患畜软组织损伤处的压痛点进行注射。

③患部肌肉起止点注射。对一般痛点不明显的慢性腰肢疾病的患畜，可在患部肌肉起止点进行注射，注射深度要达到骨膜和肌膜之间。

（2）药物的用量：药物用量的多少，可根据肌肉厚薄而定，如肌肉较厚的部位，用量较多；肌肉较薄的部位，用量适当减少，如每次采用 2 ~3 个穴位注射时，每穴可注入 20 ~30ml；如在四肢、头部肌肉较薄部位，每穴可注入 10 ~20ml；头部和耳穴等处一般 0.5 ~2ml 即可。

（3）操作方法：保定好患畜，在选好的注射部位剪毛并按照常规进行消毒。根据病症选准药物，按肌肉部位的深浅、药量的多少，选用适宜的注射器和针头，对准穴位或痛点快速刺入。按照针刺的角度和方向要求，刺到一定深度时，上下缓慢提插，也可旋转针体，待达到针感后，用针筒回抽一下，看有无回血。如无出血时，即可将药液慢慢注入，针后消毒针孔。一般药液不宜注入关节腔内，如误注入关节腔内，会引起发热、关节疼痛、红肿和跛行加重，但经 2 ~3d 后症状自行消失，一般不需要治疗，必要时可给予对症处理。

（4）疗程：注射后局部常有肿胀、疼痛或体温升高等现象，但经过一天左右即可自行消失，所以隔 2、3 天注射 1 次为宜。如需每日注射，应另选其他穴位。每 3 ~5 次为一个疗程，必要时可休药 3 ~7d，再进行第二个疗程。

（七）艾灸、温熨疗法

1. 目的 了解和掌握常用艾灸和温熨疗法的操作方法。

2. 准备

（1）动物：牛或马，每组 1 头（匹）。

（2）药物：艾绒、艾卷，生姜、大蒜、食醋 5kg、70% 酒精或白酒 0.75L、麸皮 7.5 ~10kg。

（3）器材：纱布，布袋，麻袋，小盆，50ml 注射器，小刷子，火炉，炒锅等。

3. 方法和步骤

（1）艾灸法：分为艾炷灸和艾卷灸两种，如根据灸后灼伤皮肤的程度可分为无疤痕灸和疤痕灸两种。

①艾炷灸。包括直接灸和间接灸两种。

直接灸：根据病情选择适宜大小的艾炷（枣子大或李子大）直接放在穴位上，点燃艾炷尖，待燃烧到底部、不等燃尽就更换一个艾炷，称为“一壮”。每穴灸 5 ~ 10 壮或更多一些。其补泻手法是，以点燃艾炷令其自灭，按穴者为补，不按穴者为泻。

间接灸：将厚约 0.2 ~ 0.3cm 的生姜片或大蒜片、药物等，刺上小孔，垫在艾炷和穴位之间。其他操作同直接灸。

②艾卷灸。根据艾灸的方式和对穴位皮肤灼热程度分为温和灸和雀啄灸两种。

温和灸：将点燃的艾卷距穴位约 1.5 ~ 3cm 处熏烤，每穴连续灸 5 ~ 10min。

雀啄灸：将点燃的艾卷像雀啄食一样接触一下穴位皮肤、立即拿开，反复操作，每穴灸约 3 ~ 5min。

（2）温熨法：温熨法常用的有醋酒灸和醋麸灸等。

①醋酒灸。俗称火烧战船或背火鞍。将马或牛保定在四柱栏内，用温醋刷湿背腰部被毛，盖上用醋浸湿的双层纱布，洒上 70% 酒精（或白酒），点燃，醋干加醋，火小用注射器洒酒，勿使纱布烧干，先文火后武火，连续烧 30 ~ 40min，至马耳根或腋下出汗时，用于麻袋盖压灭火焰，抽出湿纱布，固定麻袋，将动物拴于暖厩，勿受风寒。

②醋麸灸。将一半麦麸放在铁锅内加醋拌炒，加醋的量以手握麦麸成团、放手即散或不全散开为度，炒至麸热 40 ~ 60℃，趁热马上装入布袋，平搭在腰背部施灸。再用同样方法炒另一半麦麸。两布袋交换使用，稍凉就换，直至马耳后或腋下微汗，除去布袋，盖上干麻袋保暖，勿受风寒。

（八）软烧疗法

1. 目的　了解和掌握软烧的操作方法。

2. 准备

（1）动物：牛或马，每组一头（匹）。

（2）药物：95% 的酒精 0.5kg 或市售 60°白酒 1kg，醋椒液（取陈醋 1kg，花椒 50g，混合煮沸 20 ~ 30min，待温备用）。

（3）器材：保定绳，毛刷一把，软烧棒（取圆木棍 1 根，长 40cm，直径 1.5cm，一端为手柄，另一端用棉花包裹，外用纱布或绷带包扎，再用细铁丝扎紧，呈圆形或长圆形棉纱球，长约 8cm，直径 3cm）。

3. 方法和步骤　将动物保定于柱栏内，将健肢向前方或后方转位固定。以毛刷蘸醋椒液将术部周围上下大面积涂刷。将软烧棒的棉纱球先浸醋椒液、拧干，然后喷酒点燃。术者摆动软烧棒，使火焰冲向术部燎烧，先缓慢摆动（文火），待 2 ~ 3min 后，术部皮温逐渐增高，可加快摆动（武火）。在烧灼过程中要不断涂刷醋椒液，以免被毛燃着和患畜因烧痛而过分骚动；并及时向上加酒，使火焰不断。如此治疗持续 30 ~ 45min。